城市绿地系统规划

A+U 高校建筑学与城市规划专业教材

李敏 著

中国建筑工业出版社

图书在版编目(CIP)数据

城市绿地系统规划／李敏著．—北京：中国建筑工业出版社，2008.(2022.1重印)
(A+U高校建筑学与城市规划专业教材)
ISBN 978-7-112-09908-5

Ⅰ.城… Ⅱ.李… Ⅲ.城市规划：绿化规划-高等学校-教材 Ⅳ.TU985.1

中国版本图书馆CIP数据核字（2008）第023146号

城市绿地系统规划是我国现行城市规划编制与管理工作中的强制性内容之一，十分重要。本书阐述了城市绿地系统规划的基本理论、编制方法和实务案例，主要内容包括：城市绿色空间规划理论的发展、人与自然协调共生的生态关系、生态绿地系统与人居环境规划、城市景观与绿地系统规划导论、市域绿地系统的生态规划方法、绿地系统功能的数量分析方法、城市绿地系统规划的编制方法、绿地系统规划中信息技术应用、城市绿地系统规划与建设管理、园林城市建设等。

本书适用于高等学校城市规划专业、园林专业、景观设计专业的本科生和研究生作为城市绿地系统规划课程的教材，也可供从事相关领域工作的专业技术人员作为在职进修学习的读本。

* * *

责任编辑：杨　虹
责任设计：赵明霞
责任校对：刘　钰　关　健

A+U高校建筑学与城市规划专业教材
城市绿地系统规划
李敏　著

*

中国建筑工业出版社出版、发行（北京西郊百万庄）
各地新华书店、建筑书店经销
北京嘉泰利德公司制版
北京京华铭诚工贸有限公司印刷

*

开本：787×1092毫米　1/16　印张：28¼　字数：686千字
2008年5月第一版　　2022年1月第十次印刷
定价：**55.00**元
ISBN 978-7-112-09908-5
(16716)

版权所有　翻印必究
如有印装质量问题，可寄本社退换
（邮政编码100037）

目 录

绪论　城市绿化与生态文明 …………………………………………………………… 1

上篇　规划理论

第一章　城市绿色空间规划理论的发展 ………………………………………… 6
　　第一节　工业革命前城市绿色空间的营造 …………………………………… 8
　　第二节　近代田园城市的规划思想及发展 …………………………………… 9
　　第三节　现代绿色城市的规划理论与实践 …………………………………… 18
　　第四节　城乡一体的大地园林化统筹规划 …………………………………… 28

第二章　人与自然协调共生的生态关系 ………………………………………… 34
　　第一节　生态学与人居环境研究 ……………………………………………… 36
　　第二节　人与自然关系的再认识 ……………………………………………… 37
　　第三节　人类生态作用的规律性 ……………………………………………… 39
　　第四节　生态发展与人居环境建设 …………………………………………… 42
　　第五节　人与自然共生可持续发展 …………………………………………… 45

第三章　生态绿地系统与人居环境规划 ………………………………………… 50
　　第一节　生态绿地系统规划的基本概念 ……………………………………… 52
　　第二节　生态绿地系统在人居环境中的定位 ………………………………… 53
　　第三节　我国城乡生态绿地系统现状和危机 ………………………………… 55
　　第四节　城镇密集地区生态绿地的保护与发展 ……………………………… 60
　　第五节　生态绿地系统规划的理论与实践意义 ……………………………… 62

第四章　城市绿地系统与景观规划导论 ………………………………………… 65
　　第一节　城市绿地系统与景观定义 …………………………………………… 66
　　第二节　城市景观规划的工作要点 …………………………………………… 69
　　第三节　绿地系统与景观规划共性 …………………………………………… 71
　　第四节　生态居住与生态城市规划 …………………………………………… 75

中篇　规划方法

第五章　市域绿地系统的生态规划方法 ………………………………………… 80
　　第一节　生态规划的基本思想与方法 ………………………………………… 82
　　第二节　市域绿地系统基本生态因子 ………………………………………… 86
　　第三节　市域绿地系统生态利用潜力 ………………………………………… 89
　　第四节　市域绿地系统生态干扰评估 ………………………………………… 91

第六章　绿地系统功能的数量分析方法 ………………………………………… 95
　　第一节　生态平衡的基本概念与调节机制 …………………………………… 96
　　第二节　绿地系统的能量流动与物质循环 …………………………………… 98
　　第三节　生态绿地系统功能指标分析方法 …………………………………… 119
　　第四节　城市绿地系统建设生态效益评估 …………………………………… 129

第七章　城市绿地系统规划的编制方法 ………………………………………… 135
　　第一节　规划编制要求 ………………………………………………………… 136
　　第二节　规划编制程序 ………………………………………………………… 138
　　第三节　绿地现状调研 ………………………………………………………… 141
　　第四节　规划总则与目标 ……………………………………………………… 146

         第五节 市域绿地系统规划 150
         第六节 城市绿地系统布局 157
         第七节 城市绿地分类规划 159
         第八节 城市绿化树种规划 165
         第九节 生物多样性保护与建设规划 166
         第十节 古树名木保护规划 169
         第十一节 分期建设规划 170
         第十二节 规划实施措施 171

第八章 绿地系统规划中信息技术应用 175
         第一节 GIS技术与绿地空间调查 176
         第二节 城市热场与热岛效应研究 185
         第三节 绿地系统规划的数据处理 190
         第四节 GIS、RS技术的应用前景 195

第九章 城市绿地系统规划与建设管理 202
         第一节 城市绿化法规 204
         第二节 城市绿线管理 205
         第三节 园林城市建设 207
         附录一 城市绿化法规与行政规章选辑 212
         附录二 国家园林城市申报与评审办法 232
         附录三 国家园林县城标准与评选办法 237
         附录四 国家生态园林城市创建标准 239

下篇 规划实务

案例一：桂林市生态绿地系统规划（1995～2015年） 247
  1 项目背景与工作框架 247
  2 城市园林绿地规划 251
  3 漓江风景绿地规划 266
  4 市域农林绿地规划 278
  5 城市绿化树种规划 290

案例二：广州市城市绿地系统规划（2001～2020年） 297
  1 项目概况与工作框架 297
  2 规划文本市域与中心城区 299
  3 规划说明书 312
  4 规划图则 390
  5 规划附件（内容略） 391

案例三：湛江市城市绿地系统规划（2002～2020年） 399
  1 项目概况与工作框架 399
  2 规划文本 405
  3 规划说明书（节选） 420
  4 规划图则（节选） 442

作者简介 447

绪论　城市绿化与生态文明

城市绿化是一项关系到城市生态环境建设的系统工程，涉及城市用地布局与人居环境质量等诸多方面。城市绿地系统是城市景观的自然要素和社会经济可持续发展的生态基础，是城市建设中重要的基础设施之一。因此，城市绿地系统规划是影响城市发展的重要专业规划之一，直接与城市总体规划和土地利用总体规划相衔接，是指导城市开敞空间中各类绿地进行规划、建设与管理工作的基本依据。

城市作为高密度的人类聚居地，人为建设活动与生态环境保护的矛盾尤为突出。城市及其周边规划区域内的绿色空间，是影响城市生态环境质量的基本因素。我国在1980年代后因城市化进程加速，工业污染等生态破坏现象也由城市逐步扩散波及周边的农村。城市化地区的环境保护问题，显得越来越尖锐。日益严重的大气污染、酸雨、水资源枯竭等一系列生态失衡矛盾，都要求我们从城市与区域生态环境的协调发展方面去认真考虑解决问题的出路。其中，很重要的途径之一就是城乡人居环境绿色空间的保护与发展。

2008年1月1日开始实施的《中华人民共和国城乡规划法》中规定："规划区范围、规划区内建设用地规模、基础设施和公共服务设施用地、水源地和水系、基本农田和绿化用地、环境保护、自然与历史文化遗产保护以及防灾减灾等内容，应当作为城市总体规划、镇总体规划的强制性内容。"（第17条）。"城乡规划确定的铁路、公路、港口、机场、道路、绿地、输配电设施及输电线路走廊、通信设施、广播电视设施、管道设施、河道、水库、水源地、自然保护区、防汛通道、消防通道、核电站、垃圾填埋场及焚烧厂、污水处理厂和公共服务设施的用地以及其他需要依法保护的用地，禁止擅自改变用途。"（第35条）。《中华人民共和国环境保护法》中也规定："制定城市规划，应当确定保护和改善环境的目标和任务"（第22条）。"城乡建设应当结合当地自然环境的特点，保护植被、水域和自然景观，加强城市园林、绿地和风景名胜区的建设"（第23条）。

长期以来，在我国现代城市的发展中，城市绿地系统的规划建设相对薄弱，城市规划与园林绿化建设相脱节的情况时有发生。在实际的城市规划工作中，通常是在城市工业、居住、商贸、行政、交通等功能分区的建设用地规划基本定局后，再安排城市绿化用地，而对如何实施规划绿地等实际问题一般较少深入考虑。加上受城市建设与管理体制等因素的影响，常出现规划绿地与房屋密集的现状很不相符的情况。在城市绿地系统规划理论方面，有些地方至今仍在沿用1950年代全面学苏联时所引入的城市游憩绿地的规划方法和相应的定额指标概念。城市绿地系统规划所涉及的工作内容，主要是建成区内的园林绿地和近郊风景区。对不同类型城市应有的生态绿地总量合理规模、量化依据、配置形式以及绿地系统与城市功能、形态布局规划如何实现有机耦合等问题，较少作全面的研究。此外，在追踪和吸收现代科学的新理论、新成果、并拓展多学科、多专业的融贯研究方面也还有待加强。

目前，在举国上下"全面建设小康社会"的经济发展压力下，城市规划的理论与方法正面临着由服从传统计划经济体制向适应社会主义市场经济体制转变的深刻挑战。城市化地区的绿色空间发展急需走出一条有中国特色的科学之路。即：要在城市化急剧扩张的现实条件下，解决好区域范围内城市建设与生态建设之间的用地矛盾与经济利益平衡，满足城乡人民不断增长的"米袋子"、"菜篮子"、"水罐子"和"氧气库"、"游憩地"需求。要解决这些问题，很难在传统的理论模式里找到现成的答案，必须有所思考和创新。尤其是在一些经济发达的城镇密集地区，大城市区域的扩展及"城乡一体化"进程的加速，对于城市绿地系统的规划和建设又提出了一系列新的要求，主要表现在三个方面：

(1) 需要统筹规划和充分利用城市化地区的各类绿色空间；
(2) 需要使城市绿地系统建设与区域城市化进程保持同步；
(3) 需要积极探索适合国情的城市绿地系统规划基本理论。

因此，为顺应时代发展的需要，本书在内容上力求体现近10年来全国各地城市规划实践中对传统城市绿地规划模式的主要突破与创新。传统的规划模式一般是根据城市建设用地供应的可能性来设置绿地，而现代城市的发展要求按照社会生活的综合需求和环境资源合理配置城乡绿地，将"以人为本"的规划建设理念真正落到实处。中国现代城市营造的绿地系统，已不是传统意义上作为建筑和市政设施的"填空"或"美化"之物，而是城市赖以生存与发展的自然化空间和生命系统。在城市绿地系统规划工作中，我们应当努力做到：

◆ 拥有现代生态科学的规划指导思想；
◆ 运用现代化信息化的规划技术手段；
◆ 满足现代社会与时俱进的生活需求；
◆ 符合现代城市规划可持续发展规律。

本书的基本内容，源于作者多年来对上述影响我国城市绿色空间发展的重大现实问题的思考研究和实践工作成果。与以往国内有关城市园林绿地规划教材有所不同的是：本书不着重于讲授具体地块的园林绿地规划设计技法，更强调从城市发展的角度来把握绿地系统规划、建设、管理的系统性、科学性和社会性；注重引导青年学生和专业读者从宏观上了解城市绿地系统的功能与结构，掌握相关的绿地系统规划编制方法，提倡进一步解放思想，融会贯通，学习在现行政治与经济体制的框架内寻求城市绿地发展的最优解决途径。基本内容要点为：

1. 对近百年来国内外有关城市绿地系统建设的规划思想和理论发展情况进行了简要的回顾和综述，注意追踪和了解当代有关科学研究的新进展。

2. 将生态科学的基本观点运用到城市和区域规划工作领域，探索面向21世纪生态文明时代、能体现可持续发展战略且适合国情的城市绿地系统规划新思路，促进我国城市化地区人居环境生态绿地空间的保护和发展。

3. 运用主导因子分析、阈值原理等生态规划的方法，结合有关的城市规划和城市发展研究，探索具有可操作性的生态绿地规划的指导原则与技术方法，丰富我国城市绿地系统规划的理论与实践内容。

4. 通过规划理论、规划方法的论述和规划实务的案例介绍，让读者切实理解和掌握城市绿地系统规划编制的基本方法与程序。

在具体规划方法上，本书强调城乡绿地综合生态功能对于城市化地区（尤其是城镇密集地区）的重要性；强调生态学原理的有机融合应用；强调多学科交叉、整体性宏观思维；强调规划理想与解决现实问题相结合，理论联系实际。

2002年，作者曾作为专家参加了国家建设部城建司主持的《城市绿地系统规划编制纲要（试行）》文件的起草论证工作，深感在我国城市规划与城市园林绿化专业部门中普及城市绿地系统规划理论与方法的重要性和必要性。因此，本书采用了理论分析与实际案例相结合的论述方式，力求做到深入浅出，实用性强。

本书可供高等院校城市规划专业、园林和景观设计类专业的高年级本科生及硕士研究生作为"城市绿地系统规划"课程的教材，也可供相关专业的技术人员作为在职进修学习的读本。整个教学课时量宜掌握在60~80学时。在教学过程中，要特别注意结合当地实际，理解书中所介绍的基本原理和规划方法，并结合相关的规划案例和工作实践，掌握必要的基本理论和规划编制技能。有条件的学校，应当让学生预修"城市规划原理"和"园林规划设计"等基础课程，适当结合城市绿地系统规划的实践，效果会更好。鉴于城市绿地系统规划是我国城市近10年来才受到普遍重视的工作，相关的理论与实践发展都还不够成熟，加上作者学识和工作阅历有限，书中的缺陷与不足在所难免，恳请各位专家、老师与同行朋友们多予赐教。

当今时代，生态问题已成为全球关注的焦点。我们居住的地球，正在经受绿色空间不断消失的危害。生命离不开绿色，人类呼唤绿色。1992年"联合国环境与发展大会"通过的《21世纪议程》指出：生态危机将成为21世纪全人类共同面临的最大危机和最严峻挑战。回顾历史，人类文明的发展大致已经历了采集文化、狩猎文化、农耕文明、工业文明等几个阶段。21世纪是人类社会又一个巨大变革时期，其重要标志是人类文明史将由工业文明时代进入生态文明时代。人类要设法走出目前所面临的严重生态危机，就必须重建地球上已被破坏的生态基础，由征服、掠夺自然转为保护、建设自然，谋求人与自然和谐统一的共生关系。

对于人类社会发展和人居环境营造而言，生态文明具体表现在三个方面：

• 绿色城市——生态文明社会要求构建绿色环保、清洁优美、城乡互补的生态城市形态；

● 绿色产业——生态文明社会要求高效节能、资源可再生利用、无污染的产业经济体系；

● 绿色生活——生态文明社会倡导人与自然、人与人相和谐的绿色文化和健康生活方式。

生态文明是人类遵循"人－自然－社会"和谐发展客观规律而取得的物质与精神成果的总和；是人与自然、人与人、人与社会和谐共生、良性循环、全面发展、持续繁荣为基本宗旨的文化伦理形态。文明的转型会影响社会政治经济制度的变革，如农业文明带动了封建主义的产生，工业文明推动了资本主义的兴起，而生态文明将促进社会主义的全面发展。

2007年10月，胡锦涛总书记在中国共产党17大报告中提出："建设生态文明，基本形成节约能源资源和保护生态环境的产业结构、增长方式、消费模式，使生态环境质量明显改善，生态文明观念在全社会牢固树立。同时，统筹城乡发展，改善城乡人居环境，加强水利、林业、草原建设，加强荒漠化、石漠化治理，促进生态修复。"这表明：我国社会经济发展和城乡人居环境建设从此将迈进以生态文明为目标、生态城市为形态的新纪元。搞好城市绿地系统规划，就是响应21世纪生态文明呼唤、构建生态城市物质基础的具体举措。

城市绿地系统规划

上篇
规划理论

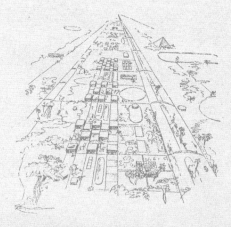

第一章 城市绿色空间规划理论的发展

城市绿地系统规划

美国著名城市学家刘易斯·芒福德(Lewis Munford)曾在《城市文化》(The Culture of Cities)一书中深刻地指出:"在区域范围内保持一个绿化环境,这对城市文化来说是极为重要的。一旦这个环境被损坏、被掠夺、被消灭,那么城市也随之而衰退,因为这两者的关系是共存共亡的。……重新占领这片绿色环境,使其重新美化、充满生机,并使之成为一个平衡的生活的重要价值源泉,这是城市更新的重要条件之一"。因此,要了解世界城市文明的发展历程,就不可忽略城市绿色空间的营造。

第一节 工业革命前城市绿色空间的营造

绿色,代表自然,象征生命。绿色空间,能给城市和建筑带来舒适、优美、清新和充满生趣的环境。因此,千百年来人类一直在追求着身居城市也能享受"山林之乐"的生活理想。

在古代,城市建筑与自然之间的矛盾,主要是通过营造园林来协调的。大至帝王的苑囿,小至百姓的庭院,风格各异,气象万千。在西方,有古巴比伦王国的悬空园(Hanging Garden),古希腊的柏拉图学园,古罗马的别墅庄园,欧洲中世纪城堡庭园,伊斯兰国家的池庭花园,意大利文艺复兴式园林,法国古典主义园林,英国的风景式园林等;在东方,有中国的自然山水园、日本的池泉回游式庭园等。所有这些园林,在当时或多或少都改善、调剂了人造建筑群体与自然环境之间的关系,成为人类身心"回归自然"本性的一种寄托以及精神与自然对话、交流的一种渠道。

在现代大工业产生之前的年代(约 18 世纪以前),由于城市的规模还比较小,环境污染问题不突出,所以用造园手段基本可以满足城市居民

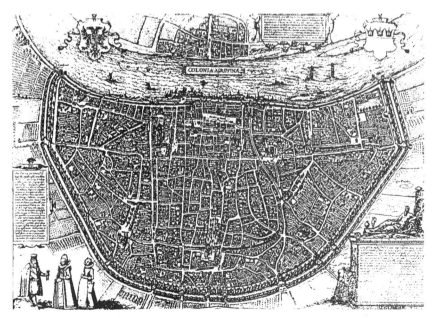

图 1-1 16 世纪的德国科隆市地图。由图中可见当时的城乡关系密切,是典型的欧洲中世纪城市城墙内有许多花园和林荫路,绿带环绕着护城河,城墙外是农田。(资料来源:[注 13])

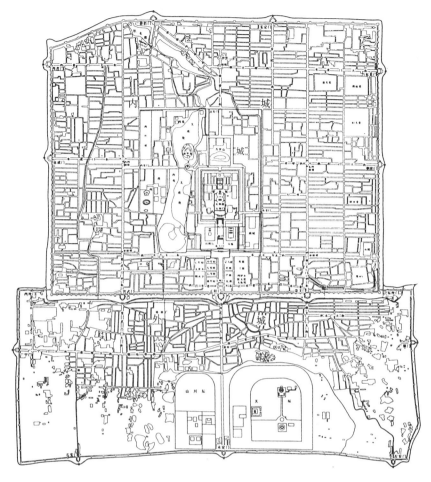

图1-2 明代(1368~1644)北京城图,皇城内有以太液池、琼华岛、万岁山为山水骨架的大片园林绿地空间

对绿色游憩空间的需求。据考证,古代中国也出现过有组织的城市绿化活动,但不普及,重点是干道两侧的植树,称之为"列树表道"。[注1]

运用造园手段来寄托城市生活的绿色理想,是东、西方许多国家园林文化得以发展的重要社会基础。这一历史传统至今仍在延续。例如,古今中外环境条件较好的城市生活小区、居民点、学校等,都喜欢称作"某某花园"或"某某园"。

第二节 近代田园城市的规划思想及发展

随着近代大工业的产生、城市规模和数量的急剧扩大,伴生出日趋严重的环境污染问题,降低了城市生活的舒适度。为了解决城市与乡村、建筑空间与自然空间之间的协调发展问题,近百年来,许多先哲提出了各种规划思想、学说和建设模式,进行了长期不懈的实践探索,试图在城乡建设领域实现他们的"绿色理想"。其中,比较著名的规划思想和理论有:

一、"城市公园运动"(The City Park Movement)

19世纪中叶，在美国开展了一场关于建造城市公园的大讨论。一些专家在看到利用科学技术改造城市的可能性时，也思考着如何保护大自然和充分利用土地资源的问题。马尔什（G.P.March）从认真的观察和研究中看到了人与自然、动物与植物之间相互依存的关系，主张人自然要正确地合作。他的理论在美国得到了重视，许多城市中开展了保护自然、建设公园系统的运动。[注2] 1851年，在美国近代第一个造园家唐宁（A.J.Downing）的积极倡导下，纽约市开始规划第一个公园，即后来的纽约中央公园。

1858年，纽约市政府通过了由奥姆斯特德（F.L.Olmsted）主持的公园设计方案，并根据法律在市中心划定了一块大约340公顷的土地用于开辟公园。纽约中央公园的建设成就，受到了高度赞扬。人们普遍认为，纽约中央公园改善了城市的经济、社会和美学价值，提高了城市土地利用的税金收入，十分成功，继而纷纷仿效，在全美掀起了一场"城市公园运动"。

此后，奥姆斯特德又陆续设计了旧金山、布法罗、底特律、芝加哥、波士顿、蒙特利尔等城市的主要公园。1870年，他写了《公园与城市扩建》一书，提出城市要有足够的呼吸空间，要为后人考虑，城市要不断更新和为全体居民服务。奥姆斯特德的这些思想，对美国及欧洲近现代城市公共绿地的规划、建设活动，产生了很大的影响。

二、"带形城市"(Linear City)

带形城市理论是1882年由西班牙工程师索里亚·伊·马塔（Arturo Soria Y Mata）提出的。他主张城市沿一条40米宽的交通干道发展，干道上设置有轨电车线、人行道、自行车道和地方道路，城市建筑用地总宽约500米，每隔300米设一条20米宽的横向道路，联系干道两旁的用地。与主干道平行的次干道宽10米。用地两侧为100米宽、布局不规则的公园和林地。这种用绿地夹着城市建筑用地并随之不断延伸的规划方法，体现了索里亚学说的一个主要思想，即：使城市居民"回到自然中去"。1884～1904年间，索里亚创立的"马德里城市化"股份公司在马德里规划建设了第一段带状城市，长约5公里，1912年有居民2000人。直至今天，它的绿化比周围地区都要强得多。正因如此，有学者坚持认为马塔的"带形城市"应当称之为第一代花园城市（田园城市）。[注3]

三、"田园城市"(Garden City)

田园城市理论是1898年由英国社会活动家霍华德（Ebnezer Howard）提出，其基本构思立足于建设城乡结合、环境优美的新型城市，"把积极的城市生活的一切优点同乡村的美丽和一切福利结合在一起"。[注4]

在霍华德设想的田园城市里，规划用宽阔的农田地带环抱城市，把每个城市的人口限制在3.2万人左右。他认为，城乡结合首先是城市本身为农业土地所包围，农田的面积要比城市大5倍。霍华德确定田园城市的大小直径不超过2公里。

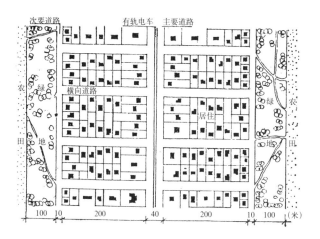
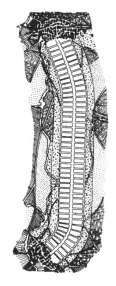

图1-3 带形城市规划模式（左）及其在马德里的实践尝试（右）

在这种条件下，全部外围绿化带步行可达，便于老人和小孩进行日常散步。他在城市平面示意图上规划了很大面积的公共绿地，用作中心公园的土地面积多达60公顷。除外围森林公园带以外，城市里也充满了花木茂密的绿地。市区有宽阔的林荫环道、住宅庭园、菜园和沿放射形街道布置的林间小径等。霍华德规划每个城市居民的公共绿地面积要超过35平方米，平均每栋房屋要有20平方米绿地。

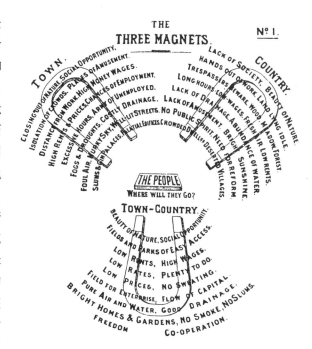

图1-4 霍华德的田园城市图式（一）
——城乡吸引三磁体

在霍华德的倡导下，1903年在离伦敦35英里（约56.3公里）的莱奇沃斯（Letchworth）建设了世界上第一个"田园城市"，面积1514公顷；1919年，在离伦敦很近的韦林（Welwyn）又建设了第二个"田园城市"。霍华德有关"田园城市"的理论和实践，给20世纪全球的城市规划与建设历史，写下了影响深远的崭新一页。

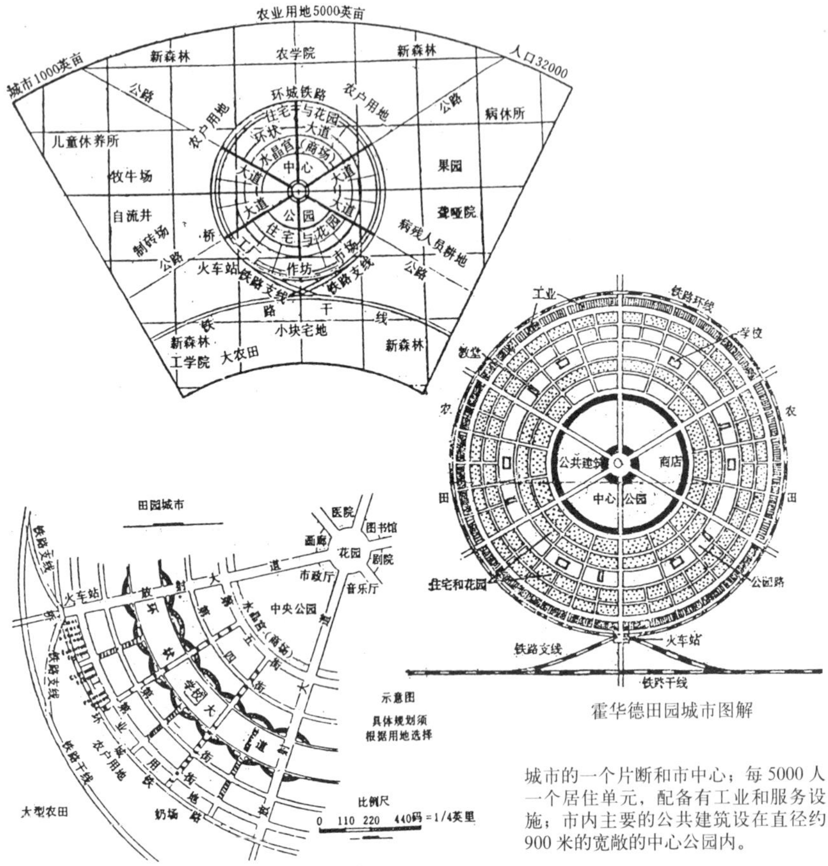

图 1-5 霍华德的田园城市图式（二）
——城市规划结构示意

霍华德田园城市图解

城市的一个片断和市中心；每 5000 人一个居住单元，配备有工业和服务设施；市内主要的公共建筑设在直径约 900 米的宽敞的中心公园内。

四、"卫星城镇"（Satellite Town）

卫星城市理论是田园城市理论的发展。1922 年，霍华德的追随者雷蒙德·昂温出版了《卫星城镇的建设》一书（The Building of Satellite Towns）。1927 年他在做大伦敦区域规划工作时，建议用一圈绿带把现有的城市地区圈住，不让其再往外发展，而把多余的人口和就业岗位疏散到一连串的"卫星城镇"中去。卫星城与"母城"之间保持一定的距离，一般以农田或绿带隔离，但有便捷的交通联系。

五、"有机疏散"理论（Theory of organic decentralization）

"有机疏散"是芬兰籍的美国建筑、规划大师伊里尔-沙里宁（Eliel Saarinen）试图缓解因城市过分集中所产生的弊病而提出的关于城市发展及其布局结构的学说。他在 1942 年所写的《城市——它的发展、衰败与未来》一书中作了系统的阐述。

沙里宁认为：城市结构要符合人类聚居的天性，便于人们过共同的社会生活，又不脱离自然，使人们居住在兼具城乡优点的环境中。城市作为一个有机体，是和生命有机体的内部秩序一致的，不能听其自然地凝聚

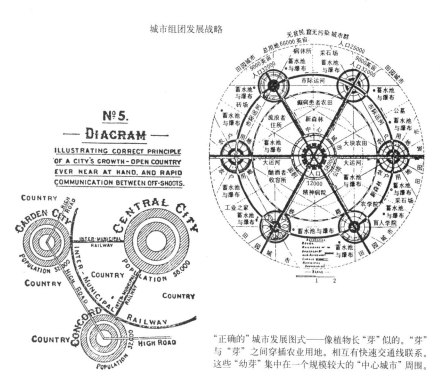

城市组团发展战略

图1-6 霍华德的田园城市图式（三）
——中心城与田园城的关系示意

"正确的"城市发展图式——像植物长"芽"似的。"芽"与"芽"之间穿插农业用地。相互有快速交通线联系。这些"幼芽"集中在一个规模较大的"中心城市"周围。

成一大块，而要把城市的人口和工作岗位分散到可供合理发展的、离开城市中心的地域上去。因此，没有理由把重工业布置在城市中心，轻工业也要疏散出去，腾出的大面积工业用地应用来开辟绿地。对于城市生活中"日常活动"的区域可作集中的布置，不经常的"偶然活动"场所则作分散的布置。

沙里宁"有机疏散"理论所追求的是现代城市社区建设两个最基本的目标——"交往的效率与生活的安宁"（efficiency of traffic and quietness of living）。1918年，沙里宁按照有机疏散原则做了芬兰大赫尔辛基的规划方案。这一理论，在二战之后对欧美各国建设新城、改造旧城，以至大城市向城郊疏散扩展的过程，产生了重要的影响。

图1-7 沙里宁的大赫尔辛基规划方案

第一章 城市绿色空间规划理论的发展 13

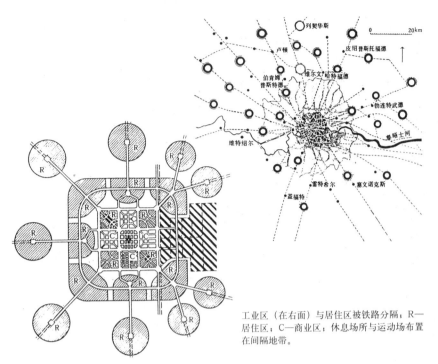

工业区（在右面）与居住区被铁路分隔；R—居住区；C—商业区；休息场所与运动场布置在间隔地带。

图 1-8　雷蒙德·昂温 1922 年在霍华德思想基础上绘制的大伦敦郊区田园城市群的布局模式建议

莱奇沃斯——第一个英国田园城市（距伦敦市中心 55km）。在许多专家参加咨询的情况下由昂温和帕克设计，1904 年开始建设。在市中心和车站区集中了一些商业设施。霍华德式的带形公园东面坐落着最好的街区，有独户小住宅建筑镶边的草地，再远是编组站、公用设施和发电站。

图 1-9　第一个田园城市莱奇沃斯（Letchworth）的中心区规划

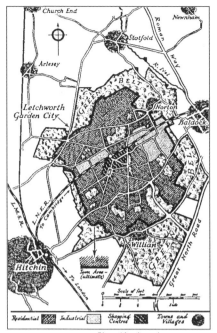

图 1-10　第一个田园城市莱奇沃斯 (Letchworth) 的规划总图

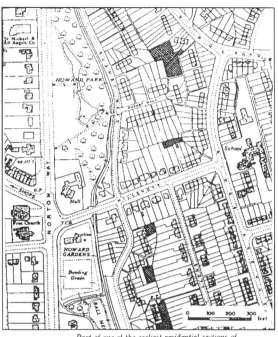

图 1-11　莱奇沃斯 (Letchworth) 早期的居住区规划局部

图 1-12　第二个田园城市韦森 (Welwyn) 的规划总图

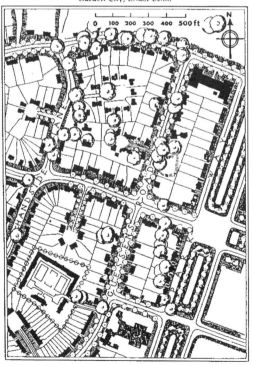

图 1-13　第二个田园城市韦森 (Welwyn) 小区规划图

第一章　城市绿色空间规划理论的发展　15

六、"雷德伯恩体系"与"绿带城"

这是在美国社区运动影响下,由建筑师斯坦因(Clarence Stein)和规划师莱特(Henry Wright)按照"邻里单位"理论模式,于1929年在美国新泽西州规划的雷德伯恩(Radburn)新城,1933年开始建设。其特点为:绿地、住宅与人行步道有机地配置在一起,道路布置成曲线,人车分离,建筑密度低,住宅成组配置,构成口袋形。通往一组住宅的道路是尽端式的,相应配置公共建筑,把商业中心布置在住宅区中间。这种规划布局模式被称为"雷德伯恩体系"。斯坦因又把它运用在1930年代美国的其他新城建设,如森尼赛德田园城(Sunnyside Garden City)以及位于马里兰、俄亥俄、威斯康星和新泽西的四个绿带城。

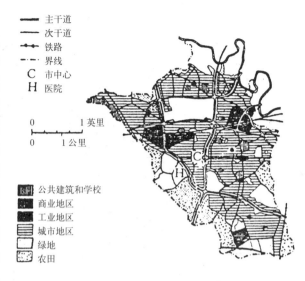

图1-14 第三个田园城市威顿肖维(Wthenshawe)总图

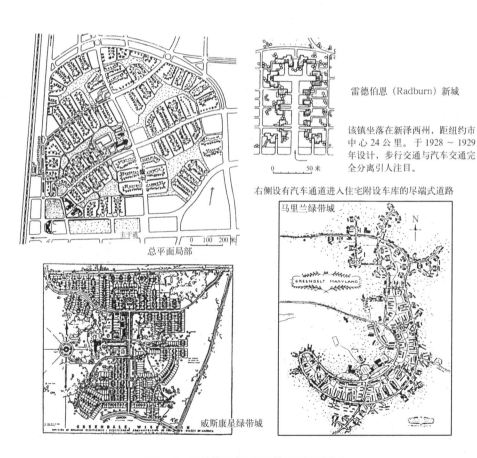

雷德伯恩(Radburn)新城

该镇坐落在新泽西州,距纽约市中心24公里。于1928~1929年设计,步行交通与汽车交通完全分离引人注目。

右侧设有汽车通道进入住宅附设车库的尽端式道路

图1-15 雷德伯恩体系与绿带城的规划模式

七、"广亩城市"（Broadacre City）

这是著名美国建筑师赖特（F.L.Wright）在 20 世纪 30 年代提出的"城市分散主义"的规划思想。他在 1932 年发表的著作《正在消灭中的城市》（The Disappearing City）以及随后发表的《广阔的田地》（Broadacres）中，主张将城市分散到广阔的农村中去，每公顷土地的居住密度为 2.5 人左右。每个独户家庭周围有一英亩土地（大约 4047 平方米），生产供自己消费的粮食和蔬菜；用汽车、飞机作交通工具，居住区之间有超级公路连接，公共设施沿公路布置。20 世纪 50~60 年代，在美国一些州的规划中，曾把"广亩城市"思想付诸实践。

八、"绿色城市"（Green City）

"绿色城市"的提法，最早是由现代建筑运动大师勒·柯布西耶在 1930 年布鲁塞尔展出的"光明城"规划里作出的。他设计了一个有高层建筑的"绿色城市"，房屋底层透空，屋顶设花园，地下通地铁，距地面 5 米高的空间布置汽车运输干道和停车场网。居住建筑相对于"阳光热轴线"的位置处理得当，形成宽敞、开阔的空间。他对自然美很有感情，竭力反对城市居民同自然环境割裂开的现象。但是，他又激烈地批评赖特的"水平的花园城"，主张"城市应该修建成垂直的花园城市"，每公

图 1-16 绿地环绕的雷德伯恩（Redburn）居住小区规划建设模式

图 1-17 赖特的"广亩城市"规划模式示意

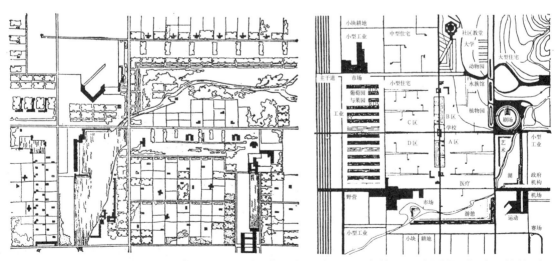

左图为公共中心及其周围用地。中心占地面积极大，包括一栋 50 层的行政楼、一个公园、一个动物园、一个水族馆和若干个运动场等。有一条小河从湖泊流出，河流边上有两栋多层楼房，内部设有管理机构和居民住户；所有的构筑物都为绿地包围。
右图为细部规划设想。

第一章 城市绿色空间规划理论的发展　17

顷土地的居住密度高达3000人,并希望在房屋之间能看到树木、天空和太阳。

柯布西耶关于"垂直的花园城市"的主张,被后人认为是另一种极端的"城市集中主义"。

第三节　现代绿色城市的规划理论与实践

绿色城市的理想建设模式,在二战之后的苏联、东欧等一些实行社会主义计划经济体制的国家城市的战后重建中,开始大规模地付诸实践;其中,比较典型的城市如莫斯科、华沙和平壤等。此外,新加坡等实行市场经济体制的国家,也在花园城市的建设中取得了巨大的成就。

一、莫斯科

莫斯科市区面积约900平方公里,人口约900万。1918年,苏联政府从彼得堡迁都莫斯科后,列宁立即签署了《俄罗斯联邦森林法》和一系列自然保护法,其中规定:"对莫斯科周围30公里以内的森林实行最严格的保护"。1928年,莫斯科开始了大规模的绿化工程。1930年,围绕莫斯科的城市规划问题,知识界进行了一场大讨论。有些堪称为"田园主义者"的建筑师和经济学家反对城镇集团的形式,提出了所谓"人口分布轴线"模式,要求随着新工业企业的建立而配备有各种文化生活服务设施的居住综合体,消灭城乡差别。每条轴线长约25公里,能住几千人。八条这样的分布轴线汇集于一个工业联合企业。持同样主张的巴尔希(М.Барщ)和金兹布尔格(М.Гинзбург),于1930年发表了名为"绿色城市"的莫斯科改建规划方案,要求逐渐把工业企业以及某些行政和科研机构从莫斯科市迁出,建议将市中心变成为一座宽广的大公园;其中既有珍贵的历史古迹,又有主要为首都功能需要服务的行政和公共建筑。[注3]

1935年,莫斯科市第一个市政建设总体规划获得批准。其中一项内容就是在城市用地外围建立10公里宽的森林公园带,并把城市公园面积增至142平方公里。

莫斯科于1960年调整市域边界时,把郊区森林公园的面积从230平

图1-18　莫斯科田园主义者的"人口分布轴线"城市规划图式

(居住建筑集中布置在人口分布轴线范围内,各个居住建筑群住250人,相互用儿童活动场地隔开;沿居住建筑地带两侧布置各种服务设施、体育设施和公园等。)

现代建筑师协会集体创作(Л.列昂尼多夫等人),1930年。

方公里扩大到1727平方公里，平均宽度为10～15公里，北部最宽处达28公里。至20世纪70年代，全市的绿地系统已颇具规模，包括11个森林公园，84个文化休息公园，700个街心公园，100多条林荫路，约占市域面积的40%，人均绿地面积（含森林公园）达45平方米。市区内有8条绿化地带伸向市中心，把市内各公园与市区周围的森林公园带联成一体。20米宽的绿化带沿街道延伸，可使来往车辆等噪声减少10～12分贝。由于森林涵养水源，使莫斯科虽为内陆城市，却一年四季降水均衡，土地墒情好，鸟语花香，空气清新。按照1971年的莫斯科总体规划，整个城市按"多中心规划结构"分八片布局发展，每片约100万居民，片区之间以绿地系统呈带状或楔状相分隔，并以快速交通干道花园环路相联系。据报道，在1990年代，政府每年都要拨出一亿多卢布，专门用于保护莫斯科的自然环境和绿化，城市绿地面积正以每年300～400公顷的速度递增。[注5]

1991年初，新的莫斯科总体规划方案经政府审议通过。与1935年和1971年的总体规划相比较，1991年版城市总体规划的各项内容，包括工业、交通、工程基础设施、住宅建筑的发展，都强调了生态环境的观念，把建设"生态环境优越的莫斯科地区"，作为城市规划所追求的最终目标之一。

该规划专门制定了改善市域生态环境质量的三项主要措施，即：

①建立包括大面积森林绿地、河谷绿地、城市公园、广场、林荫

图1-19　1935年的莫斯科城市总体规划

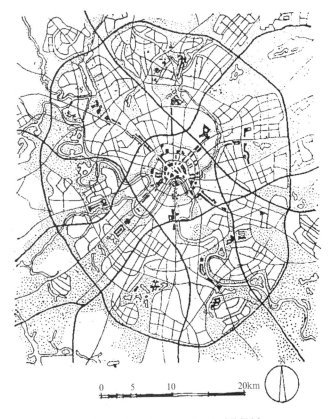

图1-20　1971年的莫斯科城市总体规划

第一章　城市绿色空间规划理论的发展　19

路在内的城市绿地和水域系统;

②继续发展特别保护区系统;

③发展和完善现有的疗养基地和体育运动基地体系,建立一系列多功能的城市休闲中心、公园、浴场及旅游设施等。[注6]

按照规划,到2000年莫斯科市的人均绿地面积比1991年增加约30%,成为"世界上最绿的都市"之一。[注5]

二、华沙

第二次世界大战之前,华沙的城市人口为126.5万。到1945年解放时,仅剩16.4万人;一年后恢复到47万人。1945年,开始制定"华沙重建规划"。在构思城市空间面貌时,是建设一个开放、先进和绿树成荫的现代化城市。规划决定限制城市工业发展,扩大广场与绿地面积,其中包括新辟一条自北向南穿城而过的绿化走廊地带以及扩展维斯杜拉河沿岸的绿色走廊,重建华沙古城的重要历史性建筑。

华沙的城市游憩绿地系统结构分为四级:第一级为小区级绿地,平均每500~10000人有一处。第二级为小区群级绿地,为2~5万人服务。第三级为行政区绿地,它起着非常重要的作用,为平均有25万人口的城市行政区服务。包括多功能的休息和娱乐区、各种体育综合设施、设有青年俱乐部的运动场地、公园等绿地。第四级为区域性绿地,由贯联一些行政区级的大片绿地组成,是全市的旅游者和居民聚集的地方。森林、河岸及城市中心区宽阔的"游憩基地",都属于这一级。每个城市居民平均能享有12~15平方米的公共绿地。

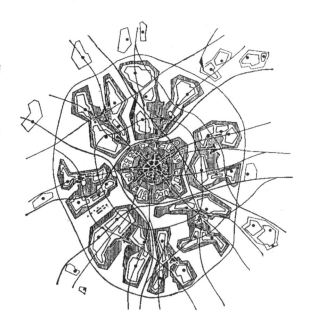

图1-21 莫斯科"多中心片区规划结构"示意
(各片区组团外围,均设有较宽的绿化地带)

图1-22 1991年的莫斯科城市总体规划区域空间结构组织原则示意

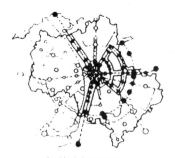

主要都市化区域的组织
• 城市——恢复中心
▨ 区域间的自然保护区及恢复区体系
▨ 地区级的自然保护区及恢复区体系

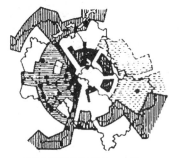

主要自然保护区及恢复区域的组织
▨ 生态——恢复缓冲区域
▨ 城市及居民点——农业生产中心
▨ 主要城郊强化农业生产区

主要农业用地组织
▢ 要求加强自然保护的强化农业生产区

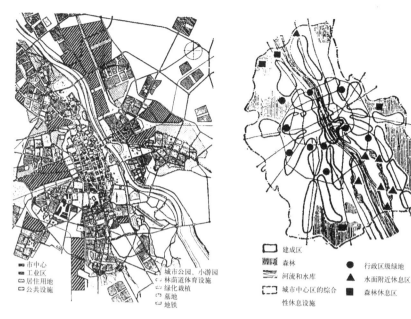

图 1-23　华沙重建规划（1945 年）　　图 1-24　华沙市行政区级绿地分布图

三、平壤

平壤市于 1954 年起在废墟上重建，市区面积约 100 平方公里，人口规模 100 万。城市沿大同江两岸发展，西部有普通江穿过，把市区分为东平壤、西平壤和本平壤三部分。城市绿地系统以牡丹峰公园为中心，以两江、三山为主体，把城市分隔成几个地区，形成组团式布局。普通江穿过西部主要风景区，在本平壤与西平壤之间形成一条宽阔的绿带，东接牡丹峰，西连烽火山。北部的大成山上森林茂密，是主要的游览区。市内沿干道布置各类小游园，并结合城市广场和大型公共建筑物、纪念性建筑物进行重点绿化、美化。平壤市区的园林绿化不仅范围大、面积广（人均绿地达 48 平方米），并十分注重城市景观轴线与道路网络、自然山水及建筑组群的有机结合，绿地养护管理水平也高，创造了优美舒适的城市生态环境。

在平壤郊区，还

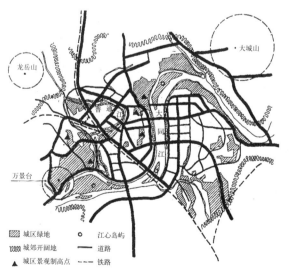

图 1-25　平壤城市绿地系统布局结构示意

辟有大成山、万景台、龙岳山等多处自然公园与风景游憩地。城市的工业大都布局在郊区，市内仅有些为方便妇女就业的轻工业，因而整个城市的环境基本无污染，被誉为是"花园中的城市"。平壤市的行政区范围大约为2000平方公里，郊区部分有三个群、七个区、十几个卫星城。[注2、注7、注8]

华沙、莫斯科和平壤的绿色城市形态，主要是通过建设完善的城市绿地系统而取得成功的。在此过程中，社会主义计划经济体制对规划的实现，也起了很大的保证作用。

四、其他国家

在其他实行市场经济的国家，二战以后绿色城市的建设也有相当的成就。各国都注意了城市建设与自然环境的有机融合，特别是利用林地与河川来形成城市绿化的基础。例如，大伦敦地区的绿带圈，德国科恩市利用森林和水边地形构成环状绿地系统，澳大利亚墨尔本市利用水系组织园林绿地系统等。不少城市被誉为"花园城市"，如华盛顿、巴黎、堪培拉、新加坡及巴西利亚等。

例如：巴西的新首都巴西利亚市内有连片的草地、森林和人工湖，人均绿地面积达72平方米；人工湖周长约80公里，面积达44平方公里；大半个城市傍水而立，湖畔建了不少俱乐部和旅游点。市内无污染工业，环境质量可列世界名城之先。就目前世界一些主要大城市的人均公园面积而言，① 波恩37.4平方米，伦敦30.4平方米，芝加哥23.9平方米，纽约19.2平方米，首尔18.4平方米，巴黎12.2平方米，罗马11.4平方米。

英国政府从20世纪30年代起，就开始用景观环境保护的眼光来综合考虑城市和农村的区域规划。阿伯克龙比爵士（P.Abercrombie）于1933年出

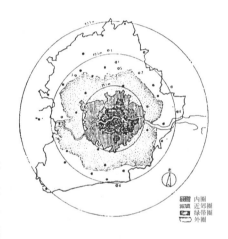

图1-26 大伦敦地区的绿带圈规划

图1-27 澳大利亚墨尔本的城市绿地系统

---

① 据《世界主要国家和地区社会发展比较统计资料1990》，国家统计局国际统计信息中心编，中国统计出版社，1991.9。

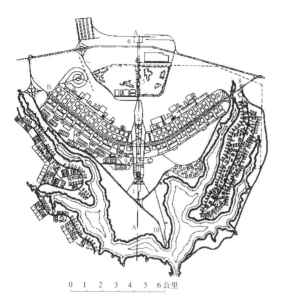

A-A- 东西主轴，在其上布置有政府大厦和公共建筑；
B-B- 市民分布轴；1- 三权广场；2- 广场及各部大厦；
3- 商务中心；4- 广播电视大厦；5- 森林公园；
6- 火车站；7- 多层住宅建筑；8- 独立的小住宅建筑；
9- 大使馆；10- 水上运动设施

图1-28 巴西首都巴西利亚城市总平面规划

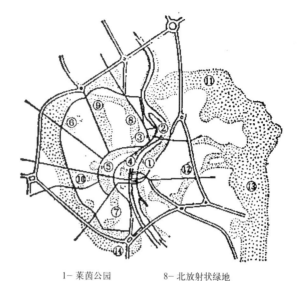

1- 莱茵公园　　　　8- 北放射状绿地
2- 利雷尔河周边林地　9- 西北放射状绿地
3- 植物园　　　　　10- 魏尔森林
4- 莱茵河散步道　　11- 墩瓦尔特森林带
5- 内环状绿地带　　12- 梅尔赫梅丛林
6- 外环状绿地带　　13- 柯尼森林
7- 南放射状绿地　　14- 森林植物园

图1-29 德国科恩的城市绿地系统

版的《城乡规划》（Town and Country Planning），对此有积极的影响。在他的倡导下，英国建设了大批的国家公园和风景区；到1937年，总面积已达到60多万公顷，分布遍及全国。1942~1947年间，他吸收了霍华德"田园城市"与格迪斯"组合城市"（Conurbation）等规划思想，又主持编制了英国大伦敦规划。其中最著名的内容之一，就是在城市建成区外围，设置了一条宽约16公里的绿带圈。它既可以作为伦敦的农业和游憩地区，保持原有小城镇的乡野风光特色；又可以阻止城市的过分扩张。绿带圈中不准建筑房屋，不设新的居民点，并对原有的居民点控制发展。

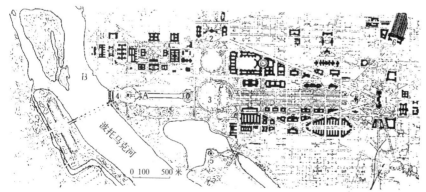

1- 国会山；2- 白宫；3- 华盛顿纪念碑；4- 林肯纪念堂；6- 中央车站；A- 中心坪（迈尔）；B- 宪法大街

图1-30 美国华盛顿中心区平面
（城市主轴线上布局有大面积的观赏，游憩绿地）

第一章 城市绿色空间规划理论的发展　23

1960年代后，西方国家的社会价值观发生了新的重要变化。衡量城市先进与否的标准，由"技术、工业和现代建筑"，演变为"文化、绿野和传统建筑"，提出了"回归自然界"的口号。城市绿地系统的规划与建设，受到了普遍的重视。

五、绿色城市运动的新发展

1972年斯德哥尔摩联合国人类环境会议以后，全球环境保护运动日益扩大和深入；以追求人与自然和谐共处为目标的"绿色革命"，正在世界范围内蓬勃展开。在欧美等西方发达国家里，掀起了"绿色城市"运动，把保护城市公园和绿地的活动扩大到保全自然生态环境的区域范围，并将生态学、社会学原理与城市规划、园林绿化工作相结合，形成了富有新意的理论。其中，希腊学者道萨迪亚斯（C.A.Doxiadis）所著《生态学与人类聚居学》（Ecology and Ekistics）影响深远，进一步唤起了国际建筑与规划学术界的生态保护意识。

目前，国际上不仅有"绿党"和"绿色和平组织"这样的政党与社会团体，而且有些国家还推出了一系列以保护环境为主题的"绿色计划"。例如：

图1-31 英格兰和威尔士的森林公园与风景区绿地系统布局示意

① 1991年日本在推行其1989年制定的"防止地球变暖行动计划"的基础上,又推出了"绿色行星计划";1992年推出了"新地球21世纪计划"。

② 1991年英国自然环境研究委员会开始执行"大地环境研究计划",着重研究温室效应气体的产生,运动以及陆地与大气的相互作用。

③ 法国政府宣布把环境工作重新列为国家优先发展领域。

④ 德国正在通过"欧共体环境计划"、"气候研究计划"等多项计划,对环境工作进行大力支持(德国近来年在全球生态环境研究方面,每年投入的经费约为2.3亿马克,远远超过英国的0.77亿马克和法国的0.72亿马克,居欧洲首位)。

⑤ 1991年,加拿大政府开始实施耗资30亿加元的5年环境保护"绿色计划"。

⑥ 1994年5月,中国政府发布了《中国21世纪议程》(中国21世纪人口、环境与发展白皮书),并确定它为制定国民经济和社会发展长期计划的一个指导性文件。

⑦ 1996年3月,国家环保局推出了两大举措:一是实行污染物排放总量控制;二是实施《中国跨世纪绿色工程计划》,重点治理淮河、海河、辽河、太湖、巢湖、滇池和酸雨控制区、二氧化硫控制区的污染,力争使部分城市和地区环境质量有所改善。

⑧ 1990年代后,中国社会上冠以"绿色"的众多新名词也像雨后春笋般层出不穷。如:绿色食品、绿色产品、绿色标志、绿色工业、绿色管理、绿色技术、绿色消费运动、绿色文明、新的绿色革命等。据报道,1994年夏上海市民因抢购"绿色食品"还刮起过一股"绿色旋风"(《中国贸易报》1994.8.18.)。在城乡建设领域,也有"绿文化"、"绿色建筑学"之说应运而生。1995年5月,国家自然科学基金委员会公布的"九五"期间优先资助领域,就确定"生态与绿色建筑体系的规划设计"为鼓励研究的重点项目之一。

1990年,第一届国际生态城市会议在美国加利福尼亚州伯克利城召开。与会12个国家的代表介绍了生态城市建设的理论与实践。其中包括伯克利生态城计划、旧金山绿色城计划、丹麦生态村计划等。同年,大卫·戈登(David Gordon)在加拿大编辑出版了《绿色城市》(Green Cities)一书,探讨城市空间的生态化途径。书中收录了世界各地二十多位专家、学者从不同角度对"绿色城市"建设的认识和研究成果。其中,印度学者Rashmi Mayur博士关于"绿色城市"的规划思想很有代表性,其要点为:

①绿色城市是生物材料与文化资源以最和谐的关系相联系的凝聚体,生机勃勃,自养自立,生态平衡。

②绿色城市在自然界里具有完全的生存能力,能量的输出与输入能达到平衡,甚至更好些——输出的能量产生剩余价值。

③绿色城市保护自然资源。它依据最小需求原则来消除或减少废物。对于不可避免产生的废弃物，则将其循环再生利用。

④绿色城市拥有广阔的自然空间，如花园、公园、农场、河流或小溪、海岸线、郊野等，以及和人类同居共存的其他物种，如鸟类、动物和鱼。

⑤绿色城市强调最重要的是维护人类健康（而疾病是非生态的）；鼓励人类在自然环境中生活、工作、运动、娱乐以及摄取有机的、新鲜的、非化学化的和不过分烹制的食物。

⑥绿色城市中的各组成要素（人、自然、物质产品、技术等）要按美学关系加以规划安排。要给人类提供优美的、有韵律感的聚居地（住宅、学校、道路、公园、树木、天际线及购物中心等）。各种形象设计、颜色、样式、大小与亲和度要基于想象力、创造力以及与自然的关系。

⑦绿色城市要提供全面的文化发展（剧院、水上运动场、海滩、公共音乐厅、友谊花园、科学和历史博物馆、公共广场等将为人类的相互影响提供机会，即：爱情、友谊、慈善、合作与快乐）。也就是说，绿色城市将是个充满欢乐与进步的地方。

⑧绿色城市是城市与人类社会科学规划的最终成果。它对于现存庞大、丑陋、病态、腐败以及糟踏性开发的城市中心是个挑战。它提供面向未来文明进程的人类生存地和新空间。[注9]

后来，有些学者把按照上述标准建设的绿色城市进一步称之为"生态城市"（Eco-city），其基本含义是一个"生态健全的城市"，是布局紧凑、充满活力、节能并与自然和谐共存的人类聚居地。"生态城市"概念的提出，表明现代城市建设的奋斗目标，已从追求单纯静止的优美自然环境取向，转变为争取城市功能与面貌的全面生态化。例如，美国亚利桑那州的 Arcosanti 和俄勒冈州的 Cerro Gordo，都是从一开始就按生态新城的原则规划建设的。也有的城市，如加州的伯克利和洛杉矶，则是通过改善城市生态环境和社区规划的努力，重新向生态城市模式转变。[注10]

江西省宜春市，是我国第一个规划建设"生态城市"的试点。它是应用复合生态系统的理论、智力圈的学说、环境科学的知识、生态工程的方法和系统工程的手段，在市域范围内调控、设计一个复合生态系统，力求使其结构、功能最优化，达到能流、物流通畅，系统调控自如，城乡环境清洁、优美、舒适的目标。[注11]吉林省长春市，提出了到2000年实现城市绿化覆盖率达到41%、人均公共绿地面积达到37平方米的"森林城"建设目标。1995年后，江苏省张家港市开始了生态城市的研究，决心建设成为生态平衡的"绿色港城"。

生态城市的基本特征为：人与自然和谐共处、互惠共生、共存共荣，物质、能量、信息高效利用，技术与自然高度融合，居民的身心健康和环境质量得到最大限度的保护，人的生产力和创造力得到最大限度的发挥，社会、经济与自然可持续发展。在生态城市中，技术与自然充分融合，物质、能量、信息高效利用，生态良性循环。生态城市是充分优化的"社会－经济－自然"复合系统，是应用现代科技手段建设的生态良性循环的人类住区。在地理上,"生态城市"也大大突破了传统的城市建成区概念,追求城乡融合发展的空间形态。在走向未来生态文明的进程中,生态城市是人类运用现代高科技寻求与自然和谐共存、可持续发展的城市模式。

"绿色城市运动",在全球范围内已获得了许多成果。例如:在日本Ogaki的工农产业一体化;在马来西亚Kuala Lumpar的利用人粪便养鱼;在巴西里约热内卢的废纸张、旧瓶罐的回收、分离与再生利用等。[注9]日本横滨市,市内公园面积有600公顷,市郊还有4500公顷林地。多年来,市政府一直在郊区购买用于造林的土地,将其作为"绿化保护区"或"市民林"加以保护。1980年制定了绿化总体规划,要求进一步保护和扩大城郊绿地,并列入了横滨"21世纪计划"。① 1990年代以来,政府正按照计划,从关内绿州的莳田公园到横滨公园、日本大街、山下公园总长约2.5公里的地区,修建"绿色中轴线",并使之成为新横滨都市空间的象征。[注12]

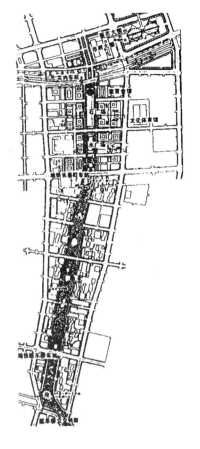

图1-32 日本横滨市1990年代"绿色轴线"中心区规划示意

1990年代后,发达国家的城镇密集地区(Megalopolis)又出现了一种新的城市形态——"环形城市"(Circle City)。其特点是若干组群的大小城市环绕一大片"绿心"发展,市域间的边界相互重叠,使得作为"绿心"的农业地区,成为环形城市的"中央公园"。[注13]这种环形城市,已经在美国芝加哥至明尼阿波利斯之间出现,预计将来类似的城市地区会更多。

在我国,当代也有对应于"绿色城市"的规划思想出现,如著名科学家钱学森先生提出的"山水城市"。1990年7月,他致信给清华大学吴良镛院士:我近年来一直在想一个问题:能不能把中国的山水诗词、中国古典园林建筑和中国的山水画融合在一起,创立"山水城市"的概念?人离开自然又要返回自然。1992年10月2日,钱老又致信中国建筑学会的顾孟潮先生,提出:要发扬中国园林建筑的优良传统,特别是皇帝的大规模园林,如颐和园、承德避暑山庄等,把整个城市建设成一座超大型园林,

---

① 参见《生态园林论文集》,P4,上海市绿化委员会编,园林杂志社,1990.

我称之为"山水城市"。人造的山水！[注18]
山水城市的设想是中外文化的有机结合，是城市园林与城市森林的结合。山水城市不该是 21 世纪的社会主义中国城市构筑的模型吗？我提请我国的城市科学家们和我国的建筑师们考虑。[注15] 1993 年 2 月 27 日，国内城市规划、建筑、园林等有关方面的知名专家、学者在北京召开了一次"山水城市讨论会——展望 21 世纪的中国城市"，对钱老的山水城市规划思想给予了高度评价。[注14]

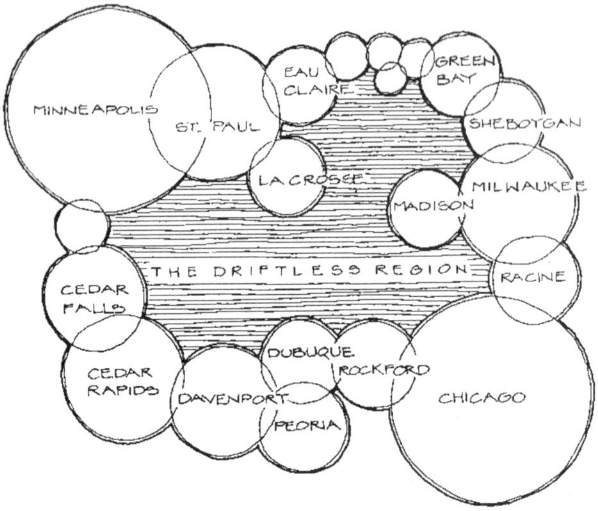

综上所述，近代城市规划理论上的每一次重大发展或转变，都与对城市内部及周围绿色空间的布局方式有关。绿色空间是所有城市维持"天人关系"的物质载体和市民接触自然的主要场所，也是医治大多数"城市病"的良药。由此，我们就能更深入地了解人类聚居环境空间形态演进的绿色历程。

图 1-33 "环形城市"结构图式
(美国的芝加哥和明尼阿波利斯之间的城市群，一系列大中小城市如星座般环绕着"绿心"（农业地区）发展，以保持城市地区有良好的生态环境。)

第四节　城乡一体的大地园林化统筹规划

按照吴良镛院士提出的"广义建筑学"系统研究思想和"融贯综合研究方法"，[注16] 对照国际上 Landscape 学科的发展情况，我国的园林学科总体上可按工作对象空间尺度的不同划分为三个层次：

第一层次是传统园林学，主要研究如何在较小范围的地域内经营山水、构筑亭榭、栽花植木和注入诗情画意等造园内容。从古老的私家园林、皇家园林、寺庙园林，到现代的城市公园，均属此列。

第二层次是城市绿化，主要研究城市建成区范围内绿地系统的布局、游憩活动的安排以及通过绿化手段进行城市景观美化等内容。花园式城市、园林化城市之类的问题，基本都在这一层次。

第三层次是"随着我国当代城市的的迅速发展，要展开研究的不仅是一个城市的景物规划而是一个区域的甚至是国土的大地景物规划，也即是大地园林化规划"。[注17] 绿色城市、生态城市、城乡一体化等区域性的空间发展问题，都要在这一层次里解决。在西方国家，类似的工作也称之为"大地景观规划"（Earthcape Planning），其工作内容包括城市农业（Urban Agriculture）、城市林业（Urban Forestry）、自然化公园（Naturalizing Parks）和其他大量的开敞空间（Open Spaces）等，如美国的州际公路风景线规划、城市园林式道路规划等。正如吴良镛院士所指出的那样："园林在当代已不仅仅是传统上的公园等等的概念，在区域城

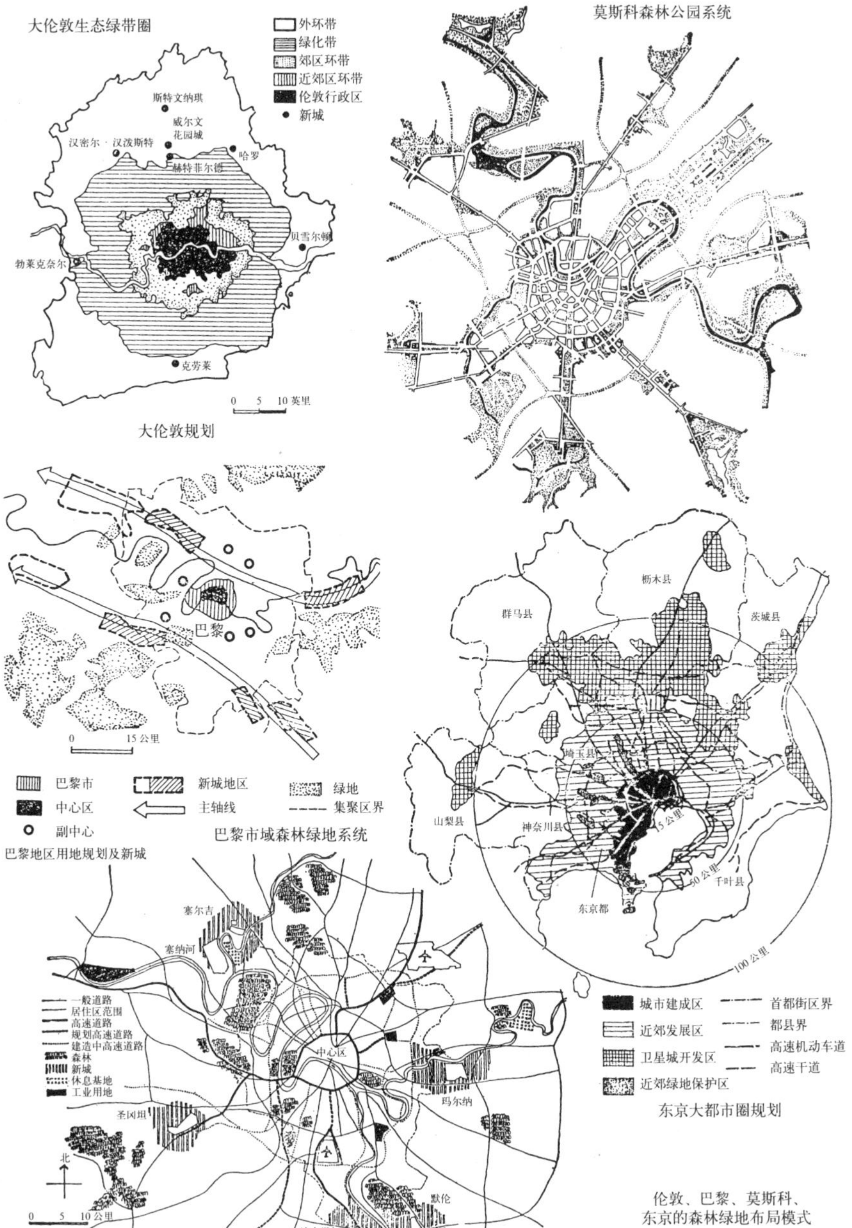

图 1-34 伦敦、巴黎、莫斯科、东京的森林绿地布局模式

市化的今天,它应走向宏观尺度,向大地景观、郊野景观和人类学领域展拓。早在 1950 年代中国提出的'大地园林化'的宏伟理想,现在仍然值得我们加以思考"。[注18]

"大地园林化"的思想,是毛泽东主席 1958 年 12 月 9 日在中国共产党八届六中全会上的讲话中提出的。① 毛泽东说:中国城乡都要园林化、

---

① 《人民日报》在 1959 年 3 月 9 日的社论中,首次发表了毛泽东主席的号召:"实行大地园林化"。

第一章 城市绿色空间规划理论的发展　29

绿化……园林化、绿化，总要有树，稀稀拉拉地栽几棵树不算绿化。真正绿化就要有规划地种树……经过若干年的努力，把我们伟大祖国，逐步建设成为三分之一为农田，三分之一为牧地、三分之一为森林的社会主义美好江山。[注19]

认真分析起来，毛泽东主席在这篇讲话里阐明了三条基本国策：

①城乡土地利用要有规划地进行；

②城乡土地利用的基本目标之一是大地园林化；

③实现大地园林化的基本途径是大量绿化植树和城乡按规划建设。

尽管毛泽东主席在当年讲话中所提出的城乡土地利用的"三三制"原则带有相当的理想成分，对城市公园绿地功能的认识也有些偏颇；但是，作为一个政治家，毛泽东主席的洞察力和对国土规划方向的宏观把握，却是非常正确的。若从当时起能认真贯彻实施，今天中国城乡的生态环境面貌可能就会好得多。可惜的是，由于后来政治运动等因素的影响，毛泽东主席的这些思想被国人曲解和淡忘了。因此，今天我们重新认识"大地园林化"的思想内涵，对于运用人类聚居环境科学的系统观来展拓"绿色建筑学"的理论框架，将是十分有益和意味深长的。

"大地园林化"是一个非常具有中国特色的城市和区域规划思想。这不仅因为它是由一代伟人毛泽东主席提出的，而是它比较切合国情、通俗易懂、号召力强，具有积极的现实意义。主要体现在：

①它为我们从规划科学的角度来协调城乡关系、调整产业结构、保护地区生态环境和历史传统、促进社区文化发展等工作内容，提供了一个全面、准确、清晰的绿色空间环境规划目标。

②它为实现区域范围内生态保护、城乡规划、园林绿化和建筑工程的有机融合，创造"环境共生型"的城市结构，指明了努力方向。

③它将城市地区的农业绿地体系以及生态产业结构等涉及社区经济发展的大问题，也纳入了城乡建设的规划范围，使物质生产活动与空间环境建设挂上了钩，便于统一安排，合理布局；有利于在城市化的进程中实现区域人居环境建设的可持续发展。

④目前，在我国的大中城市里，店面占领绿地、楼化代替绿化、"金风"劲吹草木凋，[注20]侵占、蚕食、毁坏园林绿地的情况屡禁不止；在农村，乱占、滥用农田绿地的现象仍相当严重。因此，大力宣传"大地园林化"的思想，有助于改变我国城乡生态环境"局部改善，整体恶化"[注21]的现状，提高城乡规划建设的生态化水平。大地园林化建设，对于经济发达地区是"锦上添花"；而对于因生态环境被严重破坏而造成的贫困地区，就可能是"雪中送炭"了。

长期以来，我国园林学科从 *Landscape Planning & Design* 向 *Earthcape Planning* 领域的拓展，一直缺乏易于理解宣传和实际操作的中文概念。*Earthcape Planning* 的直译名为"大地景观规划"，由于不太符合中国的国情而一直难以推广。①

---

① 包括：望文生义的传统、约定俗成的思维定势，以及对应的现行建设、管理体系名称等有关现实等。

运用"大地园林化"的概念，有助于解决这个难题并与国际上同类学科的发展内容接轨。以往在一些城市规划部门中，常把大地景观规划与风景区规划混为一谈。所以，重新理解和定义"大地园林化"规划思想的内涵，有助于

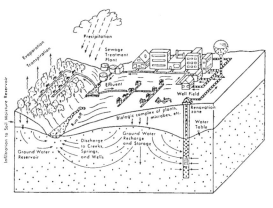

图 1-35 大地园林化建设需要关注的重要领域之一：城市地区水资源的生态循环

改变这一认识误区，能使更多的规划师关注普通城市地区人居环境的生态建设，促进城乡建设与绿色空间的协调发展。

纵观今日世界，"和平与可持续发展"（Peace and Sustainable Development）已成为全人类的共同追求。1994年国务院批准实施的《中国21世纪议程》中，就将"改善人类住区环境"列入了重要的工作内容，提出在城市要"大力发展城市绿化事业，到2000年，绿化覆盖率达到30%左右，人均公共绿地面积达到7平方米左右"；在农村，要求"到2000年，重点把现有的遍布全国的5万多个乡镇建设成为经济繁荣、环境优美的农村发展中心。包括合理的工业、商业服务业布局，合理的村镇内外布局，优美、标准化、实用的住房模式，健全的供排水、供暖和卫生系统，多样的教育、文化、娱乐设施"；"对空闲地进行植树、种草"。同时强调"森林资源的培育、保护、管理与可持续发展"和"生物多样性的保护"。[注22] 所有这些，都是在我国实现大地园林化的具体行动方案。

1960年代以来，西方的一些发达国家陆续步入了"环境时代"、"旅游时代"、"文化时代"，并朝着"生态时代"迈进。在城市规划方面，各学科的交叉与横向发展，使之成为一门高度综合性的学科。各国政府加强了对城市和区域规划编制的统一领导与宏观控制，从过去较单纯的物质建设规划（Physical Planning），发展为多学科的综合规划。即：把物质建设规划与经济、社会、科技文化及生态环境的发展规划互相结合，并采取综合评价的方法，用系统论的观点去进行各种专业规划的总体平衡与优化。

1977年12月，国际建协修订的城市规划《马丘比丘宪章》中，提出了新的城市规划指导思想："规划必须在不断发展的城市化过程中，反映出城市与其周围区域之间的基本动态的统一性"；"要在现有资源限制之内对城市的增长与开发制定指导方针"；"规划过程应包括经济计划、城市规划、城市设计和建筑设计，它必须对人类的各种要求作出解释和反应"；"控制城市发展的当局必须采取紧急措施，防止环境继续恶化，并按照公认的公共卫生与福利标准恢复环境固有的完整性"。该宪章中还强调了建筑、城市与园林绿化在规划设计时的统一性。受这些规划思想的影响，世界各

国大城市发展布局的形态，逐步由传统的封闭式、单中心模式转向为开敞式、多中心模式。城市规划工作涉及的范围，扩展到城镇体系规划、大城市圈规划、区域规划及国土规划等多个方面，并力求使全国的人口、生产力布局、资源配置与城市建设规划相协调，实现城乡融合一体化发展；并把保护生态环境作为城市与区域规划的重要内容和目标。有许多国家编制了大规模的国土综合开发计划。例如，日本在1962、1969、1977年和1986年共制定了四次"全国综合开发计划"以指导国土开发建设；同期内，法国也编制实施了"国土整治规划"，前苏联、波兰、匈牙利和朝鲜等国家，都制定和实施了"国土开发规划"或"全国发展规划"。

亚洲最著名的热带花园城市国家——新加坡，进入21世纪后提出了"从花园城市到花园里的城市"的国家发展战略（From Garden City to the City in the Garden），成立了"花园城市行动委员会"，隶属国家发展部。新加坡国家公园局计划在10年内建造一条170公里的公园廊道，把国土范围内的所有公园、地铁站和主要社区设施等连接起来；在2015年前腾出另外1000公顷土地作为公园用途；2006年后，国家每年都举办"花园节"。这种把整个国土花园化的规划建设目标，就是"大地园林化"规划思想的具体实现。

从"田园城市"到"大地园林化"，是近百年来有关人类聚居环境绿色空间规划思想发展的基本轨迹。与之相应，世界各国规划师的工作领域，也逐渐从较小尺度的城镇物质环境建设规划，走向了宏观尺度的区域性"社会-经济-生态"综合发展规划。大地园林化，已成为人类聚居环境营造活动所共同追求的一种崇高理想。当然，"鉴于人们总是先要认识问题，然后才能逐渐找到解决问题的方案 先有一个粗浅的思想，随着社会实践逐渐充实和完善起来"。[注16]在进行大地园林化建设的实践过程中，还有不少更深层次的问题，需要我们继续探索和开拓。

注释：

[注1]"列树表道"为中国古代传统之一。据《周礼》记载，周代种植行道树已成为国家制度，管理行道树的官员为"野庐氏"。《国语·周语》中称："周制有之曰：列树以表道，立鄙食以守路。国有郊牧，疆有寓望，薮有圃草，囿有林池，所以御灾也…"。此后历代相沿成习，并称此为"先王之法制"（张钧成．中国林业传统引论．北京：中国林业出版社，1992.6）。

[注2] 沈玉麟编．外国城市建设史．北京：中国建筑工业出版社，1989.

[注3] [波] W.奥斯特罗夫斯基著．冯文炯等译．现代城市建设．北京：中国建筑工业出版，1986.

[注4] E.Howard：Garden Cities of Tomorrow, Faber and Faber, London, 1946.

[注5] 周家高．绿色都市莫斯科，《城市问题》杂志，1991.2.

[注6] 吕富洵．莫斯科总体规划（1991～2010年）评述，《城市规划》杂志，1994.4.

[注7] 张承安编著．城市发展史．武汉：武汉大学出版社，1985.

[注8] 张建华．平壤城市绿化的特点与启示．《城市规划》杂志，1994.4.

[注9] David Gordon：Green Cities：ecologically sound approaches to urban space，BLACK ROSE BOOKS,1990. Canada.

[注10] Richard Register: Ecocity Berkeley, North Atlantic Books, 1987. California, U.S.A.

[注11] 中国风景园林学会信息网,《风景园林汇刊》Vo.1, 1993. P14.

[注12] 城市绿色轴线的设想,《国外城市规划》杂志, 1994.3.

[注13] Anne Whiston Spirn: The Granite Garden urban nature and human design, Basic Books, 1984, U.S.A.

[注14] 王明贤. 久在樊笼里,复得返自然——山水城市讨论会记,(台)《空间》杂志, No.47, 1993.6.

[注15] 钱学森. 社会主义中国应该建山水城市,《风景园林汇刊》Vo.1, No.2, 1993.4.

[注16] 吴良镛. 广义建筑学. 北京: 清华大学出版社, 1989.9.

[注17] 汪菊渊. 园林化城市.《风景园林汇刊》Vo.1, No.2, 1993.4.

[注18] 吴良镛. 经济发达地区城市化进程中建筑环境的保护与发展,《城市规划》杂志 1994.5.

[注19]《毛主席对林业生产的指示》,《毛主席有关林业的论述》,北京林业大学林业史研究室库藏资料。

[注20] 王伟:"金风"劲吹草木凋——武汉市绿地生存的困境,《羊城晚报》1994.10.15. P7

[注21] 中国科学院第一号国情报告对我国生态环境现状的基本评价为:先天不足,并不优越;后天失调,人为破坏;局部改善,整体恶化。治理赶不上破坏,环境质量每况愈下,前景十分令人担忧。参见胡鞍钢,王毅执笔. 生存与发展. 北京: 科学出版社, 1989.10.

[注22] 国务院《中国21世纪议程》——中国21世纪人口、环境与发展白皮书,中国环境科学出版社, 1994.5.

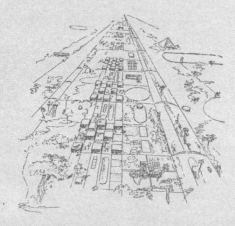

第二章 人与自然协调共生的生态关系

城市绿地系统规划

我国著名建筑与城市规划学家吴良镛院士曾指出："我们从生态学角度把人类看作自然界的一部分。我们强调生物的总体和环境的作用。地球上的所有生命一起构成一个实体，这个实体能够使得地球的生物圈满足她的全部需要，而且赋予她远远大于其他部分之和的功能"。[①] 所以，要规划好城乡人居环境的各类绿色空间，首先必须了解和掌握相关的生态学原理。

第一节　生态学与人居环境研究

生态学是探讨生命系统（包括人类）与环境系统相互作用规律的科学。生态学（ecology）一词，源于希腊文 oikos，其意为"住所"或"栖息地"，字尾 logy 意为"论述"或学科。所以从字意上讲，生态学是关于居住环境的科学，即研究生物的聚居地或生境。用美国学者麦克哈格（Ian L.McHarg）的话来讲，[②]"生态学就是关于家的科学"；因为地球这颗行星，是一切进化过程和无数生活在上面"居住者"惟一的"家"。

1866 年，德国博物学家海格尔（E.Haeckel）首次定义"生态学"为"研究生物与环境间相互关系的科学"。[③] 这一概念，一直沿用至今。其中，生物包括动物、植物、微生物和人类本身；而环境，则指一系列环绕生物有机体的无机因素和部分社会因素之总和。有机体可以影响其生存的环境，生存环境又反过来影响有机体的生存，二者相辅相成。生态学的各个层次（个体、种群、群落、生态系统、景观和生物圈等），无论以何种形式存在发展，都可以认为是生命体与环境之间协同进化，适应生存的结果。所以，生态学的实质是适应生存问题，生态适应与协同进化是生态学各个层次的特点。

从 1950 年代以来，以研究宏观生命环境综合规律为方向的系统生态学，得到了迅速的发展，逐渐成为现代生态学的研究中心。1960 年代末世界环境问题日益突出后，系统生态学又成为环境科学的理论基础之一。从生态系统的观点来进行环境影响的现状评价，预测评价和指导环境的综合整治与规划，已成为全球范围生态学的主要应用领域。

1977 年，美国著名生态学家奥德姆（E.P.Odum）提出：不要把生态学作为生物学的一个分支，而是从生物学中分离出来，使其与"住所"（oikos）这一生态学词根相一致，形成一个综合研究有机体、物理环境和人类的独立学科。因此，生态系统水平就成为研究的主要焦点，种群被认为是生态系统的成分，景观(landscape)是若干相互作用的生态系统的联合。英国生态学会的调查表明，[④]这个观点现在已经被人们普遍接受。绝大多数人认为"生态系统"是当代最重要的生态学概念，其次为演替、能流、自然资源保护、竞争、生态位和物质循环（Cherrett, 1989.）。

---

① 《城市规划》1996.1. P40.
② Ian L. McHarg. 芮经纬译．设计结合自然．北京：中国建筑工业出版社，1992.
③ E. Haeckel：《Generelle Morphologie der Organismen》（普通生物形态学），1866.
④ 据 E.P.Odum：90 年代生态学的重要观点，《Chinese Journal Ecology》，1995, 14（1）:72～75.

按照现代生态学的理论结构，生态学的基本观点主要包括：

①热力学定律（能量守恒与能量耗散定律）。

②自然选择概念（物竞天择，适者生存）。

③周期行为原理（由于地球自转和公转所造成的太阳高度角的变化，使能量输入成为一个周期性变化的环境因素，因而地球上的自然现象都具有周期性。生物的周期性就是对自然周期现象的适应）。

④普遍联系规律（所有的生命现象都以生态系统的方式相互联系和相互作用）。

1991年，生物学家Robert Hazen和物理学家James Trefil，选择并列举了对当代科学冲击最大的20个重要概念（Pool，1991.），其中除了两个热力学定律外，还有三个是生态学方面的概念。即：

①"地球上任何事物的运转都具有周期性；

②"一切生命形式的进化都是在自然选择中进行的"；

③"所有生命都普遍联系着"。

根据有关学者的研究，[①] 目前世界生态学基础研究的12项前沿领域中，有三项与人居环境直接相关，分别为：

①群落与生态系统的结构和组成，群落和生态系统对胁迫的反应和决定这种组成结构与反应方式的生物与非生物因素；

②在生态系统和景观中生物与非生物成分的相互作用，能量流动与物质交换的调控，气候、人类和生物过程怎样影响和调节生物的化学过程；

③包含人类影响和自然扰动在内的环境异质性对个体、种群、群落的生态过程和格局的影响。

因此，在卢布琴科（Lubchenko）等（1991）提出的生态学10大重要科研题目里，就有一项为：建立和发展用于设计与管理可持续利用的生态学系统的生态学准则。

由此可见，生态学从产生之初到现代的发展，都是一门有关人类聚居环境合理营造规律的重要基础科学。国际社会现在广泛要求遵循的"可持续发展"原则，就来源于生态控制论的"持续自生"原则。因此，在城市和区域规划工作中运用生态学原理，探讨人居环境与自然共生的可持续发展道路，在理论上和实践上都具有重大的意义。

第二节 人与自然关系的再认识

人与自然的关系、社会与自然的关系，可以看作是哲学的基本问题：主体与客体的关系。生态问题成为当代最重要的全球性问题之一，是由于生物圈中的自然因素与社会因素失调，以主体与客体的冲突形式表现出来。

---

① 参见董全，李晓军．面向21世纪的西方生态学，《Science and Technology Review》，2/1996，P15.

要解决生态问题，克服这种冲突，就必须调节主体与客体的关系。即：以辩证唯物主义的观点来分析现代生态形势，理解生态过程中主体与客体的辩证发展，协调人、社会和自然之间的关系，寻求人居环境可持续发展的建设道路。

自然界作为生态系统，是生物与环境相互作用的有机整体。或者说，当代世界是"经济—社会—自然"的复合生态系统。在生态学中，环境是以一定的主体来定义的；因而在生态学文献中有"以生物为主体的生态"的概念，这是普通生态学研究的对象。它包括以生物个体为主体的生态（个体生态学），以生物种群为主体的生态（种群生态学），以生物群落为主体的生态（群落生态学）和以生物圈的全部生物为主体的生态（全球生态学）。其中，生物个体、种群和群落，在生态关系中是不同组织层次的生态主体。与这些生态主体对应的环境，便是不同组织层次的生态客体。生态过程，就是生态主体与生态客体相互作用的过程。

在生态学中，也有"以人为主体的生态"这样的概念；它是人类生态学研究的对象，包括以个人、家庭、城市或乡村、国家或民族、全球人类各个层次为主体的生态。研究这些组织层次的生态主体与生态客体关系的科学，即称为庭院生态学、城市生态学和乡镇生态学、区域生态学以及社会生态学等。

按照马克思主义的基本观点，物质是一切变化的主体；物质运动的源泉，在于物质本身；这表明物质包含变化的主动性。现代科学认为：正是物质的化学变化导致了生命的产生。由于生命运动形式的产生，出现了生物与环境的关系。作为主体的生物，是物质的一种形态。生物是自然物质进化的产物，是自然界的一部分，也是物质、能量、信息的负荷者。作为客体的环境，同样是自然物质的一种形态。环境成为客体，是由于它是生物赖以生存和发展的基础。主体与客体之间相互依存、相互制约，不断地进行着物质、能量与信息的交换。不过，在人类产生之前，生物的内在主动性未能展开，处于初级形式，主要与自身的生存需要相联系，通过本能直接从自然界（客体）取得生存资料。为了生存，生物靠调节自身的变化适应环境的变化，求得与客体（环境）的统一。在这一阶段，主体与客体是未完全分化的，两者相互渗透，交织在一起。

人类在地球上的产生，出现了以人为主体的生态关系。人既是自然界的一部分，是自然存在物，又要依靠自然界生活。自然条件和自然资源，是人类赖以生存的基础。同时，人又是具有意识和智慧的生命有机体，它在自己的认识和实践活动中把自己与自然界分开；运用自己制造的工具作为与自然关系的中介，通过劳动作用于自然界。人类的基本需求，不是直接从自然界取得满足，而是通过劳动变原始自然物为人工自然物而获得满足。因此，人把自然界作为客体，人的主动地位是在实践中逐渐被自觉地意识到的，通过自己的活动适应和改变环境，达到主体与客体的辩证统一。这一过程，表现了人类自觉的能动性。当然，人类的主观能动性并不能改变主体与客体相互依存、相互制约的关系，即：一方面是人对环境的作用，另一方面是环境对人的作用，特别是被人类活动改变了的环境对人的反作用。

在人与自然作为主体与客体的关系问题上，历史上存在着"反自然"和"纯自然"两种观点（或思潮），它们都是片面的。恩格斯在《自然辩证法》中对于第一种反自然的观点写道："但是这种事情（指考虑人类活动引起长远的环境后果——作者）发生得愈多，人们愈会重新地不仅感觉到，而且也认识到自身和自然界的一致。而那种把精神和物质、人类和自然、灵魂和肉体对立起来的、荒谬的、反自然的观点，也就愈不可能存在了。这种观点是从古典古代崩溃以后在欧洲发生并在基督教中得到最大发展的"。对于另一种自然主义的观点，他说："自然科学和哲学一样，直到今天还完全忽视了人的活动对他的思维的影响；它们一个只知道自然界，另一个又只知道思想。但是，人的思维最本质和最切近的基础，正是人所引起的自然界的变化，而不单独是自然界本身；人的智力是按照人如何学会改变自然界而发展的。因此，自然主义的历史观是片面的，它认为只是自然界作用于人，只是自然条件到处在决定人的历史发展；它忘记了人也反作用于自然界，改变自然界，为自己创造新的生存条件"。

"反自然"和"纯自然"两种历史观之所以错误，就在于它们都割裂了人与自然（主体与客体）的辩证关系。前者把主体的作用绝对化，夸大了主体的作用；后者则把客体的作用绝对化，夸大了客体的作用。这两种片面的观点，在当代关于人与自然的关系的认识中仍然有所表现。片面地夸大人的主观能动性，不顾自然规律，过分强调人统治自然和人对自然界的主宰地位，这是"生态唯意志论"的反自然观点。像 1958 年"大跃进"期间，国内流行的"人定胜天"，"人有多大胆、地有多高产" 等口号，就是这一思潮的典型反映。另外，鉴于环境污染和生态破坏的严重性，又有人认为人类最严重的错误，莫过于干预自然过程而破坏了大自然的平衡，因而提出人类必须无条件"返回自然"、"返璞归真"等口号；这便是"唯生态主义"的纯自然观点。

人与自然，作为主体与客体的关系，是两个方面辩证的相互作用：一是主体决定客体，人作为创造者，以自己的活动使自然界获得社会历史的尺度，实现"自然的人化"。这是主体向客体运动，主体对客体的改造，人类活动影响客体，建立"人化自然"的过程。二是客体决定主体，实现"人的自然化"。这是客体向主体运动，环境影响人类，表示客体（环境）对主体（人）的制约性。这种辩证的相互作用，推动了人类生态过程的发展。

对于人与自然作为生态主体和生态客体的哲学本体论分析，有助于我们认识二者之间相互作用的辩证关系，纠正"反自然主义"和"纯自然主义"的片面观点，探索人与自然协调发展的正确途径。

第三节　人类生态作用的规律性

如同对其他自然事物的认识一样，人类对生态系统和生态过程的认识也分为三个步骤：

①从思想理论上把握生态客体,用概念、判断和理论描述生态客体;

②从理论和实践上检验这种认识的真理性;

③把这种认识应用于实践。这就是人类对生态系统认识中相互联系的统一过程。

人类对自然界的作用,利用和改变着自然界。但是,这种作用并不是以彼此孤立的个人行为单独地进行的;而是以一定的团体为单位,以社会为单位,在一定的社会联系和社会关系的范围内进行的。人类的生产活动是社会活动,其生态作用具有很强的社会性。因此,人与自然生态过程的作用,表现出如下规律:

1. 人类活动必然引起自然界的变化,并且随着生产规模的扩大而影响加剧。人类适度的劳作,打破了大自然生态关系的旧有平衡,建立起有益于人类生存和发展的新平衡,这是世界的进步。同时,人类通过劳动的再生产,也从根本上影响了整个自然界的进化。

2. 人、社会和自然高度相关。在人与自然的关系中,一方面是自然决定人,这是"人的自然化";另一方面又是人决定自然,即"自然的人化"。而且,两者越来越紧密地相互渗透、交织在一起了。如果人的实践目的违反了自然规律,就表现为主体与客体的冲突;它只有通过调节人和社会的运动,使人类活动符合客观规律才能得到解决。

3. 人和社会的活动加速自然进化的过程。主要特点为:

①既加速地球表面物质进化的有序化过程,也加剧了它的无序化过程,但总的过程是向提高有序化的方向发展(表2-1)。具体而言,"经济—社会—自然"复杂生态系统的建设,是加强有序化的过程;环境污染和生态破坏,是加剧无序化的过程。人类目前致力于解决人类活动所引起的环境破坏问题,正是为了避免地球的物质进化向无序化方向发展。

②加速地球物质进化的生物化学循环过程。它包括两个方面:一是与人类技术活动有关的化学过程,即人类生产和使用大量人工合成的化学物质,加速了地球物质的化学变化;二是与人类技术创造有关的生命过程,即人类的生物性生产加速了地球物质的生物进化。在人类进行的生物性生产中,人工选择代替了自然选择,大大加快了物种更替的速度,加速了生物进化的过程(如农作物杂交育种、辐射育种等)。特别是当代生物工程技术的发展和应用,能够在较短的时间内创造出符合人类需要的生物新品种。

4. 人类与地球共同进化。人类对自然生态过程的作用,已经具有了全球的性质。人类活动的作用已经成为一种强大的"地质力量",在创造其社会历史的同时,也在重塑着人类生活的两个世界:人类社会与自然界。而且,这两个世界是高度相关的,它们必须共同进化。它们通过相互依赖的合作关系(协同作用),通过适应性选择和制约,在人类建设自己高度的物质文明和精神文明的同时,维护自然界健全的生态过程,保持可供人类永续利用的自然生态系统的持续繁荣。

地球表层的进化历史,已经说明地球表层、自然地理系统、生态系统和人类生态系统(人类社会)有发生学上的联系,是同源的。它们又都是开放的自组织系统,是耗散结构。它们都像有机体新陈代谢一样,与外界环境不断交换能量、

人类活动对地球自然生境的影响现状　　　　　　　　　表 2-1

1　世界生境与人类扰动

	总面积（平方公里）	未扰动生境（%）	部分扰动生境（%）	全被扰动生境（%）	生境指数
世界总计	162052691	51.9	24.2	23.9	58.0
岩石、冰和荒地校正后的世界总计	13490471	27.0	36.7	36.3	36.2

2　各洲的生境和人类扰动

洲	总面积（平方公里）	未扰动生境（%）	部分扰动生境（%）	全被扰动生境（%）	生境指数
欧洲	5759321	15.6	19.6	64.9	20.5
亚洲	53311557	43.5	27.0	29.5	50.3
非洲	33985316	48.9	35.8	15.4	57.9
北美洲	26179907	56.3	18.8	24.9	61.0
南美洲	20120346	62.5	22.5	15.1	68.1
大洋洲	9487262	62.3	25.8	12.0	68.8
南极洲	13208983	100.0	0.0	0.0	100.0
全世界	162052691				

3　各生物地理区的生境和人类扰动

Udvardy 区	总面积（平方公里）	未扰动生境（%）	部分扰动生境（%）	全被扰动生境（%）	生境指数
印度－马来亚	8785216	11.6	31.8	56.6	19.6
非洲热带	24473218	35.8	45.3	18.9	47.1
古北区	59732302	51.8	23.2	25.0	57.6
新北区	24749723	58.2	18.8	23.0	62.9
新热带	21550527	59.9	22.2	17.9	65.5
澳大利亚	8255821	62.1	27.8	10.1	69.1
大洋洲	933683	77.6	12.3	10.1	80.7
南极洲	13506742	98.4	0.1	1.5	98.4
全世界	162052691				

注：① 生境指数 =（未扰动面积 + 0.25 × 部分扰动面积 ÷ 总面积）× 100%；
② 资料来源：Ambio, Vol.23 No.4-5 July , 1994. P248。

物质和储备，在系统内产生形成负熵流，并降低系统的总熵。因此，它们也像有机体一样"生长"，从较低级的耗散结构，发展为较高级的耗散结构。

1960 年代英国科学家 J.E.Lovelock 提出"盖亚假说"（GAIA Theory），将地球称作一个有机体。GAIA 是希腊神话中地母的名字。Lovelock 认为，地球是一个活的、有自我调节能力的超级有机体。它的各组成部分，由于长期的相互作用和改造（例如生物对大气组成的影响），使之能像生物器官一样协同工作。生命改造了地球，地球和生命又紧紧地联系和作用于和谐之中。这个超级有机体的协调和平衡系统，至少和人体一样复杂精巧。

如果我们比较一下地球表层、生态系统和人类生态系统（人类社会）的进化规律，就会发现它们基本一致，有相同的发展战略（表 2-2），大体为：

①从比较无序到比较有序，从简单到复杂；

地球表层、生态系统与人类生态系统的主要进化指标　　　表2-2

指　　标	地球表层	生态系统	人类生态系统
能量流通总量	增大	增大	增大
能量流通过程	逐渐复杂	逐渐复杂	逐渐复杂
能量利用效率	提高	提高	提高
能量储存量	增加	增加	增加
物质循环量	增大	增大	增大
物质循环封闭性	增加	增加	增加
物质利用率	提高	提高	提高
多样性	增加	增加	增加
有序性	增加	增加	增加
稳定性	增加	增加	增加
信息生产量	增加	增加	增加
信息储存量	增加	增加	增加
总熵	降低	降低	降低

资料来源：《中国人口·资源与环境》Vol.4，No.4，Dec.1994．P13。

②能量流通量逐渐加大，流通过程复杂，能量利用率提高；

③物质循环量增大，利用率增加封闭性增强；

④系统稳定性增加；

⑤系统总熵降低，信息量增加。

生物是单纯以自己的存在改变自然界，而人类却不同。人类以自己的智慧和劳动改变着地球，人类的作用已成为生物圈发展的新机制。人的力量，主要不是由人的生物量所决定，而是与人的智慧及其在这种智慧指导下的劳动有关。只有人才能够调动和发挥自然界的其他力量为一定的目的服务，从而加速了自然界变化的过程。例如，人类对生物圈的作用，最集中的表现就是建立了与自然生态系统不同的人工生态系统。诸如人造森林、人工草场、高产农田、水产养殖场、畜产品养殖和家禽养殖场、菌类和有益昆虫养殖场等等；还有城市生态系统和乡镇生态系统。在地球表面的许多地方，已经以人工生态系统代替了自然生态系统；其中，最典型的就是城市。了解人类生态作用的规律性，将使我们更好地遵循自然法则、谋求生态发展。

第四节　生态发展与人居环境建设

人类的环境与生态问题可以分为两大类：一类是涉及人类社会与自然界的不协调问题。现代工业生产所带来的物质文明，本质上是以过度消耗资源、无控制地排放废物和破坏生态环境为代价的生产方式。因此，不可避免地给人类社会带来工业创造力与破坏力的同步增长，以致演化成严重的生态危机。另一类是人类社会自身矛盾的不协调问题，其中最主要的就是和平与发展问题。人类至今不但未能摆脱战争的威胁，也还没有摆脱贫困的威胁。工业文明的高增长、高消费、高浪费，破坏了地球的生态平衡，也使更多的地方和人口陷入了贫穷与落后。广大的发展中国家和地区，正在发展经济与环境恶化的双重压力下举步维艰。

例如，与发达国家相比，我国目前的环境污染就不是源于经济规模过大或消费水平过高，而主要是源于经济基础差、技术水平低下和管理不善；我国生态环境的变化问题，表面上看是因为人口压力所致，实质上是贫穷的产物。全国生态环境评价的结果表明：生态环境状况最差的地区，恰恰是经济最不发达的贫困地区。因此，我国未来的社会经济发展战略，必须是在谋求经济增长的前提下，同时谋求提高发展质量（环境保护），即实施谋求经济与环境协调发展的战略。

大量的科学研究已经表明：经济发展与环境状况的变化之间，存在着复杂的相关性；环境保护或环境变化水平不仅取决于社会经济发展的规模，更取决于社会经济发展的方式。总体而言，沿袭传统的发展模式，国民经济增长与环境污染和破坏，必然随时间推移而呈比例地增加；但是，如果实现发展模式的根本转换，采用清洁、有效的绿色生态技术，树立新的生态文化观念和消费模式，加强生产过程中的污染管理，那么对生态环境的破坏就会随社会经济的发展而减少。

所谓生态发展是指在生态上健全的社会经济发展。它要求人类社会的经济发展符合生态规律，尽可能不造成对地球环境生态条件的损害。生态发展的特征，是在经济发展的同时注意环境保护，使经济发展与生态建设相互统一，同步进行。因此，生态发展是包括经济增长、人民生活水平提高和环境质量改善的全面发展。若再加上国土资源的永续利用、废弃物合理处置、消灭贫困、兼顾社会的公平与效率等内容，就是联合国《21世纪议程》中所倡导的"可持续发展"。

人类聚居环境（Human Settlement，简称"人居环境"），是人类活动改造自然界的劳动成果。它既是人类赖以生存的基地，又是与自然之间相互联系的空间过渡层次。因此，人居环境建设需要处理好以下4个方面的关系（表2-3）：

1. 人与人之间的社会关系：包括人口增长、人口流动和人际交流等主要方面。特别是当今世界正面临着"人口爆炸"的危机，随之而来的便是大量农业剩余人口向城镇集聚、乡村工业化、区域城市化等尖锐问题。在一些较发达的城镇密集地区，这方面的社会矛盾已经十分突出。

2. 人与物之间的经济关系：包括人类的物质生产、物质消费和商品流通等主要经济活动。例如，人居环境建设中大量营造城乡建筑的社会活动本身，就构成了重要的经济行为，创造相应的经济价值。

3．人与场所之间的空间关系：包括工作、居住、交通和游憩等方面人类活动对物质环境空间的需求。人居环境建设需要给这些活动的运作提供相应的发展空间，并且在技术上保证其能够合理使用。①

4．人与自然之间的生态关系：包括资源利用、环境保护和绿化建设等方面。其中，资源利用是指人类对地球不可再生资源的合理开采与利用；环境保护包括污染治理和环境卫生；绿化建设则作为维护地球生态系统最经济、最实际、同时也最有效的一种手段。整个自然演化的历史已经表明，只有绿色生命的存在，才能支撑人类的生命活动。绿色植物生命群落的数量和质量大小，是维持地球表层人居环境生态平衡的最重要因素之一。

据科学家预测，到2030年，世界人口将增加到84亿，对于养育地球生命的绿色空间的破坏还会加剧。以泰国为例，1940年代森林面积曾占国土面积的80%，而1990年代减少到只占30%。地球上的自然资源，竟是如此异常迅速地被人类吞噬着，非常令人担忧。所以，人与自然相协调的意义就显得日益重要。正在蓬勃兴起的"绿色文化"所倡导的"普遍和谐"观念，就是号召要在实现人与自然界、人与人以及人自身身心和谐的条件下，联合起来，同舟共济，维护自然界生态物种的多样化，实现地球的"可持续发展"。

人居环境建设需要正确处理的四大关系　　　　表2-3

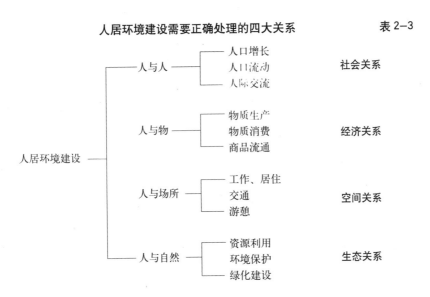

所以，如果我们粗略地鸟瞰一下生态学迄今的发展历程就会发现：早期的生态学更多地显示出其自然属性的一面，现代的生态学则更强烈地表现出其社会属性的一面，其基本原理已被应用到人类社会生活的各个方面。生态科学的这种双重交叉和属性，从本质上规定了其理论模式"多元兼容"的特殊性；而多元化的异质性正是生态现象的基本特征。

---

① 这里所说的场所，主要是指各类人工营造的城乡建筑空间。

第五节　人与自然共生可持续发展

可持续发展（Sustainable development）的概念，来源于生态学控制论"持续自生"的原理，后来演化成一个国际化的术语。其基本含义为：人类社会的发展应当既满足当代人的需要，又不对后代人满足其需要的能力构成危害。

世界上有两类资源：一是不可再生资源（矿产资源），它在地球上的数量在一定程度上是固定的；二是可再生资源（淡水、氧气、森林和有机物质等），它来源于地球上发生的自然过程，并在年增长量与年消耗量（包括人类的使用）之间保持平衡。

人类对生物圈的影响可以概括为三种形式：一是改变地球表面的结构，如开垦梯田，砍伐森林，改良土壤，建造人工湖和人工海以及用其他方式改变地面水系等；二是改变生物圈的成分，这意味着通过开采矿产、挖掘疏浚河道、通过向大气和水域排放种种物质，通过改变水分循环，人们改变了生物圈中所含物质的平衡和循环；三是改变整个地区和全球的（包括热平衡在内）能量平衡。人类的这些活动，使上一个地质年代中一直影响环境演化自然过程的自然力和"自然平衡"中的诸因素受到干扰。生物圈的平衡，是一系列地质和气候发展过程的结果，也是在人类出现之前就早已开始了的生物进化过程的结果。换句话说，自然平衡只是在生物进化发展过程产生了之后才开始被打破的。所以，许多生态学家坚持认为：人类社会的发展（人口增长以及生产和消费的增长）将对地球生态环境产生不可避免的消极作用。这些消极作用加上自然资源的枯竭，就构成了"生态危机"。

对于资源利用的方式和结果，在20世纪50～60年代，国际上对"增长"和"发展"这两个概念的基本含义众说纷纭。"增长"被认为只是国民经济健康状况基本指数（即经济活动量）的增加，比如国内生产总值和产量的其他指数；而"发展"则被认为不仅仅是经济活动总量的扩大，而且伴随着经济与社会结构的变迁，包含更加丰富、细致的内容；例如，以保健和教育的方式为全体国民提供基本的福利待遇、克服贫富之间以及地区之间的差异、改善全民的生活质量等。

1960年代后期，一些经济学家通过极其复杂的数学模型，来展示在人类活动与相关的自然环境之间存在着的直接联系，并试图测量彼此的影响。1970年代后，"发展必须以人为中心"的思想，开始得到国际社会普遍承认和接受。人们认识到，要解决人类所面临的生态与环境问题，必须立足于从人类经济、社会发展中去寻求实现人与自然平衡的途径，逐步实现可持续发展。于是，许多国家采取了争取"发展"而不仅仅是要"增长"的策略。

1980年代初，为了解决当代人类面临的三大挑战：南北问题、裁军与安全、环境与发展，联合国大会成立了由当时的西德总理勃兰特、瑞典首相帕尔梅和挪威首相布伦特兰为首的三个高级专家委员会，分别发表了"共同的危机"、"共同的安全"和"共同的未来"三个纲领性文件。文件中不约而同地得出了为克服危机、保障安全和实现未来，都必须实施"可持续发展战略"的结论；并提出："可持续发展"是21世纪各个国家正确处理与协调人口、资源、环境、经济相互关系的共同发展战略，是人类求得生存和发展的唯一途径。这一战略的提出，立即引起国际社会的极大重视，逐渐被各国政府和各国际组织所接受。

联合国前秘书长吴丹，任职期间对城市化和环境保护问题极为关注。在一篇特别报告中，他曾对此写道："人类环境的变化可归纳为这样三个基本原因：人口增长的加速、城市化的加剧以及谋求空间、食物和自然资源的新技术的改进和扩大"；"人类应当成为我们星球整个自然的组织者"。[1] 1980年，第二届欧洲生态学会议的主题，就是讨论城市化地区的生态学问题。会议提出城市规划的生态学基础应该为：城市系统的特征、人类活动对城市生境和生物群落的影响以及土地管理的生态准则。[无独有偶，15年后（1995年11月）在珠海市召开的中国生态学会第五届全国代表大会，六个主要议题之一也是：城镇及人口密集区生态建设的理论、方法与案例。]

1983年，联合国大会成立了"环境与发展委员会"。该委员会从一开始便明智地决定不去单纯地研究环境，而是去探索发展过程中的各种关系，如发展对人类的作用，它所带来的影响和限制，以及自然环境对发展的影响和限制。在布伦特兰报告里，该委员会循着这一思路提出了对可持续发展的经典定义，即"满足现时的需求，不能以牺牲后代的潜力为代价"（WCED，1987）。人们渐渐地认识到，经济发展规划必须放在一个大框架之中加以考虑，它既要确认改善人民生活的需求，又必须以一种不毁坏自然环境方式来实施。最重要的是必须认识到：在周密的计划之下，这种发展是可以达到的。

使"可持续发展"概念臻于完善，是在1992年5月在巴西里约热内卢举行的联合国环境与发展大会上达成的。178个国家的代表出席了会议，一系列有关环境保护协议提交大会讨论，其中最重要的议案是《21世纪议程》。这项行动计划明确了哪些国家在21世纪应该达到可持续的发展水平（UNCED，1992年）。

《21世纪议程》对可持续发展的呼唤，不仅仅局限于对环境的保护，它也是经济发展的一个新概念，它向全球所有的人民提供公正和机会（而不是仅向少数的特权人物），同时毋需进一步毁灭自然资源和损伤地球的承受能力。在可持续发展的过程中，必须制定经济、社会、环境、财政、商业、能源、农业、工业以及技术诸方面的政策；这些政策要互相支持，共同促成经济、社会及环境诸方面协调发展。它还明确提出：当代人的资源消耗，不应给后代留下将来必须偿还的经济债务、社会债务和生态债务。

---

[1] E. Fedorov: MAN AND NATURE, Progress Publishers Moscow, 1980.

可持续发展是一个长期的规划过程，包括五个主要的目标领域：

①自然资源保护；

②建筑环境与自然环境相和谐；

③防止自然环境受污染及其再生能力退化；

④公众参与；

⑤社会公平。

《21世纪议程》在论及"促进可持续的人居环境"（第七章）里指出：城市化的过程若控制得当，可以通过制定充分的价格政策、教育计划以及在经济和环境方面可行的增长机制，为可持续人居环境的发展提供十分难得的机会。

哈多依（Hardoy）等人认为，[①] 可持续的城市这一概念，其定义必须包括以下内容：

①最低限度地使用不可再生资源；

②合理地使用可再生的资源；

③在地区和全球废物消化能力限度之内行事；

④满足人类的基本需求。

其中，显然含有生态学方面的意义。

1994年UNCHS（联合国人居中心）召开的"重新评价城市规划过程作为可持续城市发展和管理手段"的UMP（城市管理方案）国际会议指出：城市规划者之间业已达成了一定共识，即城市可持续性的三大支柱是——环境的可持续性、经济的可持续性和社会的可持续性（注：社会的可持续性是指和平、公正和稳定）。

从宏观来看，农业发展与城市扩张是一对共轭的因子。随着城市人口的增长，土地将成为制约城市发展的关键因素之一。城市地区的可持续性概念，实际上有赖于其是否拥有足量能供养城市人口的农业可耕地。在大部分地区，与城市接壤的土地通常是农副产品的重要产地，为城市提供蔬菜、水果和奶制品，单位面积的土地收益率很高。然而，这些可耕地正越来越受到城市周边膨胀、扩展的压力。城市的发展，往往要以牺牲这部分土地的农业生产为代价；而这种生态代价可以说是十分昂贵的。因此，保护和拓展包括农、林业用地在内的城市地区各类绿色空间，是维持城市可持续发展的重要基础之一。

联合国发展规划署（UNDP）发表的一份报告强调："土地使用政策应当考虑土地的文化、娱乐和生态价值。所有城市都有一些欠开发的区域，如公园、广场和某些自然景观；这些地带应当被视为珍贵的、不可再生的资源；即使它们产生不了经济价值也应当受到保护。每个社会都需要民主地讨论如何保持这方面的平衡"。

---

① 《第三世界城市的环境问题》Hardoy, J.E.Mitlin,D & Sattertjwaite D, Earthscan Publishers, London 1992.

为了宣传和促进可持续发展战略在全球的实施，联合国及其有关机构自 1990 年代以来进行了大量的工作，先后召开了一系列重要的国际会议（表 2-4），在许多领域达成了广泛的共识。特别是"可持续的人类发展"（Sustainable Human Development），已成为世界范围的焦点议题。研究内容的重心之一，就是发展中国家城市和乡村的共同富裕、协调发展。同时，可持续的发展还要求在尽可能低的层次上作出决策，因为层次越低措施成功的可能性越大。这就使各级地方政府必然地成为可持续性因素而融入发展之中。

在进行物质建设的同时，社会公平、融合、正义和稳定，对一个文明社会的和谐发展也具有重大意义。若缺少这些因素，不仅会引起社会紧张与不安定，而且也会导致战争、激烈的种族冲突和其他人为的灾难。因此，全球性的和平进程必须包括寻求社会公平、融合和稳定的战略，它们是可持续性的必要条件。国际社会对这些重要因素的关注，反映在 1995 年于哥本哈根召开的"社会发展世界首脑会议"之中。会上，社会的融合、贫困以及失业问题成为主要的议题。

1996 年 6 月在伊斯坦布尔召开了"联合国第二次人类住区大会"（HABITAT II）。大会的主题是："城市化世界中人居环境的可持续发展"和"人人享有适当的住房"。世界各国 2 万多名代表参加了大会，商讨如何迎接世界城市化的挑战。联合国发展规划署（UNDP）为这次大会组织的专题论文内容，主要包括几方面：

①城市农业：食品、就业和可持续的城市；
②城市有效管理经验的区域交流；
③人居环境中的非政府部门与职业构成；
④城乡结合及其自持续发展（Self-Sustained Development）的操作联系；
⑤地方管理方法论的研讨；
⑥性别与人居环境（Gender and Human Settlements）。[①]

大会通过的《人居议程》，阐明了大会所达成的全球性共识，即：人居环境中的经济发展和环境保护可以并驾齐驱；要在世界上建设可生存、安全、富裕、平等、健康和可持续发展的城市、乡镇和农村。这次大会，已成为人类社会走向 21 世纪、争取可持续发展的又一个重要里程碑。

中国古代哲人老子有句名言："人法地，地法天，天法道，道法自然"（《老子》第 25 章）。我国古代哲学中所提倡的"天人合一"的全局意识和整体观点，也反映了生态思想的特点。现代科学已经反复证明：人类自然生存的命运，说到底还是要由地球表层的进化状况所决定。在人类文明的初期，人和动物一样生活在基本没多大改变的自然生态系统之中，人与自然的关系表现为同质的和谐，处于极低水平的原有机统一体之中。到了工业发达、科技昌盛的近、现代，人类全面掠夺和征服大自然，使人与自然的关系发生了严重冲突，开始导致生态危机并影响人类自身的生存。所以，努力贯彻体现人与自然共生原则的可持续发展战略，将是人类重构与大自然生态系统和谐关系的惟一正确途径。

---

① 这项内容主要是指男女平等和发挥妇女作用。

1990 年代联合国有关人类社会发展的重要会议　　　表 2-4

年代	大会名称	地点	会议主题
1990	儿童高峰会议	纽约	结合国家目标的儿童权利
1990	人人享有教育	泰国	为所有儿童与成人提供基本、适宜和有质量的教育
1992	地球高峰会议	里约热内卢	可持续发展，21 世纪议程
1993	人类权利	维也纳	人权问题
1994	小岛国家	巴巴多斯	小岛国家的保护和发展
1994	世界人口	开罗	人口与发展
1994	灾害管理	横滨	灾害管理
1995	社会发展	哥本哈根	社会融合、减少贫穷、人民生计
1995	世界妇女	北京	男女平等、发展与和平
1996	城市高峰会议	伊斯坦布尔	城市化世界中人居环境的可持续发展，人人享有适当的住房

资料来源：UNDP Report, 1996.3。

参考文献：

1．联合国人居环境委员会第 15 届会议临时议程报告，1995.4.25～5.1，内罗毕。

2．刘思华．当代中国的绿色道路．武汉：湖北人民出版社，1994.

3．《AMBIO－人类环境杂志》，V.22,N7-8,1993；V.23,N.1,1994.2；瑞典皇家科学院出版。

4．曲格平，李金昌著．中国人口与环境．北京：中国环境科学出版社，1992.

5．中国科学院国情分析研究小组．生存与发展．北京：科学出版社，1989.

6．浦汉昕．可持续发展与地球表层的进化，《中国人口·资源与环境》V.4,N.4,1994.12.

7．吴玉林．人与资源论．济南：山东教育出版社，1993.

8．余谋昌．生态学哲学．昆明：云南人民出版社，1991.

9．联合国教科文组织．对发展的测量和评价．《国际社会科学杂志》,V.13,N.1,1996.2.

10．李春秋、陈春花．生态伦理学．北京：科学出版社，1994.

11．C.A.Doxiadis：ECOLOGY AND EKISTICS，University of Queensland Press，1978.

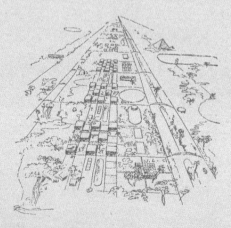

第三章　生态绿地系统与人居环境规划

城市绿地系统规划

第一节 生态绿地系统规划的基本概念

现代城市规划学,是在19世纪末到20世纪初西方工业革命所带来的城市化进程加速过程中创立和发展起来的。二战之后,希腊学者、著名城市规划学家道萨迪亚斯(C.A.Doxiadis)等人,首先创立了"人类聚居科学"(EKISTICS)的理论,即Science of Human Settlement(中文简译为"人居环境学")。它是一个以人类的生产、生活环境为基点,研究从单体建筑到群体聚落的人工与自然环境保护、建设和发展的学科体系。自1976年在加拿大温哥华举行的联合国第一届人居环境会议(Habitat I)以来,人居环境学的研究已在世界范围受到广泛重视。

生态绿地系统,是人居环境中发挥生态平衡功能、与人类生活密切相关的绿色空间,即规划上常称之为"绿地"的空间。它作为一类"人化自然"的物质空间之统称,着重表述了人类生存与维系生态平衡的绿地之间的密切关系,同时也强调了绿地对人居环境建设的影响主要是生态功能。

美国著名的风景园林与环境规划学家麦克哈格(Ian L.McHarg),曾在他的名著《设计结合自然》(Design with Nature, 1969)里,用这样一段话形象地表述了绿色空间与地球和生命之间的关系:

"在太空中的人能俯视遥远的地球,他看到的是一个天空中旋转着的球体。由于地面上生长着青青的草木,藻类也使海洋变绿,所以看上去地球是绿色的,犹如天空中的一颗绿色的果实。靠近地球仔细看去,发觉地球上有许多斑点,黑色的、褐色的、灰色的,从这些斑点向外伸出许多动态的触角,笼罩在绿色的表面上。他认得出这些污点就是人类的城市和工厂。人们不禁要问:这难道只是人类的灾难而不是地球的灾难吗?"[注1]

宏观而论,自然界影响生物的外界条件总和,生态学上统称为"环境",包括生物存在的空间以及维持其生命活动的物质与能量。对人类来说,环境就是其生存条件。地球上生命自然分布的极限,大约是在15~20公里的高空和海平面以下10公里左右的水域之间。但是,绝大部分生物是生存于地球陆地上和海面之下各约100米厚的空间范围内。科学家把覆盖地球表面薄薄的生命层,称之为"生物圈"(Diosphere)。它是地球上有生命活动的领域及其居住环境的整体。生物圈是地球上最大的功能系统,正是在这里进行着能量固定、转化与物质迁移、循环的过程。其中,绿色植物具有核心的作用。

从物理学和化学的角度来看,地球不停地围绕着太阳运转,地球上所有的能量输入均来源于太阳。然而,太阳能的吸收、固定和转化,都要由植物体内叶绿体的光合作用来进行,而且只有通过植物的光合作用,大气中才产生了游离的氧。事实上,人类生存所需的全部食物、矿石燃料、植物纤维,所有空气中的氧、稳定的地表土和地表水系统,大气候的生成和小气候的改善,都依赖于植物的作用。生命由低级到高级发展的金字塔,全依赖叶绿体捕捉太阳光,通过光合作用而贮存和转化能量。在质量上,植物也远远超过其他的有机体。根据生物学家H.Lieth的推算,全球的植物每年约生产1550亿吨的干物质,其中约含有能量6.5亿亿千卡。[注2] 在生物圈内的活质总量（生物量）中，约有99%为植物量。地球上所有的生命，均由植物所固定的这些能量来维持，其中越来越多的一部分正在转化用于维持人类的生存。从科学的角度确切地讲，地球上所有动物及由高等动物进化所产生的人类，都是依赖于植物而生存的。生态适应和协同进化，是人类生存活动与环境绿地功能之间的本质联系。

因此，从生态学的角度考察城乡规划中的各类绿色空间就不难明白：城乡绿地绝对不是可有可无的景观美化装饰物，或者是仅供满足休闲活动需要的游憩地，而是维持一定区域范围内人类生存所必需的物质环境空间。作为规划师的任务，应该是努力去了解这些绿地长期以来自然演进的生态规律，在绿地空间的生态保护价值与经济利用价值之间作出适当的利益选择，引导城市和区域的用地空间布局朝着符合人居环境生态平衡的方向发展。

第二节　生态绿地系统在人居环境中的定位

建筑学是研究人造生存空间环境的科学，但人类聚居环境的建设内容，远非建筑学专业所能概括穷尽，它还需要包括自然科学和人文科学的多学科、多专业来协同攻关。从研究对象出发，人居环境属于生命活动的过程之一，与地球和生命科学有着密切的联系。因此，研究生命过程机制和运动规律的生态学，在人居环境的科学研究中占有重要的地位。同时，生态学的研究成果，也要通过人类活动具体的建设实践才能得以落实和体现。

运用生态学的基本观点，地球生物圈空间可大致划分为自然生境（Natural habitat）和人居环境（Human settlement）两大系统，其间具有模糊边界和相互包容的互补共轭关系（图3-1）。

自然生境，是基本未受到人为活动干扰的、保持着原生状态的地表空间，其中的动、植物等生态因子的变化，主要受自然演进规律的支配。自然生境是维持地球生物圈生态平衡的物质基础，也是人类进行地球生物资源保护的主要对象。目前，地球上尚有近9000万平方公里的土地没有（或很少）被人类扰动过，约占地球陆地总面积的52%。而地球陆地上的可居住部分，除了有火山、岩石、冰原和荒漠的地方外，近3/4都受到了人类某种方式的扰动。[注3]

人居环境，是与人类生存活动密切相关的地表空间，也是人类藉以生存与发展的物质基础、生产资料和劳动对象。其中的各项生态因子，都直接受到人类活动参与的影响，是人类生存行为中利用自然、改造自然的主要场所。从生态学的观点来看，人居环境的主体内容，属于人工生态系统的范畴。

人居环境的空间构成，按照其对于人类生存活动的功能作用和受人类行为参与影响程度的高低，又可

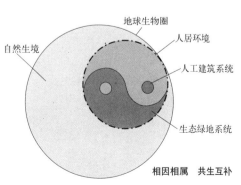

图3-1　地球生物圈、人居环境与生态绿地系统的空间共轭关系

以再划分为生态绿地系统（Eco-green space system）和人工建筑系统（Man-made Building System）两大部分。生态绿地系统，是有较多人工活动参与培育和经营的，有社会效益、经济效益和环境效益产出的各类绿地（含部分水域）的集合。它是以自然要素为主体、以利用自然为目的而加以开发，为人类的生存提供新鲜的氧气、清洁的水、必要的粮食、副食品和游憩场地，并对人类的科学文化发展和历史景观保护等方面起到承载、支持和美化等重要作用。人居环境中生态绿地系统空间构成的理论框架及其在地球生物圈中的系统定位关系，可简要表示如图3-2所示。其中，城市化地区人居环境里的生态绿地系统，是我们要重点关注的领域。

所以，在人居环境学的理论范畴里，通常所说的城市"自然空间"、"绿化空间"等概念，实际上就是"生态绿地空间"。运用这一概念，能够较好地解决城市化地区各类人工经营的绿地和水域在人居环境空间体系中的恰当定位，从而在新的理论层次上揭示其内在的同一性，为各专业学科之间的融贯研究开拓新的思维空间。其实，近10多年来国内各相关学科和政府部门所提出的"生态农业"、"城市林业"、"生态园林"等概念，其空间实体范畴都属于此。

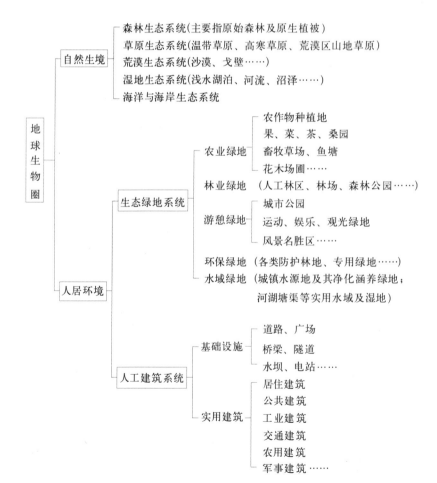

图3-2 生态绿地系统空间构成的理论框架及其系统定位

自 1992 年联合国环境与发展大会以来，可持续发展的人居环境建设，已成为全球关注的重要议题。联合国《21 世纪议程》中指出："人类住区工作的总目标，是改善人类住区的社会、经济和环境质量和所有人（特别是城市和乡村贫民）的生活与工作环境"。要"促进可持续土地利用规划和管理"，"制定和支持实行各种改善土地管理措施，这些措施综合全面地处理因农业、工业、运输、城市发展、绿化空地、保护区以及其他重大需要而对土地可能产生的竞争性需求"。① 所以，我们要努力探讨适合在发展中国家城市化进程中实施的、既符合规划理想又切实可行的人居环境生态绿地系统保护与发展战略，为有关的政府部门制定区域生态建设和城乡协调发展政策提供参考和依据。

第三节 我国城乡生态绿地系统现状和危机

我国自 1978 年改革开放以来，城市化进程逐渐进入高速发展期。1980 年，全国的城市化水平为 18%。1984～1994 年间，全国城市总人口由 2.09 亿增加到 3.46 亿（其中非农人口由 1.175 亿增加到 1.738 亿），城市面积由 44.8 万平方公里拓展到 104.3 万平方公里。② 1996 年末，全国城镇非农人口为 27618 万人，城市化水平 23.1%。2006 年我国城市总数为 661 个，其中地级及以上城市 287 个，城镇人口为 57706 万人，城市化水平增长到 43.9%。③

迅速发展的工业化和城市化进程，对于我国城乡人居环境生态绿地系统的影响，主要表现在以下方面：

第一，城镇用地急剧扩张造成耕地面积锐减，农业绿地的生产效益降低。

就耕地的总量而言，1949 年，我国的耕地面积为 14.68 亿亩，④ 1952 年上升到 16.2 亿亩，人均 2.8 亩。此后，由于基本建设用地超过开荒造田面积，耕地逐年减少。[注4] 从 1978～1987 年，我国耕地共减少了 5251 万亩，平均每年减少约 525 万亩。在 1990 年代里，平均每年有 800 万亩耕地被非农业占用。例如，据原国家土地局统计，1992 年全国被占用耕地 1400 万亩（主要原因是滥设各类"开发区"）；经国务院严令制止后，1993 年的情况有所好转；但在 1994 年全国还是净减耕地 600 万亩。1995 年，全国非农业建设用地计划为 459 万亩，年末实际减少耕地 583 万亩。现在我国的情况为：12 亿人口，15.5 亿亩耕地，⑤ 人均占有耕地 1.3 亩；

---

① 《21 世纪议程》，国家环保局译，中国环境出版社，1993.12.
② 据《城市导报》，1995.11.16. P1.
③ 资料来源：建设部城市规划司、国家统计局。
④ 注：本书中有些地方未将"亩"换算成"公顷"或"平方米"是为了和相关的国土、农业等部门保持资料统计口径上的一致性。
⑤ 含园地，据《城市规划》1995.5 P62.

仅为世界人均占有耕地值（4.52亩）的28.8%，是美国的10.7%，前苏联的10.3%，印度的35.7%（1989年统计数）。在现有的耕地中，盐碱地有1亿亩，涝洼地有0.6亿亩，水土流失地有5.5亿亩，工业"三废"和农药污染地有3亿亩，适宜农业耕作的有效利用面积只有50%左右。据专家预测，即使在严格控制非农占地的前提下，21世纪初我国的人均占有耕地面积将降至1.1亩。

由于人口众多，我国的人地关系长期处于紧张状态，对耕地的利用强度很大。目前我国粮食平均单产已大大超过世界平均水平，过度的耕种造成土壤退化。第二次全国土壤普查的结果表明：有相当多的一些地区土壤肥力正在下降。例如：东北三江平原的土壤有机质和团粒结构，已分别由建国初期的6%～11%和60%～90%，下降到现在的3%～5%和30%～50%，减少了约一半。全国84.3%的耕地土壤有营养障碍，耕地总面积的59%缺磷，23%缺钾，14%磷钾俱缺。耕层浅的占26%；土壤板结的占12%；受水土流失危害的耕地约占总耕地面积的1/3。从整体上看地力明显不足，土壤受侵蚀现象严重。

据统计，目前我国每年流失表土50亿吨左右，超过新土壤的生成量。每年流入黄河和长江的泥沙分别为16亿吨和5.2亿吨，不仅带走大量氮、磷、钾养分，而且造成河床、湖床淤积等一系列生态问题，给工农业生产和人民生活带来巨大危害[注5]。例如，广东省的广州、深圳、珠海、佛山、江门等12个平原城市，近10年来人为造成的水土流失面积达475.13平方公里，平均每年47.5平方公里。深圳市1994年的水土流失面积达到了147平方公里，是建市前的47倍。市区部分地段的内涝灾害，已经年年发生。又据对新疆、山东、河北、安徽、广东、上海、辽宁等11个省、市、自治区57个城市的调查，水土流失总面积近1.93万平方公里，占这些城市城区面积的24.3%。①

第二，乡村工业化无序发展将城市的污染源带到农村，扩散为交叉性的大面积污染。

近20年来，许多大城市里的"公害"产业在越来越严的环境监督措施制约下，逐渐躲到小城镇去存身。一些污染严重的工业项目，在大、中城市里不敢贸然上马，而致富心切的农民却毫不犹豫地接了过去大干快上。全国不少地区的土地污染强度，已经超过了土壤的自净能力，并在粗放的、急功近利的生产和管理条件下有愈演愈烈的趋势。"要想富，上电镀"，成了民间流传甚广的俗话。由于技术力量薄弱，职工素质较低，经营管理欠佳，使得乡镇企业的污染水平，远远高于生产同类产品的城市大中型企业。而且，农村广阔的空间和乡镇分散的布局又加大了污染范围。有越来越多的农田、草场、林地、河流和湖泊受到污染，许多农牧水产品的质量下降。目前我国每年因污染而损失的粮食高达50亿公斤，其中严重污染超标的粮食达15%～20%。

1990年代中期我国的酸雨面积已超过国土面积的29%。广东、广西、四川、贵州等地，已是"十雨九酸"，成为除欧洲、北美之外的第三大酸雨区。全球大气

---

① 据《信息日报》，1997.8.20.

监测网的监测结果表明：北京、沈阳、西安、上海、广州五大城市，大气中总悬浮颗粒物日均浓度分别在 200～500 微克/立方米，超过世界卫生组织标准的 3～9 倍，统统被列入世界 10 大污染城市之中。全国 500 座大中城市，大气环境质量能达到国家环保一级标准的只有 1%；由大气污染导致的呼吸系统发病率在中国高达 30% 以上！[①]

例如，河南省洪河流域，发展乡镇工业所造成的污染，已使驻马店地区多年来花费 7000 余万元建设的水利设施全部报废。舞阳县的五个造纸厂乱排废水造成连锁污染，企业每年上交县财政的 1000 万元，不及下游农业损失的 1/10。河南省 2600 多家造纸厂中，有 2400 多家为乡镇企业。上游赚小钱，下游遭大殃。举世闻名的河北赵州安济桥（赵州桥），由于河床污染成为臭水沟，严重影响名胜古迹的旅游景观质量。由于农药污染，我国一些地区人体内每公斤体重的 666 含量竟高达 1.25 毫克，是美国的 160 倍。在污染严重的地方，先天畸形儿增多。

1992 年，全国大江大河的水质状况，据七大水系和内陆河流 38372 公里河段的评价统计，其中符合国家《地面水环境质量标准》1、2 类标准的占 41%，符合 3 类标准的占 11%，符合 4、5 类标准的占 48%。在城市化地区污染严重的淡水湖有：云南滇池、济南大明湖和南京玄武湖等。乌鲁木齐市因水源地（乌鲁木齐河等）被城市生活污水和工业污水严重污染，130 多万居民的健康正受到饮用水源不洁的威胁。[②] 1996 年 3 月，安徽省蚌埠市因淮河严重污染而造成市区饮用水供应困难，数十万居民为寻求一口能喝的干净水而四处奔波，每塑料桶井水（5 公斤）的售价达人民币 2 元。水荒已使整个城市不能正常运行。1995 年 8 月，国务院颁布了《淮河流域水污染防治暂行条例》。然而，要实现淮河水变清，除去地方投入，国家还要投入环保资金 106 亿元。这笔钱大大超过了给淮河带来污染的一大批企业历年的盈利！

据中国环境科学研究院 1987 年的一项研究估计，我国城乡环境污染每年造成的经济损失约达 358 亿元，包括大气、水污染、农药污染及废渣占地给工农业和人民健康等方面带来的损失；而每年因生态破坏造成农业、草场、森林和水资源等方面的经济损失更高达 499 亿元（两项加起来约 860 亿元，占当年 GNP 的 7.8%）。据全国人大环境保护委员会 1994 年 3 月 15 日公布，我国每年因环境污染造成的经济损失高达 1000 亿元。如果考虑到对生态和资源的破坏，隐形的损失还要更多。这些"生态赤字"，远比财政赤字影响长远，它将危及我们子孙的生存和发展。

第三，城郊农业绿地大量减少和农副产品生产力下降。

由于城镇用地急剧扩张所带来的大量农地减少，1990 年代中期后使得一些城市的粮食与副食品供应发生了一定的困难，迫使一些城市政府不

---

① 据《中国青年》杂志，1996.11. P15.
② 据中央人民广播电台 1996.2.2.《新闻纵横》报道。

得不以行政手段强制实施"菜篮子工程"和增加进口粮食数量。在南方的一些沿海经济发达地区，由于大量农田被各类"开而不发"的开发区占用，沿干线公路两侧尽是些大片批租出让的"黄土地"。有些城市的郊区农业绿地几乎损失殆尽，多数农民已弃耕从商，或靠"卖地存款吃利息"为生。由此导致粮食供应主要靠向邻省调运和从泰国、越南等国家进口；蔬菜等农副产品的自给率亦有下降，每年春节前后都要从内地省份长途购运以供市场之需。城市里满街都是进口水果，农村乡镇里的菜价高于大城市的"怪事"已屡见不鲜。

第四，城市园林绿地数量不足，人均指标较低，而且常被非法侵占。

据建设部统计，到 1994 年底，全国 622 个城市中共有园林绿地 48.4 万公顷，公共绿地 8.2 万公顷（其中公园面积 5.5 万公顷），城市居民人均占有公共绿地面积 4.6 平方米，建成区绿化覆盖率平均为 22.1%。有半数以上城市的人均公共绿地达不到 3 平方米。随着搞活经济、发展第三产业以及改革开放的深入发展，一些不顾大局、缺乏远见的单位和个人，侵占绿地现象时有发生。近年来，甚至有一些地方的主管部门自毁事业基础，带头侵占绿地搞其他建设以谋取经济利益。其结果，1992 年与 1991 年相比，全国城市公共绿地面积减少了 1300 公顷，人均占有面积亦下降 0.2 平方米。后来，经过两年的治理整顿，情况才有所好转。[注6]

第五，森林减少，草原退化，水荒逼近，给城乡生态环境带来严重破坏。

森林和草原是人居环境的生态屏障。1955～1995 的 40 年间，全国的森林覆盖率不但提高较慢，反而时有降低。例如，1971～1980 年间，就从"四五"期间的 12.7%，下降到"五五"期间的 12%；如果按照航片测算，只有 8.9%。而且，每年木材消耗量超过林木生长量，赤字近 1 亿立方米。[注7] 且不说 1958 年"大炼钢铁运动"造成各地群众"大砍森林当柴烧"的辛酸历史，仅 1980～1989 年的 10 年间，全国毁林开荒、乱砍滥伐活动，又使森林面积减少了 5730 万亩，导致水土流失和自然灾害频度增加。1984 年我国颁布《森林法》时，全国的森林覆盖率只有 12%，而同期世界的平均值是 26%。到 1994 年底，我国的森林覆盖率为 13.4%，不及同期世界平均值（29.6%）的 1/2，人均森林面积仅 1.6 亩。① 曾经被称为"绿色宝岛"的海南岛热带雨林，已被砍去了 2/3 还多，森林覆盖率只剩下 10.5%；祁连山脉地区的森林覆盖率，1990 年代比 1950 年代下降了一半，生态环境严重恶化，已成为"绿色孤岛"。云南西双版纳地区的原始热带雨林，曾被誉为"北回归线上的绿宝石"；但是，由于毁林开荒，森林植被破坏严重；1941 年全区森林覆盖率为 69.5%，到 1981 年已降至 26%。在东北国有林区，长白山森林主体正以每年 3.5 万公顷、500 万立方米的速度消失。黑龙江省森工总局所属的 40 个林业局，有 8 个局的森林资源已枯竭；22 个局只能维持 10 年左右。1992～1993 年间，全国的森林面积从 13093 万公顷减至 12863 万公顷，森林覆盖率由 13.63% 降到 13.4%。我国的水土流失面积，已由建国初期的 153 万平方公里扩展到现在的 360 万平方公里，约占国土面积的 1/3。长江许多支流的含沙

---

① 据《中国统计年鉴》1995.

量剧增，如金沙江的含沙量已经达到 38.5%。1995 年 2 月，长江航道因泥沙淤积而发生了严重的"肠梗阻"；在荆江段附近，有 300 艘客货轮因水浅抛锚待航，有的等待时间超过半个月。①

我国的草原面积辽阔，但人均草地面积仅 3.5 亩，为世界平均水平（11.4 亩）的 1/3 左右。多数天然草场已处于过载状态，牧草的产量和质量持续下降。据调查，中国北方草原退化面积已达 13 亿亩，目前仍以每年 2000 万亩左右的速度扩大。天然草场的产草量已下降了 30%～50%。这使本来已经很脆弱的草原生态环境更加恶化，造成了严重的草原沙漠化问题。1990 年代中期，我国的沙漠化土地面积已达到 153 万平方公里，占国土面积的 16%。由于沙漠化又导致风沙危害面积日益增大，每年因风沙造成的直接经济损失就达 45 亿元以上。[注8]

据原地矿部、建设部的调查资料表明：从 1950～1980 年的 30 年间，我国城市人口增长了近 4 倍，而用水量却增长了近 20 倍。1980 年代以来，大部分城市的水资源利用趋于饱和或受到经济技术条件的限制难以进一步开发，不少城市供水出现了供需失衡。1985 年，全国 324 个城市中有 200 多个水源匮乏，出现水荒的有 40 多个。到 1991 年，全国 479 个城市中，水源匮乏的有 300 多个，出现水荒的有 50 多个。在 1990 年代中期，全国城市自来水的供水能力仅能保证高峰需水量的 86%，省会城市供水平均保证率只有 83%。全国城市每天缺水 1000 多万吨，每年因缺水影响损失工业产值数百亿元，已和能源短缺带来的经济损失持平。1995 年，全国 622 个城市中有 400 多个缺水，许多城市正饱受水荒之苦。按联合国粮农组织统计，目前中国淡水资源总量为 2.8 亿立方米，居世界第六，但人均占有量仅 2340 立方米，排名第 88 位，已被列入世界 12 个最贫水的国家之一。

第六，河流与湖泊面积缩小，水利工程大量失修、效益骤减，致使灾害倍增。

据《中国自然保护纲要》披露：自 1954 年以来，长江中下游水系的天然水面减少了约 1.2 万平方公里。其中，鄱阳湖面积减少 36%，约 18 万公顷；洞庭湖被围垦湖面 17 万公顷；太湖在 1969～1974 年间被围垦湖面 1 万公顷。江汉平原上大于 50 公顷的湖泊，1980 年代比 1950 年代的数量减少了 49.36%，总面积减少了 43.67%。1980 年前全国的水利灌溉面积平均每年增长 1500 万亩，而在 1981～1985 年的"六五"期间，反而净减 1477 万亩，平均每年减少 300 万亩。水利失修导致农业的御灾能力下降，加之植被破坏和气候因素，1975～1985 年间我国的平均年受灾、成灾面积，分别为 1950～1959 年间的两倍之多（207%和 217%）。[注9] 1991 年夏天的华东特大水灾，受灾人口 2.2 亿，农作物绝产 1800 万亩，

---

① 据中国科学院国情分析研究小组：《机遇与挑战》P19，北京：科学出版社，1996.5。

直接经济损失达 800 多亿元。在滔天洪水背后，实际上是一系列造成流域环境生态失衡的人为破坏因素的叠加。后来 1998 年长江、嫩江、松花江流域和 2002 年巢湖、太湖、鄱阳湖流域的特大洪灾，又在相当程度上为国人敲响了"生态警钟"。

第四节　城镇密集地区生态绿地的保护与发展

　　城镇密集是经济发达地区城市化水平较高的空间特征。所谓城镇密集地区，在经济地理学上也称为"城市聚集区"（Urban Agglomeration），是指在特定的地域范围中具有相当数量不同性质、类型和等级规模的城市，依托一定的自然环境条件，以一个或两个特大或大城市作为地区经济的核心，借助于综合运输网的通达性，发生与发展着城市个体之间的内在联系，共同构成一个相对完整的城市"集合体"。[注10] 目前，我国大陆的城镇密集地区主要有长江三角洲，珠江三角洲，闽南漳泉厦地区，京津唐地区，辽中南地区和胶东半岛（表 3-1）。这些地区的城市化水平，大大高于全国的平均水平。例如，长江三角洲地区就是一个地跨江、浙、沪两省一市，包括 1 个直辖市，11 个地级市，12 个县级市，63 个县的复合经济区域，是我国经济最发达、城镇密集区域最大、城市密度最高、大中小城市体系发育最完整的地区。

　　但是，多年来这一地区从大城市到小城镇都存在着一种缺乏限制的城市化蔓延现象，生存空间高度浓缩，土地和水等自然资源分配十分紧张，造成严重的生态环境质量退化等危机。城乡生态环境的保护和建设，已成为关系人民生存与发展空间的重大问题。例如苏锡常地区的乡镇企业在蓬勃发展的过程中，对生态绿地造成的污染已达到了十分严重的地步。据江苏省有关部门的调查，有工业污染的乡镇企业占企业总数的 15%，而对新污染源有所控制的企业只占总数的 30%。由于乡镇企业大多分布在城镇周围和农村人口密集区，一般沿河、沿湖建设，常常是一厂污染就造成一河污染、一片污染。[注11] 类似的情况，在珠江三角洲等地区也同样存在。

　　人居环境的生态平衡与生态绿地系统的状况唇齿相依。例如，苏锡常地区的地表水污染严重，可供继续利用的水环境容量已达极限。大运河苏锡常段常年黑臭期已超过一个月。太湖水体中轻污染的水质已不到 1%，一般为 2~3 级。

京津唐、长江三角洲、珠江三角洲城镇密集地区概况（1993 年底）　　表 3-1

地区	总人口（万人）	土地面积（平方公里）	非农人口（万人）	耕地面积（万亩）	GDP总值（亿元）	城市化水平（%）	人口密度（人/平方公里）	人均GDP（元）	人均耕地（亩）
京津唐	2611	41585	1324	2126	1695	50.7	628	6492	0.81
长江三角洲	7308	99530	2498	5105	5026	34.2	734	6877	0.70
珠江三角洲	2516	61580	963	1371	2421	38.3	409	9622	0.54
以上小计	12435	202695	4785	8602	9142	38.5	613	7352	0.69
全国水平	118517	9600000	26344	142652	31380	22.2	123	2648	1.20

资料来源：《中国统计年鉴》1995；《中国城市统计年鉴》1993~1994。

1990年夏天，太湖梅梁湾湖区因生物污染、水质富营养化过度，导致大规模绿藻蔓延；仅网箱死鱼一项，经济损失就达6亿元；并造成无锡市饮水供应严重困难，工厂停产，对人民生活和生产影响很大。[注12]

1995年初，美国世界观察研究所长莱斯特·布朗博士等人，就中国的粮食前景问题作出分析报告，结论为：中国正以惊人的速度从农业社会转入工业社会；一方面人口继续递增（每年净增1400多万），消费水平提高（如1990年的人均猪肉消费量为21公斤，已接近美国28公斤的水平）；另一方面耕地不断转用于非农用途，灌溉用水紧张，单产增长有限；因此在1990～2030年间，中国的粮食产量估计至少要下降20%，平均每年递减0.5%，需要进口粮食3.54亿吨。到2030年，中国的缺粮数将达到2.16亿吨，比1993年全世界粮食出口的总量（2亿吨）还要多。即使中国有足够的外汇来进口所需粮食，但谁也无法提供如此巨大数量的谷物。① 这个冲击波，将在全球经济生活中回荡。

中国人口问题的困境，实质上是粮食危机，而粮食危机又是耕地危机的直接反映。1949～1984年间，我国粮食年增产速度大于人口增长速度（7%和1.5%）；但从1984～1994年，情况变得相反（1.3%和1.5%），每年缺粮约10亿公斤。在这10年里，我国粮食总产量增长了11%，而人口却增长了16%，人均粮食年占有量从390公斤下降到370公斤。与此同时，国民的人均粮食消费水平却提高了：1994年人均占有肉食35公斤，比1984年增加了20公斤；按肉粮转换1∶4的比例计算，相当于增加了80公斤的粮食消费量。② 因此，中国社会发展的长期战略，必须建立在"保证生存"与"持续发展"的基础之上。据国务院农业研究中心统计分析处的计算（1987年），在我国现实的农业技术条件下，粮食播种面积对于粮食总产量增长的贡献率几乎要占到一半（49.4%）。若粮食播种面积大幅减少，要以人均每年380～400公斤的水平供养13亿人口将十分困难。所以，我国的农业将一直要在十分紧张的资源条件下，承担着巨大的人口衣食供应之压力。过去城市规划工作一般是不管农业的，对于耕地的保护常常也漫不经心，这也多少助长了一些城市用地"摊大饼"之风。

在21世纪，我国的城镇密集地区不仅应当把行政区域内的农业绿地发展纳入城乡规划的重要工作内容，而且应当对水域绿地、林业绿地、游憩绿地和环保绿地的规划与建设予以充分的重视，并根据各地的具体情况来进一步选择、确定并有所侧重详细工作内容。要在保证经济、社会和环境效益的总目标下，探索节约使用土地的城镇布局形式，提高土地利用规划的科学水平，在规划、建设与管理方面逐步实现城与乡、建筑与绿地的协调发展。

---

① Brown, L. 1995. Who Will Feed China? New York: W.W.Norton.
② 参见1995.11.24《南方周末》："数字中国"。

第五节 生态绿地系统规划的理论与实践意义

综上所述，生态绿地系统是人居环境建设的重要内容。1992年联合国环境与发展大会通过的《21世纪议程》中指出：生态危机将成为21世纪全人类共同面临的最大危机和最严峻挑战。根据目前的科学研究，从正确处理人与自然的关系来看，对于城乡人居环境建设而言，解决危机的主要出路之一，就是生态绿地系统的保护与发展。

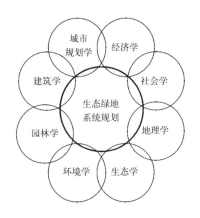

图 3-3 生态绿地系统规划是跨学科的研究领域

拓展大中城市的绿色空间，就必然涉及解决城乡关系和郊区农村发展等诸多难题。从我国各地城市目前的实践情况来看，可说是"八仙过海，各显神通"，而且同一类事情也说法不一。如位于城乡结合部的绿色空间地带（在日本称为"大都市绿地圈"），在北京称为"绿化隔离地区"；在上海称为"大环境绿化"，也有些地方称为"城市森林"等。此外"山水城市"、"园林城市"、"花园城市"、"森林城市"、"生态城市"等称谓概念内涵交叉重叠，需要用一个较规范的概念来统一认识和指导实际工作。实践的发展迫切地呼唤理论的更新与开拓。

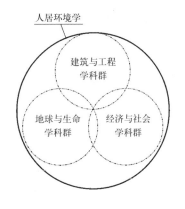

图 3-4 人居环境学的学科体系框架

在我国城市和区域规划工作中，生态绿地系统是城市规划、建筑、园林、生态、地理、环保等学科在现代人居环境学理论框架下相互渗透、融贯发展的耦合空间，也是可持续发展战略在城乡建设实践中的重要应用领域。（图3-3、图3-4）生态绿地系统规划，是"城乡融合发展"规划理论的拓展和应用，能有效促进城乡环境生态危机的解决。按照美国著名城市学家刘易斯·芒福德（Lewis Mumford）的观点：自然高于人类，人类只能顺应自然而生存，与自然协调而发展。城市和乡村是一回事，而不是两回事。如果问哪一个更重要的话，那就是自然环境，而不是人工在它上面的堆砌。人类要充分地尊重自然，与自然界共同进化，这就是生态文明的主要含义。

我国城市化地区的生态绿地系统规划工作，具有重要的理论与实践意义：

(1) 从功能关系上明确在城乡人居环境规划工作中，各类有人工参与经营的绿地和水域的恰当定位，将长期以来统而言之的"人化自然"的空间概念内容具体化，进一步拓展了城市绿地系统规划工作的思路。

(2) 从系统结构上明确人工建筑系统与生态绿地系统之间的"相因相属、共生互补"关系；指出生态绿地空间受自然演进规律与人工活动影响的合力调控，是地球生态链中从人工系统到自然系统的过渡层次。从而有可能在建筑科学与生命科学之间，架起一座可进行融贯研究和协同发展的桥梁。

(3) 从规划理论上阐明建设"生态城市"与实现"大地园林化"宏伟理想的实施途径；为可持续发展的城市规划、开拓"绿色建筑学"体系，提供了能与自然生态环境建立动态联系的操作支点与工作对象。即：通过加强城乡生态绿地系统的保护、规划和建设，争取达到区域范围内人类活动与自然环境因子之间能流、物流、信息流的动态平衡。

放眼全球，当今世界的主旋律是"和平与发展"。建设绿色文化，是人类面对生态危机困境的自省与超越。工业文明所带来的世界人口急剧增长、区域经济不平衡发展、资源枯竭、环境衰退、生态恶化的严峻事实警告人们：必须进行观念更新，走社会、经济与生态环境相协调的可持续发展道路。具体到城乡人居环境的建设领域，那就是：生态绿地系统与人工建筑系统有机融合、协调发展的绿色道路。

注释：

[注1] [美]Ian L.McHarg著．设计结合自然．芮经纬译．中国建筑工业出版社，1992.9.

[注2] 李博主编．普通生态学．呼和浩特：内蒙古大学出版社，1993.

[注3] 参见《AMBIO—人类环境杂志》．V.23,N.4-5,瑞典皇家科学院出版．1994.

[注4] 曲格平著．中国的环境与发展．北京：中国环境科学出版社，1992.12.

[注5] 参见中国科学院国情分析研究小组．生存与发展．北京：科学出版社，1989.10.

[注6] 据建设部《城市绿化历程》1992.12；《城市建设统计年报》1995.《中国人口·资源与环境》V.3,N.3,1993.9.

[注7] 参见 ①《中国农业资源与区划要览》，测绘出版社，工商出版社．1987.6；②《生存与发展》．北京：科学出版社，1989.10；③吴玉林．人与资源论．济南：山东教育出版社，1993.7.

[注8] 参见 ①《生态园林论文续集》，园林杂志社，1993；②曲格平：《中国的环境与发展》，中国环境科学出版社，1992.12；③卢跃刚：《长江三峡：半个世纪的论证》，中国社会科学出版社，1993．④《国土与自然资源研究》1992.3；⑤《中国统计年鉴》1994.《中国人口·资源与环境》V.4,N.3,1994.9。

[注9] 根据《中国统计年鉴》1986，P150，208页数据整理；

[注10] 参见姚士谋.《中国的城市群》，中国科技大学出版社，1992.

[注11] 参见① 《锦绣江南的现代化蓝图》，南京大学出版社，1994.6.

② 杜文涛等.《苏锡常地区工业发展对环境影响的分析》，清华大学环境工程系，1994.

城市绿地系统规划

第四章　城市绿地系统与景观规划导论

第一节　城市绿地系统与景观定义

城市绿化建设是国土绿化的重要组成部分，也是城市现代化建设的重要内容。搞好城市绿化，对于改善城市生态环境和景观环境，提高人民群众的生活质量，促进城市经济、社会的可持续发展，都具有直接的重要作用。

城市绿地，是指以自然和人工植被为地表主要存在形态的城市用地。它包括城市建设用地范围内用于绿化的土地和城市建设用地之外对城市生态、景观和居民休闲生活具有积极作用、绿化环境较好的特定区域。城市绿地以自然要素为主体，为城市化地区的人类生存提供新鲜的氧气、清洁的水、必要的粮食、副食品供应和户外游憩场地，并对人类的科学文化发展和历史景观保护等方面起到承载、支持和美化的重要作用。

我国城市绿化工作的指导思想为：以加强城市生态环境建设、创造良好人居环境、促进城市可持续发展为中心，坚持政府组织、群众参与、统一规划、因地制宜、讲求实效的原则，努力建成总量适宜、分布合理、植物多样、景观优美的城市绿地系统。

城市绿地按照其用地性质和主要功能进行系统分类（表4-1）。各类城市绿地依据城市总体规划与城市生态的基本要求进行合理的空间组合配置，就构成了城市绿地系统。城市绿地系统，是城市地区人居环境中维系生态平衡的自然空间和满足居民休闲生活需要的游憩地体系，也是有较多人工活动参与培育经营的，有社会、经济和环境效益产出的各类城市绿地的集合（包含绿地范围里的水域）。城市绿地系统与城乡人居环境的建设与发展之间有着密切的互动关系。

我国城市绿地分类标准 CJJ/T 85—2002　　　　　表4-1

类别代码			类别名称	内容与范围	备注
大类	中类	小类			
G1			公园绿地	向公众开放，以游憩为主要功能，兼具生态、美化、防灾等作用的绿地	此类绿地参与城市建设用地平衡
	G11		综合公园	内容丰富，有相应设施，适合于公众开展各类户外活动的规模较大的绿地	
		G111	全市性公园	为全市居民服务，活动内容丰富、设施完善的绿地	
		G112	区域性公园	为市区内一定区域的居民服务，具有较丰富的活动内容和设施完善的绿地	
	G12		社区公园	为一定居住用地范围内的居民服务，具有一定活动内容和设施的集中绿地	不包括居住组团绿地
		G121	居住区公园	服务于一个居住区的居民，具有一定活动内容和设施，为居住区配套建设的集中绿地	服务半径：0.5～1.0公里
		G122	小区游园	为一个居住小区的居民服务、配套建设的集中绿地	服务半径：0.3～0.5公里

续表

类别代码			类别名称	内容与范围	备注
大类	中类	小类			
G1	G13		专类公园	具有特定内容或形式，有一定游憩设施的绿地	
		G131	儿童公园	单独设置，为少年儿童提供游戏及开展科普、文体活动，设施完善、安全的绿地	
		G132	动物园	在人工饲养条件下，异地保护野生动物，供观赏和普及科学知识，进行科学研究和动物教育，并具有良好设施的绿地	
		G133	植物园	进行植物科学研究和引种驯化，并供观赏、游憩及开展科普活动的绿地	
		G134	历史名园	历史悠久，知名度高，体现传统造园艺术并被审定为文物保护单位的园林	
		G135	风景名胜公园	位于城市建设用地范围内，以文物古迹、风景名胜点（区）为主而形成的具有城市公园功能的绿地	
		G136	游乐公园	具有大型游乐设施，单独设置，生态环境较好的绿地	绿化占地比例应大于等于65%
		G137	其他专类公园	除以上各种专类公园外具有特定主题内容的绿地。包括雕塑园、盆景园、体育公园、纪念性公园等	绿化占地比例应大于等于65%
	G14		带状公园	沿城市道路、城墙、水滨等，有一定游憩设施的狭长形绿地	
	G15		街旁绿地	位于城市道路用地之外，相对独立成片的绿地，包括街道广场绿地、小型沿街绿化用地等	绿化占地比例应大于等于65%
G2			生产绿地	为城市绿化提供苗木、花草、种子的苗圃、花圃、草圃等圃地	位于城市建设用地范围内的生产绿地，参与城市建设用地平衡
G3			防护绿地	城市中具有卫生、隔离和安全防护功能的绿地。包括卫生隔离带、道路防护绿地、城市高压走廊绿带、防风林、城市组团隔离带等	此类绿地参与城市建设用地平衡
G4			附属绿地	城市建设用地中绿地之外各类用地中的附属绿化用地。包括居住用地、公共设施用地、工业用地、仓储用地、对外交通用地、道路广场用地、市政设施用地和特殊用地中的绿地	此类绿地不参与城市建设用地平衡
	G41		居住绿地	城市居住用地内社区公园以外的绿地，包括组团绿地、宅旁绿地、配套公建绿地、小区道路绿地等	
	G42		公共设施绿地	公共设施用地内的绿地	
	G43		工业绿地	工业用地内的绿地	
	G44		仓储绿地	仓储用地内的绿地	
	G45		对外交通绿地	对外交通用地内的绿地	
	G46		道路绿地	道路广场用地内的绿地，包括行道树绿带、分车绿带、交通岛绿地、交通广场和停车场绿地等	
	G47		市政设施绿地	市政公用设施用地内的绿地	
	G48		特殊绿地	特殊用地内的绿地	
G5			其他绿地	对城市生态环境质量、居民休闲生活、城市景观和生物多样性保护有直接影响的绿地。包括风景名胜区、水源保护区、郊野公园、森林公园、自然保护区、风景林地、城市绿化隔离带、野生动植物园、湿地、垃圾填埋场恢复绿地等	此类绿地不参与城市建设用地平衡

近年来，在城市规划工作中与城市绿地系统规划直接相关的，还有一个"景观规划"的工作领域。"景观"概念及其内涵的拓展，反映了人与自然关系的不断深化。

从文字上考证，景观（Landscape）的最初含义是"风景"，属于美学范畴的概念。它最早出现于希伯来文本的《圣经》旧约全书中，用来描写梭罗门皇城（耶路撒冷）的瑰丽景色；其原意等同于英语中的"景色"（scenery），同汉语中的"风景"或"景致"相一致。

19世纪中叶，著名自然地理学家洪堡（Humboldt）将"景观"作为科学术语引用到地理学中，并将其定义为"地球某个区域内的总体特征"，使"景观"成为一个地理学概念。后来，"景观"又被看作是地形（Landform）的同义语，主要用来描述地壳的地质、地理和地貌属性。以后，俄国地理学家又把生物和非生物的现象都作为"景观"的组成部分，并把研究生物和非生物这一景观整体的科学称为"景观地理学"（Landscape geography）。

1930年代后，随着生态学的迅速发展，"景观作为生态系统载体"的景观生态思想得以崛起，使景观的概念发生了重大变化。1939年，德国著名生物地理学家Troll就提出了"景观生态学"（Landscape ecology）的概念，把景观看作是人类生活环境中"空间的总体和视觉所触及的一切整体"。德国著名学者Buchwald进一步发展了系统景观的思想。他认为：所谓"景观"可以理解为"地表某一空间的综合特征"；"景观是一个多层次的生活空间，是一个由陆圈和生物圈组成的、相互作用的系统"。1980年代后，面对全球的资源、环境问题，景观生态学有了很大的发展。科学家们提出要重新认识人与自然相互作用的反馈机制，将现代生态学作为解决人与生物圈生物背景问题的依据；其研究对象，是不同尺度人地系统的生态系统结构、功能联系以及系统稳定的对策。

除生态学家外，国内外大多数学者所理解的"景观"，主要还是视觉美学意义上的"风景"，并一直努力尝试用各种方法对其进行科学评价。所谓"景观评价"，通常是对风景视觉质量的美学评价，是人类对自然风景资源进行规划、建设和管理的基本依据。

目前，国际上在景观评价研究方面主要有四大学派：

1. 专家学派（Expert paradigm），强调形体、线条、色彩和质地等基本元素在决定风景质量时的重要性，以丰富性、奇特性等形式美原则作为风景质量评价的指标，兼顾生态学原则为评价依据。由于工作参与者都是在资源、生态及艺术方面训练有素的专家，因此，其分析结论一般具有较高的权威性。

2. 心理－物理学派（Psychophysical paradigm），把"风景与审美"的关系看作是"刺激与反应"的关系，主张以群体的普遍审美趣味作为衡量风景质量的标准，通过心理－物理学方法制定一个反映"风景美景度"关系的量表，然后将其同风景要素之间建立定量化的关系模型，进行风景质量估测。这种方法在小尺度的风景评价研究中应用较广。

3. 认知学派（Cognitive paradigm），把风景作为人的认识空间和生活空间来理解，主张以进化论的思想为依据，从人的生存需要和功能需要出发来评价景观与生活环境。如美国环境心理学者 Kaplan 夫妇提出"风景审美模型"和美国地理学者 Ulrich 提出的"情感／唤起"理论。

4. 经验学派（Experiential paradigm），把景观作为人类文化不可分割的一部分，用历史的观点，以人及其活动为主体来分析景观的价值及其产生的背景，而对客观景色本身并不注重，如美国地理学者 Lowental 的一些研究。

所以，从科学的角度来看，"景观"作为自然界多层次的、复杂的系统结构，具有多种功能。一方面，景观是自然生态系统的能流和物质循环载体，与自然演进过程紧密相关，是生态科学的主要研究领域；另一方面，景观又是社会文化系统的重要信息源，人类不断地从中获得美感与科学信息，经过智力加工后形成丰富的精神文化产品。具体到应用领域，特别是从城市规划研究和应用的角度来考察，我们通常所说的"景观"，主要包括自然景观和人文景观。与之关系密切的"Landscape Architecture"一词，英文的原意是"景观营造"；考虑到汉字的表达习惯和约定俗成的专业名称，汉文化圈内的专家、学者陆续将其译为"景园建筑"、"造园"、"造景"、"园境"、"造园景观"、"景观设计"、"风景园林"及"园林营造"等。

第二节　城市景观规划的工作要点

一、城市景观要素及构成特色

城市景观是由不同的要素构成的，且各有特性，主要包括三个方面：

1. 自然景观要素：即山水、林木、花草、动物、天象、时令等自然因素。在中国的传统文化里，城市的自然景观要素被赋予了丰富的象征意义。如山象征着崇高与稳定，水寓意着运动与包容，木代表着生命与成长，苍天预示着神秘与永恒，大地显示出质朴与纯美。自然要素是构成城市景观特色的基础。这就是为何古往今来的城市建设都十分注重选址的原因所在。

2. 人文景观要素：即建筑、道路、广场、园林、雕塑、艺术装饰、大型构筑物等人文因素。它们是人类活动在城市地区的文化积淀，表现了人类改造自然的智慧与能力。

3. 心理感知要素：形、色、声、光、味等能影响人类审美心理感知的物理因素。尤其"形"，是人类感知世间万物的主要视觉要素。城市景观在很大程度上即为城市"形"象。城市的地标（Landmark）和天际轮廓线（Skyline），就是靠"以形制胜"而给人以深刻的感染力。城市景观中的色彩构成，也是创造民族性、地方性和时代性的重要前提。如金碧辉煌的北京皇家建筑、纯净明快的古希腊雅典卫城、艳丽多彩的西亚伊斯兰柱廊、色差强烈的拉萨布达拉宫等。

二、城市景观规划的空间尺度

城市景观的承载主体，是有人为活动高度参与的城市开敞空间（Urban

Open Space)。因此，人类户外活动需求及其行为规律，是城市景观规划设计的基本依据之一。人类生存于地球之上，所表现出的各种行为可归纳为三种基本需求，即：安全、刺激与认同。这三种需求是融合在一起的，并无先后次序之分。与之相对应，人类的活动也有三种类型：生存活动、休闲活动和社交活动。它们对场所空间和景观环境的质量要求也依次递增。人类在景观空间中的活动，就构成了景观行为，并形成一定的空间格局。

景观空间构成与建筑空间构成有所不同，定义为空间（Space）、场所（Place）和领域（Domain）。空间是由三维尺度数据限定出来的实体；场所的三维尺度限定比空间要模糊一些，通常没有顶面或底面；领域的空间界定更为松散，是指某个生物体的活动影响范围。对应于人类的景观感觉而言，空间是通过生理感受界定的，场所是通过心理感受界定的，领域则是基于精神影响方面的量度。所以，建筑设计的工作边界多以空间为基准，而景观规划设计的边界限定要以场所和领域为基准。行为科学的进一步研究表明：有三个基本尺度将景观空间场所划分为三种基本类型，分别与空间、场所和领域相对应。即：

1. 20~25米的视距，是创造景观"空间感"的尺度。在此空间内，人们可以比较亲切地交流,清楚地辨认出对方的脸部表情和细微声音。其中的0.45~1.3米，是一种比较亲昵的个人距离空间。3~3.75米为社交距离，是朋友、同事之间一般性谈话的距离。3.75~8米为公共距离，大于30米为隔绝距离。

2. 通过对欧洲中世纪广场的尺度调查和视觉测试得知，超出110米视距，肉眼就只能辨认大略的人形和动作。这就是所谓的"广场尺度"，即超过110米之后的视距空间才能产生广阔的感觉，构成景观的"场所感"。

3. 视力为1.5的肉眼，辨识物体的最大视距大约为390米左右。因此，如果要创造一种深远、宏伟的感觉，就可以运用这一尺寸。这是形成景观"领域感"的尺度。

城市景观规划，要考察、分析和理解城市居民日常活动的现象、行为、空间分布格局及其成因，根据人类行为的构成规律，分析人的行为动机，进行人的行为策划，并赋予其以一定空间范围的布局。广义的"景观"，由于尺度的扩大化和材料的自然化，其空间性往往趋于淡化而难以明确限定。与此类景观环境中人类行为相对应的空间，主要是"场所"和"领域"。从"空间"到"场所"再到"领域"，是一个从明确实体的有形限定到非实体无形化的转换过程。所以，城市景观规划设计，既要考虑有物质实体的"空间构成"，也要注重有尺度感的"大众行为策划"。

三、景观生态原则与城市设计

城市是由自然生态系统与人工生态系统相互交融组成的复合系统。城市景观，是城市人居环境赖以维持生态与发展的资源综合体。因此，城市景观规划必须贯彻生态原则，运用生态学和生态系统原理，研究城市能流、物流的输入、输出关系，并在系统运行中寻求平衡。城市景观规划中所确立的基本原则，要在进一步的城市分区规划和城市设计中落实体现。

20世纪70年代以来，世界各国的城市改造、城市规划、城市环境管理和城市设计等工作领域，已经普遍开始注意遵循城市地区自然规律的重要性，寻求城市规划的生态学基础。即：城市生态系统的特征、人类活动对城市生存环境和生物群落的影响、土地管理的生态准则等。专家们普遍认为：城市地区应该通过发展政策、机制的调控，使区域生态系统和生物群落具有最大的生产力，并使系统内的生物组分和非生物组分维持平衡状态。对于城市景观生态系统而言，需要注重的工作领域主要有：

1. 景观组成要素（地质、地貌、气候、大气环境、水文过程、土壤、植物、动物等）的人为改变及其适应特征；
2. 城市地区城乡协调发展的生态学机制；
3. 城市景观要素的生态调控。

城市景观规划要充分运用景观生态学的研究成果，贯彻生态优先的思想，提供使城市人居环境舒适优美、生态健全的空间发展规则。在实际工作中，一套完整的城市景观规划通常应包括下列内容：

1. 宏观尺度——景观评估与环境规划。景观评估是环境规划的依据，主要是在收集、调查和分析城市景观资源的基础上，对其社会、经济和文化价值进行评价，找出区域发展的潜力及限制因子。环境规划则要对区域性的自然与社会经济要素，按照区域规划的流程制定环保策略和发展蓝图。

2. 中观尺度——城市与社区设计。这是将城市地区的土地利用、资源保护和景观改善过程融为一体、落到实处的具体环节。其主要工作对象，是城市及其社区形态的建造和环境质量的改善；如荒地、农田、林地和水域开发、开畅空间布置、绿地系统建立、城市景观轴线、历史文化街区、商业步行街及文化旅游景观建设等内容。

3. 微观尺度——景观设计和敷地计划。目的在于景观要素的保存、维护和资源开发，确保水域、土地、生物等资源永续利用，促进景观形成平衡的物质体系，把人工构建物的功能要求与自然因素的影响有机地结合起来，发挥人文景观与自然景观的平衡的最佳使用效益。

第三节 绿地系统与景观规划共性

自1978年改革开放以来，我国城市绿化水平迅速提高。据全国绿化委员会统计，从1986年到2006年的20年间，全国城市建成区绿化覆盖率由16.86%提高到32.54%，绿地率由15%提高到28.51%，人均公共绿地面积由3.45平方米提高到7.89平方米。这对于改善城市的生态功能与景观容貌，促进城市经济和社会协调发展，起到了积极的作用。同时，涌现出一批园林绿化建设的先进城市。成都、珠海、中山等城市还先后荣获了联合国人居环境奖。

一、城市绿地系统与景观规划的互补性

城市景观规划主要关注的问题是城市形象的美化与塑造，而城市绿地系统规划主要解决的问题是城市地区土地资源的生态化合理利用。二者的工作对象基本一致，都是城市规划区内的开敞空间。因此，这两项专业规划在实际操作中有很强的互补性。主要表现在：

1. 从宏观层次上看，城市形象的美化是以城市环境的绿化为基础的，城市人居环境的优化，更是以城市环境的生态化为前提条件的。

2. 从中观层次上看，城市的公园、风景游览区等大型公共绿地和生产、防护绿地布局，本身就是城市总体规划、分区规划的重要内容，对城市的区域景观生成能起很大的影响作用。

3. 从微观层次上看，绿地与建筑相映成趣、和谐统一，是创造动人城市景观的基本方法。特别是在较小尺度的城市设计工作中，这种配合尤其重要。

因此，建设生态健全、功能完善的城市绿地系统，对于每一个追求景观优美、环境舒适的现代城市都至关重要。城市景观规划所归纳、提炼出的规划理念和建设目标，要具体落实到城市的土地利用和城市设计层次，才能得以实现。城市绿地系统规划，总体上要按照功能为主、生态优先的原则进行空间布局，并要充分考虑满足城市景观审美的需要进行相应的规划设计。

二、城市绿地系统与景观规划的协同性

搞好城市景观与绿地系统规划，是营造生态城市的必要环节。从国内外的发展趋势来看，城市景观与绿地系统的规划建设，合作越来越密切，趋于一体化。随着对于视觉景观形象、生态环境绿化和大众行为心理这三方面的研究日益深入，以及电子计算机等高科技手段的应用，为学科间的协同发展创造了条件。正如中国古典园林的"物境"、"情境"、"意境"能达到"三境一体"的营造原理一样，通过以视觉形象为主的景观感受通道，借助于绿化美化城市环境形态，对居民的行为心理产生积极反应，是现代城市景观环境规划设计的理论基础。城市建筑形象、园林绿化空间、大众活动场地和生态环境质量，已成为衡量城市现代文明水平的重要指标。

1992年后，我国开展了以创建"园林城市"为目标的城市环境整治活动，取得了明显成效，推动了全国城市建设向生态优化的方向发展。各地创建省级和国家园林城市的活动，不仅提高了城市的整体素质和品位，改善了投资和生活环境，也使城市政府对园林绿化的重要性有了更深刻的认识，激励广大市民群众更加爱护、关心自己城市的环境质量和景观面貌，使城市的精神文明建设水平得以升华和提高，大大促进了当地社会、经济、文化的全面发展（表4-2）。

在相关学科的发展方面，从传统的建筑与造园艺术，到现代的城市与大地景观营造，经历了漫长的历程。然而，殊途同归，在现代人居环境科学的理论框架里，它们又走到了一起。近百年来，国内外城市建设的实践显示：公共性的景观环境艺术与城市绿化美化技术，已作为社会大众的普遍需要而得到了迅速发展。城市

国家园林城市名单　　　　　　　　　　　　表 4-2

批次	评选时间	数量	城市名称
第一批	1992年	3	北京市、合肥市、珠海市
第二批	1994年	2	杭州市、深圳市
第三批	1996年	3	马鞍山市、威海市、中山市
第四批	1997年	4	大连市、南京市、厦门市、南宁市
第五批	1999年	8	青岛市、濮阳市、十堰市、佛山市、三明市、秦皇岛市、烟台市、上海市浦东新区
第六批	2001年	19	江门市、惠州市、茂名市、肇庆市、海口市、三亚市、襄樊市、石河子市、常熟市、长春市、上海市闵行区；济南市、常德市、葫芦岛市、峨眉山市、洛阳市、漯河市、上海市金山区、重庆市北碚区
第七批	2003年	17	上海市、宁波市、福州市、唐山市、吉林市、无锡市、扬州市、苏州市、绍兴市、桂林市、绵阳市、荣成市、张家港市、昆山市、富阳市、开平市、都江堰市
第八批	2005年	45	武汉市、郑州市、邯郸市、廊坊市、长治市、晋城市、包头市、伊春市、日照市、淄博市、寿光市、新泰市、胶南市、徐州市、镇江市、吴江市、宜兴市、安庆市、嘉兴市、泉州市、漳州市、许昌市、南阳市、宜昌市、岳阳市、湛江市、安宁市、遵义市、乐山市、宝鸡市、库尔勒市、成都市、焦作市、黄山市、淮北市、湖州市、广安市、青州市、偃师市、太仓市、诸暨市、临海市、桐乡市、宜春市、景德镇市
	合计	101	

景观与绿地系统规划的工作内容，已包括提供诸如咨询、调查、实地勘测、专题研究、规划、设计、各类图纸绘制、建造施工说明文件和详图，以及承担工程施工监理等特定服务。其主要目的，是按照生态规律和美学原则来保护、开发和强化城市地区的自然与人工环境。具体表现在以下三个方面：

1. 宏观环境规划：包括对城市地区土地的生态化合理使用、自然景观资源保护及城市环境在美学和功能上的改善强化等。

2. 场地规划与各类环境详细规划：对象是所有除了建筑、城市构筑物等实体以外的开敞空间（Open Space），如广场、田野等；通过美学感受和功能分析的途径，对各类建构筑物和道路交通进行选址、营造及布局，并对城市及风景区内自然游步道和城市人行道系统、植物配植、绿地灌溉、照明、地形平整改造以及排水系统等进行规划设计。

3. 各类景观与绿地建设工程的设计施工文件制作、工程施工监理及绿地运营管理。

城市景观具有自然生态和文化内涵两重性。自然景观是城市的基础，文化内涵则是城市的灵魂。生态绿地系统作为城市景观的重要部分，既是人居环境中具有生态平衡功能的生存维持、支撑系统，也是反映城市形象的重要窗口。所以，现代城市的景观与绿地系统规划都越来越注重引入文化内涵，使景观构成的大场面与小环境之间，有限制的近景、中景与无限制的远景之间，人工景物与自然景观之间，空间物质化的表现与诗情画意的联想之间得以沟通。绿地和建筑借助与文化寓意所呈现出的"信息载体"，使城市景观显得更加丰富精彩。

三、城市绿地系统与景观规划的时代性

1949年后,由于受各种因素的影响,我国城市绿地系统与景观规划的理论和实践发展一直比较缓慢,最近十多年才有较大进步。在许多地方的城市规划工作中,普遍存在着偏重社会经济与建筑工程等规划、在各种建筑用地基本定局后再"见缝插绿"的习惯,造成规划绿地不足、规划绿线控制随意性较大等问题。还有的片面强调城市绿地布局搞"点—线—面结合"的行政指导方针,使城市绿地系统的景观特色大为损失,"千城一面"的现象比比皆是。

近10年来,我国各地城市积极吸取现代城市科学的新理论、新成果,拓展多学科、多专业的融贯研究,重点探索城市绿地系统设置如何与城市结构布局有机结合,城市绿地与市郊农村绿地如何协调发展,不同类型、规模的城市如何构筑生态绿地系统框架等问题,取得了显著突破和许多有益的经验。即:城市地区在宏观层次上要构筑城市生态大环境绿化圈,强调区域性城乡一体、大框架结构的生态绿化;中观层次上要在中心城区及郊区城镇形成"环、楔、廊、园"有机结合的绿化体系;微观层次上要搞好庭院、阳台、屋顶、墙面绿化及家庭室内绿化,营造健康舒适的生活小环境。通过保护和营造上述三个系列的生态绿地,建立纵横有致的物种生存环境结构和生物种群结构,疏通城乡自然系统的物流、能流、信息流、基因流,改善生态要素间的功能耦合网络关系,从而扩大生物多样性的保存能力和承载容量。这些基于生态学原理的城市景观与绿地系统规划方法,正在实践中逐渐得到认同和应用。

在高科技的运用方面,城市景观与绿地系统规划也有许多共通之处。由于景观生态的研究对象和应用规划都是多变量的复杂系统,规模庞大且目标多样,随机变化率高。只有依靠现代电子计算机技术的帮助,才能运用泛系理论语言来描述和分析区划与规划问题,分析各种多元关系的互相转化,并进行各种专业运算,以便在一定的条件下优化设计与选择方案。还有计算机CAD辅助设计、遥感、地理信息系统、全球卫星定位技术的应用等,解决了大量基础资料的实时图形化、格网化、等级化和数量化难题。目前,上海、江苏、浙江、广州等地已采用航空摄影和卫星遥感技术的动态资料来进行城市绿地现状调查。通过航片和遥感数据的计算机处理,可以精确地计算出各类城市绿地的分布均衡度和城市热岛效应强度。有些城市在绿地系统规划研究中,还采用了多样性指数、优势度指数、均匀度指数、最小距离指数、联接度指数和绿地廊道密度等评价指标,分类处理城市绿地遥感信息资料,使规划的立论基础更加科学化。例如,近年广东中山市的城市景观生态规划研究,就尝试运用了计算机技术将城市景观与生态绿地的规划融为一体。

我国地域辽阔,各地自然条件和经济发展水平不同,各个城市进行城市景观和园林绿化建设的有利条件和制约因素也不一样。应当提倡尊重客观规律,因地制宜地搞好城市环境绿化和景观美化。城市绿地系统的规划与建设,要在优先考虑生态效益的前提下,尽可能贯彻"绿地优先"的城市用地布局原则,在继续实施"见缝插绿"的基础上,积极推进"规划建绿"战略,兼顾城市景观效益,充分发挥绿地对美化城市的作用。

2001年5月,《国务院关于加强城市绿化建设的通知》提出今后一个时期我国城市绿化的工作目标和主要任务是：到2005年,全国城市规划建成区绿地率达到30%以上,绿化覆盖率达到35%以上,人均公共绿地面积达到8平方米以上,城市中心区人均公共绿地达到4平方米以上；到2010年,上述指标要分别达到30%、35%、10平方米和6平方米以上。此举将从根本上改变我国城市绿化总体水平较低的现状,促使大部分城市水碧天蓝、花红草绿、绿荫婆娑、欣欣向荣。

第四节 生态居住与生态城市规划

当今世界,人类的居住健康越来越受到关注,重视绿色生活已成为国际化的历史潮流。生态居住不仅是一个媒体热衷宣传的时尚话题,而且已成为广大市民和许多开发商的现实追求。在我国的各大中城市,城镇居民的居住水平已从"居者有其屋"向"居者优其屋"迈进；绿色住宅、生态住区,正在成为城市住宅建设的追求目标和房地产业逐鹿市场的必打品牌。城市住房消费市场对于生态居住概念的热衷,说明中国城市的人居环境建设已开始逐步与国际接轨。因此,在城市建设与房地产开发的前期规划中引入生态居住的概念,对于保护环境、培育市场有很好的促进意义。

1975年,美国生态学家Richard Register将人们对生态城市的理想概括为一句话：追求人类与自然的健康和活力。所谓"生态居住",就是要最大限度地实现人居环境的生态化,达到"天人合一"的理想境界。中国古代哲学中所推崇的"天人合一"理念,就是"与天地合法,与日月合明,与四时合序"。它与西方哲学所提倡的"以自然为本、人与自然和谐共生"本质上是一致的。因此,生态居住概念对于城乡建设的主要含义,一是推广生态化的居住模式和生活方式,二是提倡建设符合生态原理、能可持续发展的人居环境,即所谓"绿色生态住宅"。具体而论,"绿色生态住宅"除了住区环境绿化美化之外,还要求做到住区内人车分流、日照—通风—采光无污染、建筑节能、太阳能利用、分质供水、中水回用、有机垃圾生物处理、应用绿色环保装修材料等诸多方面。

"生态居住"模式及其生活方式,一般需满足三方面的基本要求：

①保护资源；

②创造健康舒适的居住环境；

③与周边生态环境相融合。

所以,绿色生态住宅的技术标准,要包括住区的能源系统、水环境系统、气环境系统、声环境系统、光环境系统、热环境系统、绿地系统、废弃物管理与处置系统、绿色建筑材料系统等。对于新建住区而言,这9个方面应达到的技术指标主要有：

1. 能源系统：对进入住宅小区的电、燃气、煤等常规能源要进行优化,避免多条动力管道入户。对住宅的围护结构和供热、空调系统要进行节能设计,建筑节能至少要达到50%以上。在有条件的地方,鼓励采用新能源和绿色能源(太阳能、风能、地热或其他可再生能源)。

2．水环境系统：要重点考虑水质和水量两个问题。在室外水环境系统中,要设立能将杂排水、雨水等处理后重复利用的中水系统、雨水收集利用系统、水景工程的景观用水系统等；小区的供水设施宜采用节水节能型,强制淘汰耗水型室内用水器具,推行节水型器具。在有条件的地方,要规划建设优质直饮水管道系统。

3．气环境系统：室外空气质量要求达到二级标准；居室内要达到自然通风,卫生间具备通风换气设施,厨房设有烟气集中排放系统,达到居室内的空气质量标准,保证居民的卫生和健康。

4．声环境系统：住区内室外声环境应满足日间噪声小于50分贝、夜间小于40分贝。建筑要采用隔声降噪措施使室内声环境系统满足日间噪声小于35分贝、夜间小于30分贝。对住区周边产生的噪声,应采取降噪措施隔阻。

5．光环境系统：一般着重强调满足日照要求,室内要尽量采用自然光。此外,还应注意住区内防止光污染,如强光广告、玻璃幕墙等。在室外公共场地采用节能灯具,提倡由新能源提供的绿色照明。

6．热环境系统：住宅围护结构的热工性能,要满足居民的热舒适度、建筑节能和环境保护等方面的要求。

7．绿地系统：住区内应配套建设完善的生态景观绿地系统,并使之具备生态保护、休闲活动和景观文化功能。

8．废弃物管理与处置系统：生活垃圾的收集要全部袋装,密闭容器存放,收集率应达到100%。垃圾应实行分类收集,分类率应达到50%。

9．绿色建筑材料系统：要提倡使用可重复、可循环、可再生使用的3R材料,尽量选用无毒、无害、不污染环境和取得国家环境标志的材料和产品。

概言之,生态住区的规划建设理念是强调"以人为本,与自然和谐",追求节水节能,改善生态环境,减少环境污染,延长建筑寿命等,形成社会—经济—自然可持续发展的理想居住地。这就要求开发商能保证项目的合理选址、充分的住区绿化和采用科学的污染防治措施。所以,生态住宅、绿色住宅也叫"可持续发展住宅",是一个多种技术集成的结果。例如,住区节能就有两个途径：一是优化建筑设计,二是优化能源系统,特别是要合理地利用好常规能源。生态居住方式,目前已成为我国城市广大市民的热切追求。因此,生态住宅将成为今后一个时期城市房地产业发展的最终目标,是未来房地产保值与增值过程中最后的价值提升空间。

生态住区建设,首先要维护生态平衡,强调人与环境的和谐,保护生物多样化,使人、建筑与自然环境之间形成一个良性的生态循环系统。当然,作为绿色住宅,首先必须是合格的住宅,达到建筑行业本身要求的标准。其次,绿色住宅还要兼顾其在设计、施工、使用各个阶段中的生命周期评价,力求能达到最优的性价比。

回顾历史,最初的城市仅是人和建筑物的简单集合,随机而无序。伴随着城市的发展,各种建筑物因为其功能的不同进行相应的分化、组合,形成不同的组团和片区。从现阶段的城市空间结构理论来看，较为理想的城市结构为：城市的中心地带是商贸、零售行业；中心地带的外层一般是批发业、服务业及部分工业（以轻工业为主）；第三层主要是集中式住宅（一般是密度、容积率较高的多层与高层住宅楼宇）；再远一些距离为密度较低的住宅（如别墅等）；低密度住宅之外就是城市的外沿，即农业区，作为城市生活配套产品基地。所以，城市的空间结构一般是按功能不同形成由市中心向郊外扩散的圈层，城市中心地带为政务与商务区域，郊外圈层则为生态居住区域。不同的圈层由内向外合理分布，并经由各种交通线路、交通工具网连贯为一个整体。如广州这样上千万人口的特大城市，就需要按照前瞻性、引导性的城市功能圈层，划分和营造若干新城居住中心，满足市民的生态居住理想。

生态住宅既然是未来城市房地产业发展的终极目标，那就必然要涉及整个城市生态环境的优化。一个住宅小区建设得再好，也不能脱离整个城市的大环境。以广州为例，作为一个山水城市，具有营造生态住区的自然条件。广州市区庞大的中等收入人群，支撑着巨大的房地产消费潜力，为生态住宅市场目标的实现提供了可能。对于居住环境生态质量的关注，将是未来广州房地产开发必须坚持的原则。从 2001 年初开始，"华南板块"成为广州楼市最热门的话题。在华南干线边缘 8 公里长的地段上，聚集了广州及全国最具实力的房地产开发企业，强手如林，大盘云集。除有广地花园、华南碧桂园及"中国第一村"祈福新村之外，还有南国奥林匹克花园、星河湾、华南新城、锦绣香江及雅居乐等大规模、高标准的房地产项目，以大型社区、优质建筑及成功开发的经验展开激烈竞争。"华南板块"已成为中国房地产最高水平的较量之地。这些楼盘，打的都是"生态牌"。

放眼世界，欧美等国的国际化高档居住社区，无论在自然资源利用、整体规划水平、建筑材料使用、物业管理水平以及和谐融洽的人文环境，都充分体现出"以人为本"的生态居住理念。这些社区通常具有如下特点：尊重自然，生态环境优美；郊区化居住，污染少；低密度建筑，住宅空间分隔合理。这种高品质的成熟住区形式，承载着一种创新和充满活力的生活方式。在我国生态住宅开始蓬勃发展并建设国际化居住社区时，借鉴欧美的经验将十分有益。

如何才能为业主提供生态居住的生活方式？它要求生态住区的建设既做到规模庞大，配套齐全，风格明快，户型多样，建筑风格呈现国际化、多样化的特征，最完美地体现个性化风格；又能做到崇尚生活化，注重健康、休闲与人文环境的营造；住区内绿树成荫，花果飘香，溪流潺潺，湖光山色，青翠怡人，并有先进的医疗中心、保健中心、运动中心、超市等先进完善的生活设施。住区内还应拥有高效智能化设施、一流的物业管理，实行人车分流，每户都拥有舒展的自由居住空间和方便接触自然的开敞空间。在此基础上，住区内还要逐步培育富有特色、健康的社区文化。

生态居住是营造生态城市（Eco-city）的基础。1990 年代后，国际生态组织提出生态城市建设应包括：重构城市，停止无序蔓延；改造传统的村庄、小城镇和农村地区；修复被破坏的自然环境；高效利用资源；形成节省能源的交通系统；实施经济鼓励政策；强化政府管理。欧盟也提出了可持续发展的人类住区10项原则，主要包括：保护能源，提高能效，推广可长期使用的建筑结构，发展高效的公共交通系统，减少垃圾产生量并回收利用等。

生态城市是由自然、经济、社会构成的复合生态系统，是全面体现可持续发展战略的城市形态，内容包括生态环境、生态产业和生态文明。生态城市规划，关键是要处理好城市发展过程中的六大关系平衡，即：人与自然的平衡、环境与发展的平衡、保护（继承）与开发（创新）的平衡、全球化与区域性的平衡、物质生产与文化富足的平衡、外在形象与内涵精神的平衡；规划目标是：生态赤字为零，环境胁迫为零，生态价值与生产价值的比率变化为零；实现资源利用代际公平，"自然—社会—经济"发展相协调，需求欲望与物质财富相适应，经济效率与社会公平相兼顾，自由竞争与有序规范相配套。在规划方法上，要进行城市"生态足迹"（Ecological Footprint）评估，即城市的自然资本需求与自然资本能力的数量比较（资产负债分析）。具体包括四类成本评估：基础成本（城市生态临界需求）、运行成本（城市生态发展需求）、损失成本（城市生态超限需求）和借用成本（城市生态赤字需求）。

21世纪不仅是信息时代、知识经济时代，更是生态文明时代。人类要设法走出目前所面临的严重生态危机，就必须重建地球上已被破坏的生态系统，由征服、掠夺自然转为保护、建设自然，谋求人与自然和谐统一的共生关系。生态城市已成为世界各国城市建设共同追求的理想目标。

参考文献：

1. 中国大百科全书（建筑／园林／城市规划卷）. 北京：中国大百科全书出版社，1988.5.
2. 全国自然科学名词审定委员会. 建筑—园林—城市规划名词. 北京：科学出版社，1997.2.
3. 刘滨谊. 现代景观规划设计. 南京：东南大学出版社，1999.7.
4. 李敏. 城市绿地系统与人居环境规划. 北京：中国建筑工业出版社，1999.8.
5. 俞孔坚. 景观：文化、生态与感知. 北京：科学出版社，1998.7.
6. 杨赉丽主编. 城市园林绿地规划. 北京：中国林业出版社，1995.12.
7. 艾定增，金笠铭，王安民主编. 景观园林新论. 北京：中国建筑工业出版社，1995.3.
8. 柳尚华编著. 中国风景园林当代50年. 北京：中国建筑工业出版社，1999.9.
9. 于志熙. 城市生态学. 北京：中国林业出版社，1992.2.
10. 肖笃宁等. 景观生态学的发展和应用，《生态学》杂志，1988（6）.
11. 《中华人民共和国建设部部令集》，北京：中国环境科学出版社，1996.5.
12. [日]高原荣重. 杨增志等译. 城市绿地规划. 北京：中国建筑工业出版社，1983.6.
13. [日]岸根卓郎. 迈向21世纪的国土规划—城乡融合系统设计. 北京：科学出版社，1990.10.
14. Ian L.McHarg：《Design with Nature》, Doubleday/Natural Hastory Press, Doubleday & Company, Inc. 1969.
15. Simonds, John Ormsbee：《Earthscape: a manual of environmental planning》, McGraw-Hill Book Company, 1978.
16. Geoffrey and Susan Jellicoe：《The Landscape of Man》, Thames and Hudson Inc. New York, 1995.

城市绿地系统规划

中篇
规划方法

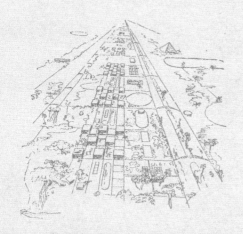

第五章 市域绿地系统的生态规划方法

城市绿地系统规划

从空间尺度上讲,城市绿地系统规划一般要包括市域和市区两个层面。在市域层面,多侧重于维持区域生态平衡的生态规划;在市区层面,多侧重于城市建设用地中绿色游憩空间的规划。所谓"生态规划",一般是指依据生态学原理所作的城乡土地利用规划;"生态工程",是"使人与自然双双受惠的可持续的生态系统的设计"(Mitsch,1993);"生态工程规划",则是在生态规划的基础上进一步作出的工程类建设规划,如城市绿地系统规划、农林业绿地分区发展规划等。

美国著名环境规划学家西蒙兹曾深刻地指出:"我们已经认识到生态学的勘查是一项基础性工作。这是对那些涉及人、一切生命的存在形式、自然的与人工的环境等相关联的诸因素,或者称作"生态决定因素"的调查研究。因为这种调查研究为和谐的土地利用规划提供了基础和依据。……从区域的观点来看,规划师有机会"综合"所有的因素,形成可能构想出的最佳居住环境。"(John O. Simonds 《Earthscape》,1978.)。

本章内容的理论框架,源于笔者参加导师吴良镛院士主持的国家自然科学基金"八五"重点项目:"发达地区城市化进程中建筑环境的保护与发展研究"(批准号59238150)的课题工作成果。经过近10年来的实践应用,已在城市化地区的市域绿地系统规划中发挥了一定的理论指导作用。为了便于读者理解本章内容,先将有关的术语概念界定如下:

1. "苏锡常地区",是特指长江三角洲的苏州、无锡和常州三个地级市行政辖区,包括所属的县级市。

2. 城市化地区的"生态绿地系统",是指城市行政区域内的全部绿色空间(含水域),而不仅仅局限于城市建成区,相当于一个多功能、多目标、复合型、综合性的市域绿地系统范畴。

第一节 生态规划的基本思想与方法

一、生态规划的基本思想

生态规划方法,是利用环境中全部(或多数)生态因子的有益集合,在无害(或多数无害)的情况下,对城市化地区土地的某种可能用途确定其最适宜的位置、数量和范围。生态学原理是生态规划所依据的重要理论基础。

生态规划的思想,从柏拉图的《理想国》论述中就有出现。19世纪末风行欧美的"城市公园运动"和霍华德的"田园城市"理论,可说是生态规划的雏形。近代发展的生态规划观念,始自盖迪斯(Geddes)的论著《城市的进化》(Cities in Evolution);他与美国学者芒福德(Lewis Mumford)都强调要树立生态意识,并把自然地区作为规划的基本框架,从而向现代的生态规划迈出了一大步。芒福德在为麦克哈格(Ian L.McHarg)《设计结合自然》(Design with Nature, 1969.)一书所作的绪言中,首次使用了"生态规划"(Ecological Planning)这个词来高度评价麦克哈格所做的研究工作。他写道:"作为一个有才能的生态规划师,麦克哈格不仅知晓:从北京人学会使用火的时候起,在改变地球的面貌过程中人经常起破坏作用；他同样知道（许多人最后才知道），现代技术由于轻率和不加思考地应用科学知识或技术设施，已经损坏了环境和降低了它的可居住性。……他前进了一大步，用需要特别的才能和技术以及优越的判断力才能完成的具体实例，说明这门新的学问如何可以和必须应用到实际的环境中去。……正是由于这种深刻的、综合的科学见解和建设性的环境设计，使这本书作出了独特的贡献"。

此后，随着1972年联合国人类环境会议的召开，在规划工作中对生态学的研究和应用受到了广泛的重视，麦克哈格被尊为现代生态规划的先驱。运用生态学理论而制定的、符合生态学要求的土地利用规划，就称为生态规划。

与麦克哈格同期，希腊学者道萨迪亚斯（C.A.Doxiadis）在1975年完成了《生态学与人类聚居学》（Ecology and Ekistics）一书。[①] 书中论述了全球的生态平衡问题，根据人为活动对自然环境的影响程度，把整个地表空间分成四个基本生态区域：自然地区、农耕地区、工业地区和人类住区；并对其用地性质现状作了12种地带的划分。道萨迪亚斯首次提出了"人类聚居环境科学"（Ekistics）的概念，指出人居环境的规划和建设一定要了解生态学原理。他的学术思想，推动了国际社会对人类聚居环境生态危机的关注。

在实践上，一些国际组织也对生态规划的思想进行了推广。比较重要的有：IMP（国际生物学规划，1960's）、MAB（联合国人与生物圈计划，1970's）、IGBP（国际地圈与生物规划，1980's）。1970年代，MAP组织了世界32个国家和地区开展了48项城市生态系统和生态规划研究，如法兰克福城市生态规划灵敏度模型，法国Lyons城市生态系统人口空间结构研究等。1984年，MAB提出"生态城市"规划的五项基本原则为：

①生态保护战略；
②生态基础设施；
③居民生活标准；
④历史文化保护；
⑤自然融合城市。

生态城市包括三个层次的内容：

①自然地理层；
②社会功能层；
③文化意识层。

生态城市的衡量指标也包括三个方面：

①生态滞竭系数，测度城市物质、能量流畅程度；

---

① 该书于1978年在澳大利亚昆士兰大学首版。

②生态协调系数，测度城市组织合理程度；

③生态平衡系数，测度城市生态成熟度（自调节能力）。

1987年，雅涅斯基著书论述了生态城市的基本模式（Yanitskiy. O. (Ed)：The City and Ecology, Nauka, Moskow, 1987.）。

二、生态规划的基本方法

人居环境建设规划的基本内容，是土地利用规划。但是，传统的城市土地利用规划，多从狭隘的技术经济观点出发，将城市发展用地及其开发项目尽量都安排在对人最有利、最便捷、最经济的地方，缺乏考虑远期的生态和社会后果，常导致城市的过分集中和人工设施对生态环境的破坏。

生态规划方法的实质，是从人类生态学的基本思想出发，通过对土地的自然资源和社会环境的组成、结构、功能等综合分析和评价，确定规划区内的土地对人类活动的适宜性及其可承受能力，并据此合理地安排、布局区域内的工业、农业、交通、居住、商业、文化等各项建设活动。生态规划的基本原则为：整体、协调、循环、自生。

在生态规划的过程中，有两个基本方面需要考虑：一是由规划区土地的水文、地质、生物、人文等特征所决定的土地对某种用途的固有适宜性；二是规划区土地在不损失或不降低其生态质量的情况下，人类活动对其影响的可接受程度，即对人类活动的强度所能承受的极限值。由这两方面内容而发展起来的土地利用适宜度分析和土地承载能力分析，是土地利用生态规划方法的核心。它们为如何综合地利用特定地块内的自然资源和社会信息提供了技术依据。

三、生态规划的基本程序

土地利用生态规划的程序，除与人类生态学的基本原理有关外，还与具体的研究项目有关。对于本书所定义的生态绿地系统而言，它们的基本过程是相似的，一般包括以下步骤：

①确定规划目标；

②建立区域生态资源的数据清单（包括水文、地质、气象、土壤、地形、人文等），并进行生态要素分析；

③区域的生态适宜度分析；

④土地承载能力分析；

⑤规划方案的制定与选择；

⑥规划的执行；

⑦规划实施的评价与反馈。

美国著名学者、风景园林规划师西蒙兹（John O.Simonds），在《大地景观》（Earthscape）一书中，推荐了"生态决定因素"的调查研究方法并将其用于区域规划，其要点见表5-1。

陆地与水域规划、设计时需考虑的生态决定因素　　　　表 5-1

自然地理 (自然的形式、力、变化过程)	地　形 (地面形状和特征)	文　化 (社会、政治和经济因素)
地质 (土地的自然史和它的土、石构成) a. 基岩层； b. 面层地质； c. 承载能力； d. 土壤稳定性； e. 土壤生产力	地面形状 a. 水－陆的轮廓； b. 地势的起伏； c. 坡度分析	社会影响 a. 社区的资源； b. 社区的思想倾向和需要； c. 邻地的使用； d. 历史的价值
水文 (涉及地面水和大气水的发生、循环和分布) a. 河流与水体； b. 洪水、潮汐和洪泛； c. 地面水排泄； d. 侵蚀； e. 淤积	自然特征 a. 陆地； b. 水面； c. 植被； d. 地形价值； e. 自然景色的价值	政治和法律约束 a. 政治管辖范围； b. 功能分区； c. 筑路人和在他人土地上的通行权； d. 土地再划分规定； e. 环境质量标准； f. 政府的其他控制
气候 (一般占优势的天气条件) a. 温度； b. 湿度； c. 雨量； d. 日照和云盖； e. 盛行风和微风； f. 风景及其影响范围	人工的特征 a. 分界标志和边界； b. 交通道路； c. 基址改良； d. 公用事业	经济因素 a. 地价； b. 税款结构和估价； c. 区域发展的潜力； d. 基址外的改良需要； e. 基址内的开发投资； f. 投资－利润比率
生态 (对生命和活动物质的研究) a. 生态群落； b. 植物； c. 鸟类； d. 兽类； e. 鱼类和水生物； f. 昆虫； g. 生态系统：价值、变化和控制		

资料来源：John O. Simonds《Earthscape》,1978.

由于生态规划方法包含了社会、经济和生态环境等各方面的要素，因而就可以克服人居环境开发建设中的单纯技术经济观点，使人类活动行为与自然资源保护的协调关系成为可能。同时，生态规划又是个动态的过程，包括了规划的制定、实施、结果评价和反馈修改四个阶段，目标明确，操作性强，应变灵活，大大优于传统规划的静态模式。广义的生态规划与区域规划、城市规划在内容和方法上应是重合的，更强调生态要素的综合平衡和创造结合自然的人工建筑环境。

四、生态规划的基本原则

生态规划方法能充分体现人为调控生态功能的能动性，具有明确的整体性、协调性、区域性、层次性和动态性等特点，并有明确的经济、社会和生态建设目标，因而被国际上公认为一种现代规划方法而加以发展。在实践中，生态学的三个基本原则，可以作为生态规划的理论基础。它们是：

1. 整体性原则

生态建设首先十分强调宏观的整体性，谋求经济、社会、环境三个效益的协调统一和同步发展；其次强调区域性，因为生态问题的发生、发展都离不开一定的区域。生态规划是以特定的区域为依据，设计人工化环境在区域内的布局和利用。规划要具有全盘统筹的战略眼光，促进生态稳定，追求最佳效益。"平衡的城市的概念，现在必须扩大的平衡的区域"（Lewis Mumford,《The City in History》,1961）。

2. 循环再生原则

在地球生物圈里，物质和能量都处在不断循环的运动形式之中。生态规划要求将自然界生物对营养物质的富集、转化、分解与再生过程，应用于工农业生产和生态建设中，使各种自然资源达到最佳利用，保护人类健康和居住环境；并要求把人类活动废弃物对环境的危害减小到最低程度。这种循环再生的生态学思想进一步演绎，就是可持续发展的原则。它要求人居环境生态系统应追求合理产出、持续产出，而不是最大产出。

3. 区域分异原则

生态规划要强调生态系统的多样性和地域分异性，因为各种生态要素都要占据一定量与质的土地作为生存发展的根基，且相对定位，形成网络结构，组成复杂、动态的人工生态综合体进行新陈代谢。其代谢结果，是能流、物流的运动。这种运动因地域组合方式不同而异，从而使区域的生态质量不同，社会、与环境的效益也有差异。所以，必须针对不同地区的具体条件，制定不同的生态建设规划，采取不同的资源与环境保护对策。

第二节 市域绿地系统基本生态因子

在地球环境的物质与能量中，凡是能对生物起直接作用的因素，在生态学里就被称作"生态因子"（Ecological Factor）；生态因子之总和，称为"生态环境"（Ecotope）。如指特定群落地段上生态因子的总和，则称为"生境"（Habitat），它包括生物本身所创造的环境条件。而生物在生长发育过程中所必须的那些生态因子，就叫做"生存条件"（Existence Condition）。

影响人居环境生态绿地系统的基本生态因子包括：作为能量因子的太阳辐射、大气圈中的气候现象、水圈中的自由水、岩石圈中的地形和土壤，以及生物圈中的动、植物和人类活动。这些因子通过地理、气候、植被、生物多样性和城市化水平等多种方式表现出来，构成了生态绿地系统保护和发展的基础条件，需要在规划工作之初就加以充分认识和细致分析。

下面就以长江三角洲城市密集的苏州、无锡、常州市域（以下简称"苏锡常地区"）为例，阐述依据生态学原理所进行的绿地系统生态规划与调查分析内容与方法。

一、自然地理与社会经济活动概况

苏锡常地区地处长江三角洲，东与上海市接壤，西与镇江、南京两市毗邻，北依长江与南通、扬州两市相望，南与浙江、安徽两省相连。在行政区划上，它包括苏州、无锡、常州三市及所辖的12县（市），总面积17813平方公里，1992年底，全地区总人口有1319.36万，平均人口密度为每平方公里741人，十分密集。该地区属我国沿海对外经济开放区，交通条件便利，是我国经济发达地区之一。1992年，全地区人均国民生产总值为人民币6004元，是全国平均水平的3.5倍。

苏锡常地区大部分位于北亚热带南缘，自然条件优越，年平均气温15～16℃，≥10℃积温5000℃左右，无霜期约220天，年降水量多在1000毫米以上。境内地势平坦，以平原为主，海拔大多在5米以下，西、北部为海拔5～8米的高亢平地，西南部分布有山地和丘陵，海拔大多在200～300米之间。全区绝大部分属太湖流域，水系纵横，河网密布。平原地区以水稻土为主，土地、丘陵则为黄棕壤或黄红壤。该地区农业耕作历史悠久，农作物以稻、麦（或油菜）一年两熟轮作为主。

二、绿地资源结构及土地利用情况

绿地资源结构，是指在一定时段内不同类型和不同等级的绿地资源在空间上的组合关系。根据由中国科学院、国家计委自然资源综合考察委员会、南京地理研究所等单位共同编制的1∶100万土地资源图有关图幅的量算，并参考江苏省太湖地区土地类型图等有关资料，苏锡常地区的绿地资源结构见表5-2。

苏锡常地区的绿地资源结构　　　　　　　　　　表5-2

适宜类别	适宜等级	面积（万亩）	占土地总面积（%）
宜农地	一等	1425.61	55.57
	二等	157.98	6.16
	合计	1583.59	61.73
宜林地	一等	159.55	6.22
	二等	9.75	0.38
	三等	6.75	0.26
	合计	176.05	6.86
宜牧地		16.50	0.64
不宜农林牧地	芦苇	6.75	0.26
	水面	803.32	31.32
总计		2565.26	100.0

苏锡常地区的绿地资源结构具有以下特点：

（1）宜农地多，约占土地总面积的61.73%。其中一等地大约占总宜农地的90%，二等地占10%，无三等宜农地。这为该地区农村耕作业的发展提供了十分有利的条件。

(2) 水面面积大，约占土地总面积的 31.32%，发展养殖业条件好。

(3) 宜林地和宜牧地少。宜林地约占土地总面积 6.86%；其中 90% 为一等宜林地，多为分布在海拔 300 米以下的丘陵、低山。宜牧地仅占土地总面积的 0.64%，而且全部为三等地，因此发展食草禽畜类生产的潜力不大。

(4) 多宜性土地不多，仅有二等宜农、一等宜林地 4.45 万亩，后备土地资源严重不足，土地利用结构的调整余地不大。

又根据农业区划部门完成的现状土地利用调查资料，得到苏锡常地区的土地利用结构，见表 5-3。

苏锡常地区的土地利用结构　　　　　　　　　　表 5-3

土地利用类型		面　积（万亩）	占土地总面积（%）
耕　地	水　田	1118.65	
	旱　田	164.28	
	小　计	1282.93	50.01
园　地	桑　园	36.5	
	茶　园	10.82	
	果　园	25.45	
	小　计	72.77	2.84
林　地	有林地	132.67	
	其　他	4.86	
	小　计	137.53	5.36
牧草地		5.20	0.20
居民点与工矿用地		211.22	8.23
交通用地		38.39	1.50
水　面		803.32	31.31
未利用地		14.01	0.55
总计		2566.37	100.00

苏锡常地区土地利用结构有以下特点：

(1) 耕地面积大，占土地总面积的 50.01%。园地和林地面积小，分别占土地面积的 2.84% 和 5.36%。牧草地更少，仅占 0.20%。说明该地区土地利用以种植业为主，多种经营比较薄弱。

(2) 水面面积大。统计表明，水面中的大型湖泊（如太湖等）、大型河道（如长江、运河等）合计占 400 多万亩，但是，在现有技术条件下的可供养殖利用水面不足 200 万亩。在可养水面中，由于水过深、过急或水质不良等原因，实际已养水面约占可养水面的 80%，因此养殖业还有潜力可挖。

(3) 建设用地比例较大，合计占土地总面积的 9.73%。但交通用地在非农业用地内部的比例相对偏少，与该地区今后的经济发展不相适应。

从表 5-2 和表 5-3 以及实地调查的情况可作出分析，苏锡常地区的土地利用结构基本是合理的，即它与土地资源结构基本是协调的。这表现在：

①耕地和牧地全部位于宜农地、宜牧地上，林地也有 96.02% 位于宜林地上。

园地中的茶园也是全部位于宜林地上，即它们不占用或基本不占用耕地。

②在未利用土地中，除了近一半为芦苇地外，其余大部为宜林地，而不包括宜农地，说明区域范围内的生态绿地资源利用得比较充分。

然而，苏锡常地区的绿地系统利用结构也存在若干问题，主要有：

①宜农地中有近19%作为非耕作利用，如园地中的桑园的全部、果园的50%以上及少量的林地；居民点、工矿用地和交通用地，则几乎全部位于宜农地上。

②未利用土地中，约有47%为宜林地，近5%为宜牧地。

所以，如果仅从苏锡常地区生态绿地系统的资源结构着眼，目前的城乡土地利用结构尚有一定的调整余地。

第三节 市域绿地系统生态利用潜力

绿地的生态利用潜力，主要是指绿地在未来指定时期对人类生存所能提供的生物量产出能力，尤其是粮食和副食品生产的最大能力。它与区域主要农作物的耕地数量、播种面积和单产潜力等因素有关。下面先分析前两个因素，单产潜力稍后讨论。

1. 耕地

1990年，江苏全省耕地统计面积为456万公顷。由于建设项目大量占地，耕地呈现历年递减的趋势。据调查资料，在国家1986年颁布《土地管理法》之前，江苏全省耕地每年平均递减率为0.23%，其苏南地区达0.4%以上；1987年后耕地递减率控制在0.16%左右，但仍高于国家规定0.15%的指标。

1992年底，苏锡常三市的耕地总量为7375平方公里，人均耕地559平方米（约0.84亩），是江苏省人均耕地最少的地区之一。考虑到建设用地和园地的增加，苏锡常地区未来的耕地面积还将日趋减少。往年的统计数字表明，该地区耕地面积的递减率逐年不等，且分布不均。例如，原苏州专区1956～1981年间耕地年递减率为1.2%；苏州市1984～1987年间的耕地年递减率为0.63%；武进县1983～1986年间耕地年递减率在0.53%～2.13%之间。1986～1992年，苏锡常地区的耕地面积，由1125万亩减至1079万亩，年均递减0.7。人均耕地年递减1.52%，人均粮食占有量年递减0.57%，而同期的人口年增长率为0.8%。根据上述趋势，初步预计苏锡常地区1995～2000年间耕地年递减率在0.5%～0.9%之间，年均递减约7.7万亩；到2000～2025年间，耕地面积会得到适当控制，但仍将以一定的速率缓慢减少，年递减约5万亩。

苏锡常地区目前粮食作物（水稻、三麦等）、经济作物（棉花、油菜、花生、芝麻、糖料等）和其他作物（蔬菜、瓜果等）的播种面积，分别占农作物总播种总面积的75%、16%和9%左右，以粮食作物占优势。该地区原是我国重要商品粮基地之一，但随着经济发展、人口增加和耕地不断减少，现在全区的粮食调入量已超过调出量。1990年代以来，粮食总产量基本停滞不前，徘徊在580万吨左右。1993年的人均粮食占有量只有426公斤，低于当年全省人均471公斤的水平。一些城市（如无锡市）已无法粮食自给。所以，今后该地区的城市和区域规划，应采取保护耕地、促进粮食生产、争取实现粮食自给的战略；在提高单产的同时，播种面积不宜大量减少。

水稻是苏锡常地区主要的粮食作物，播种面积约占粮食总播种面积的58%，产量则占75.4%。影响水稻播种面积变化的主要因素是双季稻播种面积的变化。1980年该地区双季后作稻的播种面积曾达500万亩，水稻总播种面积1315万亩；到1987年双季后作稻仅剩20万亩，水稻总播种面积也降至907万亩。由于今后耕地面积还将逐渐减少，而农田复种指数又不可能提得很高，因而未来水稻的播种面积仍将呈减少趋势。

三麦（小麦、大麦和元麦）是该地区仅次于水稻的粮食作物，1990年以来播种面积稳定并略有上升，原因是一部分绿肥田改种三麦。考虑到今后饲料用粮的增加，1995～2000年间三麦播种面积会有一定增长。2000年后，由于绿肥面积扩大，三麦播种面积将会减少，大约保持在650万亩左右。

油菜是该地区的传统的经济作物，1980年代以来大约占经济作物总播种面积的71.59%。近年来，全区约有30%的油菜籽调出。所以，高质量的菜籽油是该地区重要的创汇农产品之一，应大力发展。不过，因油菜与三麦的播种面积上有矛盾，而且油菜用工量多，经济效益不高。若在保粮的前提下，油菜播种面积实际将会少量缩减，1995年后已出现了这种趋势。

棉花也是该地区重要的经济作物之一。近年来因发展粮食生产，部分棉田改种水稻，导致棉花播种面积持续下降。该地区适于种植棉花的土地，集中于北部长江沿岸的几个县，其他地区的土地条件不太适合。因此，预计棉田的面积将会继续减少。考虑到本地区发展棉纺织工业之需，再加上国家在棉花收购上采取优惠政策，2000年后该地区棉田面积将会稳定在78万亩左右。其他经济作物，如花生、芝麻、糖料、麻类、烟叶、薄荷、留兰香等，种植面积也会有所增加。1992年，苏锡常三市的蔬菜产量为185.87万吨，自给自足有余。随着耕地面积的减少以及保粮和发展经济作物之需，其播种面积可能会有较大的缩减，应予高度重视，尽量保护菜地不被侵占。

据此，1995年做规划时对苏锡常地区2000年和2025年耕地利用布局及规模经营情况大致预测为：粮食作物、经济作物和其他作物的播种面积，占农作物总播种面积的比例分别为——2000年76.21%、15.78%和8.01%，2025年73.96%、16.72%和9.32%。

2. 园地

苏锡常地区的园地，主要包括桑园、茶园和果园。

太湖流域蚕茧生产历史悠久，茧丝质量优良，素有"丝绸之府"之誉，是我国重点丝绸生产基地，仅苏州市的丝绸出口量即占全国1/6以上。然而，全地区丝绸纺织工业用茧却长期供不应求，需从外地产区调入。由于近年可调入的蚕茧量锐减，部分丝绸纺织企业被迫停产。为了满足国内市场和出口创汇之需，预计今后桑园面积会有较快发展，例如，苏州市已规划每年拓植新桑园2万余亩。

茶叶是该地区的特产之一，近年来内销、外贸供不应求。1992年全区茶叶产量为9964吨。但从土地资源条件看，将来种植面积只可能略有扩大。

苏锡常地区具有发展亚热带水果的适宜条件，水果的市场需求量也很大。1992年，该地区的水果产量为66165吨。无锡的水蜜桃和宜兴的青梅，一直是供不应求的传统特产和重要的出口商品。因此，今后该地区的果园面积预计会有较快的增加。

3. 林地、牧地与难利用地

苏锡常地区目前的林地面积有限。由于宜林地面积不大，大多已被利用，因此在2000年前林地面积只会略有增加，主要用于发展用材林。

从2000年至2050年，该地区林地面积将基本稳定。该地区的牧地面积更少，今后略会增加，畜牧业仍将以家庭饲养为主。随着农业生产技术水平的提高，该地区难利用地的面积将逐渐减少，而水面的面积则基本保持不变。

第四节 市域绿地系统生态干扰评估

影响区域绿地系统的生态干扰因子主要来自两个方面：一是自然力的突变过程，如洪水、飓风、海啸、地震、太阳黑子活动异常、干旱气候等；二是人工行为的污染和侵占，包括各种形式的工业污染、生活污染和建设占地。对于苏锡常这样历史上长期比较风调雨顺、肥沃富饶的城镇密集地区而言，人为干扰因子是矛盾的主要方面。

按照理论值估算，太湖平原的地面水资源量约有1.29×10^{10}立方米。只要利用得当，该地区内的水资源环境有可能稀释和净化一定数量的城镇排放污水。但是，目前的状况却恰好相反。苏锡常地区目前每年向绿地（含水域）里的排污量已经相当惊人（表5-4），大大超过了区域生态绿地系统的生物自净能力，致使大部分的地表河流、湖泊等水域已成为无生命存活的"死水"。

同时，由于二氧化硫等大气污染物浓度的增加，造成了苏锡常地区的酸雨频度上升，不仅酸化了土壤，而且还腐蚀各类建筑物，危害人体健康和动植物的生长。据统计，太湖流域的35个县中，已有30个是产值"百亿元县"。但与此同时，该地区大约70%地表水体的水质已由Ⅰ类降为Ⅲ类。[①]据中国科学院南京地理与湖泊研究所进行的大面积采样监测，

---

① 国家《地面水环境质量标准》GB 3838—88规定，Ⅲ类水作为饮用目的时属最低保证水质。

苏锡常地区主要城市向绿地和大气的"三废"年排放量（1992年） 表5-4

城市名称	工业废水排放量（万吨）	生活污水排放量（万吨）	工业废气排放量（万标立米）	二氧化硫排放量（万标立米）	工业固体废物产生量（万吨）	生活垃圾清运量（万吨）
无锡市	9206	5090	1532483	32955	66	69
江阴市	13140	852	695286	19802	31	78
宜兴市	2453	863	581758	14613	22	16
常州市	9189	2108	1266370	30306	47	18
溧阳市	1380	329	245251	5630	8	10
苏州市	13899	5553	1558357	28438	77	21
常熟市	3850		432252	5970	10	5
张家港市	1570		471380	8201	21	4
昆山市	1553		297265	7460	23	8
吴江市	2561		291705	8014	11	10
合计	58801		7372107	161389	316	239

注：本表资料据《江苏市县经济》（1993年）、《苏州城市建设年鉴》（1992年）、《常州统计年鉴》（1993年）等。

结论是：太湖中水质优良的Ⅰ、Ⅱ类水域已不存在。丰水期时平均水质为Ⅱ～Ⅲ级；平水期其次，Ⅲ～Ⅳ级；枯水期最劣，Ⅳ～Ⅴ级（图5-1，图5-2）。① 对此，国内外一些专家曾尖锐地批评道：这种被污水包围的"小康"有什么价值？

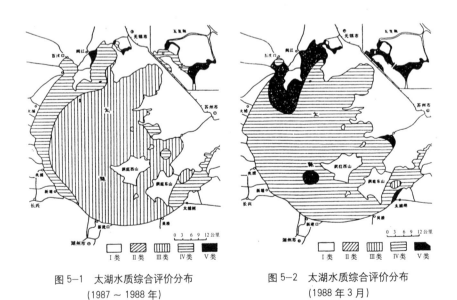

图5-1　太湖水质综合评价分布（1987～1988年）

图5-2　太湖水质综合评价分布（1988年3月）

---

① 资料来源：《中国科学院南京地理与湖泊研究所集刊》No.9；科学出版社，1993.

据量算，苏锡常地区三个中心城市的建设用地，已由1950年代的43.7%上升到1980年代的83.3%；非建设用地则由56.3%下降到16.7%。由于土壤自然特性（下垫面）的改变，地表径流加强，三市平均地表径流系数已从1950年代的0.4上升到1990年代中期的0.77，径流量增加近1倍。加上市政工程（主要是下水道）建设滞后，导致城区水环境生态失调，降雨积水危害性增加，抗御暴雨的能力减弱。

就水文因素而言，该地区由于地势平坦，河流的流向可因外界条件的变化而出现顺流、滞流和倒流的情况。象锡山市域内的主干河道北兴塘河，其水流方向就经常在从东到西、或从西到东之间摆动，使得污水无固定排出方向，延长了滞留时间。再如，苏州市在顺流时，城北和城西的6条河为进水河道，城南和城东的7条河为出水河道。此时，城内主要污水由东南大运河排出，城内河道的水质就比较好。但是，当出现倒流时，城内污水主要从东北外塘河排出，污水进入阳澄湖，污染城市的主要供水水源地，迫使水厂停产。当出现滞流时，污水积蓄在市区河道，水体质量明显下降。

在正常水文年中，苏锡常地区每年的1~3月为低水位时期，4月以后水位逐渐上升，6月中旬恢复到正常水位，7~10月为汛期水位，11月以后逐渐下降。每到低水位时，流量只及汛期的1/3~1/4。此时城市排放的污水不易及时得到冲刷和稀释，清水与污水流量比仅为3∶1，是一年中水域环境质量最差的时期。但是，这一地区在汛期河道水位又过高，城市受淹的机率提高，农村受涝程度增加。1990年以来，已出现了超过警戒水位（4米）的频率不断上升的情况；而低于正常枯水位（2.5米）的时间也有所延长。由于一年里合适的水位期不断减少，苏锡常地区的城市生态环境，处于既缺水、又怕淹的两难境地。1991年夏天华东地区特大洪涝，太湖水泄无出路，苏锡常地区方圆数百里尽成泽国。

根据以上的调查分析，规划师就能有针对性地提出苏锡常地区生态绿地系统发展规划的基本战略。要点如下：

（1）在土地利用政策上，要优先保证现代农业的可持续发展。必须一方面致力于农田耕地资源的保护，另一方面大力促进农业生产率的提高，把农业纳入社会主义市场经济的轨道，实现农业发展的"高产、优质、高效、低耗"。要争取实现区域范围内粮食和主要农副产品能长期保持自给。

（2）在城乡建设的空间布局上，要力求使城、镇、村建设用地和农林绿地、游憩绿地做到相对集中，相互耦合，实现土地资源的集约使用与城乡绿色空间合理分布。要划定若干片高产农田建设保护区和风景园林组团绿地，促进集中成片、适度规模经营的生态绿地发展模式，保障和完善各城市、城镇之间的隔离绿带，构筑城乡交融的空间结构形态。

（3）要坚决制止对自然环境的破坏和城镇建设中侵蚀绿地的掠夺行为，保护区域自然空间的生态完整性。要严格控制各类开发区的设置，合理确定建筑容积率和用地产出率等指标，大力压缩工业用地，提高各类建设用地的利用水平，鼓励现有农村的废弃宅基地复耕还田，千方百计挖掘后备耕地潜力。

（4）规划区内城乡的物质环境建设与区域河湖水系的整治，要统筹考虑、同步规划，通过大地园林化建设提高区域生存空间的环境质量，保护城乡人居环境的自然美学价值和历史文化传统。要特别注重保护太湖的水资源环境，配合防洪、水利和水运工程设施建设，开辟大小河湖沿岸的绿化地带，扩大水源、保护绿地。

（5）要充分利用苏锡常地区得天独厚的自然风光资源，以国家级风景名胜区太湖为主体，重点规划和建设一批风景园林游憩绿地，形成该地区的观光旅游基地。同时，大力绿化宜林荒山、荒地，提高绿地总量，促进生态平衡。

1994～1996年间，吴良镛院士领衔的清华大学城市规划团队在苏锡常地区开展的城市和区域规划工作项目里，努力实践了上述的生态规划战略，与地方政府较好地达成了城乡生态建设共识，使区域范围内生态绿地被破坏的现象得到了逐步控制和治理。例如，锡山市将生态绿地系统规划纳入城市总体规划同步编制，无锡市和张家港市按生态规划的要求制定了具体实施措施，创建"国家园林城市"。本章所论及的市域绿地系统的生态规划基本方法，在该地区的城乡规划工作中得到了较好的运用。

需要说明的是，在市域绿地系统规划中运用生态决定因素的调查分析方法，也要求对当地的社会与文化发展情况做详细了解。因这方面的研究方法在常规的城市规划工作中已比较成熟，本书不再详述。

第六章 绿地系统功能的数量分析方法

城市与区域规划是人居环境科学的重要领域，它既是人类把握客观规律的一种思维创造，又是在诸多社会与自然复杂因素下的评判和决策过程。美国著名景观规划专家麦克哈格曾指出："我们不应当把人类从世界中分离开来看，而要把人和世界结合起来观察和判断问题。愿人们以此为真理。……世界是丰富的，为了满足人类的希望仅仅需要我们通过理解、尊重自然。……对生物学家来说，新城市的形式绝大部分来自我们对自然演化过程的理解和反响。"（Ian L.McHarg《Design with Nature》，1969）。

现代科学的发展，促使过去主要依靠专家知识和经验的形象思维，向科学的推理和定量化的评判与决策过程发展。从人与自然生态关系的高度来研究建筑环境与城乡规划，是随着社会生产力发展、人类对生存环境质量的要求日益提高、人类社会发展与自然环境保护相互制约关系的深刻反映。其中很重要的一个方面，就是生态学研究方法的引入。

与城市规划学一样，生态学也是一门致用之学，只不过所采取的方式各有不同。城市规划是通过对规划区客观信息的分析、综合、整理后，提炼成为可用工程建设手段执行的一系列用地控制指标和空间布局形态，然后以立法的形式贯彻实施；而生态学主要是通过对观察和实验得出的现象、数据与信息进行归纳、分类和总结，概括提炼出有关的科学原理和规律，提高人们的认识水平，从而能在科学的指导下去进行实践。换句通俗的话讲就是：生态学原理用以武装规划人员头脑，城市规划手段用以指导具体建设实践。

所以，生态学与城市规划学的联姻，最终的成果应当反映在有关的空间规划指标制定这个层次上。而联系二者之间科学依据，就是生态平衡（Ecological Balance）规律。城市地区生态绿地规划的基本数量指标，理论上也应当通过对区域生态平衡的量化研究得出。

第一节 生态平衡的基本概念与调节机制

一、生态平衡的基本概念

在任何一个正常的生态系统中，总是不断地进行着能量流动和物质循环，并逐渐趋于相对的稳定。生物有机体与环境条件之间互相渗透、互相影响、互相制约，形成一个复杂的统一体。这时，生态系统的能流和物流能较长时间地保持平衡状态。植物、动物、微生物和人类之间，构成完整的营养结构和典型的食物链关系，也都保持着一种动态平衡状态。这种平衡，主要是凭借生态系统的结构与功能之间的关系获得最优化协调而实现的，就称为生态平衡。

一个平衡的生态系统，应当具有良好的稳定性

图 6-1 简化的生态金字塔（仿 Davigneaud，1974。）

人们想像的一个极简单的食物链：禾本科植物－蝗虫－青蛙－蛇－鹰

(stability)、恢复力 (resilience)、成熟性 (maturation)、内稳定 (homeostasis) 和自治力 (autonomy)。现代生态学认为：所谓平衡的生态系统，是系统的组成和结构相对稳定，系统功能得到发挥，物质和能量的流入、流出协调一致，有机体与环境协调一致，系统保持高度有序状态。

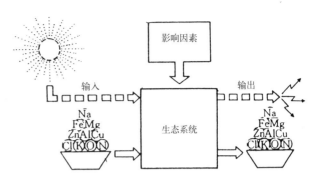

图6-2 以"黑箱原理"为基础的生态平衡理想模式（引自Trojan, 1984。）

在一般情况下，自然系统会自发地趋于无序。只有从外界不断地向系统输送能量（负熵流），才能维持系统的有序。处于平衡状态的生态系统具有很高的内稳定性与自治力。同时，在生态系统中没有任何组分是持久不变的。生物有生有死，能量有进有出，物质有存有灭，因此生态系统的平衡是动态的平衡。保持生态系统的平衡，实际内容应是保持系统的稳定性。稳定与平衡有联系，又有区别；在有人类活动干扰的现实世界里，要做到生态系统绝对的平衡是不可能的，但要保持稳定却是可以办到的。平衡的系统是稳定的，但稳定的系统却不一定平衡，二者并非等价。了解这一点，对于我们自觉地运用"动态规划"的方法，保持系统的稳定性以适应生态平衡状态的要求，具有重要的现实意义。

二、生态平衡的调节机制

人居环境的生态系统，靠什么才能保持平衡呢？除了尽量减少非自然力干预外，主要得依靠生态系统的自调节能力，人为调节只能作为辅助的手段。

生态系统的一个重要属性，就是具有反馈作用，而其中的负反馈对于维持生态系统的平衡具有重要意义。所谓负反馈，就是当系统的某种成分开始变化时，其他成分也相应地发生一系列变化，而且这种变化最终又返回系统、减少开始的那种成分的变化速度和作用。生态系统通过内部负反馈机制进行自调节和自修复，达到自维持和自发展的目的。

例如，在一个大致平衡的水生生态系统中，有一种二氧化碳与氧气的稳定现象。当春季水温升高时，水中动、植物的代谢速度加快，呼吸作用因而加强，引起 CO_2 的增多和 O_2 的减少，水中 CO_2 的增多又引起水温升高，刺激利用 CO_2 产生 O_2 的光合作用加速，植物生长加快，于是 O_2 与 CO_2 又趋于回到正常的浓度。

生态平衡存在于一定的范围并具有一定的条件，这个能够自动调节的界线称为阈值 (Threshold)。在阈值以内，系统能够通过负反馈作用，校正和调节人类和自然所引起的许多不平衡现象。若环境条件改变或越出阈值范围，生态负反馈调节就不能再起作用，系统因而遭到改变、伤害以致破坏。阈值越高，系统对外界压力和干扰的抵抗能力愈大。例如，上文所述的苏锡常地区许多河流已成无生物的死水,就是因为河水中的污染物浓度,超过了水生生态系统自净能力的阈值所致。

生态系统的阈值又与系统的稳定性(Stabicity)和多样性(Diversity)相联系。这里的多样性是指系统中生物种类的组成及营养结构的复杂性。一般在成分多样、能量流动和物质循环途径复杂的生态系统中,较易保持稳定。因为当系统的一部分发生机能障碍时,可以被不同部分的调节所抵销。相反,系统的成分越单调、结构越简单、其调节能力也就越小,对抗剧烈环境改变的功能就比较脆弱。一个生态系统的结构功能愈复杂,其阈值就愈高,也愈稳定。这就是"多样性导致稳定性定律"(Deversity causes stablity)。

负反馈、阈值和多样性导致稳定性定律,是我们进行城市地区生态绿地系统规划时所应当参照、依循的基本原理。

第二节 绿地系统的能量流动与物质循环

一、生态绿地系统的能流和物流

生态系统中每一营养级的生物量,都是以化学形式积累的能量。太阳辐射能等外界能量进入生态系统后,不断地从一个营养级转移到另一个营养级。这种能量的转换是单向的,不能逆转。能量在生态系统中通过物质形式的转换而流动,称为能流(Energy flow)。

生态系统中全部生态活动所需的能量均来自太阳,能流服从于热力学第一定律(能量守恒定律)与热力学第二定律(能量耗散定律)。进入大气层的太阳能是每分钟1.94卡/平方厘米,其中约有30%被反射回去,20%被大气吸收,只有46%到达地面;在到达地面的光能中,有10%左右辐射到绿色植物上,而大部分被反射回大气。因此,真正能被绿色植物利用的光能,只占辐射到地面上的太阳能的1%左右。全球绿色植物利用这些太阳能进行光合作用,制造的有机物质每年可达1500～2000亿吨。绿色植物通过光合作用把太阳能转变成为化学能,贮存在这些有机物质里,提供给消费者使用。动物和人类都要通过能量传递的食物链来维持生存,构成了由食物关系决定的"生态金字塔",并遵守生态效能的"林德曼效率"。[①]

从能量流动的角度看,生命的本质就是直接或间接地从太阳获得能量用于生物体的生长、繁殖。现代人类的食物来源88%为植物产品,其中小麦和大米各占20%以上,其次为玉米、薯类、杂粮、果实、糖、菜等,即相当于植食动物营养级;以鱼类为食品,已是第三到第五营养级。

由于生态系统所能提供的食物能量是有限的,所以一定区域范围内生态系统所能维持的人口数量也有一个上限。这就是生态系统的人口承载力。对于人居环

---

① "林德曼效率"即:一个营养级同化的能量与前一营养级可利用能量的比率,通常只有10%,其余能量则以热的形式散失到环境中。

境而言，它主要表现为生态绿地的土地承载能力。了解以上过程，对于我们运用生态学原理来指导城乡人居环境的生态绿地系统规划，具有重要的实际意义。

生物体内需要的营养元素至少有30～40种。这些营养元素在生物圈里运转不息，从无机环境到有机环境、再返回到无机环境中去，构成"生物地球化学循环"。每种元素都有各自的循环过程，但路线、范围和周期则各不相同。

在所有这些生物元素的循环中，植物、腐生生物、空气和水起着重要作用。因为从开始由植物吸收养分、最终由腐生生物释放养分使之再为植物所吸收的整个循环过程中，是依靠空气和水作为介质在有机物与无机物之间发生运转。对于人居环境的生存和发展而言，其中最重要的莫过于营养物质循环（主要是食品）、碳氧循环和水循环。食品、氧气、水源的供应条件，对于城市的发展规模和布局形态有先决的限制性，因此也就成为城市绿地系统规划工作重点关注的内容之一。

二、土地承载力与农业绿地发展

有关土地承载力的概念，不同的学科有其各自关注的内涵，如人口容量、环境容量、经济承载力等。一般可以表述为：在未来不同的时间尺度上，以可以预见的技术、经济和社会发展水平及与之相适应的物质生活水准为依据，一个国家或地区利用自己的土地资源所能持续稳定供养的人口数量。城市绿地系统规划工作中所涉及的"土地承载力"概念，即是在不破坏生态环境的条件下，合理投入物质、能量和劳务后单位面积耕地的产出水平所能供养的人口数。

例如，在苏锡常地区的城乡规划中，对土地承载力的研究思路为：

①国家有关营养标准规定，当人民生活达到小康水平时，年人均粮食消费水平应为400公斤。其中300公斤食用，100公斤用作饲料（根据国际标准，人均300公斤的粮食年消费量，是维系社会机制正常运转的最低警戒线，即食品安全供给线。）。为此，我们可将年人均消费粮食的数量分为300、350公斤和400公斤三个等级。

②据1992年统计，江苏省农民家庭年人均消费肉、蛋、鱼25公斤，城镇居民年人均消费52.3公斤。据此，我们可将人均消费的肉、蛋、鱼数量划分为三个范围：20～30公斤、35～40公斤、45～60公斤。

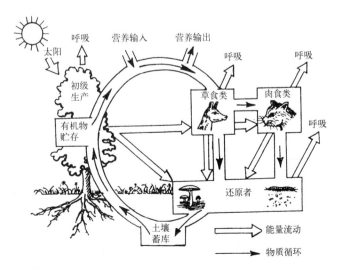

图6-3 生态绿地系统能量流动与物质循环的关系模式图
(据R.L.Smith, 1972.)

③从植物饲料转化为动物产品可食用部分中能量或蛋白质的系数来看，猪和鸡的转化系数较高，鱼及奶牛、蛋禽其次，兔羊再次之，肉牛最低。一般这个转化系数仅为10%～20%，平均数可取15%。也就是说，人们每吃1公斤肉、蛋、鱼、奶等动物食品，就要消耗大约7倍于所含能量及蛋白质的饲料。

长江三角洲各市的粮食产量、人均耕地及土地承载力情况　　表6-1

地区	粮食产量（公斤/亩）	人均耕地（亩/人）	每亩耕地现有人口	土地承载力（人/亩）
南京	616	0.64	1.56	0.86～1.14
镇江	609	0.93	1.08	0.85～1.13
扬州	558	0.94	1.06	0.78～1.03
南通	607	0.91	1.10	0.84～1.12
苏州	696	0.95	1.05	0.97～1.29
无锡	619	0.66	1.52	0.86～1.15
常州	593	0.94	1.06	0.82～1.10
上海	774	0.37	2.70	1.08～1.43
杭州	885	0.52	1.92	1.23～1.64
嘉兴	873	1.05	0.95	1.21～1.62
湖州	854	0.83	1.20	1.19～1.58

资料来源：《长江流域资源与环境》Vol.4，No.1，1995.2。

从长江三角洲的现状情况（表6-1）可以看出：苏锡常地区的粮食亩产量大多在600公斤左右，杭嘉湖地区由于实行三熟制，粮食产量较高，均在800公斤以上；而长江三角洲地区人均耕地最多的嘉兴仅为1.05亩/人（其余依次为：苏州＞常州、扬州＞镇江＞南通＞湖州＞无锡＞南京＞杭州＞上海。上海的人均耕地面积最少，仅为0.37亩/人，远低于该地区人均耕地的平均值）。

结合不同城市的粮食产量水平，就可以计算出各市在不同的粮食消费等级中的土地承载力。对照表中各市每亩耕地现有人口和相应的土地承载力可以发现：除镇江、南通、苏州、常州、嘉兴、湖州6市的每亩耕地现存人口小于其土地承载力之外，其余五个城市的人口均超载。可见，该地区的人地矛盾相当严峻，应引起足够的重视，采取必要的措施，减少或缓解人口对于土地资源造成的压力。

苏锡常地区现有粮食产量水平已较高，但还有一些增产潜力可挖。因为该地区的土壤肥力水平尚未充分发挥出来，低产田分布较广，在可利用耕地中还占有很大的比重。例如，目前仅苏州市低产田面积就有182.42万亩，而高产田面积仅为139.89万亩。导致耕地低产的原因很多，自然和社会方面的都有，如水土条件较差、耕地粗放、经营管理不善、物质投入不足等，均能导致低产。

针对苏锡常地区的土壤类型，有关研究表明：虽然土壤的有机质和全氮含量均较高，但速效磷的含量除潴育型水稻土和黄棕壤含量稍高外，其他类型的土壤含磷量均很低；而速效钾的含量一般都很高，只有个别土壤的速效钾略低于平均水平。苏锡常地区的土壤还普遍缺硼。如能针对土壤肥力上的障碍因素，进行合理施肥、治水改土及合理轮作复种等，则该地区的粮食单产水平还能再上一个新台阶，土地承载能力将有所增大。

根据土地承载力的概念，我们就可以把一个人对食物的需求量，通过作物单产水平转化为对土地的需求量。在一系列人体健康生长所必需的营养条件约束下，用线性规划的数学方法，先根据每个人的饮食结构和相应的食物需求量及作物单产水平，求出其所需土地生产面积的最小值；然后，再把该生态系统中人类可利用的土地面积，除以每人每年土地需求量的最小值，就得出该生态系统的人口承载力。

人口承载力是生态系统自身生产的食物能量所能供养的最大人口数。由于生态系统是一个开放系统，与外界有物质和能量的交换，它实际的人口承载量会随着这种交换而发生改变。我们把这种实际供养的人口数称为"人口容量"。如果有外界食物能量的输入，则一个生态系统的人口容量可以超过其人口承载力。反之，如果必须输出食物能量，则其人口容量就要小于人口承载力。

地球生物圈基本上是一个封闭系统，其人口容量不能超过它的人口承载力，而城市生态系统却是人口容量高于人口承载力的系统，它必须依赖于从其他系统输入的食物能量来维持。对于一个特定的城市地区来讲，从区域规划的角度，应当尽量把它作为食物能量封闭系统来处理比较好；那样不仅有利于合理控制城乡人口容量和空间分配，而且有利于维护区域生态系统的持续自生、平衡发展。

进一步的"人口承载率比"（SR＝预测人口／承载力人口）研究表明：苏锡常地区在小康型的消费水平上已经超载（1990年的SR指数分别为：苏州1.17，无锡1.45，常州1.07）。即使未来可能把农作物复种指数从现在的1.82提高到2.0，也仍然不能满足富裕型消费水平的需要（除非从外地或国外购买大量农副产品）。因此，如果在未来规划期内(15～20年)发生人口增长率或耕地保护率失控的情况，则满足本地区人民小康水平的吃饭需求都会有一定困难。

在研究工作中，常听到地方上有一种观点认为：像苏锡常这样经济比较发达的城市化地区，不需要再强调发展农业和保护耕地。只要把工业搞上去，凭借经济实力就能通过外购或进口粮食来满足当地需求，而且远比自己种粮食合算。在我国粮食生产的比较经济效益尚偏低的现实情况下，这种观点似乎也有一定的道理。但是，若从全局来看，人口密集的高产地区一旦大面积放弃粮食种植，国内粮食供需关系就会严重失衡；若从国际粮食市场寻求补缺，则必将引起世界粮食价格的巨大波动，进而损害第三世界缺粮国家的利益，甚至可能引起一系列的政治问题。所以，企图在苏锡常地区逐步放弃有悠久种植历史的肥沃耕地，转向依靠欠发达地区或得之不易的外汇收入来满足区域人口日益增大的粮食需求，恐怕于情于理都是不应该的。另外，从城乡一体化的发展趋势来看，城镇密集地区中心城市建成区里的"生态亏空"问题,由于受土地供应紧张的制约,已不可能在城市建设用地范围内解决;城市环境生态平衡所需扩展的绿色空间,必须利用大面积与城镇用地交错的农业绿地等来谋求。因此,在城镇密集地区保护一定数量的农业绿地和继续发展生态型农业生产,既是保障区域人口的衣食所需,也是维持城市生态平衡的要求。

苏锡常地区的工业比较发达,由工业生产带来的污染也比较严重,加上大量施用化肥和农药,使得该地区的环境状况日趋恶化。过量使用化肥和农药,不仅造成浪费,使大量化肥农药随水流失,引起环境和水体的污染,而且还导致作物的病虫害增加,天敌减少,品种抗性差。环境污染不仅使粮食产量下降,还影响到粮食的品质,甚至生产出有害食品,直接威胁到人们的身心健康,使本来承载能力就不大的土地资源更加紧张。因此,要寓环境建设于工农业生产之中,合理利用化肥、农药、除草剂等,并建立综合防治病、虫、草害体系。在提高生产效率的同时,尽量减少施用以避免或减缓对生态环境的冲击。对于农业及乡村工业中的废弃物质,可利用的要实行资源化,变废为宝;无用的也要妥善处理,并从生产工艺上着手避免产生有害物质。

三、生态绿地系统的有机营养物质循环

为了更好地认识生态绿地系统在区域人居环境建设中所起的作用,笔者尝试运用生态学及相关的一些方法,对苏锡常地区与人民生活直接相关的有机营养物质的生产和消费问题进行了研究。其结果,可供制定绿地规划指标时作参考依据。

1. 农、林、牧、渔产品生产量预测

（1）农产品

国内外预测农作物单产潜力,目前较多采用的是联合国粮农组织（FAO）提出的农业生态区法和时间序列法。前者仅用于测算水稻和小麦,后者则用于测算水稻、小麦、大元麦、油菜籽和棉花。

农业生态区法,又称AEZ方法（Agro-ecological Zone）,是根据区域年平均状态下的光、温、水、土壤和各种作物的叶面积、生长期等因素,分析作物本身的光合作用机制以及形成产量中的各种限制因素,测算出每个农业生态区作物的光合作用能力,得出每种农作物的光热产量、气候产量和土壤产量。计算结果,代表区域农作物生产力的上限。具体步骤如下:

①在气候和土壤清查的基础上形成农业生态区（单元）。
②按农业生态区（单元）进行农作物的土地适宜性评价。
③计算出不同气候的农作物的光热产量。
④根据气候和土壤的限制性,计算农作物在每个生态区里的实际潜力产量。

有关部门运用农业生态区法和联合国粮农组织提供的AEZ软件,测算出了苏锡常地区各主要农作物的最大（光热）潜力产量（表6-2）。然后根据作物生长对气候、土壤的要求,对照生态单元情况进行限制性修正,即可得出预测年份生产单元的平均产量潜力（表6-3）。

实例一：苏锡常地区几种主要农作物的最大生产力（kg/亩）　　表6-2

项目	玉米	大豆	中粳稻	杂交稻	中籼稻	晚粳稻	小麦	大麦
苏州	599	346	752	805	681	805	389	363
无锡	608	338	765	819	692	823	389	369
常州	607	339	767	822	694	827	395	368

实例二：苏锡常地区主要农作物2000年的平均生产力（kg/亩）　表6-3

项目	玉米	中粳稻	杂交稻	晚粳稻	小麦
苏州	395	465	572	535	284
无锡	370	468	573	536	284
常州	370	468	575	530	288

注：表6-2、表6-3资料来源：《国土与自然资源研究》，1994.2. P6。

对上表进一步的分析表明，2000年苏锡常地区水稻和小麦的单产上限平均值，分别为525公斤/亩和285公斤/亩。水稻单产比1985年的平均单产（432公斤/亩）高21.5%，小麦单产比1985年的平均单产（198公斤/亩）高43.9%。

时间序列法，亦称生长曲线法，认为农作物单产受光、热、水、土、耕作管理、科学技术、资金投入、产业政策等诸因素的影响，历年的单产是上述因素综合作用的结果，从序列分析即可反映出其变化的历史趋势和规律（表6-4）。

从趋势来看，这些测算结果有一定的现实合理性。但因有些年份单产统计数据不尽准确，再加上计算方法本身存在的某些局限性，因此测算结果难免有些误差。目前，苏锡常地区水稻平均亩产480公斤，高产田达750公斤；小麦平均亩产218公斤。可见上述计算结果即使作为该地区2025年的单产水平也仍太高。参照上述计算数据，再加上在苏锡常地区的实地调查资料，包括一些丰产片、高产片的典型资料，初步可确定该地区2000年和2025年主要农作物的单产水平（表6-5）。

实例三：用生长曲线法测算苏锡常地区主要农产品的单产值（公斤/亩）　　表6-4

预测年份	水稻	小麦	大元麦	油菜籽	棉花
2000年	429.5	344.0	321.5	149.5	74.0
2025年	546.0	439.0	404.0	170.5	81.0

实例四：苏锡常地区主要农作物单产预测（公斤/亩）　　表6-5

预测年份	水稻	三麦*	油菜籽	棉花
2000年	505.5	270.0	150.0	74.0
2025年	546.0	344.0	175.0	81.0

*三麦包括小麦、大麦和元麦，为加权平均数。

(2) 桑、茶、果

桑、茶、果是苏锡常地区的传统产品，种植历史悠久，单产比较稳定。蚕茧平均亩产量苏州市为68.3公斤（1992年，含郊县），常州市为60.6公斤（1992年，含郊县），无锡县为92.1公斤（1994年）。目前及今后相当一段时间内，该地区的蚕茧生产供不应求，但又很难通过压缩粮田面积来扩大蚕桑面积。因此，必须致力于提高亩产。预计2000年全区蚕茧平均亩产可为75公斤，2025年达95公斤。

该地区的茶叶生产，主要分布在太湖沿岸丘陵和宜溧丘陵地带；平均亩产量苏州市为63.6公斤（1992年，含郊县），常州市为73.86公斤（1992年，含郊县），无锡县为89.25公斤（1994年）。预计全区茶叶平均亩产2000年可为80公斤，2025年达100公斤。

苏锡常地区的果园，主要种植柑桔、桃、板栗、梨等；以柑桔栽植面积最大、产量最高，主要产于太湖东山和西山一带。无锡太湖沿岸一带的水蜜桃是传统物产；板栗主要分布在宜兴、溧阳一带山区，但亩产较低；梨在常州则栽培较多。水果平均亩产量，苏州市为377.13公斤（1992年，含郊县），常州市为315.15公斤（1992年，含郊县），无锡县为815.67公斤（1994年）。预计全地区水果平均亩产2000年可为550公斤，2025年达625公斤。

(3) 林木

苏锡常地区山林面积不大，其中经济林占相当大比重。成片用材林分布于低山丘陵区，以马尾松、杉木和毛竹为主。目前该地区实有林地面积：苏州市为18771公顷（1992年，含郊县），常州市为39959公顷（1992年，含郊县），无锡县为2285公顷（1994年）。随着用材林和防护林的建设，全区林地面积还会有一些增加。

(4) 水产品

水面面积大、养殖水平高、水产资源丰富，是苏锡常地区的一大优势。但由于资金和技术的投入水平不同，亩产差异较大。一般湖泊为42.5公斤，河道为75公斤，而精养鱼场可高达415公斤。若提供充足精饵料并加强管理，预计精养水面亩产2000年为550公斤，2025年可达600公斤；河道亩产2000产为100公斤，2025年可达125公斤；湖泊（不含太湖）、水库的亩产2000年为50公斤，2025年可达60公斤。

2. 农、林、牧、渔产品的消费水平与需求量预测

衡量人民对食物的消费水平，可采用实物统计方法，如口粮、鸡、鱼、肉、蛋等的人均消耗量；亦可采用能量标准转换方法，如热量、蛋白质、脂肪等。后者是国际上常用的方法。按照卫生部对2000年我国人民营养标准的规划，每个成年人每天平均摄入食物热量应为2400千卡，蛋白质72克，脂肪73克。据此营养标准所制定的符合我国资源与传统饮食习惯的食物人均消费量为：粮食（成品粮）132公斤，蔬菜、水果168公斤，鱼、肉、奶、蛋、禽78公斤，豆、薯、糖等66公斤。

苏锡常地区人民生活水准普遍较高。以苏州为例，1980年代城镇家庭的人

均食品年消费量为：粮食（成品粮）128公斤，食油7.03公斤，猪、羊、牛肉20.52公斤，家禽5.56公斤，蛋类4.2公斤，鲜奶7.78公斤，蔬菜103公斤，食糖3.68公斤；农村家庭的人均食品消费量为：粮食（原粮）303.5公斤，食油4.3公斤，猪、羊、牛肉14.6公斤，家禽3.5公斤，蛋类4.7公斤，蔬菜101公斤，食糖2.8公斤。有关部门对江苏省未来的人均食物消费量进行了预测，再综合各方面的资料，确定了苏锡常地区未来农、林、牧、渔产品的人均消费水平及需求量（表6-6）。

实例五：苏锡常地区主要农、林、牧、渔产品的需求量预测　　表6-6

产品名称	2000年人均（公斤/年）	总量（万公斤）	2025年人均（公斤/年）	总量（万公斤）
粮　食	500	678370	550	766227
原　棉	4.3	5834	4.8	6687
油菜籽	25.71	34882	31.43	55726
蛋　类	12.5	16959	15	20897
奶　类	17	23065	20	27863
水产品	22	29848	25	34829
蔬　菜	182.5	247605	219	305100
水　果	70	94972	85	118417
瓜　类	60	81404	75	104486
食　糖	7	9497	8	11145
用　材	0.1 立方米	35.67 万立方米	0.12 立方米	167.18 万立方米
薪　炭	600	546810	710	689765

注：① 薪炭需求量按农业人口计，其余均按城乡人口平均计；油菜籽需求量按出油率0.35折算。
② 表中的人均粮食消费标准包括口粮、生产肉、蛋、奶的饲料粮及水产品的饵料用粮，此外还包括饮料、食品及其他工业用粮。

据有关部门统计，江苏省目前的人均食物能量消费水平，已经接近联合国粮农组织（FAO）制定的低限标准，苏南地区已超标（表6-7）。从这个意义上讲，苏锡常地区人民的温饱问题已经解决。例如，1992年昆山市城乡人民消费的恩格尔系数为48.7%，已达到FAO制定的小康标准（40%～50%）。

3. 主要农林牧渔产品的供需平衡分析与人民生活水准预测

据江苏省农业厅1990年代中期的资料预测，2000年全省畜牧业总产值占纯农业产值的比重将提高25%以上，渔业产值比重将提高到5%以上。

实例六：1990年江苏省人均食物能量消费水平　　表6-7

项　目	热量（千卡/人·日）	蛋白质（克/人·日）	脂肪（克/人·日）
江苏省	2329	69	63
无锡市	2532	76	78
FAO标准	2385	75	65
美　国	3862	106	143

全省肉总产量将提高到 250 万吨，人均 35 公斤。蛋品将达到 130 万吨，人均 18 公斤。牛奶的人均占有量提高到 10 公斤左右。水产品将达到 150 万吨，人均 20 公斤。2025 年如按增长率 20% 计算，肉类人均占有量为 42 公斤，蛋品为 21.6 公斤，牛奶为 12 公斤，水产品为 24 公斤。再根据苏锡常地区未来的经济发展趋势和饲料供应能力，并结合预测的 2000 年和 2025 年的人口数量，① 可推算出苏锡常地区 2000 年和 2025 年肉类、蛋类、奶类和水产品的总产量，从而找出它们与总需求量之间的平衡关系（表 6-8、表 6-9）。

实例七：苏锡常地区人均粮食消费标准测算（单位：公斤）　　表 6-8

项　目	2000 年	2005 年
口粮	237	219
饲料粮：猪、牛、羊肉	52.5	54.3
鸡肉	60	75
蛋类	40	48
奶类	6.8	8
水产品饵料粮	33	37.5
饮料、食品及其他工业用粮	70.7	108.25
总　计	500	550.05

注：饲料粮转化率平均为：猪牛羊肉 3.5，鸡肉 3，蛋类 3.2，奶类 0.4，水产品饵料 1.5。

实例八：苏锡常地区主要农林牧渔产品的供需平衡分析　　表 6-9

项目	年份 2000 年					
	总产量（万公斤）	总需求量（万公斤）	盈亏数（万公斤）	可承载人口数（万人）	盈亏数（万人）	商品率（%）
粮食	710059.30	701491.67	+8567.63	1356.74	+17.14	1.21
油菜籽	40017.0	34882.0	+5135.0	3112.43	+1755.69	12.83
棉花	5834.16	5833.98	+0.18	1356.78	+0.04	—
肉类	52234.49	47485.90	+4748.59	1492.41	+135.67	9.09
蛋类	26863.45	6959.901	+9904.2	2149.08	+792.34	36.87
奶类	12924.14	23064.58	−10140.44	760.24	−596.5	—
水产品	33104.46	29848.28	+3256.18	1504.75	+148.01	9.84
项目	年份 2025 年					
	总产量（万公斤）	总需求量（万公斤）	盈亏数（万公斤）	可承载人口数（万人）	盈亏数（万人）	商品率（%）
粮食	725984.90	785185.92	−59201.02	1393.14	−107.64	—
油菜籽	45043.25	42642.0	+2401.25	2866.39	+1423.25	5.33
棉花	6386.04	6687.07	−301.03	1330.43	−62.72	—
肉类	69726.66	55725.60	+14001.06	1992.19	+635.49	20.08
蛋类	33101.01	20897.10	+12203.91	2206.73	+8693.19	36.87
奶类	18389.45	27862.80	−9473.35	919.47	−473.67	—
水产品	44190.40	34828.50	+9361.90	1767.62	+374.48	21.19

注：基础资料来源：《中国土地生产能力及人口承载力研究》P1482，中国人民大学出版社，1991.10。

---

① 与本章内容有关的苏锡常地区城乡人口总量问题，计算基数参考了 1985 年江苏省人口普查办公室对全省 1985～2025 年预测结果的高方案；即 2000 年苏锡常地区总人口 1356.74 万人，2025 年 1393.14 万人。据《江苏省统计年鉴 1992》，苏锡常地区现状人口为 1319.36 万，与预测的增长情况相比较出入不大。

从以上的供需分析中可以看出：

（1）苏锡常地区2000年时粮食总产量基本保持自给水平，余额已经很少，仅可多承载17.14万人；2025年时粮食缺口约59201万公斤，超载107.64万人。可见，对该地区未来的粮食生产决不能掉以轻心。

（2）油菜籽产量将来会有较大幅度的提高，棉花在2000年至2025年时约有300万公斤的缺口。今后发展棉纺织工业，有相当一部分原料需要从外地调入。

（3）未来的肉、蛋、水产品的数量比较丰富，商品率较高，肉类和水产品2000年可达9%～10%，2025年可达20%～21%，蛋类的商品率则更高。然而，奶类的供应不足，尤其在2025年时有很大缺口。为了满足人民对鲜奶和奶制品的需求，必须重视发展奶牛饲养业。

（4）蔬菜到2000年和2025年均可自给；水果则相反，2000年和2025年均有较大的缺口，需要从外地调进。茶叶的缺口更大，2000年和2025年时的总产量，只能够分别满足社会总需求量的54.6%和63.5%。随着当地茶叶出口量的逐渐增加，茶叶需求量缺口可能会比上述预测数大。

实例九：苏锡常地区人民生活水平划分标准

（单位：公斤／人·年） 表6-10

生活水准	温饱型	宽裕型	小康型	富裕型
粮　食	450	500	550	600
植物油	8	12	16	18
肉　类	30	40	50	60
淡水产品	10	15	20	30
蛋　品	6	18	25	30
鲜　奶	10	15	20	30
蔬　菜	130	150	170	190
棉　花	5	7	9	11

实例十：苏锡常地区主要农产品人均占有量

（单位：公斤／人·年） 表6-11

年　份	1985年	2000年	2025年
粮　食	437.02	506.31	507
植物油	15.35	22.12	24.2
肉　类	23.55	38.50	50.0
淡水产品	14.63	24.40	31.7
蛋　品	—	19.80	23.75
鲜　奶	—	9.53	13.2
蔬　菜	—	182.50	219.0
棉　花	4.09	4.30	4.5

注：基础资料来源：《中国土地生产能力及人口承载力研究》P1482，中国人民大学出版社，1991.10。

关于苏锡常地区人民生活消费水准的判断，参照国内现有关于生活水准划分标准，并根据苏锡常地区的实际情况，可初步拟定采用粮食及主要农林牧渔产品的人均占有量来衡量的社会生活消费水平划分标准（表6-10）。以此标准，再对照该地区不同时期的粮、油、肉类等主要消费品的人均占有状况（表6-11），可以看出：

（1）1995年苏锡常地区人民的生活水准已跨过温饱型，植物油消费达到宽裕型，淡水产品消费接近宽裕型；

（2）2000年苏锡常地区人民的生活可达宽裕至小康水平，其中植物油消费可达富裕水平，但是粮食消费只略高于宽裕水平，而鲜奶和棉花消费则仍处于温饱水平；

（3）2025年苏锡常地区人民的生活可达小康至富裕水平，但粮食消费仍只略高于宽裕水平，蛋品、鲜奶消费也够不上小康水平，棉花消费仍处于温饱水平。

四、生态绿地系统的碳循环与氧平衡

在生态系统的各个组成部分之间，不断进行着物质循环。碳、氢、氧、氮、磷、硫是构成生命有机体的主要元素（约占原生质成分的97%），也是自然界中的主要元素。因此，这些物质的循环也是生态系统中基本的物质循环。其中，对于城市地区人居环境影响最大的一对因子，就是碳循环与氧平衡。因为绿色植物在光合作用中，吸收二氧化碳和放出氧气的过程是同时进行的。

碳是构成生物体的主要元素，约占生活物质总量的25%。地壳各个圈层中碳的循环，主要是通过二氧化碳来进行的。在地球生物圈中二氧化碳的循环，主要表现于绿色植物通过光合作用固定了大气中的二氧化碳，生成碳水化合物，同时将还原氧释放回大气。生态学的研究表明，大气中每年约有1.5×10^{10}吨的CO_2被绿色植物吸收，另有大量的CO_2被海洋溶解，从而使大气中碳循环大致保持平衡。

图6-4 地球表层的碳循环途径
（引自 J.C.Emberlin,1983.）

正常大气中的CO_2含量，约为0.03%。但是，由于人类不断地从地层中把大量化石燃料（煤炭、石油等）开采出来进行燃烧，就使大气中的CO_2浓度有了显著的增加。近百年来，大气中的CO_2平均浓度已由290克/立方米提高到320克/立方米，其中1/5是在最近10年内增加的，并且还有上升的趋势。空气中CO_2含量的增加，改变了地球表面的热量平衡和空气温度，产生"温室效应"，导致地球表面

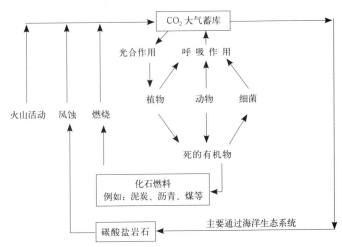

温度升高、冰山融化、海平面上升、自然灾害增多等一系列不利影响。

城市地区生态绿地系统的保护与发展，是维持和改善区域近地范围大气碳循环与氧平衡的主要途径。1990年代中期以来，我国一些大中城市里相继出现了许多"氧吧"，为市民提供吸氧服务，并成为一种都市里自我保健和放松神经的行业（专栏6-1）。"氧吧"的出现，也从另一侧面说明了环境污染、绿地不足给城市人民日常生活所造成的影响。

城市化地区人居环境空气中的碳氧平衡，是在绿地与城镇之间不断调整制氧与耗氧关系的基础上实现的。氧是生命系统的必须物质，其平衡能力的大小，对城市地区社会经济发展的可持续性具有潜在影响。研究二氧化碳和氧气的消耗与供给之间的关系及其地域分配特征，有助于我们通过生态绿地系统的规划、建设和社会经济活动的决策与调控行为，来促进区域范围近地大气层中耗氧与制氧因子的良性循环。

关于碳氧平衡对城市绿地规划指标定额的影响问题，国内外学术界多年来从生态学角度已有一些研究，主要成果如下：

（1）据《国外城市公害及其防治》（石油化学工业出版社，1977.1）载：

①美国和西德都提出城市公园绿地定额为40平方米／人。其根据为：1966年柏林的一位博士通过试验，算出每公顷公园绿地白天12小时吸收二氧化碳为900公斤，生产氧气600公斤，因而他提出公园绿地面积指标应为30～40平方米／人。

②据日本学者研究，一个人的呼吸量平均每天排出二氧化碳1公斤，吸收氧0.8公斤；一公顷的阔叶林，在生长季节每天可释放0.75吨氧气。

③在城市的空气中，由于各种燃料的燃烧和动植物的呼吸作用，耗去大量的氧气，并使空气中的二氧化碳含量日渐增加。二氧化碳的含量，若从正常的0.03%增加到0.05%～0.07%，就会使人感到不舒服；局部地区达到0.2%～0.6%，就会对人体的健康造成危害；达到1%时，可以致人死亡。

④据国外研究，大气中约60%的氧来自陆生植物光合作用，其余的要从海洋中产生。[①] 美国国土全部植物的吐氧量，大约只是全国石油燃烧需氧量的60%；其余40%的氧，要靠太平洋上空的大气环流吹来。[②]

⑤前苏联1970年代的相关研究也认为：大气中60%的氧来自陆地上

专栏6-1 原载《参考消息》1995.12.8.

【美国《华尔街日报》11月28日文章】氧吧在中国的城市如雨后春笋般出现，迄今开设了大约100家。在氧吧，顾客戴上气罩，大口大口地吸氧。氧吧经理说，在城市环境污染、工作压力重的情况下，吸氧有益于人们的身心健康。

在昆明，飞龙氧气娱乐中心的总经理张国雄（音）说，"对工作了一天的人、脑力工作者和从事体育运动的人来说，这是有益的。"

氧吧是去年开始在中国兴起的。在城市汽车越来越多加剧了人们对环境污染的担心。光顾氧吧的客人经过一天的紧张劳累，在这里坐坐可以使自己放松下来。氧吧的经理说，吸氧有助于补脑养颜。

事实上，吸入纯氧的好处尚未得到证实。纽约医院科内尔医疗中心的肺病专家戴维·瓦拉瑟说，"我无法想象这会管用。"他又说这肯定不能清除肺中的污染微粒。

瓦拉瑟说，虽然无法弄清长期光顾氧吧可能造成什么影响，但是连续几个小时吸入纯氧可能对肺造成损害。（自然空气中仅有21%的氧）但是，外汇交易商托尼·田认为，光顾北京天天保健娱乐中心只是在一天紧张的交易之后呼吸一下新鲜空气。北京天天保健娱乐中心特设桑拿浴、按摩和一台氧气机。这位30岁的交易商叹息说，"我可能对吸氧上瘾了。"他说，他已经五次光顾氧吧了。（邢国欣译）

中国新兴氧吧热 美医生对吸氧的作用表示异议

---

① 笔者注：海洋里的浮游藻类，也是巨大的光合作用制氧库。
② 据《大都市建设与生态环境论文集》（广州市科协、科委、环保办等编，1995.）P48载：大气中的氧来源于陆地和水中的植物（藻类），比例约为6：4。

的植物,主要是森林;并测定 1 公顷树木每日能放出氧气 730 公斤,从而补充大气中氧的不足。植物的呼吸作用虽然也需要吸收氧气,并放出二氧化碳。但是,植物通过光合作用放出的氧气比呼吸作用的耗氧大 20 倍左右。

(2) 据《城市绿化与环境保护》(江苏省植物研究所编,中国建筑工业出版社,1977.12)载:

①最近的地球科学研究表明,地球开始形成时的大气状态与现在完全不同。当时大气中的 CO_2 含量约达 91%,几乎没有 O_2;只是到了始生代末期,出现了能够进行光合作用的绿色植物,O_2 和 CO_2 的比例才发生了变化。据估计,地球上 60% 以上的 O_2 来自陆地上的植物,特别是森林。

②通常 1 公顷阔叶林在生长季节一天可以消耗 1 吨 CO_2,放出 0.73 吨 O_2。如果以成年人每日呼吸需要消耗 O_2 为 0.75 公斤,排出 CO_2 为 0.9 公斤计算,则每人有 10 平方米的森林面积就可以消耗掉他呼吸所排出的 CO_2,并供给需要的 O_2。

③生长良好的草坪在进行光合作用时,每平方米面积可吸收 CO_2 约 1.5 克/小时。每人每小时呼出的 CO_2 约 38 克。所以,有 $25m^2$ 的草坪在白天就可以把一个人呼出的 CO_2 全部吸收。

(3) 据前苏联《树木对空气成分和空气净化的影响》[①] 书载:"由人排出的 CO_2,只是由工业燃烧和其他途径排出的 CO_2 总量的 1/10"。

(4) 据北京园林科学研究所 1984～1986 年夏季的观测研究结果:[②] 由乔灌木混合栽植的绿地,每公顷大约年平均可吸收 CO_2 252 吨,产生氧气 183 吨(笔者注:按北京地区年平均 ≥0℃ 积温的持续日数 265 天换算,上述数据分别等于吸收 CO_2 951 公斤/公顷·天和产氧 691 公斤/公顷·天)。

(5) 据唐述虞"不同环境下植物净化能力与绿地定额的关系"(《生态学报》Vol.6,No.2,1986.)文载:可根据植物吸收 CO_2 和释放 O_2 以维持大气碳氧平衡的光合作用原理,来确定城市绿地定额;即植物在阳光下每吸收 44 克 CO_2 时,放出 32 克 O_2,比率为 1:0.83。

(6) 日本琦玉县在作全县森林规划时,通过对县域一年中工业和人口排放的 400 万吨 CO_2、消耗 330 万吨 O_2 进行折算,提出工业大城市每人需占有 140 平方米的绿地面积,才能维持该地区的碳氧平衡。[③](该数字远较清洁区只要 10 平方米森林、40 平方米草地的要求高得多。)

(7) 中国科学院南京地理与湖泊研究所的董雅文研究员,在参加 1990 年代新一轮的南京城市总体规划工作中,对南京地区(包括外围五县)的区域氧平衡问题进行了研究,[④](主要的结论见表 6-12、表 6-13),并据此对南京中心城市圈(17481 平方公里)里的新增工业布局和规划绿地数量问题,提出了对策建议。

---

① 转引自北京林业大学主编:《城市园林绿地系统规划》,1987 年版,P109。
② 冯采芹、王兆荃:"绿化在城市碳氧平衡中的作用",《绿化环境效益研究》,中国环境科学出版社,1992。
③ 转引自董雅文编著《城市景观生态》,P183,商务印书馆,1993。
④ 董雅文:"城市生态的氧平衡研究——以南京市为例",《城市环境与城市生态》,Vol.8,No.1,1995。

南京市的耗氧量研究　　　　　　　　　　表6-12

项　目	南京市（包括五县）克/年	市区（六城区、四郊区）克/年
燃料煤	13.5×10^{12}	11.57×10^{12}
燃料油	3.12×10^{12}	
人呼吸	1.45×10^{12}	7.21×10^{11}
排泄物	0.07×10^{12}	3.61×10^{10}
合　计	18×10^{12}	12.3×10^{12}

南京中心城市圈的氧平衡研究　　　　　　表6-13

绿地构成	面积（公顷）	制氧量（克/年）	耗氧量（克/年）
公共绿地	1473.5		
专用绿地	2749.3		
防护绿地	0	七项合计共	七项合计共
风景区六园绿地	8797.8	111.74×10^{12}	0.61×10^{12}
有林地	62460		
天然草地	5840		
果茶园、农作物	333546.7		

（8）据北京市园林科研所陈自新教授等主持完成的一项专题研究[①]称：北京城市近郊建成区的园林绿地，日平均吸收二氧化碳3.3万吨，释放氧气2.3万吨。按每年植物生长季进行光合作用的有效日数127.7天计（已扣除日降雨量超过5毫米的年均日数22.3天），全市建成区绿地全年可吸收二氧化碳为424万吨，释放氧气为295万吨；平均每公顷绿地日均吸收二氧化碳1.767万吨，释放氧气1.23万吨。进一步的实验分析还表明，不同植被类型的绿地，其固碳放氧的功能有很大的差异（表6-14）。

目前，国内外的环境科学家大多认为，要依据城市的性质、规模、气候、土壤、地形、绿地基础和卫生防护作用等综合考虑，才能制定出切合实际的城市绿地系统规划指标定额。本书在上述文献研究的基础上，对苏锡常地区的生态绿地系统与区域碳氧平衡的关系问题，进一步做了些探讨。

单株乔灌木与每平方米草坪的日均固碳释氧功能比较　　表6-14

植被类型	植株数量（株）	叶面积绿量（平方米）	吸收 CO_2 量（公斤/天）	释放 O_2 量（公斤/天）
落叶乔木	1	165.7	2.91	1.99
常绿乔木	1	112.6	1.84	1.34
灌木类	1	8.8	0.12	0.087
草　坪	1/平方米	7.0	0.107	0.078
花竹类	1	1.9	0.0272	0.0196

---

① "八五"国家科技攻关专题：《北京城市园林绿化生态效益的研究》，1997.8。

在具体操作上，笔者尝试参照国外文献[①]介绍的实用方法，通过碳氧平衡过程中的化学反应方程式求取相关系数，并对耗氧项根据国情（主要是有关资料统计手段）适当取舍后，进行规划区内碳氧平衡量的估算。研究的基本思路为：

耗氧项选取特定城市地区（一般为市域范围）当年的主要燃料（煤、油、液化石油气）燃烧耗氧量、人群的呼吸作用和排泄物的生物化学氧化过程耗氧量之总和（表6-15）。对于人类以外的其他生物有机体的呼吸作用暂不考虑，因为目前还没有较好的统计手段能全面确定其个体总量，而且动物在城市地区的种群数也很少。

制氧项为市域范围内的各类生态绿地。计算所取的绿地制氧参数为：一公顷阔叶林在生长季每日照小时释放70kg氧气。[②]农田、草地、园地、灌丛、乔木林等绿地形式，则可按单位土地面积的绿量[③]级差，折算成等效光合作用的阔叶林面积。然后，再将耗氧项和制氧项的总量进行比较，并考虑陆生植物对大气氧平衡度的贡献率系数（按前述研究成果，约为0.6）；从而概算出城市规划区内生态绿地系统对维持碳氧平衡的合理规划值，供总体规划中制定用地布局决策时参考（详见下节论述）。

苏州市与常州市的耗氧量研究（单位：吨／年）　　　　表6-15

项　目	燃　煤	石油燃料	液化石油气	人呼吸	排泄物	总　计
苏州市	3317071	324946	20522	566.89万人	566.89万人	
耗氧量	7075312.4	1114239.8	74618	1655318.8	82765.9	10002254.9
占总量比	70.74%	11.14%	0.75%	16.55%	0.82%	100%
常州市	2069004	168352	22877	328.57万人	328.57万人	
耗氧量	4413185.5	577279	83180.8	959424.4	47971.2	6081040.8
占总量比	72.57%	9.49%	1.37%	15.78%	0.79%	100%

注：①本表的计算方法参考了[日]中野尊正、沼田真、半谷高久、安部喜也著《都市生态学》，共立出版株式会社，1978年第4版。笔者在研究时有所调整，实用的算式如下：

a. 石油类燃料，将石油成分平均假定为C_nH_{2n}，按下式氧化，不考虑S、N及其他成分。

$C_nH_{2n} + n_3/2 O_2 \rightarrow nCO_2 + nH_2O$　O_2消耗量 = 石油燃料量 $\times 48n \div (12n+2n)$ = 石油燃料量 $\times 3.429$

b. 煤，设平均含碳量约0.8，不考虑其他成分的氧化，则$C+O_2 \rightarrow CO_2$

O_2消耗量 = 燃煤量 $\times 32 \div 12 \times 0.8$ = 燃煤量 $\times 2.133$

c. 液化石油气（LPG），以丙烷为主要成分，反应式

$C_3H_8 + 5O_2 \rightarrow 3CO_2 + 4H_2O$　O_2消耗量 = LPG燃烧量 $\times 160 \div 44$ = LPG燃烧量 $\times 3.636$

d. 呼吸耗氧　只考虑人类，按每人每日消耗800克计；

则O_2消耗量 = 总人口（人）$\times 0.0008 \times 365$ = 总人口（人）$\times 0.292$（吨／年）

e. 排泄物（生物化学耗氧量）每人每日排泄物的氧化耗氧量平均按40克计；

则O_2消耗量 = 总人口（人）$\times 0.00004 \times 365$ = 总人口（人）$\times 0.0146$（吨／年）

②表中的研究范围是市域，基础统计数字据《苏州统计年鉴》1993和《常州统计年鉴》1993。

---

① [日]中野尊正、沼田真、半谷高久、安部喜也著《都市生态学》，共立出版株式会社，1978年第四版；孟德政、刘得新译，科学出版社，1986年。

② 注：据前文所述，该参数的基本取值为730公斤／日；每天日照时数按10小时计，并扣去绿地本身约5%的夜间耗氧量，故得产氧量系数的近似值为70公斤／日照小时。

③ 注：绿量是"绿色生物量"的简称，一般用植物能进行光合作用的有效叶面积数来计量。

根据表 6-15 的计算结果，可以看出：在城镇密集的苏锡常地区，区域人口的呼吸耗氧量仅占城市地区总耗氧量的 15% 左右，而各类燃料燃烧耗氧量约为人口呼吸耗氧量的 6 倍。因此，前文所述的人均 10 平方米森林面积即可维持城市地区人口呼吸所需的碳氧平衡的实验数据，可在乘以 6.5 左右的倍数及陆生植物大气氧平衡贡献率系数（0.6）后，作为该地区森林绿地量的规划上限指标（人均约 40 平方米）。然后，再按照不同绿地绿量的等效功能级差系数，算出各类实用绿地规划面积的理论值。

由于城市环境是个开放性的生态系统，受大气环流和气候条件等因素的影响，从宏观上看，城市里的绿色植物吸收二氧化碳与释放氧气的数量，可能还不足以主导影响较大区域范围内的碳氧平衡。但是，它对保持城区局部环境空气中的碳氧平衡，却起着十分重要的作用。尤其是在静风的天气条件下，人口稠密的城市近地层常会出现"逆温"现象，造成空气对流微弱、局部氧气供给受限、二氧化碳浓度升高，影响居民的身心健康。有关的研究表明（表 6-16），此时城区及其周围的各类绿色植物便会对当

北京市建成区绿地的碳氧平衡研究　　　　表 6-16

	植物株数	叶面积绿量（平方米）	吸收 CO_2 量（吨／日）	释放 O_2 量（吨／日）
落叶乔木	7769602	1287384407	22637	15441
常绿乔木	3186445	358877738	5854	4257
灌木类	6474955	56748675	777	566
草　坪	30452202（平方米）	211947326	3266	2376
花竹类	22182826	41077418	603	434
总　计		1956035564	33137	23074
每公顷绿地		104296532	1767	1230

注：表中基础资料据北京园林科研所《北京城市园林绿化生态效益的研究》P38，1997.8。

地的碳氧平衡起到有效的良性调节作用，从而改善城市环境中的空气质量。因此，上述"黑箱式"研究方法，在这些情况下的城市生态系统中可能就比较适用。

五、水循环与水域绿地的生态作用

水是最活跃的中性溶剂，生物所需的矿质养分，多以水溶液的形式进入体内。因此，可以说没有水就没有生命；没有水循环，就没有生物地球化学循环。水循环是地球上由太阳能推动的各种物质循环中的一个中心循环。

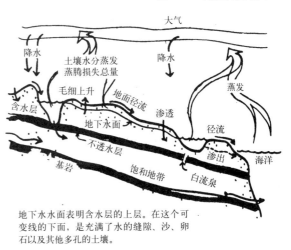

图 6-5　自然界的水循环

地下水水面表明含水层的上层。在这个可变线的下面，是充满了水的缝隙、沙、卵石以及其他多孔的土壤。

全球性的水循环，受太阳能、气流、海流和热量收支等因素变化的影响。生态系统中的水循环则范围小些，包括水的截取渗透，蒸发蒸腾和地表径流等。在温带地区，被植被截留的降水可达总降水量的25%。到达地面的降水，一部分由于重力作用渗入地下补给了地下水；而地表土壤水一部分通过毛细管作用上升到地面，蒸发进入大气；大部分则保持在土壤粒子的胶体结构中。植物通过根部吸收土壤中的水份，其中的1%～3%参与植物体的建造并进入食物链，其余97%～99%通过叶面蒸腾返回大气，参与自然界水份的再循环。

森林是天然的造雨机，有助于改善近地小气候。据国外研究，[①] 一株大乔木一个夏季平均要向空中蒸腾2000公升水，能使森林上空和附近的湿度比没有森林的地方高15%～25%。1公顷森林蒸腾到大气中的水分有1000～3500吨／年，可造成20%～70%的大气雨量。1公顷松树每年可蒸腾水分470吨。前苏联南部某荒草地带营造了4000公顷森林，当林木生长至35～45年时，经过连续7年的观察，发现比无林地多降雨23.7%。

人类生活和经济活动需要大量的用水，主要包括饮用水（生活用水）、农业用水、工业用水和内河航行用水四大类。其中，工业用水可以循环使用，而农业用水则直接返回大气或渗入地下。居民的生活用水量也因国家或地区的发达程度不同而有很大差异。在美国，一个居民的耗水量约为1200～1500立方米／年，在法国约为500立方米／年；而第三世界各国人均用水量只有40立方米／年。在苏锡常地区，该指标现在约为60立方米／年。由于城镇发展所需水源难以远途调运，只能就地解决。所以，维护城市化地区生态绿地系统内的水循环平衡问题，也要在城市和区域规划中认真地加以考虑。

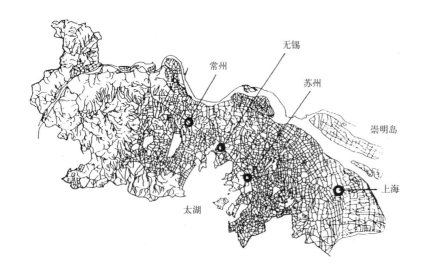

图6-6　河道交织、水网密布的苏锡常地区水系图

---

① 参见《国外城市公害及其防治》，石油化学工业出版社，1977.1。

苏锡常地区的城镇，是镶嵌在太湖平原、京杭大运河旁的一串明珠。水网密布是该地区景观的共同特征，构成了特殊的水乡城镇生态环境。尽管近几十年来，苏锡常三市的中心城区内不断填河废塘，改水面为建设用地，但在建成区内至今仍然保有相当面积的河湖水面（苏州有8.2%，无锡有7.3%，常州有8.1%）。尤其是苏州城内还保持有"三纵三横"的骨干水系，河道总长35.28公里，桥梁163座，仍然是我国目前建制市中建成区里河流最长、桥梁最多的城市。

然而，由于1980年代后区域内乡镇企业和城市工业的蓬勃发展，大量污染源破坏了该地区的水资源生态平衡。按太湖平原的水资源量计算，苏锡常地区人均可拥有的水量资源为4480立方米，远高于全国人均水量资源水平2380立方米。但是，由于污染严重，可利用的水资源不断减少，出现了平原水网地区"水质型"结构性缺水（清洁水）的局面，如江苏省锡山市的情况（表6-17）。

江苏省锡山市主要水厂取水口的水源综合污染指数
（1989～1993年） 表6-17

水厂名称	1989年	1990年	1991年	1992年	1993年
长安水厂	0.37	0.40	0.42	0.47	0.86
陆区水厂	0.35	0.38	0.40	0.50	0.74
雪浪水厂	0.42	0.46	0.47	0.53	0.77
南泉水厂	—	0.64	0.66	0.57	0.48
华庄水厂	0.24	0.27	0.28	0.32	0.48

也有些城市被迫长距离引水以解燃眉之急，如常州市在1960～1970年代原引用城区3公里外的京杭大运河水，1980年代后因大运河水质污染严重，不得不耗巨资引取23公里外的长江水。所以，如何通过生态绿地系统的保护和建设来缓解这一地区"饮水难"的矛盾，已成为一个十分特殊而紧迫的研究课题。

城市化地区的水域绿地对于人居环境的建设，具有重要的生态意义。例如：

吴江市地处太湖之滨、水乡泽国之地。境内河港纵横、水荡密布，共有水面40多万亩，约占市域的1/4。自古以来这里的村镇都是因水兴市，临河建街，形成水乡城镇的独特景观风貌。比较著名的有"四大绸都"之一的盛泽镇，早在明末清初就已经有近百家专营丝绸的商号集中在市河两岸。

历史文化古镇同里，四周被五个湖泊所环绕，镇内由市河分割成七大块，用49座石桥连接成一体，形成了"小桥、流水、人家"的江南水乡集镇特有的水巷景观。柳亚子先生的故居所在地黎里镇，在1.5公里长的市河上，横卧着各式石桥，或浅浮于清波之上，或隐现于绿树之中，"一河分两街，石桥跨水连"，乡土气息十分浓郁。除了舟楫交通和生活饮用之外，镇区居民的生活污染物及空气中的飘尘，不断地被河水稀释、沉淀或带走，净化了生活环境。

吴江市的同里、屯村、平望、芦墟、盛泽、横扇和北库等镇，面湖近荡，原来都是"窗开千顷碧、风无一点尘"。这些湖荡水面都在千亩以上，容量很大，能蒸发出大量的水汽调节空气的温、湿度，为集镇创造出良好的小气候。同时，也有利于防火和减少洪涝、干旱等灾害的影响。但是，1949年后，随着农村工业化和城市化进程的加速，吴江市一些地方的干部、群众在对保护水资源与水环境的认识问题上出了偏差，采取了不少违反客观规律的行动，损害和破坏了小城镇的生态环境，在一定程度上制约了当地人居环境的健康发展，教训十分深刻：

首先是填河建街；如盛泽镇1950年代末先后填平近10条市河，建成街道或充作公建用地；1972年又填没镇区最长的一条市河，建成东西向的商业干道，隔断了泄洪的主要通道，使"水乡无水患"的历史一去不返。

其次是围湖造地；文革期间，全县先后围垦湖荡几十处，其中盛泽西白漾、同里九里湖、叶泽湖等都在小城镇周围。由于大量湖荡被围垦，缩小了蓄水容量和水位调节能力。1983年，盛泽镇在外河水位达吴淞高程3.8米时，镇区水位已超过1954年4.35米的洪水线，有12条街道积水，近千户住房和工厂受淹，有的企业被迫停产。

再次是水体污染。自1970年代后期以来，乡镇企业蓬勃发展，化工、制革、印染等污染行业不断扩大，大量工业废水未经处理就直接排入镇区河道和周围湖荡，更加重了对水源水的污染，使水生资源大量减少，一些地方鱼虾绝迹。水体污染不但影响了大片农村居民饮水，而且许多小城镇水厂的地面取水口也受到威胁。如1990年夏季，平望水厂因上游工业废水浸入取水口，被迫停水6次。

惨痛的教训使吴江人民逐渐清醒，开始在水资源保护上舍得投资。1988～1990年间，全市共投入治理资金1076万元，完成治理项目472项，工业废水处理率已由1986年的24.1%提高到1992年的27.5%；水质达标率也有明显的上升。

按照国际惯例，环保投资占国民生产总值（GNP）的比例要超过1%时，环境质量才能得到控制；达到1.5%时，环境质量开始出现良性循环。其中，水、气、渣、噪声和生态建设五项资金分配的权重比，一般为3：3：2：1：1。而江苏省吴江市1989年的环保投资仅占0.33%，1990年只有0.21%；江苏省锡山市（原无锡县）1992年的环保投资为1200万元，仅占当年GNP的0.15%。差距之大，显而易见。

类似的情况，在苏锡常地区其他城市也普遍存在。象锡山市东亭水厂供应的自来水，由于地面取水口附近的水域被工业废水污染，从1994年建厂供水至今，水源水与出厂水的水质一直都有部分项目超标。为帮助解决这个难题，笔者在调查研究的基础上，提出了应用生物工程方法、建设水源涵养与净化绿地，主动截留和吸附水源保护地周围地表径流中的有害污染物质、以期改善水质的规划措施，已为当地政府部门采纳。此外，1995年底张家港市谷渎港城区段综合治理工程，采纳了笔者建议的不覆盖河道的清污绿化建设方案，运用截流与疏导相结合的方法，兼顾了治污、治河与绿化三方面的要求，实现了维护河道功能、改善城市生态和美化城市景观的可持续发展目标，并且比原计划的覆盖河道方案节约工程投资5500多万元。该项目于1996年5月竣工，受到市民普遍欢迎，成为张家港市"两个文明建设"中城市环境优化工程的优秀范例。

六、生态绿地的其他环保功能

由于树木的叶面具有蒸腾水分的作用，能使周围空气湿度增高。一般情况下，树林内空气湿度较空旷地高7%～14%。在潮湿的沼泽地，也可以种植树木，通过树叶的蒸腾作用，能使沼泽地逐渐降低地下水位。在城市里种植大片树林，可以增加空气的湿度。通常，大片绿地调节湿度的范围，可达绿地周围相当于树高10～20倍的距离，甚至扩大到半径500米的邻近地区。

绿地能有效地防止地表径流对土壤的冲刷，保持土壤水分，增加空气湿度，减少地面反射热。太湖等一些大型水面的堤岸防护林绿地，也有效地发挥了防风固土、减少径流冲刷等作用。大面积林地调节近地空气层风速的作用也很显著。据前苏联学者研究，由林边空地向林内深入30～50米处，风速可减至原速度的30%～40%，深入到120～200米处，则完全平静。风灾时能防风；无风时，由于绿地气温较无林地为低，冷空气向空旷地流动而产生微风。这对于城市防风抗灾尤为重要。

树林既可以降低风速，又能使尘埃下降而附着于树木的叶面和树脂部分，或落于树皮的凹入部分，起到过滤尘埃的作用。所以，绿地中空气含尘量较城市街道少1/3至1/2。据估计，地球上每年的降尘量达100～370万吨，许多工业城市每年降尘多达500吨／平方公里，个别城市甚至可达1000吨／平方公里以上。因此，扩大绿地面积，是减少城市降尘的重要途径。

森林还具有杀菌的作用。有些植物能分泌出一种挥发性物质，能杀死单细胞微生物（如细菌）。据前苏联学者20世纪30年代研究了500种以上的植物证明：杨、圆柏、云杉、桦木、橡树等都能制造杀菌素，可以杀死结核、霍乱、赤痢、伤寒、白喉等病原菌。从空气的含菌量来看，森林外的细菌含量为3～4万个／立方米，而森林内的仅300～400个／立方米。一公顷圆柏林每昼夜能分泌30公斤的杀菌素。据法国的一项研究[①]表明：城市百货商店内的空气中细菌数达400万个／立方米，

---

① 参见《国外城市公害及其防治》，石油化学工业出版社，1977.1。

而林荫道为58万个/立方米，公园内为1000个/立方米，而林区只有55个/立方米。林区与百货商店空气里的含菌量相差竟达7万倍。因此，绿化环境对于保障人体健康非常有益。

绿地不仅能使空气新鲜，环境清洁，还具有多种卫生功能。树木花草的姿态和四季变换的色彩，对人的精神健康也起有益作用。据研究，人的脉搏在绿地里一般比在城市空地中减少4~8次/分钟，个别情况下可减少14~18次/分钟。可见在人口高度集中而又污浊嘈杂的城市环境中是十分需要绿地的。

绿地对于调节太阳辐射温度的作用更为显著。据前苏联材料，绿地较硬地平均辐射温度低14.1℃。据在莫斯科的观测统计，夏季7~8月间，市内柏油路面的温度为30~40℃，而草地只有22~24℃；公园里的气温较一般建筑院落低1.3~3℃，较建筑组群间的气温低10%~20%。无风天气，绿地凉爽，空气向附近较炎热地区流动而产生微风，风速约1米/秒。因此，如果城市里绿地分布均匀，就可以调节整个城市的气候。日本林业厅曾提出过"城市林带"的设想，即以市中心为圆心，用几条环状林带作同心圆形式布置；而在与环状林带垂直的方向，设放射状林带或者以林带将工业区与住宅区、商业区隔开，构成完整的林带网。

绿地还有良好的吸声减噪功能，尤其是在声波的低频段。前苏联学者在测声室里研究了各种树木的隔声能力，如槭树达15.5分贝，杨树11分贝，椴树9分贝，云杉5分贝。随着频率增高，树木的隔声能力逐渐降低。从树种讲，叶面愈大，树冠愈密，吸声能力越显著。就植物配置看，树丛的减噪能力达22%；自然式种植的树群，较行列式的树群减噪效果好；矮树冠较高树冠好，灌木的减噪能力最好。

进一步的研究表明：阔叶乔木树冠，约能吸收到达树叶上噪声音能的26%，其余74%被反射和扩散。没有树木的高层建筑街道，要比有树木的人行道噪声高5倍。这是因声波从车行道至建筑墙面，再由墙面反射而加倍的缘故。行道树在夏季叶片茂密时，可降低噪声7~9分贝，秋冬季可降低3~4分贝。据日本研究，公路两旁各留15米造林，以乔灌木搭配种植，可以降低一半的交通噪声。1970年，日本人为了克服喷气式飞机的噪声，在大阪国际机场周围沿跑道方向两旁种植了大片雪松、女贞混交林，减低噪声约10分贝。苏锡常地区的硕放机场附近，栽植了大面积的水杉林地，较好地减轻了飞机起落噪声对附近居民点的干扰影响。

苏锡常地区的空气飘尘主要为煤烟型污染。在1990年代，我们沿着长江岸线走，每50公里左右就有一个火电厂，加上数百万个民用小炉灶和茶炉、食堂灶的煤烟低空排放，已使城镇地区的大气质量有所降低。除烟尘外，大量排放的二氧化硫遇水溶解形成酸雨，又加剧了对环境的破坏。因此，需要在该地区大力提倡营造抗污染的防护林体系，保护正在逐渐失去的蓝天碧水景观。

第三节 生态绿地系统功能指标分析方法

一、游憩空间定额法

这是我国城市园林绿地规划工作中常用的传统方法。其基本依据，来源于 1950 年代原苏联对文化休息公园每个活动场所里游人占地面积的统计结论；[①] 即：要保证城市居民在节假日有 10% 左右的人口同时到公共绿地游览休息，每个游人有 60 平方米的游憩绿地空间。因此，若按城市总人口计算，人均至少应有 6 平方米公共绿地面积。

据此，原苏联政府在有关城市规划的法规中，规定了城市公共绿地的规划定额：大城市居民人均 15～20 平方米，中等城市 10～15 平方米，小城市 10 平方米以下。另外，澳大利亚的悉尼市，公共绿地的规划标准[②] 为每人 28 平方米。

前苏联城市规划中街坊以外公共绿地的最低定额[③]（1959 年） 表 6-18

编号	城市所在的地形气候地区	人均定额（平方米）		
		小城市	中等城市	大城市
1	大森林，欧洲部分的针叶树林，波罗的海与黑龙江沿岸地区的混合森林和阔叶森林	4	8	12
2	前苏联中部地区的混合森林和阔叶森林以及森林草原	5	10	15
3	草原地区	10	15	20

注：在表中列举的定额指标中，公园应不少于 75%，小游园和林荫大道不超过 25%。

前苏联城市及居民点公共绿地人均规划定额指标[④]（1985 年） 表 6-19

绿地级别	公共绿地人均指标（平方米）									
	特大及大城市		中等城市		小城市、村镇		疗养城市		农村居民点	
规划期	Ⅰ	Ⅱ	Ⅰ	Ⅱ	Ⅰ	Ⅱ	Ⅰ	Ⅱ	Ⅰ	Ⅱ
市级	5	10	4	6	7	7	12	15	—	—
居住区级	7	11	5	8	—	—	16	20	—	—
村镇级									10	12
合计	12	21	9	14	7	7	28	35	10	12

注：人口规模——特大城市 50～100 万以上；大城市 10～50 万；中等城市 5～10 万；小城市及村镇 5 万以下；规划期 Ⅰ 为第一期，指 10 年；Ⅱ 为第二期，指 20～25 年。

[①] 参见：前苏联：1)《绿化建设》（上册），第 3 章、第 2 节"城市绿地的标准"，中国建筑工业出版社，1955. 2) 大维多维奇著：《城市规划》（下册），第 10 章"绿地的布置"，高等教育出版社，1956。
[②] 参见：北京林业大学主编：《城市园林绿地规划》，1987 年，P111。
[③] 资料来源：《苏联城市建设原理讲义》1959，第 17 章"城市绿地和体育设备"。
[④] 《苏联建筑规范》1985 年，第 7·2 条；转引自潘家莹：关于城市绿地标准，《中国园林》Vol.10, No.1, 1994。

据中国城市规划设计研究院对市民游憩绿地空间需求的研究,[①] 我国现行城市规划技术法规 GBJ 137—90 中,公共绿地和城市绿地总量规划的计算依据为:

①公共绿地的人均指标 $F=P \cdot f / e$ (式中,P 为节假日城市居民的出游率(%),1988 年为 8%;预计每 4 年增加 1%;f 为每个游人在公园中所应占有的面积平方米/人,市区大型公园取值 60,居住区公园取值 30;e 为周转系数,即高峰时在园游人与全日总游人量之比)。计算结果,我国城市公共绿地的规划定额指标为 7~11 平方米/人(目标时段为 2000~2010 年)。

②城市绿地的人均规划指标是不低于 9 平方米/人,折合成城市建设用地中绿地所占的指标为 8%~15%(按人均城市建设用地标准最低 60 平方米,最高 120 平方米计)。加上其他各类城市用地中的绿化用地比例(不计入城市规划总图的用地平衡项),总计城市绿地率要求应达到 30%~40%。

二、生态因子地图法

这种生态规划的研究方法为美国学者麦克哈格首先建议采用,因而也被称为"麦克哈格法"。在美国,它也被作为开展"大地景观规划"或"景观生态规划"工作的基本方法,简称"地图法"或"地图重叠法"。

地图法基本原理是:用一系列画在透明胶片上的生态因子地图,进行多层次的单因素分析,然后针对具体的规划目标,通过地图的重叠,找出对有关生态因子干扰最小(即所谓最适合建设)的区域。在运用地图重叠分析的过程中,也就对有关的生态因子进行了筛选和评价,使得规划师能够综合考虑社会和环境的因素,在多种可能性选择中寻求最佳解决方案。麦克哈格与其同事在纽约里斯满区林园大道选线方案研究中首先尝试;后来又在斯塔腾岛的土地利用规划中,用这一方法分析了斯塔腾区域内对自然保护、被动休养、积极休养、住宅开发、商业及工业开发等五种用地的适宜性,都获得了用户的满意。

运用生态因子地图法进行绿地规划研究的基本步骤,可以归纳为:

①确定规划目标及规划中所涉及的因子;

②调查每个因子在区域中的状况及分布(即建立生态目标),并根据其目标(即某种特定的用地)的适宜性进行分级,然后用不同深浅的颜色将各个因子的适宜性分级绘成不同的单因子透明片地图;

③将两张及多张的单因子地图进行叠加得到复合图;

④分析复合图的单因子重叠状况,并由此制定土地利用的规划方案。

1980 年代以来,随着计算机技术的迅速发展,图形扫描仪和 CAD 软件的图层叠加技术,已经取代了传统的照相制版透明片重叠方法。现代地理信息系统(GIS)的应用,使这一方法更趋于完善。客观地讲,麦克哈格推荐的地图法,在城乡土地利用规划工作中生态适宜度分析方法的发展历史上,具有重要的意义。后来的一些改进型方法,都是以此为基础。目前,在西方发达国家,地图法在有

---

① 参见潘家莹:关于城市绿地标准,《中国园林》Vol.10, No.1, 1994。

关城乡景观规划或城市绿地系统规划工作领域里应用得比较普遍。

地图法的优点为：

①形象直观，它可将社会与自然环境等不同量纲的有关生态因子，转化为不同色度和明度的图像进行分析、评价；

②定位准确，因为所有的生态因子都直接在地图上分析与综合，得出的结论也能具体、准确地落实在相应的空间地段上；

③综合性强，能宏观地把握一个较大尺度区域内各个生态因子的变化趋势，综合分析各种相关影响因子的作用结果；

④应变力大，尤其适合快速地进行多方案的选择和比较。

然而，正像任何事物都具有两面性一样，地图法也有些明显的缺陷：

①地图重叠法依据的是一种等权相加的数学思维方法；而在实际社会及生态系统中，各个因子的作用强度常不呈线性函数关系。对于那些以对数函数、指数函数或三角函数等复杂条件相联系的因子，用这种方法叠加求和的结果就会出现较大的误差。

②当相关分析因子增加后，用不同的深浅颜色表示适宜等级并进行重叠的方法，显得相当繁琐；并且很难辨别出复合图上不同深浅颜色之间的细微差别。虽然现代计算机技术的运用对改进这一方法有很大的促进，却仍然耗时甚多。

③主观性强；因为画在单因子地图上的客观信息要素，实际上已被研究者按一定的主观标准作了分类和分级，进行了取舍，因而就成了"人化的自然信息"。如果评价的标准设置不当，就会"触一发而动全身"，直接影响全部的分析结果。而谁又能保证在工作开始阶段进行的信息评价标准设计，就能比较全面反映了客观规律了呢？

④技术复杂，装备庞大，花费甚高。以美国的METLAND（波士顿大城市地区土地利用规划模型）和澳大利亚SIRO-PLAN两个规划项目为例，前者大约由40名研究者工作了7年，耗资几十万美元；后者大约由31名研究者，花费了6年时间和50万美元才完成。这样昂贵的代价和对高水准研究人员的需求，也在相当程度上限制了它在发展中国家里的推广应用。

在地图重叠法的基础上，后来又发展了"因子加权评分法"和"生态因子组合法"，用以克服地图重叠中的等权相加缺点和对阴影辨别的技术困难。由于这两种改进型的地图法更适合于计算机应用，因而近年来采用的实例较多。不过，它们都有一个共同的缺点，那就是：需要建立一个复杂的专家系统去给生态因子和评价要素逐一判断打分。这是极为困难的关键环节，也是最容易出错的环节。

三、生态要素阈值法

由上所述，可知地图法工作的基本思路，是运用了生态平衡的"多样性导致稳定性"原理，通过多样性的生态因子分析、叠加，寻找生态系统内稳定性最佳的区域并加以保护和发展；对于稳定性较差的区域，进行培育和修复。这种思路，对于本身就具有生物多样性、且人为干扰较少的自然生境区域（如自然保护区、国家公园、风景名胜区等）就比较适合。目前有文献报道的成功实例，基本上都是这样的地区。包括麦克哈格本人在1960年代对费城大城市地区开放空间的研究，规划到1980年也仅计划将城市化用地占到区域总面积的30%，其中70%仍将是基本处于自然生境状态的森林、河谷和空地。这与我国长江三角洲、珠江三角洲等城镇密集地区的生态扰动的情况，实在很难类比。中国特殊的国情和资源条件，① 在一定程度上限制了我们照搬麦克哈格地图法来研究城镇密集地区城乡空间环境规划的可能性：

①我们在相当一个时期内都难以配套与地图法全面应用所需的资金、技术装备和研究人员数量，特别是必要的城市地貌实时高精度遥感影像、数字化地图和生态普查资料；

②我们必须在较短的时间内对该地区生态绿地系统的保护和发展问题提出宏观层次合理、中观层次可行、微观层次便于操作的规划对策以指导建设实践。如果要等若干年后把上述技术、资金、人员等都装备全了再开展工作，恐怕当地的生态绿地空间不知又已失去了多少！

③我们的研究对象，是经数千年开发形成的、基本上以人工生态系统为主的城市化地区的人居环境；其中原始的自然生境地区和植被群落类型，② 大部分已

---

① 1995年底，美国的总人口为2.64亿，中国的总人口为12.08亿，相差近5倍，而国土面积又基本相当。
② 根据近几十年来相当广泛采用的概念，地球生物圈中主要的植被群落类型如下：

  森林（forest）：相当稠密的、高达8米以上[中生的与特大高位芽植物（meso-和megaphanerophyte）]的乔木。
  常绿林（Evergreen forest）：针叶的、阔叶的；落叶林（季节性的）：针叶的、阔叶的。
  林地（woodland）：相当稠密的、2~8米高的木本植物[小高位芽植物（micophanerophyte）]。
  密灌丛（scrub）：相当稠密的、低于2米高的木本植物（矮高位芽植物或地上芽植物）。
  草地（grassland）：草本植物（通常是禾草或苔草）是优势植物种；缺乏木本植物或呈矮态而不显著。
  稀树干草原（savanna）：小高位芽植物或较高的木本植物以个别散布于草本植物或地衣组成的一个相当稠密而较低矮的植物层之上。
  灌木稀树干草原（shrub savanna）：矮高位芽植物个别散布于稠密的草本植物或地衣的覆盖之上。
  树丛（groveland）：除最高层的植物聚成小树丛（grove）外，与稀树干草原相似。
  稀树草地（parkland）：树丛交互连接伴随较低层草被，密茂地遍布于森林或有林地的连续相中。
  尚有某些有关联的类别，其环境特征便是定义的本质部分：
  草甸（meadow）：稠密的草地，非禾草，伴生有叶片相当宽阔而柔软的禾草类植物，出现于相当湿润的生境中。
  干草原（steppe）：草地分布在高地，这些地区对于天然森林说来是过于干燥的。
  草甸性草原（meadow-steppe）：以干草原区域干燥程度较低的边缘为特征，类似草甸的植被；低矮灌木可能常见，但不占优势。
  真草原（true steppe）：区系贫乏和相当旱生的干草原，禾草叶片狭窄并有贫乏的非禾草和灌木。
  灌丛干草原（shrub-steppe）：散生的一层灌木突出于禾草之上的草原。
  草本沼泽（swamp）：潮湿或周期性潮湿的、拥有矿质土壤的草地。
  木本沼泽（swamp）：潮湿或周期性潮湿的、具有矿质土壤的木本植被。
  荒原（fellfield）：冻原内不连续的低矮植被，地上芽植物最显著；土壤高度石质。
  ——资料来源：《植物群落生态学教程》，[美]Rexford Daubenmire著，陈庆诚译，人民教育出版社，1982。

不存在。

严峻的现实,迫使我们要另辟蹊径,并争取能够做到"殊途同归"。根据生态系统维持平衡的阈值原理,可以采用另一种比较简便的生态要素阈值法来进行生态绿地规划的总量控制。基本工作思路如下:

①选择若干对城市地区人居环境生态系统影响最大的生态要素,如碳氧平衡、营养物质供求、水资源利用等关系,运用能量守恒与物质循环的原理,分别求出它们在系统平衡态时的阈值,作为生态绿地规划指标的最小极限值。

②分析各单因素方法求出的需求阈值,进行相互间的生态相关因素分析,求出公共解或满意近似解,作为生态绿地规划时确定总量控制指标的计算依据。

③将算出的生态绿地总量指标,按照不同植物群落的绿地类型进行分配,依次求出各类绿地在规划区内所需占用的土地面积(农田与森林光合作用的等效系数取0.2)。[①]

④根据所求出的各类生态绿地的规划指标总量值,结合城乡用地发展的空间要求进行布局,用城乡规划的常规方法逐一落实到具体地块,如农田、林地、园林绿地、水源保护绿地等。这个过程,应当在城市和区域规划的总图阶段就同步进行。

⑤城市总体规划布局完成后,将各类规划绿地的数量相加,再与原来求出的总量指标理论值相比较,得出未来可供变化的余量系数。此后,在规划执行和管理的过程中,定期检查余量系数的增减情况,综合运用行政和市场的手段进行宏观调控,力求使规划区内的生态绿地总量大致保持在系统平衡的阈值之上,并处于相对比较稳定的动态变化之中。

下面以苏州市的情况为例,选用农业土地承载力和碳氧平衡两组生态要素作为市域绿地系统规划的共轭限定因子,说明实际运用阈值法的思考过程。

①据表6-15计算结果,苏州市域各项人类活动的总耗氧量为10002255吨/年,按阔叶林在生长季每日照小时的制氧系数0.07吨/公顷计算,即有:

---

① 该系数是根据有关的研究结果类比得出:
  a. 据实验测定:在产氧和吸收二氧化碳方面,单位面积的森林比草地大5.6倍;产氧能力森林为0.073公斤/平方米·天,草地为0.013公斤/平方米·天;吸收二氧化碳能力森林为0.1公斤/平方米·天,草地为0.018公斤/平方米·天(吕瑞娟、莫珠成等:广州市高尔夫球场兴建原则初探,《大都市建设与生态环境论文集》,广州市科协、科委、环保办、科技进步基金会编,1995.)。
  b. 另据"上海市绿化三维量和裸露土地调查及其对策研究报告"(中国风景园林学会信息网《风景园林汇刊》Vol.3,No.2,1995.7)载:"就吸碳产氧的功能而言,成龄的乔木林的日吸碳产氧量约相当于同面积草坪的3~5倍"。因农田主要是栽植草本植物,虽其成年植株比一般草地略高,但生长期较短,故本书按1/5的单位面积等效森林功能近似取值,即换算系数为0.2。

设林木生长季的日照小时数为 H，则

H= 年无霜期天数 × 年日照时间 ÷365 =247×1805.3÷365 =1222 小时。

设维持市域碳氧平衡所需制氧阔叶林规划面积为 M，则

M=10002255÷0.075÷1222 =109135 公顷

②从表 6-1 知，苏州市目前的粮食平均亩产量为 696 公斤，土地承载力为 0.97～1.29（人／亩），取平均值为 1.13；当年市域的总人口 566.89 万，需要 5016725.6 亩耕地（折合为 33.4448 万公顷）播种农作物，才能维持市域范围内的粮食收支平衡。

假设，按中央政府要求，该地区规划期内必须保证粮食及主要农副产品自给，不再调出或调入，则取平衡系数为 1.0，即应保持 33.4448 万公顷的农田绿地；再折算成阔叶林面积（即乘以 0.2），得数为 66890 公顷。

③由统计年鉴，查得当年苏州市域的耕地总面积为 35.039 万公顷——（A），与第②项计算得出的维持市域粮食供求平衡极限值所需耕地数（33.4448 万公顷）相比较，尚有余量 1.5942 万公顷。因此，耕地非农利用的余量系数只有：

P=1.5942÷33.4448×100% = 4.77%

④查统计年鉴可知，苏州市域年末实有林地面积 18771 公顷，桑园面积 11795 公顷，茶园面积 353 公顷，果园面积 6558 公顷，合计为 37477 公顷——（B）。

假设林地及桑、茶、果园的等效森林光合作用系数均取 1.0，由③④的计算，得出苏州市域当年实有绿地的制氧面积为：

N=A+B=350390×0.2+37447=107525 公顷

⑤将步骤①求出的 M 值与 N 值相比较，则得出市域生态绿地空间的大气氧平衡贡献率：Q=N÷M×100% =107525÷109135×100% =98.5%

⑥分析结论：考虑到大气环流对区域碳氧平衡关系的影响，据前文所述的国外研究结果，由陆生植物绿地提供的大气氧平衡贡献率一般为 60%，可以认为 1992 年末苏州市域生态绿地系统的碳氧动态关系是符合生态平衡要求的。但是，随着工业发展、人口增加和绿地继续减少，Q 值就会发生变化。作为城市地区生态绿地系统规划的任务，应当设法将 Q 值控制和保持在 60% 以上。所以，如果还按 1992 年末的耗氧量为规划基准年计算，苏州市域在生态系统平衡范围内可供非绿地用途的土地面积，必须控制在（98.5% − 60%）×109135=42017 公顷之内（含水域）。根据这一总量控制指标，再把它分配到城乡建设规划的具体项目上，就可以从宏观上控制市域范围内绿地与建设区用地之间的适当比例，实现保持区域生态系统相关要素动态平衡的规划目标。

据统计资料，[①] 1994 年末苏州市域的耕地面积只剩下 337180 公顷，快要接近上述生态要素动态平衡点的极限值（"阈值"，约 334448 公顷）了。所以，为了当地人民子孙后代的可持续发展，保护市域范围内的生态绿地总量，已是一件紧迫的大事。

---

① 参见《苏州统计手册》，苏州市统计局，1995.4。

上述研究的计算过程，可简要小结如下：

（1）设规划区所需制氧阔叶林面积理论值为 M，则有
$M=dK/abc$（公顷）；式中，$K=$ 市域各项人类活动的总耗氧量，
$d=$ 年日数（365），$a=$ 年无霜期天数，
$b=$ 年日照小时数，$c=$ 阔叶林制氧参数（0.07 T/ha·h）；

（2）设规划区所需农田绿地理论值为 R，则有 $R=GI/15f$（公顷）；式中
$G=$ 规划区当年总人口（人），$I=$ 区域粮食自给率，$f=$ 土地承载力系数（人／亩）；

（3）设区域制氧绿地面积规划值为 N，则有 $N=R_1J_1+R_2J_2+R_3J_3+\cdots$，式中：
$R_1=$ 农田面积，$R_2=$ 林地与园地面积，$R_3=$ 园林绿地面积，$\cdots$
$J_1=$ 农田等效阔叶林换算系数（0.2），$J_2=$ 林地等效阔叶林换算系数（1.0），$J_3=1.0$，$\cdots$

（4）规划区生态绿地空间的大气氧平衡贡献率 $Q=N\div M\times 100\%$

耕地非农利用的余量系数 $P=(A-R)\div R\times 100\%$（$A=$ 现有耕地面积）

为了提高计算的精度，还可以多取几组生态要素（如污染物的排放与降解、水资源供求平衡等）作为绿地规划的共轭限定因子，进行联立方程组求解，使分析的结论能更贴近于现实和未来发展的情况。对于城市建成区里的园林绿地的绿量规划，建议采用上海市绿委等单位近年完成的一项科研成果——"绿化三维生物量"的统计方法，[①]先计算出规划区内园林绿地的有效制氧面积后，再代入上面的步骤求解。

在实际工作中，应根据所规划地区的具体情况，灵活运用上述方法来解决问题。有时也可以只作为生态绿地系统分项规划指标的验算手段。例如，按照国务院要求，全国各地农业和国土主管部门，都在陆续编制基本农田保护区规划，其基本的工作思路也是进行总量指标控制。作为城市规划部门，可以运用生态要素阈值法对有关部门提出的生态绿地规划面积进行验算复核。若计算结果在合理的范围内，就可直接引用有关部门提出的指标，以利于今后实际管理操作。若计算结果发现有较大的出入，则可

[①] 关于上海市绿化三维量的研究报告，参见中国风景园林学会信息网《风景园林汇刊》Vol.3，No.2，1995.7。该研究课题的基本思路为：采用"以平面量模拟立体量"的方法，对于某一特定树种而言，其冠径和冠高总具有某种统计相关关系；通过回归分析建立相关方程，再用该方程根据冠径求取冠高，然后求得树冠的绿量体积。具体操作的技术路线为：1）确定骨干树种，进行野外样本实测；2）用数学方法对骨干树种建模，建立冠体方程；3）城市绿化信息的彩红外航片判读、量化与绿量信息库的建立；4）对以"径-高模式"估算绿量的结果进行精度分析；5）统计制图与相关分析（如某一特定树种乔木林的日产氧量、滞尘量、吸收有害气体量、水分蒸腾量等），进而就可以作出城市绿化生态效益分析和绿化经济产出估算等。例如，该课题组估算了上海市区浦西部分的绿量，并分析了其全年吸收 CO_2 的量为 89266 吨，产氧量为 64792 吨，吸收 SO_2 的量为 64.13 吨，滞尘量为 28583 吨；全年绿化产氧的经济效益约为 1.3 亿元，滞尘的经济效益约为 4 亿元。该项科研成果，荣获了 1995 年度建设部科技进步二等奖。

及时与之进一步磋商、调整。① 当然，这种运用阈值原理来进行生态绿地规划总量指标控制的研究方法，也还需要通过进一步的实践使之趋于完善。

四、几点说明

关于城市地区绿地规划中量化依据研究，目前在国内外开展得较少。面对如此宏观而又复杂的问题，的确需要探索新的理论方法和研究解决问题的多种可能性。特别是研究建立能适合国情、比较通用的生态绿地系统规划阈值指标求证的数学模型问题，需要组织多专业的人员共同攻关才可望解决。上述绿地系统规划研究的定额法、地图法和阈值法，在实践中可以互补、配套应用，从多维尺度上进行城乡绿地的生态因子分析、数量指标求证与空间布局，促进我国城市绿地系统规划工作进一步走向科学化和规范化。

城市化地区生态绿地效益的有效发挥，是在城市的特定环境条件下体现的，具有一定的特殊性和局限性，需要合理评价与定位。例如，地形和气候条件对区域生态环境中碳氧平衡就存在着复杂的制约关系。② 阴晴雨雪的不同天气条件，对绿色植物的光合作用效益影响很大。在大气降水时，由于环境中的水分达到饱和状态，植物叶片细胞吸水膨胀，导致叶片上的气孔关闭，使得光合作用被迫停止或及其微弱。因此，在计算生态绿地的光合作用年总量时，就要考虑扣除植物生长季中的雨天日数。另外，位于盆地、山谷地形中的城市上空容易形成"逆温层"（如兰州、重庆等），通过大气环流而给城市补给新鲜氧气的条件，就不如沿海和平原城市，因此更需要在其城市内部及周围地区保持和开辟一定数量面积生态绿地以维持当地空气中的碳氧平衡。

宏观而论，生态平衡是个跨越市界、省界、国界甚至洲界的全球性概念，某一个城市地区的绿地面积少了，不一定就会导致当地的空气中严重缺氧；因为还有地球上分布的大量森林、海洋中的藻类植物制氧和大气环流在起调节作用。但是，如果听任大家都这么去想，那就很不利于在全民中提倡重视植树和开展保护生态绿地的活动；而且有可能会造成相当可怕的区域性生态破坏。像1958年"大跃进"期间，全国城乡群众为"大炼钢铁"而空前规模地砍伐森林，造成了极其严重的国土生态破坏，以致于我们至今还在吞食年年水旱灾害加剧的苦果。如果中国各地城市都能在规划建设中认真考虑和实施生态绿地规划的总量指标控制，并形成一种制度（乃至法规）加以贯彻落实，必将大大促进我国城市地区生态危机的缓解。

与地球上分布的大量森林和辽阔海洋中的藻类植物群落相比，城市地区的植物绿量是相当有限的，其产氧量也远不足以代替大气环流的含氧量，往往气象风速的大小变化，即可直接带来城市上空空气质量的变化。然而，有关研究表明，

---

① 本书研究中所涉及的规划实践研究项目，基本都贯彻了这个思路。
② 限于研究条件，本书未能就此方面的内容继续深入，因为它需要大量且长期的观测和实验来做数据分析。

同郊野地区相比，由于城市下垫面的改变，建筑密集分布和人口密集居住的状况，形成了城市中许多气流交换减少、辐射热增加、相对封闭的生存空间。[①]加上城市人群的呼吸耗氧量（每人呼吸耗氧750克/天，呼出二氧化碳900克/天）和各种化石燃料燃烧的耗氧量（一般为城市人群呼吸耗氧量的10~15倍），以及城市各种有害气体的排放，目前大部分市区的二氧化碳含量，已超过自然界大气中二氧化碳正常含量300克/立方米的指标，城市局部地区严重缺氧和二氧化碳含量增高的状况更时有发生，尤以在风速减小、天气炎热的条件下，在人口密集的居住区、商业区和燃料大量耗氧的工业区出现频率更多。[②]局部缺氧情况的发生，直接危害城市居民的健康，特别是对于老年人容易诱发多种疾病而危及生命安全。城市地区的绿色植被通过光合作用固碳释氧的功能，除去在城市低空范围内从总量上调节和改善城区碳氧平衡状况中发挥其重要作用外，还能在城市局部地区就地缓解或消除缺氧状况、改善空气质量。这是在特定的城市环境条件下其他手段所不能替代的。

所以，在我国的城市地区（尤其是城镇密集地区），必须努力保护和发展多功能、多目标的生态绿地系统以维护区域的生态平衡。在城市化快速推进的现实情况下，我国城市地区的绿色空间，应当强调城乡互补的生态共轭性。即：对区域范围内的生态绿地，不仅要利用其有机营养物质的生产功能和提供游憩空间的休闲功能，更要发挥其维护区域环境生态平衡的功能，以缓解城市建成区里不断加剧的"生态亏空"危机。城市地区生态绿地系统规划的数量指标，也要根据不同类型城市的性质及其对区域环境的生态扰动程度，经过周密的研究后得出。例如，以钢铁冶炼为骨干产业的工业城市，其耗氧量就大大高于风景旅游城市。所以，对前者理论上应当要求设置更大面积的绿地，才有可能维持当地生态环境中的碳氧平衡，吸附、降解空气中的飘尘与有害气体。从这个意义上讲，目前我国有关城市绿地规划建设指标的技术标准，对各类城市基本上采取"一刀切"的要求是不够全面的。建议各地城市应把有关的国标规范，作为城市绿地系统规划时的低限指标来参考运用，并根据对各自城市具体生态状况的研究确定相对合适的规划指标。

麦克哈格在《设计结合自然》（Design with Nature）一书中谈到对大城市地区的土地利用一直存在着两种观点时，他写道："第一种是经济学家的观点，认为自然总的来说一律是商品，这种商品是按时距、土地和

---

① 以密集的建筑群和铺装街道组成的城市，构成了一个以水泥、沥青等具有高热容量又是优良的热导体的建筑材料所覆盖的下垫面，加上交通拥挤，人口集中，人为热的释放量大大增加，且由于城区建筑物的遮挡使通风不良，不利于热量的扩散，因此气温常比郊区高。

② 注：北京园林科研所1985年曾在宣武区南线阁测到二氧化碳瞬时值达624克/立方米，1995年曾测到方庄居住区楼间的二氧化碳瞬时值达500克/立方米。

建设费用来评价的，按照每人所占的英亩数来分配的。喜欢几何图形的规划师，提出另一种不同的观点，他们主张把城市用绿环圈起来，把绿环保留下来或插进农业、公共事业和诸如此类的活动。这种绿带通过法律来强行实施，确保成为永久性的绿地。在没有其他可供选择的方案情况下，他们是成功的。但很显然，在这条绿带外和绿带内的自然条件是没有什么不同的，这条绿带不一定是最适合于农业或游憩活动的地方。生态学的方法建议，大城市地区内保留作为开放空间的土地应按土地的自然演进过程（natural-process lands）来选择，即该土地应是内在地适合于"绿"的用途的：这就是大城市地区内自然的位置"。麦克哈格的精辟见解，为我们在城市地区确定"宜绿"空间提供了很好的思路。不过，他所面对的美国大城市地区，与我国的长江三角洲、珠江三角洲、京津唐、环渤海湾等城镇密集地区，虽说在空间规模上可以相比，但在人口密度、经济发展水平、土地使用强度、生态扰动状况等基本条件方面，却很难同日而语。中国的情况远要复杂得多、困难得多。由于人多地少的矛盾十分尖锐，我国城市地区的"宜绿"空间不仅多数不足，而且还在大量被占；有关维护生态平衡的呼声，常常被经济建设优先的热浪给淹没了。如广东珠江三角洲地区的一些城市，已经面临着"耕无地"的困境！（专栏6-2）。

专栏6-2　原载《佛山日报》，1998.3.8.

运用生态平衡原理来指导城市地区生态绿地系统规划确定总量指标的研究方法，有利于使绿地系统规划与我国现行管理体制接轨，减小实际操作的难度；对地方政府官员和基层干部群众讲解、宣传绿地系统规划意图时，也较通俗易懂。在尚没有条件运用麦克哈格地图法的地方，阈值法的计算分析比较便捷且有一定精度，亦能较好地与常用的定额法衔接。

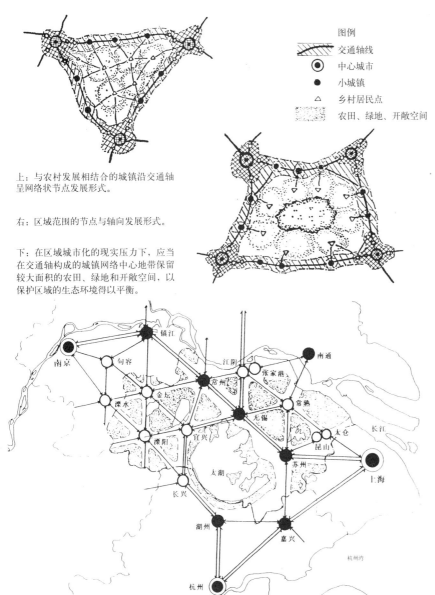

上：与农村发展相结合的城镇沿交通轴呈网络状节点发展形式。

右：区域范围的节点与轴向发展形式。

下：在区域城市化的现实压力下，应当在交通轴构成的城镇网络中心地带保留较大面积的农田、绿地和开敞空间，以保护区域的生态环境得以平衡。

图6-7 在苏锡常地区保护足量绿地、实现城乡融合发展的区域空间规划模式

第四节 城市绿地系统建设生态效益评估

城市是人类社会文明进步的结晶，是人类利用和改造自然环境的产物。城市作为政治、经济、科技、文化和社会信息中心，作为现代工商业、服务业和人口集中的地区，在经济建设、增强综合国力方面发挥着重要作用。

城市环境的优劣直接关系到现代化建设和经济的发展，关系到人民物质文化生活水平的提高。城市的环境条件和经济形态，既是城市发展的基础，又是城市发展的制约因素。城市环境质量是城市经济社会发展的综

合体现,是城市文明程度、开放意识和管理水平的窗口。

园林绿化是影响城市环境的重要因素,是人类进步和社会发展的重要标志。它一方面发挥着优化社会生产和人类生活质量的作用;另一方面也为社会提供物质产品。两者都为人类创造价值和使用价值。所以,城市绿化是一项服务当代、造福子孙的公益性事业,其最终成果表现为环境、社会和经济相统一的综合效益。它包括直接经济效益(如园林产品的货币收入)、间接经济效益(如转移到社会产品中的价值、市民生理和心理上对绿地的"消费"以及改善社会经济发展环境的价值等),可以通过数学方法进行定量核算。

1992年联合国环境与发展大会通过的《21世纪议程》,将环境资源核算问题列为一项重要议题。联合国环境规划署1992年环境报告也要求:到2000年,世界各国都要实行环境资源核算,并将其纳入国民经济核算体系。我国政府为贯彻联合国环发大会的精神而制订的十项环境政策中,也规定了要研究和实施环境资源核算的任务。进行环境资源核算,作为可持续发展的一条重要手段已为国际社会所公认。环境资源的生态价值正随着社会经济发展和人们生活水平的不断提高而日益显现出来。

目前,国内外关于城市绿化环境效益评估的定价测算方法尚在积极探索之中。就绿地生态价值的定价方法而言,1970年代以来世界各国均有所研究,提出了一些计算方法。例如,1970年前后,日本学者用"替代法"对计算出全国树木的生态价值为12兆8亿日元,相当于1992年日本全国的国民经济预算额。印度的一位教授用类似方法计算了一棵生长50年的杉树生态价值为20万美元。1984年吉林省参照日本的方法计算了长白山森林七项生态价值中的四项,结果为人民币92亿元,是当年所生产的450万立方米木材价6.67亿元的13.7倍。1994年,美国专家曾对植树的经济效益进行分析,结果显示:种植95000株白蜡树,再加上对这些树进行30年维护保养,总费用是2100万美元,而95000株白蜡树所提供的生态产品的经济效益,则是5900万美元,纯效益为3800万美元。换言之,种植每一株白蜡树的纯收益是400美元。

城市绿地可以为改善环境发挥调节气候、净化空气、阻隔噪声、保土蓄水、防风减灾、美化城市、生物多样性保护和为市民提供游憩空间等多种功能,为社会提供间接的经济效益。其中的果园、林带、苗圃、花场等生产绿地,除了创造环境效益外,还能为社会提供园林产品,创造直接经济效益。因此,科学地进行绿地效益计量,将城市绿地系统的潜在环境效益用比较直观的货币形式表现出来,是现代城市园林绿化事业的一大发展。城市绿地巨大的生态价值能为人们理解和接受,对于推动园林事业的发展,增加建设资金投入的决心,具有重要意义。

通过加强园林绿化来改善城市经济发展环境,是当今时代现代城市发展的一条共同经验。例如:深圳华侨城,占地2.6平方公里,绿地面积达43%,主干道上商业街为绿化带让路,房价比邻近地区高30%左右,并引来一批国外大公司在那里落户。1986~1993年,产值由3.8亿元上升到25.1亿元,年均增长率

31%。如今，经过20多年的建设，华侨城已经成为环境优美、特色鲜明、各项产业协调的现代化城区和著名的文化旅游区。更重要的是，园林建设促使了华侨城的产业向高附加值、高技术化和国际化方向演进。

城市绿化所带来的发展价值，体现在带动和促进整个城市经济的大发展，带动产业结构和经济运行的优化，形成经济发展总体水平质的飞跃。不仅促进了城市社会经济的全面进步，还走出了可持续发展之路，把优良的绿化环境传给后代。

城市绿地的环境效益的评估测算，是受多种因素影响的复杂过程，各国有多种评估方式和测算公式。近10年来，中国风景园林学会经济与管理学术委员会曾组织有关专家，对城市园林绿化环境效益的评估和计量问题进行了专题研究，取得了一定成果。天津市园林局贺振、徐金祥等先生研究了瑞典、前苏联、日本以及国内的大量测算方法，汇总提出了我国城市的"园林效益测算公式"。利用这项成果，1994年上海宝山钢铁总厂对厂区绿化所产生的环境经济效益进行测算，折合人民币6000多万元。1995年上海浦东新区的绿地系统规划，估算城区绿地系统可产生的生态效益为121.84亿元／年。1996年重庆市城市绿地系统规划，估算出的生态环境价值是28.86亿元／年。

实例一：

1994年编制的《上海市城市绿地系统规划》运用上述研究成果，对主城区范围内的绿地系统评估其环境效益的计算方法如下：

（1）产氧量

按规划绿地16559公顷、行道树35.56万株（以500株相当于1公顷绿地计），共有城市绿地总量为17270公顷。

17270公顷×12吨／公顷＝20.72万吨

20.72万吨×3000元／吨＝6.22亿元

（2）吸收二氧化硫量

按每株树可吸收二氧化硫0.06公斤，每株树可减少污染损失费0.033元／株计，则有

（16659公顷×2000株／公顷＋35.56万株）×0.06公斤＝2008.4吨。

（16559公顷×2000株／公顷＋35.56万株）×0.033元／株＝110.46万元。

（3）滞尘量

按每公顷绿地可滞尘10.9吨，每吨除尘费按80.69元计，

17270公顷×10.9吨／公顷×80.69元／吨＝1518.58万元

（4）蓄水量

按每公顷树木相当于1500立方米蓄水池，每立方米水0.30元计，

17270公顷×1500立方米／公顷×0.30元／立方米＝777.15万元。

（5）调温

每公顷 100 株大树计算，一株大树蒸发一昼夜的调温效果等于 25 万大卡，相当于 10 台空调机工作 20 小时；按室内空调机耗电 0.86 度／台·小时，电费按 0.40 元／度计，成本为 0.344 元／小时。再按每年 60 天使用空调器计，则有：

16559 公顷 ×100 株／公顷 ＋ 35.56 万株 ＝ 201.15 万株

201.15 万株 ×10 台 ×20 小时 ×60 天 ×0.344 元／小时 ＝ 83.034 亿元

因此，上海市主城区规划绿地每年所产生的环境效益，合计评估为 89.5 亿元。

由于城市绿地系统规划的实施有一个较长的过程，因此在规划期内绿地系统的环境效益评估就更加复杂。具体计算方法，可参见实例二。

实例二：

在 1997 年由北京中国风景园林规划设计研究中心和佛山市城乡规划处合作编制的《佛山市城市绿地系统规划》中，参照中国风景园林学会有关专业委员会的研究成果及兄弟省市绿地系统规划工作中应用的评测方法，对所规划的佛山市城市绿地系统的六项生态效益指标作了测算，具体表述如下：

本规划中所列的各种类型的绿地，都可以为改善佛山市区环境发挥调节气候、净化空气、阻隔噪音、保土蓄水、防风减灾、美化城市、生物多样性保护以及为市民提供游憩空间等多种功能，为社会提供间接的经济效益。其中，果园、林带、苗圃、花场等生产绿地，除了创造环境效益外，还能为社会提供园林产品，创造直接经济效益。据测算，到 2010 年，佛山市城市绿地系统建设完成后，全部园林绿地每年可产生氧气 27396 吨，吸收二氧化碳 36621 吨、吸收二氧化硫 761 吨，滞尘量 24990 吨，蓄水量 338 万立方米，降温 3～6℃，生物物种增加 15%，能

佛山市城市绿地系统规划建设生态效益统计表　　　　　表 6—20

年度	绿地名称	面积（公顷）	年生态效益（吨、万立方米、亿大卡）					
			产 O_2	吸收 CO_2	吸收 SO_2	滞尘	蓄水	降温
一九九七年	居住区绿地	280.90	2022.48	2696.64	60.67	1837.09	25.28	606.74
	单位附属绿地	294.50	2120.40	2827.20	63.61	1926.03	81.00	636.12
	道路广场及道旁绿地	95.00	684.00	912	20.52	621.30	8.55	205.20
	公共绿地	196.04	1881.98	2540.68	57.24	1731.03	23.82	423.45
	生产绿地	29.4	317.52	423.36	9.53	288.41	3.97	63.50
	防护绿地	162.20	1946.40	2595.20	58.39	1767.98	24.33	350.35
	城市生态保护地	93.00	848.16	1130.88	25.48	770.04	9.77	200.88
	合计	1151.04	9820.94	13125.96	295.44	8941.88	176.72	2486.24
二〇〇〇年	居住区绿地	388.15	2794.68	3726.24	83.84	2538.50	34.93	838.40
	单位附属绿地	417.31	3004.63	4006.18	90.14	2729.21	37.56	901.39
	道路广场及道旁绿地	348.04	2505.89	3341.18	75.18	2293.58	31.32	751.77
	公共绿地	301.74	2896.70	3910.55	88.11	2664.36	36.66	651.76
	生产绿地	126.10	1866.28	1815.84	40.86	1237.04	17.02	272.38
	防护绿地	258.92	3107.04	4142.72	93.21	2822.23	38.84	559.27
	城市生态保护地	502.50	4582.80	6110.40	137.69	4160.70	52.76	1085.40
	合计	2342.76	20758.02	27053.11	609.03	18445.62	249.09	5060.37

续表

年度	绿地名称	面积（公顷）	年生态效益（吨、万立方米、亿大卡）					
			产O_2	吸收CO_2	吸收SO_2	滞尘	蓄水	降温
二〇〇五年	居住区绿地	436.90	3145.68	4194.24	94.37	2857.33	39.32	943.70
	单位附属绿地	492.01	3542.47	4723.30	106.27	3217.75	44.28	1062.74
	道路广场及道旁绿地	428.11	3082.39	4109.86	92.47	2799.84	38.53	924.72
	公共绿地	447.82	4299.07	5803.74	103.76	3954.25	54.41	967.29
	生产绿地	157.60	1702.08	2269.44	51.06	1546.06	21.28	340.42
	防护绿地	290.12	3481.44	4641.92	104.44	3162.31	43.52	626.66
	城市生态保护地	502.50	4582.80	6110.40	137.69	4160.70	52.76	1085.40
	合计	2755.06	23835.93	31852.90	690.06	21698.24	294.10	5950.93
二〇一〇年	居住区绿地	485.65	3496.68	4662.24	104.90	3176.15	43.71	1049.00
	单位附属绿地	566.71	4080.31	5440.42	122.41	3706.28	51.00	1224.09
	道路广场及道旁绿地	485.18	3493.30	4657.73	104.80	3173.08	43.67	1047.98
	公共绿地	584.36	5609.86	7573.31	107.63	5159.90	71.00	1262.23
	生产绿地	157.60	1702.08	2269.44	51.06	1546.06	21.28	340.42
	防护绿地	321.32	3855.84	5141.12	115.68	3502.39	48.20	694.05
	城市生态保护地	565.56	5157.91	6877.21	154.96	4682.84	59.38	1221.61
	合计	3166.38	27395.98	36621.47	761.44	24946.70	338.24	6839.38

佛山市城市绿地系统规划建设经济效益估算表　　　　表6-21

序号	效益	单价	1997年		2000年	
			年总量	合计（万元）	年总量	合计（万元）
1	产O_2	6000元/T	9820.94T	5892.56	20798.02T	12478.81
2	吸收CO_2	6000元/T	13125.96T	7875.58	27053.14T	16231.88
3	吸收SO_2	800元/T	295.44T	23.64	609.03T	48.72
4	滞尘	350元/T	8941.88T	312.97	18445.62T	645.60
5	蓄水	0.50元/立方米	176.72万立方米	88.36	249.09万立方米	124.55
6	降温*	3.33万元/亿大卡	2486.24亿大卡	8279.18	5060.37亿大卡	16851.03
合计				22472.29		46380.59

序号	效益	单价	2005年		2010年	
			年总量	合计（万元）	年总量	合计（万元）
1	产O_2	6000元/T	23835.93T	13401.56	27395.98T	16437.59
2	吸收CO_2	6000元/T	31852.90T	19111.74	36621.47T	21972.88
3	吸收SO_2	800元/T	690.06T	55.20	761.44T	60.92
4	滞尘	350元/T	21698.24T	759.44	24946.70T	873.13
5	蓄水	0.50元/立方米	294.10万立方米	147.05	338.24万立方米	169.12
6	降温*	3.33万元/亿大卡	5950.93亿大卡	19816.60	6839.38亿大卡	22775.14
合计				54191.59		62288.78

*据测定，一株树的降温效果为25万大卡，相当于10台空调机工作20小时。按每台空调机每小时耗电0.86度、每度电费0.40元估算降温的热量效果。

有效地改善市区的生态环境质量。

综合以上六项绿地的生态经济价值，到规划期末（2010年），全市3166.38公顷园林绿地的年产值效益约为6.23亿元。

随着环境科学的发展，城市绿化已由一般的卫生防护、文化休息、游览观赏、美化市容等作用，向保护环境、防治污染、改善城市生态平衡，建设高度物质文明与精神文明的方向发展。城市绿化起着改善人工生态系统的作用。缺乏绿色的城市被视为没有生气的城市，不重视绿化的城市被视为缺乏文化的城市。城市绿化的健康价值、文化价值、心理价值、社会秩序价值、城市形象展示价值等，均展示出城市的文明程度和形象。

一个城市能否在现代市场经济中起到中心地作用，原因有多方面。但是，能否具有宜人居住的优质环境，是国际上共同的评价标准。新加坡能在短短20年间实现了经济腾飞，跃入世界经济发达国家之列，其重要秘决之一就是"栽花植树铺就强国路"。

佛山市区绿地系统建设所需的资金投入与效益产出估算分析见表6-22。要把佛山建设成为"花园式历史文化名城"，在绿地系统建设方面的资金投入总量约需42.64亿元，而其生态效益产出价值约为64.59亿元，多于投入的资金总量。由于城市绿化资金的总积累，是全社会长期不断投入所形成的，若把历史投入（现有各类绿地）和今后社会单位分担的投入额剔除后，需要由政府部门组织建设资金的实际投入量约为29亿元。以年均2.2亿元的经济投入，带来年均4.09亿元的生态效益回报，可谓达到了其他产业难以相比的高效益！

佛山市绿地系统生态效益投入产出分析表　　　　　　　　　　表6-22

序号	项目		~1997年	1998~2000年	2001~2005年	2006~2010年	合计
1	绿地积累量（公顷）		1151.04	2342.76	2755.06	3166.38	8264.20
	其中	新增绿地		1191.72	412.30	411.32	2015.34
		保有绿地		1151.04	2342.76	2755.06	6248.86
2	投入总量（万元）			202297.20	110362.60	113726.55	426386.35
	其中	建设费		98281.20	47624.40	44372.40	190278.00
		土地费		90837.00	30922.50	30849.00	152608.50
		养护费		13178.60	31815.70	38505.15	83499.85
3	效益（万元）		22472.29*	103279.34	251430.46	291200.94	645910.74
	其中	产O_2	5892.56*	27557.06	66950.93	76847.88	171355.87
		吸收CO_2	7875.58*	36161.19	88359.05	102711.55	227231.79
		吸收SO_2	23.64*	108.54	259.80	290.30	658.64
		滞尘	312.97*	1437.86	3512.60	4081.43	9031.89
		蓄水	88.36*	319.37	679.00	790.43	1788.80
		降温	8279.18*	37695.32	91669.08	106479.35	235843.75
4	投入/产出			1/0.51	1/2.28	1/2.56	1/1.51
5	回收年限			1.96	0.44	0.39	0.66
6	纯效益				141067.86	177474.39	219524.39

*项不计入合计。

城市绿地系统规划

第七章　城市绿地系统规划的编制方法

城市绿化建设是一项关系城市建设全局的系统工程，涉及城市建设用地布局、道路交通、建筑、园林景观设计、防震减灾等多个方面。为了充分发挥城市绿地对于保护自然生态、改善人居环境、美化城市景观、为市民提供休闲游憩、临时避灾场所等功能，必须全面规划、合理布局城市行政区范围内的绿色空间，综合运用多种植物材料进行科学配置，形成"乔、灌、花、草相结合，点、线、面、环相衔接"的城市绿地系统。所以，在城市规划建设中，要高度重视城市绿地系统规划工作，切实做到"规划先行"。

城市绿地系统规划涉及范围广，直接与城市总体规划和土地利用总体规划相衔接，是影响城市发展的重要专业规划之一，也是指导城市开敞空间（Open space）中各类绿地进行规划、建设与管理工作的基本依据。

第一节 规划编制要求

一、规划基本要求

根据我国城市规划建设的具体情况，编制城市绿地系统规划的基本要求为：

（1）根据城市总体规划对城市的性质、规模、发展条件等的基本规定，在国家有关政策法规的指导下，确定城市绿地系统建设的基本目标与布局原则。

（2）根据城市的经济发展水平、环境质量和人口、用地规模，研究城市绿地建设的发展速度与水平，拟定城市园林绿地的各项规划指标，并对城市绿地系统所预期的生态效益进行评估。

（3）在城市总体规划的原则指导下，研究城市地区自然生态空间的可持续发展容量，结合城市现状及气候、地形、地貌、植被、水系等条件，合理安排整个城市的绿地系统，合理选择与布局各类城市园林绿地。经与城市规划等各有关行政主管部门协商后，确定绿地的建设位置、性质、范围、面积和基本绿化树种等规划要素，划定在城市总体规划中必须保留或补充的、不可进行建设的生态景观绿地区域。

（4）提出对现状城市绿地的整改、提高意见，提出规划绿地的分期建设计划和重要项目的实施安排，论证实施规划的主要工程、技术措施。

（5）编制城市绿地系统的规划图纸与文件。对于近期要重点建设的城市园林绿地，还需提出设计任务书或规划方案，明确其性质、规模、建设时间、投资规模等，以作为进一步详细设计的规划依据。

二、规划层次与重点

根据我国现行的城市规划法规要求，城市绿地系统规划作为城市的一个专项规划，其工作层次应与城市规划的相应阶段保持同步，即可分为总体规划、分区规划和详细规划三个阶段。对于大部分的城市来讲，这三个阶段可以是递进式展开，分期顺序编制；也可以是综合在一起统筹，各阶段的工作内容有机地组合编制，顺序反映在规划成果之中，从而提高规划编制工作效率和规划实施的可操作性。

城市绿地系统各规划层次的重点内容为：

（1）总体规划：主要内容包括城市绿地系统（含市域与市区两个层次）的规划总则与目标、规划绿地类型、定额指标体系、绿地布局结构、绿地分类规划、城市绿化树种规划、生物多样性保护规划、规划实施措施等重大问题，规划成果要与城市总体规划、风景旅游规划、土地利用总体规划等相关规划协调，并对城市发展战略规划和总体规划等宏观层面的规划提出用地与空间发展方面的调整建议。

（2）分区规划：对于大城市和特大城市，一般需要按市属行政区或城市规划用地管理分区编制城市绿地系统的分区规划，重点对各区绿地规划的原则、目标、绿地类型、指标与分区布局结构、各区绿地之间的系统联系作出进一步的安排，便于城市绿地规划建设的分区管理。该层次绿地规划是与城市分区规划相协调，并提出相应的调整建议。

（3）详细规划：在全市和分区绿地系统规划的指导下，重点确定规划范围内各建设地块的绿地类型、指标、性质和位置、规模等控制性要求，并与相应地块的控制性详细规划相协调；对于比较重要的绿地建设项目，还可进一步作出详细规划，确定用地内绿地总体布局、用地类型和指标、主要景点建筑构思、游览组织方案、植物配置原则和竖向规划等，并与相应地块的修建性详细规划相协调。详细规划可作为绿地建设项目的立项依据和设计要求，直接指导建设。

对于一些近期计划实施的绿化建设重点项目，必要时还需作出设计方案以进一步表达规划意图。

三、规划编制组织形式

按照1992年国务院颁布的《城市绿化条例》规定，城市绿地系统规划由城市人民政府组织城市规划和城市绿化行政主管部门共同编制，依法纳入城市总体规划。目前，我国各地城市绿地系统规划的编制组织形式大致有三种：

（1）由城市绿化行政主管部门与城市规划行政主管部门合作编制。

（2）由城市规划行政主管部门主持编制规划方案，在征求城市绿化行政主管部门的意见后，进行必要的调整、论证和审批。

（3）由城市绿化行政主管部门主持编制，城市规划行政主管部门配合，规划成果经专家和领导部门审定后，交由城市规划部门纳入城市总体规划。

这三种规划编制的组织形式都切实可行，可以根据各城市的具体情况选择应用。

四、规划编制主要内容

城市绿地系统规划一般应包括以下主要内容：

(1) 城市概况与绿地现状分析；
(2) 规划：依据与期限、规划区范围与规模、规划原则、规划目标与指标；
(3) 城市绿地系统总体布局与结构；
(4) 城市绿地分类规划
(5) 城市绿化树种规划；
(6) 生物多样性保护与建设规划；
(7) 古树名木保护规划；
(8) 城市绿地分期建设规划；
(9) 规划实施措施；
(10) 附录与说明材料。

第二节　规划编制程序

根据近15年来全国城市的相关工作实践，城市绿地系统规划编制的基本程序如下：

一、基础资料收集

城市绿地系统规划要在大量收集资料的基础上，经分析、综合、研究后编制规划文件。除了常规城市规划的基础资料外（如地形图、航片、卫星遥感影象图、电子地图等），通常还需要收集以下资料：

(1) 自然条件资料，主要包括：
①地形图资料（图纸比例为1∶5000或1∶10000，通常与城市总体规划图的比例一致）；
②气象资料（历年及逐月的气温、湿度、降水量、风向、风速、风力、霜冻期、冰冻期等）；
③土壤资料（土壤类型、土层厚度、土壤物理及化学性质、不同土壤分布情况、地下水深度、冰冻线高度等）。

(2) 社会条件资料，主要包括：
①城市历史、典故、传说、文物保护对象、名胜古迹、革命旧址、历史名人故址、各种纪念地的位置、范围、面积、性质、环境情况及用地可利用程度；
②城市社会经济发展战略、国内生产总值、财政收入及产业产值状况、城市特色资料等；
③城市建设现状与规划资料、用地与人口规模、道路交通系统现状与规划、城市用地评价、城市土地利用总体规划、风景名胜区规划、旅游规划、农业区划、农田保护规划、林业规划及其他相关规划。

(3) 市域绿地资料，主要包括：
①现有各类城市绿地的位置、范围、面积、性质、植被状况及建设状况；
②市域范围内生产绿地与防护绿地（卫生防护林、工业防护林、农田防护林等）

情况；

③市域范围内生态景观绿地（风景名胜区、自然保护区、森林公园等）的位置、范围、面积与现状开发状况；

④市域内现有河湖水系的位置、流量、流向、面积、深度、水质、库容、卫生、岸线情况及可利用程度；

⑤原有绿地系统规划及其实施情况。

(4) 市区绿地资料，主要包括：

①城市规划区内现有城市绿地率与绿化覆盖率现状；

②城市规划区内适于绿化而又不宜建筑的用地位置与面积；

③现有各类公园绿地的位置、范围、性质、面积、建设年代、用地比例、主要设施、经营与养护情况，平时及节假日游人量，人均面积指标（平方米／人）等；

④城市规划区内现有苗圃、花圃、草圃、药圃的数量、面积与位置，生产苗木的种类、规格、生长情况，绿化苗木出圃量、自给率情况。

⑤城市的环境质量与环保情况，主要污染源的分布及影响范围，环保基础设施的建设现状与规划，环境污染治理情况，生态功能分区及其他环保资料；

(5) 植被物种资料，主要包括：

①当地自然植被物种调查资料；

②城市规划区内古树名木的数量、位置、名称、树龄、生长状况等资料；

③现有城市绿化应用植物种类及其对生长环境的适应程度（含乔木、灌木、露地花卉、草类、水生植物等）；

④附近地区城市绿化植物种类及其对生长环境的适应情况；

⑤城市规划区内主要植物病虫害情况；

⑥当地有关园林绿化植物的引种驯化及园林科研进展情况等。

(6) 绿化管理资料，主要包括：

①城市园林绿化建设管理机构的名称、性质、归属、编制、规章制度建设情况；

②城市园林绿化行业从业人员概况：职工基本人数、专业人员配备、科研与生产机构设置等；

③城市园林绿化维护与管理情况：最近5年内投入城市绿化的资金数额、专用设备、绿地管理水平等。

二、规划文件编制

城市绿地系统规划的文件编制工作，包括绘制规划图则、编写规划文本和说明书，经专家论证修改后定案，汇编成册，报送政府有关部门审批。规划的成果文件一般应包括：规划文本、规划图件、规划说明书和规划附件四个部分。其中，经依法批准的规划文本与规划图件具有同等法律效力。

(1) 规划文本：阐述规划成果的主要内容，应按法规条文格式编写，行文力求简洁准确。

(2) 规划图件：表述绿地系统结构、布局等空间要素，主要内容包括：

①城市区位关系图；

②城市概况与资源条件分析图；

③城市区位与自然条件综合评价图（1:10000～1:50000）；

④城市绿地分布现状分析图（1:5000～1:25000）；

⑤市域绿地系统结构分析图（1:5000～1:25000）；

⑥城市绿地系统规划布局总图（1:5000～1:25000）；

⑦城市绿地系统分类规划图（1:2000～1:10000）；

⑧近期绿地建设规划图（1:5000～1:10000）；

⑨其他需要表达的规划图（如城市绿线管理图则，城市重点地区绿地建设规划方案等）。

城市绿地系统规划图件的比例尺应与城市总体规划相应图件基本一致，并标明风玫瑰；城市绿地分类现状图和规划布局图，大城市和特大城市可分区表达。为实现绿地系统规划与城市总体规划的"无缝衔接"，方便实施信息化规划管理，规划图件还应制成 AUTOCAD 或 GIS 格式的数据文件。

(3) 规划说明书：对规划文本与图件所表述的内容进行说明，主要包括以下方面：

①城市概况、绿地现状（包括各类绿地面积、人均占有量、绿地分布、质量及植被状况等）；

②绿地系统的规划原则、布局结构、规划指标、人均定额、各类绿地规划要点等；

③绿地分期建设规划、总投资估算和投资解决途径，分析绿地系统的环境与经济效益；

④城市绿化树种规划、古树名木保护规划和绿地建设管理措施。

(4) 规划附件：一般可包括相关的基础资料调查报告、规划研究报告、分区绿化规划纲要、城市绿线规划管理控制导则、重点绿地建设项目规划方案等。

三、规划成果审批

按照国务院《城市绿化条例》的规定，由城市规划和城市绿化行政主管部门等共同编制的城市绿地系统规划，经城市人民政府依法审批后颁布实施，并纳入城市总体规划。国家建设部所颁布的有关行政规章、技术规范、行业标准以及各省、市、自治区和城市人民政府所制定的相关地方性法规，是城市绿地系统规划的审批依据。

城市绿地系统规划成果文件的技术评审，须考虑以下原则：

(1) 城市绿地空间布局与城市发展战略相协调，与城市生态景观优化相结合；

(2) 绿地系统规划指标体系合理，用地布局科学，建设项目恰当，绿地养护管理方便；

（3）在城市功能分区与建设用地总体布局中，要贯彻"生态优先"的规划思想，把维护居民身心健康和区域自然生态环境质量作为绿地系统的主要功能；

（4）注意绿化建设的经济与高效，力求利用有限的土地资源和以较少的资金投入改善城市生态环境；

（5）强调保护和培育地方生物资源，开辟绿色廊道，加强城市地区的生物多样性保护；

（6）依法规划与方法创新相结合，规划观念与措施要与时俱进，符合时代发展要求；

（7）发扬地方历史文化特色，促进城市在自然与文化发展中形成个性和风貌；

（8）充分利用生态绿地系统的循环、再生功能，构建平衡的城市生态系统，城乡结合，远近结合，实现城市环境的可持续发展。

在实际操作中，一般的审批程序为：

①建制市的城市绿地系统规划，由城市总体规划审批主管部门（通常为上一级人民政府的建设行政主管部门）主持技术评审并备案，报城市人民政府审批。

②建制镇的城市绿地系统规划，由上一级人民政府城市绿化行政主管部门主持技术评审并备案，报县级人民政府审批。

③大城市或特大城市所辖行政区的绿地系统规划，经同级人民政府审查同意后，报上一级城市绿化行政主管部门会同城市规划行政主管部门审批。

第三节 绿地现状调研

城市绿地的现状调研，是编制城市绿地系统规划过程中十分重要的基础工作。调研工作所收集的资料，要求科学、准确、全面，通过现场踏勘和资料分析，了解掌握城市绿地空间分布的属性、绿地建设与管理信息、绿化树种构成与生长质量、古树名木保护等情况，找出城市绿地系统的建设条件、规划重点和发展方向，明确城市发展的基本需要和工作范围。要在认真调查研究的基础上，全面掌握城市的园林绿化现状，并对相关影响因素进行综合分析，作出实事求是的现状评价。具体工作内容主要包括：

一、城市绿地空间属性调查

（1）组织专业队伍，依据最新的城市规划区地形图、航测照片或遥感影像数据进行外业现场踏勘，在地形图上复核、标注出现有各类城市绿地的性质、范围、植被状况与权属关系等绿地要素。

（2）对于有条件的城市（尤其是大城市和特大城市），要尽量采用卫星遥感等先进技术进行现状绿地分布的空间属性调查分析，同时进行城市热岛效应研究，以辅助绿地系统空间布局的科学决策。

（3）将外业调查所得的现状资料和信息汇总整理，进行内业计算，分析各类绿地的汇总面积、空间分布及树种应用状况，找出存在的问题，研究解决的办法。

（4）城市绿地空间分布属性现状调查的工作目标，是完成"城市绿地现状图"和绿地现状分析报告。

二、城市绿地植被状况调查

城市绿地植被状况调查主要包含两方面的工作内容：

（1）外业：城市规划区范围内全部园林绿地的现状植被踏查和应用植物识别、登记。

（2）内业：将外业工作成果汇总整理并输入计算机，查阅国内外有关文献资料，进行市区园林绿化植物应用现状分析。

城市绿地植被现状调查表示例　　　　　　　　　　　　　　表 7-1

填报单位：_____　　　　　　　　　地形图编号：_____

编号	绿地名称或地址	绿地类别	绿地面积（平方米）	调查区域内应用植物种类		
				乔木名称	灌木名称	地被及草地名称

填表人：_____　　　联系电话：_____　　　填表日期：_____

城市绿地植被现状调查汇总表示例　　　　　　　　　　　　表 7-2

填报单位：_____

统计内容	城市绿地分类	公园绿地 G1	生产绿地 G2	防护绿地 G3	附属绿地 G4	其他绿地 G5
面 积（平方米）						
区域内植物种类	乔木名称					
	灌木名称					
	地被及草地名称					

填表人：_____　　　联系电话：_____　　　填表日期：_____

下面,以广州市中心城区绿地系统规划为例,说明现状植被调查的具体的操作过程。

(1) 组织方式:由广州市城市绿地系统规划办公室委托中国林业科学研究院热带林业研究所牵头组织了 10 名专家组成规划小组,带领华南农业大学和仲恺农业技术学院园林专业的 90 余名学生,在市园林局和各区园林办、绿委办的参与配合下,开展了市区园林绿化树种的现状调研。规划组依据历年资料和工作积累,编制了广州市区园林绿化常用树种名录和园林绿化应用树种调查卡片(表 7-3),并以此作为培训教材对参与外业调查的工作人员进行了业务培训。通过课堂讲解、模拟调查和实地操作,强化了树种规划参与人员在植物分类方面的基本技能,熟悉了工作程序、调查方法和技术规程,提高了采集数据的工作能力。

城市绿化应用植物品种调查卡片示例　　　　表 7-3

区名 _____　　地名 _____　　绿地类型 _____　　调查综述 _____

种名	科名	植物形态			生长状况			株数	丛数	面积	病虫害	
		乔木	灌木	草本	优良	一般	较差				有	无

调查日期: ___ 年 ___ 月 ___ 日　　　　　　　调查人: _____

(2) 工作流程:广州市中心城区园林绿地植被野外调查工作,从 2000 年 7 月 21 日开始至 8 月底结束。参加外业调查的 150 余名人员分成 9 个小组,每组由 1 名专家带队,分别承担一个行政区的数据采集工作。野外采集的数据,按照调查单元和绿地类型及时分类整理,专家组每晚检查调查表的填写内容是否规范和准确。对于现场不能识别或难以确定的树种,则由调查人员采集标本,附上标签,交给指导老师辨认。必要时,专家组还要集中讨论,或送有关植物分类学家鉴定,力求保证原始数据的准确性。

为使外业调查所得的数据真实、标准和规范化,我们参照国内外有关工作的成功经验,先确定主要调查因子,制定统一的调查卡片和调查方法,力求客观地描述广州市区园林绿化树种的应用现状。整个现状调查历时一个多月,实地踏查了白云区、天河区、海珠区、黄埔区、芳村区、东山区、荔湾区、越秀区和开发区城市规划区红线范围以内的各类城市绿地。其中,具有明确边界的绿地单元共 7329 个,采集原始数据 12 万条。所有调查数据经专家组检查、核实后录入电脑,共采集有效数据 100 多万条,建成了信息量丰富的广州城市园林绿化应用树种现状数据库。

通过现状分析,规划组进一步了解了广州市区目前园林绿化树种应用的数量、频率、健康状况、群众喜欢程度以及传统树种的消长、新树种推广应用等基本情况，筛选出市区绿化常用树种和不适宜发展应用树种。在此基础上，又以生态学、园林学、树木学等理论为指导，按照适地适树的原则，对今后市区园林绿地宜采用的基调树种和骨干树种等内容进行了详细规划。

三、古树名木保护状况评估

城市地区古树名木保护现状评估，是编制古树名木保护规划的前期工作，主要内容包括：

1. 实地调查市区中有关市政府颁令保护的古树名木生长现状，了解符合条件的保护对象情况；
2. 对未入册的保护对象开展树龄鉴定等科学研究工作；
3. 整理调查结果，提出现状存在的主要问题。

具体工作步骤为：

（1）制定调查方案，进行调查地分区，并对参加工作的调查员进行技术培训和现场指导，以使其掌握正确的调查方法。工作要求如下：

1）根据古树名木调查名单进行现场测量调查，拍照，并填写调查表的内容。

2）拍摄树木全貌和树干近景特写照片至少各一张。

3）调查树木的生长势、立地状况、病虫害的危害情况，测量树高、胸径、冠幅等数据。具体方法为：

①生长势：以叶色、枝叶的繁茂程度等进行评估。

②立地状况：调查古树 30 米半径范围内是否有危害古树的建筑或装置、地面覆盖水泥板的情况。

③已采取的保护措施：是否挂保护牌、是否建围栏、是否牵引气根等。

④病虫害危害：按病虫害危害程度的分级标准进行评估。

⑤树高：用测高仪测定。

⑥胸径：在距地面 1.3 米处进行测量。

⑦冠幅：分别测量树冠在地面投影东西、南北长度。

（2）根据上述工作要求，由专家和调查员对各调查区内的古树名木进行现场踏查。

（3）收集整理调查结果，进行必要的信息化技术处理，分析城市古树名木保护的现状，撰写有关报告。

（4）组织有关专家对调查结果进行论证。

古树名木现状调查的核心技术是树龄鉴定，具体工作包括：

1. 文史考证

对于古建筑或古建筑遗址上的古树，以查阅地方志等史料和走访知情人等方法进行考证，并结合树的生长形态进行分析，证据充分者则予以确定。

2. 取样计算

（1）年轮解剖特征的研究：对待测树种，分别制作圆盘年轮标本和早晚材切

古树名木保护调查表示例　　　　　　　　表 7-4

区属：	详细地址：		电脑图号：
编号：	树种：	树龄： 颁布保护时间：	批次：
树高：　　　米	胸径：　　　米	冠幅：　　　米（东西）　　　米（南北）	
生势：　好　中　差		病虫害情况：	
立地状况	古树周围 30 米半径范围是否有危害古树的建筑或装置（烟道）等：		
	树头周围的绿地面积：		
	其他：		
已采取的保护措施	保护铭牌：	围栏：	牵引气根：
其他情况：			
照片胶卷编号：		拍摄人：	
树木全貌照片 （照片粘贴处）		树干与立地环境 （照片粘贴处）	
记录人：＿＿＿＿＿		＿＿＿年＿＿＿月＿＿＿日	

片标本，深入分析其管孔类型、早晚材的颜色结构、年轮宽度等解剖学特征。

（2）近 30 年生长规律的研究：对解放后定植、确知种植期的壮龄树，用树木测量生长钻，钻取不同地点 10 株以上的树干半径标本，测量每年的年轮宽度，绘出木质部增粗生长曲线。

（3）样本处理与数据采集：将树木年轮样本嵌在适宜的木槽中，削平后用放大镜观察剖面，统计剖面上的年轮数目，然后计算出样本年轮的均宽。

3．综合分析

综合史料、树木的生长环境、生长势、外观形态、树皮状况、样本硬度、颜色等分析年轮读数和计算结果的合理性，如有疑问，则需要重新进行各环节计算和检讨，确保结果的可靠性。由于古树名木的生长年代久远，受环境因素的干扰影响大，给树龄鉴定工作造成了许多困难和不确定因素，如树木的生长规律和计算方法、适宜的取样部位、伪轮、断轮的判别及其影响、榕树气生根的断代问题、误差纠正与测量方法改进等，还需要由专家针对具体情况作出分析。

四、城市绿化现状综合分析

城市绿化现状综合分析的基本内容和要求为：

（1）在全面了解城市绿化现状和生态环境情况的基础上，对所取得的资料进行去粗取精、去伪存真的分析整理，真实反映城市绿地率、绿化覆盖率、人均公共绿地面积等主要绿化建设指标和绿地空间的分布状况。

（2）研究城市各类建设用地布局情况、绿地规划建设有利与不利的条件，分析城市绿地系统布局应当采取的发展结构；

（3）研究各类城市绿地与城市绿化建设对城市人口的饱和容量，反馈城市建设用地的规划用地指标和比例是否合理，并提出调整的意见。

（4）结合城市环境质量调查、热岛效应研究等相关专业的工作成果，了解城市中主要污染源的位置、影响范围、各种污染物的分布浓度及自然灾害发生的频度与烈度，按照对城市居民生活和工作适宜度的标准，对城市环境的现状质量作出单项或综合优劣程度的评价。

（5）对照国家有关法规文件的绿化指标规定和国内外同等级绿化先进城市的建设、管理情况，检查本地城市绿化的现状，找出存在的差距，分析其产生的原因。

（6）分析城市风貌特色与园林绿化艺术风格的形成因素，思考城市景观规划的目标概念。

城市绿化现状综合分析工作的基本原则，是科学精神与实事求是相结合，评价意见应力求准确到位。既要充分肯定多年来已经取得的绿化建设成绩，也要客观分析现存问题和不足之处。特别是在绿地调查所得汇总数据与以往上报的绿化建设统计指标有出入的时候，规划师更要保持头脑清醒，认真分析相差的原因，作出科学合理的结论。必要时，可以通过规划论证与审批的法定程序，对以往误差较大的统计数据进行更正。

恰如医生给病人看病把脉一样，现状综合分析对于下一环节的绿地系统规划工作至关重要。只有摸清了家底，找准了问题，深究清楚其原因，才有可能为从规划上统筹解决问题、改进现状理出思路。

第四节 规划总则与目标

一、规划依据

城市绿地系统规划的依据，主要由四部分内容组成：

（1）相关法律、法规；

（2）技术标准规范；

(3) 相关的各类城市规划；

(4) 当地现状基础条件。

其中，国家和地方各级人民政府颁布的法规文件与技术规范是规划的法定依据；已获得上级批准的城市总体规划及其相关规划，是规划的基本依据；当地的现状条件，是规划的基础依据，作为规划用地与指标计算等规划过程的起点条件。城市绿地系统的规划期限，应与城市总体规划保持一致；规划范围，原则上也要与城市总体规划和其他相关的专业规划相衔接。

二、规划原则

城市绿地系统规划的基本原则，一般可以概括为：

(1) 依法治绿：应以国家和地方政府的各项有关法规、条例和行政规章为依据，根据城市发展、景观建设、改善生态环境、避灾防灾等方面的功能需要，综合考虑城市现状建设的基础条件、经济发展水平等因素，合理确定各类城市绿地类型的发展布局与规模。在绿地系统的规划过程中，要特别注意与城市总体规划和土地利用总体规划的有关内容相协调。

(2) 生态优先：要高度重视城市环境保护和生态的可持续发展，坚持生态优先，合理布局各类城市绿地，保障城市发展过程中经济效益、社会效益、环境效益平衡发展；城市公共绿地要尽量做到均衡布置，满足市民的日常游憩生活需要；带状绿地要在城市中合理穿插，形成网络分布；城乡各类绿地要有机组合，形成生态绿地系统。

(3) 因地制宜：要从实际出发，重视利用城市内外的自然山水地貌特征，发挥自然环境条件的优势，并深入挖掘城市的历史文化内涵，结合城市总体规划布局统筹安排绿色空间；各类绿地规划布局应采用"集中与分散相结合"、"地面绿化与空间绿化相结合"的方针，重点发展各类公共绿地，加强居住小区、城市组团间隔离绿地和生态景观绿地的建设，构筑多层次、多功能的城市绿地系统。

(4) 系统整合：要以系统观念和网络化思维为基础，改变"单因单果"的传统链式思维模式，使绿地系统规划能符合城市社会、经济、自然系统各因素所形成的错综复杂的时空变化规律，兼顾社会、经济和自然的整体效益，尽可能公平地满足不同地区和不同代际人群间的发展需求；同时，要通过规划手段加强与邻近城市间的区域合作，构建区域生态绿地系统。

(5) 远近结合：根据自然环境本底状况，合理引导城市与自然系统的协调发展；统一规划，分步实施，着重研究近中期规划，寻求切实可行的绿地建设与绿线管理模式；做到既有远景目标，又有近期安排，远近结合，首尾相顾。

(6) 地方特色：要重视培育当地的城市绿化和园林艺术风格，努力体现地方文化特色；绿地建设应坚持选用地带性植物为主，制定合理的乔、灌、花、草种植比例，以木本植物为主；

（7）与时俱进：要结合市场经济给城市绿化事业带来的新机遇，规划上要体现时代性；规划指标应尽量先进、优化，确保在城市发展过程的各阶段中都能够维持一定水平的绿地规模，并在发展速度上取得相对平衡；同时也要注意留有适当余地。

三、规划指标

合理制定各类城市绿地的规划建设指标和定额，是绿地系统规划主要的工作环节。有关研究表明，科学地衡量城市绿地系统规划建设水平的高低，须有多项综合指标体现其可持续发展能力。1950年代衡量城市绿化水平的指标，主要有树木株数、公园个数和面积、年游人量；1970年代后期，提出了以人均公共绿地面积和绿化覆盖率作为城市绿化水平的衡量指标；1990年代以来，我国的城市绿地系统规划指标体系主要包括：人均公共绿地面积（平方米）、建成区绿地率（%）、建成区绿化覆盖率（%）、人均绿地面积（平方米）、城市中心区绿地率（%）、城市中心区人均公共绿地面积（平方米）等。1993年11月，国家建设部颁发了《城市绿化规划建设指标的规定》，提出了按人均城市用地面积的不同标准确定城市绿化规划指标（表7-5），并规定了具体的计算方法和规划要求。

城市绿化规划建设指标（建城[1993]784号文件发布）　　　　表7-5

人均建设用地（平方米/人）	人均公共绿地（平方米/人）		城市绿化覆盖率（%）		城市绿地率（%）	
	2000年	2010年	2000年	2010年	2000年	2010年
<75	>5	>6	>30	>35	>25	>30
75~105	>5	>7	>30	>35	>25	>30
>105	>7	>8	>30	>35	>25	>30

为保证城市绿地率指标的实现，各类城市绿地的单项规划指标应符合下列要求：

①新建居住区绿地占居住区总用地比率不低于30%。

②城市道路均应根据实际情况搞好绿化。其中主干道绿带面积占道路总用地比率不小于20%，次干道绿带面积所占比率不低于15%。

③城市内河、海、湖等水体及铁路旁的防护林带宽度应不少于30米。

④单位附属绿地面积占单位总用地面积的比率一般不低于30%。其中，为集约用地，工业企业、交通枢纽、仓储、商业中心等建设用地的绿地率宜控制在20%左右；产生有害气体及污染工厂的绿地率不低于30%，并根据国家标准设立不少于50米的防护林带；学校、医院、休疗养院所、机关团体、公共文化设施、部队等单位的绿地率不低于35%。因特殊情况不能按上述标准进行建设的单位，必须经城市园林绿化行政主管部门批准，并根据《城市绿化条例》第十七条规定，将所缺面积的建设资金交给城市园林绿化行政主管部门统一安排绿化建设作为补偿，补偿标准应根据所处地段绿地的综合价值和所在城市具体规定而定。

⑤规划区内的生产绿地面积占城市建设区总面积比率不低于2%。

⑥公共绿地中绿化用地所占比率,应参照《公园设计规范》GJ 48—92执行。属于旧城改造区的,可对上述①、②、④项规定的指标降低5个百分点。

长期以来,我国城市的绿地指标一直偏低。确定先进的城市绿地建设指标,使城市居民所需的绿色生存空间得以保障,是城市绿化事业向高标准发展的引导标志。1992年以来,随着创建园林城市的活动在全国普遍开展,出现了参照国家园林城市评选标准进行城市绿地系统规划指标定位的趋势(表7-6)。即:

国家园林城市基本绿化指标　　　　　表7-6

指标类别	城市位置	100万以上人口城市	50～100万人口城市	50万以下人口城市
人均公共绿地	秦岭淮河以南	7.5	8	9
	秦岭淮河以北	7	7.5	8.5
绿地率(%)	秦岭淮河以南	31	33	35
	秦岭淮河以北	29	31	34
绿化覆盖率(%)	秦岭淮河以南	36	38	40
	秦岭淮河以北	34	36	38

注:本表指标为国家建设部2005年3月颁布。

①城市绿化覆盖率达到34%以上,建成区绿地率达到29%以上,人均公共绿地面积达到7平方米以上;

②城市街道绿化普及率达95%以上,市区干道绿化带不少于道路总用地面积的25%;

③新建居住小区绿化面积占总用地面积的30%以上,辟有休息活动的园林绿地;

④改造旧居住区绿化面积也不应少于总用地面积的25%;

⑤全市生产绿地总面积不低于城市建成区面积的2%,城市各项绿化美化工程所用苗木自给率达到80%以上;

⑥全民义务植树成活率和保存率均不低于85%。

城市道路绿地率的规划指标,还应符合以下国家标准CJJ 75—97:

①园林景观路绿地率不得小于40%;

②红线宽度大于50米的道路绿地率不得小于30%;

③红线宽度在40～50米的道路绿地率不得小于25%;

④红线宽度小于40米的道路绿地率不得小于20%。

我国幅员辽阔,各个城市所处的自然地理与历史人文条件不同,绿地系统的规划指标要求也会有所差异。其影响因素主要包括:城市性质、城市规模、自然条件、历史文化、经济发展水平、城市用地分布现状、园林绿地基础及生态环境质量等。一般来讲,风景游览、休疗养城市对公共绿地的规划指标要高一些,工业城市对生产防护绿地的规划指标要高一些,中小城市比大城市的绿地率规划指标要高一些。所以，在实际工作中，城市各类绿地的具体规划建设指标，要参照国家建设部所制定的标准，结合各城市的实际情况研究确定，从而寻求更为科学合理地配置城市绿地的方式，满足城市在生态环境、居民生活、产业发展等方面的需要。

根据国家《城市用地分类与规划建设用地标准》GBJ 137—90 的规定，专用（附属）绿地不列入城市用地分类中的绿地类，而从属于各类用地之中。如工厂内的绿地从属与工业用地，大学校园内的绿地从属与高等院校用地、道路绿地从属于道路交通用地等。对此，规划上要通过研究和制定恰当的专用（附属）绿地规划指标来引导和控制相关的建设行为。

第五节 市域绿地系统规划

城市绿地系统规划一般要包括市域和市区两个空间层面。市域就是建制市的行政辖区范围。市域生态环境是城市社会经济发展的外部条件。市域的土地利用状况对市域绿地的保护、建设、管理具有决定性的影响。市域绿地系统规划的基本要求，是阐明市域绿地系统的结构与布局，提出市域绿地分类发展规划，构筑以中心城区为核心，覆盖整个市域、城乡一体化的生态绿地系统。按照我国现行的城市规划法规，建制镇属于最小一级的城市行政单元。因此，在建制镇的绿地系统规划工作中，市域绿地系统规划就表现为镇域绿地系统规划。

市域绿地系统规划需要研究解决的基本问题和编制要点如下：

一、市域绿地系统的特点与功能

市域绿地，是为保障城市生态安全、改善城乡环境景观、突出地方自然与人文特色、在一定区域内划定并实行长久保护和限制开发的绿色开敞空间。它具有以下特点：

1. 覆盖面大：常分布于城市建成区外围地带，大多不纳入城市建设用地范围。
2. 以自然绿地为主体：也包含一些人文景观（如历史文化遗迹）及水域、沙滩、海岸等。
3. 具有生物多样性和文化综合性：市域绿地往往由多种类型地域组成，如森林、水域、风景名胜区、生态保护区、古村落及农田果园等。
4. 生态效益特别突出：大面积的森林是城市之"肺"，大面积的湿地是自然之"肾"，市域绿地状况对城市气候有直接影响，是整个城市和区域的生态支撑体系。
5. 具有较高的经济效益和社会效益：市域绿地内可以开展农业、林业、旅游等各类生产活动，也可以为城乡居民提供休闲游憩场所。因此，它同时具备明显的经济性和社会性特征。

市域绿地系统具有以下几大功能：

1. 生态环保功能：市域绿地的主体是各类天然和人工植被，以及各类水体和湿地，它们发挥着涵养水源、保持水土、固碳释氧、缓解温室效应、吸纳噪声、降尘、降解有毒物质、提供野生生物栖息地和迁徙廊道、保护生物多样性等各种生态保育作用,从而改善区域生态环境和气候条件。

2. 农林生产功能:市域绿地包括了部分农田、果园、鱼塘、商品林等生产用地,担负着向社会提供农副产品的农林业生产任务。

3. 防护缓冲功能:市域绿地可以为城乡发展建设提供缓冲和隔离空间,对城市的拓展形态进行调控,同时能够有效地抵御洪、涝、旱、风灾及其他灾害对城市的破坏,起到防灾、减灾作用。

4. 休闲游憩功能:市域绿地可为城乡居民回归大自然,开展各种旅游、娱乐、康体和休闲活动提供理想的空间场所。

5. 景观美化功能:市域绿地能保持并充分展现自然与人文景观的多样性,对市域人居环境具有较强的景观美化功能。

6. 科学教育功能:市域绿地可保护自然、历史序列和生态系统的完整性与特殊性,可作为人们学习、研究大自然的场所,同时,也可作为环保教育的基地。

市域绿地的规划建设意义重大,影响深远。主要体现在:

1. 维护区域自然格局,构建合理的生态网络

搞好市域绿地的规划建设,有利于维护历史岁月中演绎而成的青山、碧水的自然格局,构建安全稳定的生态网络,促进城乡自然生态系统和人工生态系统的协调。

2. 优化城乡空间结构,塑造良好的发展形态

搞好市域绿地的规划建设,可以防止快速城市化过程中出现的环境衰退和城市无序蔓延等问题,促进城市集约发展,形成合理、有序的城乡空间结构和建设形态。

3. 改善区域发展环境,促进城乡可持续发展

市域绿地和其他环境保护设施,是区域性基础设施不可或缺的组成部分,是推动区域协调发展的重要保障。搞好市域绿地的规划建设,有利于建成一个分布合理、相互联系、永久保持的绿色开敞空间系统,实现资源的永续利用和城乡可持续发展。

4. 完善城乡规划管理,落实规划强制性内容

对市域绿地的控制和保护,是将规划管理重点从项目引导转向空间管制的具体落实。开展市域绿地的规划建设,把城市规划管理的视角从城市建成区延伸到了整个城乡区域,突出体现了规划的综合调控作用。

二、市域绿地系统的结构与布局

市域绿地系统的基本结构,大致包括生态保护区、海岸绿地、河川绿地、风景绿地、缓冲绿地和特殊绿地等六大类型。由于各城市所处的地理条件不同,需要因地制宜地进行规划布局。具体的工作内容主要体现在以下方面:

1. 市域绿地的自然资源评估

◆ 对市域范围的地理环境、地质构造、地形地貌、水文气候等自然地理条件，以及土地、林业、水资源和野生动植物资源的种类、数量与分布状况作尽可能详尽的调查研究和评估，充分把握区域生态特征和资源特点；

◆ 对市域范围的灾害敏感区、重大污染源及其分布状况进行调查和评估，综合分析区域环境承载力及现存的生态环境问题。

2. 社会环境分析

◆ 分析市域内社会、经济发展与资源、环境的关系，人口增长趋势及其对资源、环境的需求，把握市域绿地建设对城镇化发展的作用和影响；

◆ 对市域内各类绿地的发展脉络、历史文化遗存和传统风貌进行调查评估，为下一步在规划层面实现市域绿地自然价值和人文价值的有机结合打基础。

3. 市域绿地的规划建设目标

时序目标：提出近、远期市域绿地系统规划建设应达到的阶段目标和实施效果。阐述市域绿地系统对解决本地区域资源与环境问题所起的作用和意义，预测规划期内通过合理规划建设所能达到的自然生态格局、城乡绿色空间形态和环境质量水平。

规模目标：提出一定时期内市域各类绿地规划建设的规模要求。市域绿地在规划层面控制的总体规模，应根据本地区的资源条件和发展要求一次性确定并长期保持。在市域各类绿地的总体规模和空间格局基本确定之后，还可根据本地区的资源条件和经济水平进一步提出分阶段的建设规模。

4. 市域绿地划定和总体布局

◆ 结合本地区的资源、环境条件和市域绿地规划建设目标及上一层次规划明确的规划准则，合理确定市域各类绿地的空间分布和用地范围，并将其边界以"绿线"的形式标注在图上。

◆ 合理安排市域各类绿地布局，建成分布合理、相互关联、永续利用的绿色空间体系。

◆ 在划定市域各类绿地的"绿线"时，可将相连或相邻的多类绿地合并为一个绿色空间单元，使之串接成互联网络，形成覆盖面大、空间连续的大片绿地，充分发挥其生态环保功能并满足野生动物栖息和乡土植物保育的需求。

5. 市域绿地系统的管制要求

◆ 确定市域各空间单元内绿地的功能类别和管制级别，提出各类绿地的具体管制内容和量化指标，汇编市域各类绿地的名录。

◆ 提出市域内各类绿地的规划控制要求，主要包括：绿色廊道、绿地中人流或物流通道和其他开敞空间，以及对市域绿地环境景观产生较大影响的城镇建设用地。规划上应保持市域绿地功能、界线的完整性和空间的开敞度，尽可能防止和避免市域绿地的割裂与退化。

◆ 在已规划的市域绿地内部及周边确定交通、市政等城乡建设项目时，要进行严格的环境影响评估。若建设项目可能对市域绿地带来较大负面影响而目前尚找不到相应的补救办法时，应停止该项目的实施。

6．市域绿地系统的实施措施

◆ 提出市域绿地的管理架构和分工，明确各类绿地经营、建设的组织实施和监督方式；

◆ 拟订市域绿地系统近、远期实施的行动计划，提出市域各类绿地的建设、经营、维护和恢复、重建策略，制定有关的配套政策措施。

在确定市域绿地系统的结构与布局规划时，应当遵循以下原则：

（1）有利于维护生态安全；市域绿地应发挥生态环保功能，构筑良好的区域自然生态网络，保护、改善区域生态环境，降低各类灾害的破坏力和危害性。

（2）有利于保持地方特色；要充分考虑本地山脉、河流、海岸的走向和湖泊、丘岗、农田的分布特点，维持和保护自然格局；系统完整地保护市域内的历史文化遗存，延续和发扬地方文化传统。

（3）有利于改善城乡景观；有效发挥市域绿地在城乡之间、城镇之间以及城市不同组团之间的生态隔离功能，引导城乡形成合理的空间发展形态，促进经济持续快速发展。

（4）兼顾行政区划与管理单位的完整性。在划定市域（或镇域）规划绿地时，一般应安排在本级政府的行政辖区内，确保现有绿地管理单位（如自然保护区、基本农田保护区、风景名胜区等）行政管理范围与绿地边界的统一、完整性。

三、市域绿地系统分类发展规划

市域绿地系统分类发展的基本规划要求如下：

1．生态保护区

包括自然保护区、水源保护区、部分基本农田保护区和土壤侵蚀防护区等。生态保护区是维护自然生境，实现资源可持续利用的基础和保障。其中：

（1）自然保护区，是指对具有代表性的自然生态系统、珍稀濒危野生动植物物种的天然集中分布区、有特殊意义的自然遗产等保护对象所在的陆地、陆域水体或者海域，依法划定并予以特殊保护和管理的区域。自然保护区应划定核心区、缓冲区和实验区。已经设立和规划设立的县级以上自然保护区，均应纳入市域绿地系统。

（2）水源保护区，是在河流、水库的上游、源头及周边地区，为稳定洪、枯水量，保护水质而划定的保护区域。水源保护区应划定禁戒区和限制区，并划出一定范围的涵养林区。上游河段、源头地区以及承担区域供水的水源保护区，均应纳入市域绿地系统实施严格保护。

（3）基本农田保护区，是指根据土地利用总体规划对市域内基本农田（即不得占用的耕地）实行保护而确定的特定保护区域，其布局对形成区域城镇空间格局有重要意义。

（4）土壤侵蚀防护区，是在严重土壤侵蚀区或易发生土壤侵蚀地区划定的，旨在控制水土流失、保持土壤表层、母质及植被的保护区。主要分布于各大山脉两侧、山间盆地周围和沿海平原的花岗岩丘陵、台地区。这类地区的防护通常以建设水土保持林为主。

此外，一些重要的商品用材林基地和果林地，也要纳入市域绿地系统进行保护控制。

2．海岸绿地

包括众多具有特殊景观价值和科学研究价值的滨海岸线及防护林、部分沿海湿地和集中连片的红树林分布地区、重要海产养殖场及围垦区以及特种海洋生物繁衍区等。保护珍贵的海岸资源，是滨海地区城市发挥海洋优势，体现城市特色的重要途径。

（1）滨海岸线及防护林：岸线是水陆交互作用的地带，包括海岸线（滨水线）向陆海两侧扩展一定宽度（一般是离岸线向陆侧延伸 10 公里，向海到 15 公里水深线）的区域。为防止风暴潮和台风的袭击，滨海一般建有防护林。主要海湾、枢纽港岸线、重要的养殖岸线和生活岸线以及沿海防护林带，应纳入市域绿地系统。

（2）沿海湿地及红树林：湿地是指沼泽、泥炭地或低水位时水深不超过 6 米的水域，可分为沿海湿地和内陆湿地；沿海湿地包括红树林湿地、河口三角洲湿地、浅海湾泻湖湿地、海滩湿地、小岛屿湿地、咸水湿地等。红树林是一种分布于热带海滨泥滩，主要由红树科植物组成的常绿乔灌木植物群落。列入国际重要湿地名录或各级自然保护区的沿海湿地及红树林，应纳入市域绿地系统。

（3）海产养殖场及围垦区：集中连片的"稀、优、名、特"海产品养殖区以及较大规模的滨海围垦区，不仅具有较强的生产功能，也可作为科学研究和旅游观赏场所，应纳入市域绿地系统。

（4）海洋生物繁衍区：指海洋水生动植物天然的繁殖地带，是水生动植物的"家"。水生动植物，特别是水生动物的生殖和哺育，往往集中于某个固定的繁衍区，对这类地区的保护，有利于防止动植物种的灭绝，维持生态平衡。

3．河川绿地

包括主干河流及堤围、大型湖泊及沼泽、大中型水库及水源林、基塘系统等。例如，江南地区纵横密布的河川水域，既是城乡居民生产、生活的生命线，也造就了独特的江南水乡景观。

（1）主干河流及堤围。主干河流是指集水面积在 100 平方公里以上的河流主干和一、二级支流主干的河流泄洪通道与出海口。主干堤围是指三级及以上（或捍卫 1 万亩以上耕地）的江、河、海重点防洪大堤。其他对供水、航运、泻洪和防洪有重大意义的河流及堤围，也应纳入市域绿地系统。

（2）大型湖泊及沼泽。湖泊和沼泽均为自然界典型的水生态系统和景观。湖泊是积水多、水域深广的洼地，既有蓄水、滞洪、调节气候、提供动植物栖息地的作用，又具有较高的景观美学价值。沼泽是地表常年过度湿润或者薄层积水的洼地，具有纳洪、补充地下水和过滤的作用，也是野生生物的重要栖息地。

（3）大中型水库及水源林。总库容在 0.1～1 亿立方米的中型水库和总库容在 1 亿立方米以上的大型水库，是区域防洪、灌溉、供水或发电的主要基础设施，也成为具有观赏价值的人工景观。具有重大蓄滞洪水、灌溉和后备水源作用的骨干大、中型水库及周围第一重山的水源林，可一并纳入市域绿地系统统筹规划管理。

（4）基塘系统，是起源于大江大河流域三角洲地区的一种传统农业生态系统，一般由鱼塘及其塘基（堤）组成，包括桑基鱼塘、果基鱼塘、蔗基鱼塘、花基鱼塘等多种类型。其中，以桑基鱼塘最为著名，是江南和岭南水乡人民科学利用低洼积水地的成功典范和特色景观。

4. 风景绿地

风景绿地是在城郊及农村地区保护、建设的森林公园、风景名胜区、旅游度假区、郊野公园等，既可为城乡居民提供更多的休闲体验，也可有效减轻城市开发对环境造成的压力。其中：

（1）森林公园，是指森林景观优美，自然和人文景观集中，具有一定规模，可供人们游览、休息或进行科学、文化、教育活动的场所。森林公园多由原始森林改造而成，改造工程以不破坏自然景观为准则。

（2）风景名胜区，是指具有观赏、文化或科学价值，自然景物、人文景物比较集中，环境优美，具有一定规模和范围，可供人们游览、休息或进行科学、文化活动的地区。市域内县级以上的风景名胜区，应纳入市域绿地系统。

（3）旅游度假区，是指在优美的自然环境和丰富的文化景观环境中，为了向旅游度假者提供良好的生活条件和游憩设施，并配备一定的文娱活动场所而建造的一种新型聚居地。旅游度假区一般位于城市郊区，是城乡居民休闲游憩的重要去处。

（4）郊野公园，是指位于城市边缘或近郊区的风景点、旅游点，具有较丰富的游憩活动内容，设施较完善的大型自然绿地，服务范围较广。

5. 缓冲绿地

包括环城绿带、重大基础设施隔离带、大规模的自然灾害防护绿地和公害防护绿地等。缓冲绿地是为城镇及重大设施设置的防护和隔离区域，具有卫生、隔离、安全防护的功能。其中：

（1）环城绿带，是指在城镇建成区外围一定范围内，强制设定的基本闭合的绿色开敞空间，形成城市组团之间的绿色隔离带。环城绿带具有防止城镇无序蔓延，为相邻城镇或为城乡之间的发展提供缓冲空间，并提供更多的居民休闲游憩场所，以及维护城市生态平衡等多种功能。常住人口 50 万以上的城市和连片发展面积超过 100 平方公里的城镇密集区，应设立环城绿带。

（2）基础设施隔离带，是指在重大的交通、电力、通信、输水和供气等基础设施两侧一定宽度内或周边一定范围内划定的安全区域或隔离地带。如国道、省道、高速公路沿线的绿化隔离带,骨干输水、供气线路和高压走廊保护区。

(3) 自然灾害防护绿地,是指能对自然灾害起到一定缓释作用的绿地,如防风林、防沙林、水体防护林及各类地质不稳定地段的防护绿地。自然灾害防护绿地一般进行植树造林,形成防护林带,有些情况下也保持开敞空间形态,如避震疏散场地等。

(4) 公害防护绿地,是指对废气、废水、粉尘、恶臭气体、噪声、振动、电磁波辐射、爆炸以及放射性物质等城市公害有一定隔离防护、缓冲作用的绿地。公害防护绿地所需设置的防护绿带宽度,取决于公害干扰与危害的程度。

6. 特殊绿地

包括特殊的地质地貌景观区、自然灾害敏感区、文物保护单位、传统风貌地区。这类地区虽然不一定为绿化覆盖,但同样具有较高的自然和文化价值,应进行严格的保护和开发控制。

(1) 地质地貌景观区,是指在地球演化的漫长地质历史时期形成、发展并遗留下来有重要科学研究价值和观赏价值的奇特地质地貌景观的分布区,如丹霞地貌、古海蚀遗址等。

(2) 自然灾害敏感区,是指容易发生自然灾害的区域,如泄、滞洪区,地震活动频繁地区,滑坡及泥石流易发地区等。自然灾害敏感区内要尽量减少人为活动,加强绿化建设,以降低自然灾害的危害程度。

(3) 文物保护单位,是指市域范围内具有较高历史、文化、艺术、科学价值,受国家法律保护的革命遗址和有纪念意义的建筑物、古文化遗址、古墓葬、古建筑、石窟寺、石刻等文物。根据保护文物的实际需要,可以在文物保护单位周围划出一定的建设控制地带辟为绿地。

(4) 传统风貌地区,是指文物古迹比较集中,能较完整地体现出某一历史时期传统风貌和民族、地方特色的街区或建筑群。传统风貌地区一般应设置绝对保护区及建设控制区,其中有突出价值或对环境要求十分严格的,可划定环境风貌协调区。经县级以上人民政府认定或规划设立的传统风貌保护区,应纳入市域绿地系统。

四、市域绿地系统规划审批实施

严格来讲,市域绿地系统规划属区域性专业规划,是区域城镇体系规划的组成部分,并要与相关的国土规划、江河流域规划、林业发展规划、农业发展规划、旅游规划、文物保护规划等相协调。市域绿地系统规划编制完成后,应依照区域城镇体系规划的审批程序报批,纳入同级城镇体系规划或覆盖全部行政区域的城市总体规划贯彻实施。所以,对于直辖市或特大城市地区,市域绿地系统规划的内容相当庞大,宜单独编制。对于大部分的城市地区,通常是作为城市绿地系统规划工作中的一个专项,统筹编制,统一报批。

市域绿地系统规划的实施,一般由县级以上人民政府协调规划、建设、国土、海洋、环保、农业、林业、渔业、水利、旅游、文物保护等行政主管部门统一进行。

涉及到多个部门的具体建设项目，由县级以上规划行政主管部门牵头会审后，报同级人民政府批准实施。

第六节 城市绿地系统布局

城市绿地系统的布局方式，一般要求结合各个城市的自然地形特点，按照一定的指标体系和服务半径在城市规划区中均匀设置。在具体实践中，多采取"点"（城区中均匀分布的小块绿地）、"线"（道路绿地，城市组团之间、城市之间、城乡之间的隔离绿带等）、"面"（大中型公园、风景区、生态景观绿地等）相结合的方式布局设置，形成有机的整体。

具体的规划工作内容与程序如下：

一、城市绿地系统空间布局

城市绿地系统规划，要按照生态优化、因地制宜、均衡分布与就近服务等原则，对各类城市绿地进行空间布局，并结合城市其他部分的专业规划综合考虑，全面安排。

第一，要保证必要的绿化用地，是提高城市绿化水平的前提条件。要严格按照国家标准确定的绿化用地指标划定绿化用地面积，明确划定城市建设的各类绿地范围和保护控制线（又称"绿线"），科学地安排绿化建设的用地布局。

第二，城区范围内的公共绿地应当相对均匀分布，城市建成区和郊区的各类绿地，如公园绿地、居住绿地、近郊生态林地、环城绿地、楔形绿地、道路绿地和滨水地区绿色廊道等，应当合理布局，并在城市周围和各功能组团间安排适当面积的绿化隔离带。

第三，在工业区和居住区布局时，要考虑设置卫生防护林带；在河湖水系整治时，要考虑安排水源涵养林带和城市通风林带；在公共建筑与生活居住用地内，要优先布局公共绿地；在城市街道规划时，要尽可能将沿街建筑红线后退，预留出道路绿化用地。

第四，公园绿地布局，要考虑合理的服务半径，就近为居民提供服务（表7-7）。

城市公园的合理服务半径　　　　　　　　　　表7-7

公园类型	面积规模（公顷）	规划服务半径（米）	居民步行来园所耗时间标准（分钟）
市级综合公园	≥20	2000～3000	25～35
区级综合公园	≥10	1000～2000	15～20
专类公园	≥5	800～1500	12～18
儿童公园	≥2	700～1000	10～15
居住小区公园	≥1	500～800	8～12
小游园	≥0.5	400～600	5～10

完善的城市绿地系统，应当做到布局合理、指标先进、质量良好、环境改善，有利于城市生态系统的平衡运行。从世界各国城市绿地布局形式的发展情况来看，有8种基本模式；即：点状、环状、网状、楔状、放射状、放射环状、带状、指状（图7-1）。

在我国，城市绿地系统常用的空间布局形式有4种：

1. 块状绿地布局——将绿地呈块状均匀地分布在城市中，方便居民使用，多应用于旧城改建中，如上海、天津、武汉、大连和青岛等城市。块状布局形式，对改善城市小气候条件的生态效益不太显著，对改善城市整体艺术面貌的作用也不大。

2. 带状绿地布局——多利用河湖水系、道路城墙等线性因素，形成纵横向绿带、放射环状绿带网，如哈尔滨、苏州、西安、南京等城市。带状绿地布局有利于改善和表现城市的环境艺术风貌。

3. 楔形绿地布局——利用从郊区伸入市中心由宽到窄的楔形绿地组合布局，将新鲜空气源源不断地引入市区，能较好地改善城市的通风条件，也有利于城市艺术面貌的体现。

4. 混合式绿地布局——是前三种形式的综合运用，可以做到城市绿地布局的点、线、面结合，组成较完整的体系。其优点是能使生活居住区获得最大的绿地接触面，方便居民游憩，有利于就近地区小气候与城市环境卫生条件的改善，有利于丰富城市景观的艺术面貌。

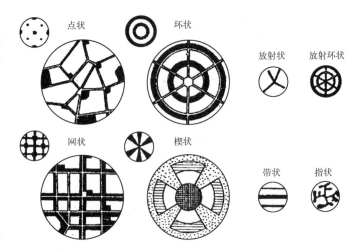

图7-1　城市绿地布局的基本模式

二、城市绿地系统分区布局

城市绿地的分区规划布局，是城市绿地系统规划的第二个层次。对于中小城市而言，一般不需要编制绿地系统分区规划；但是，对于大城市和特大城市，或者某些地形复杂、布局分散的中等城市，就需要编制分区规划。

城市绿地系统分区规划应在上一级城市绿地系统规划和城市总体规划的指导下进行，并与同级的城市分区规划相协调。在具体实践中，分区规划多按市属行政区分别编制，以便于实施规划建设管理。

城市绿地系统分区规划的内容，原则上是对上一层次绿地规划的深化和细化，作为本区城市绿地规划建设制定计划的依据。通常应包括以下内容：

①城区内各类园林绿地的现状分析；
②城区内园林绿化的建设条件与发展战略；
③城区内园林绿地的基本布局与规划指标；

④城区内园林绿地分期建设规划；
⑤有关的实施措施规划。

分区规划的工作成果，应及时纳入上一层次的城市绿地系统规划。

第七节　城市绿地分类规划

为使城市绿地系统规划能够适应城市发展的需求，同时验证绿地系统空间布局的合理性，需要做出城市绿地的分类规划，使规划绿地的概念能落到实处。据国内城市多年来的规划工作实践，各类城市绿地的规划内容与编制要点大致如下：

一、城市生态绿地规划

城市生态绿地，即国家《城市绿地分类标准》（2002）所定义的五大类城市绿地，是重要的城市生态基础设施。各类绿地应根据其生态功能和与城市发展的关系进行规划建设。

1. 公园绿地—G1

公园绿地是向公众开放，以游憩为主要功能，兼具生态、美化、防灾等作用的绿地。公园绿地一般都要经过专业规划设计、具有一定的活动设施与园林艺术布局、供市民进行游憩娱乐及文化体育活动。它主要包括各类城市公园、街头游园等绿地形式，其数量和质量，是衡量城市绿化水平的重要标志。

城市公园绿地的规划要点为：

①测算城市公园绿地的合理发展规模，并纳入城市规划建设用地平衡；

②确定公园绿地的选址；

A. 必要性原则：依据城市性质、城市结构和用地布局，在城市主要出入口、自然与人文景观聚集地、公共设施附近和居住区附近用地内应布置一定面积的公园绿地。

B. 可能性原则：具有下列特征和条件的用地，宜优先选作公园绿地：现有山川河湖、名胜古迹所在地及周围地区，原有林地及大片树丛地带，城市不宜建筑的地带（山坡、低洼地等）。

C. 整体性原则：公园绿地布局应与改善城市街景和景观优化相结合。

③公园绿地分类规划：市级综合性公园、区级公园及居住区级公园，专类公园，带状公园、街旁绿地（小游园）等。

④公园绿地详规导则：公园绿地选址、确定性质与规模及出入口方位、绿化指标控制、艺术风格与景观特色、近期确定建设的重点公园绿地规划设计意向等。

改革开放28年来，在我国城市的公园绿地建设中，越来越注重发挥城市本身的自然与文化条件为市民开辟绿色游憩空间，作为城市景观体系的"精品"与"亮点"。其中,结合历史遗迹与滨水地区建设公园绿地和游览空间,日益成为城市绿化建设的重要内容之一。历史文化古迹是城市宝贵的文化遗产,而靠近江河湖海的滨水城区往往又是城市中景观最优美的敏感地区。因此,在有条件的城市里,绿地系统规划要充分运用绿化手段认真保护和利用这两类地区的自然与文化资源,使之成为城市景观体系中的精华。

历史是凝固的现实,现实是流动的历史。中国城市起源的历史约有5000年之久,历史文化名城如繁星点点,闪烁在神州版图之上。自1982年以来,国务院共批准命名了101座国家级历史文化名城。这些珍贵的历史遗存,不仅构成了一部最直观的中国历史画卷,也是全人类共同的丰厚遗产。

纵观历史,世界上通行的古城保护模式有两种:一是新旧分制,比如巴黎和罗马,在旧城外建新区,既分隔又有联系,保护与发展各不相扰;二是新旧混合,比如伦敦和北京,旧城被新城包围,旧城之中插入新建筑。在实践中,第二种模式处理起来难度较大。历史文化名城保护,不仅要保护标志性古建筑和文物古迹、古城的自然地理环境和传统城市格局、历史地段(包括历史上的寺庙区、商业区、居住区、风景区),还要保护乡风民俗、传统工艺特产、地方风味,以及诗书、戏剧、音乐、绘画等丰富多采的文化艺术遗存。保护历史名城与历史遗迹与发展现代经济并非对立,罗马、巴黎、京都、奈良等城市都是相当成功的典范;我国的丽江、平遥作为整体保护的历史名城被联合国公布为世界文化遗产后,经济发展也迅速增长。

结合历史遗迹的城市绿地建设,可以有助于历史街区、文物古迹和古城风貌的保护。以古城西安为例,1990年代沿护城河开辟了路、城、林、河四位一体的环城公园,使古城墙和众多的文物古迹在绿地中得到了有效的保护。西安环城公园占地面积120公顷,环绕西安城墙,包括护城河两岸环境,周长达14.6公里。其中,明城墙位于公园绿地中心,周长13.7公里,是我国古代城垣中保存至今最为完整的一座,属国家重点文物保护单位。60万平方米的环城林带郁郁葱葱,护城河水青草绿。公园中河、林布局与城墙协调一致,相得益彰。园中不仅建有亭廊、雕塑、诗碑等隐于花草之中,使人轻松愉悦,还有小游船等设施可供泛舟城河,更添乐趣。游人可登上城头,作环城之游,俯瞰古城内外风光,成为陕西独具特色的公园景观。2001年,上海市黄浦区在环绕老城厢的中华路和人民路上规划建设一条长约5.1公里、宽15~20米的绿化带,总面积约8万平方米,使已有700余年历史的老城厢地区得到更好的保护。戴上"绿项链"后,老城厢独特的老上海风情得到了强化,在景观区域上也相对独立,减少了与周边现代建筑所产生的不和谐感,大大提升了该地区的城市形象,拉动旅游、房地产和商贸等行业的发展。

滨水地区作为城市开敞空间体系中的重要组成内容,其绿地规划建设的目标是多元化的。它不仅关系到城市功能定位、城市形象塑造,还涉及城市水陆交通、经济社会发展、旅游休闲、环保生态、历史遗产保护等方面。城市大规模的快速建设,往往在发展与保护,经济效益与环境效益、社会效益,现代化与传统文脉之间会产生碰撞,需要具前瞻性、战略性的发展概念和高水准的城市设计来进行统筹和导控。滨水地区的科学规划,对于增强城市滨水地区的活力,合理保护和利用滨水地区的自然与人文资源;对于提高城市环境品质和生活质量,塑造兼具时代精神和地方文化内涵的城市形象,寻求滨水空间的生态合理性和可持续发展模式,实现城市与自然的共生,创造高效、繁荣、舒适、生态的滨水地区人居环境,具有积极而深远的意义。

滨水地区的公园绿地规划,贵在确立"蓝""绿"重于"金"的规划理念,将其落实到具体的地块与项目中。以日本东京湾的开发为例,1980年代,为缓解东京的人口、交通压力,解决经济社会发展集中于东京一极的问题,在首都圈内,围绕东京湾规划了临海副都心、幕张新都心、横滨MM21三大滨水开发区。这三大滨水开发区的规划建设都充分结合滨水地区的空间特征,以"水"与"绿"为中心做文章,引进了展示、博览、娱乐、休憩等大型项目,强化文化、信息、商业、教育、居住等功能。像位于千叶的幕张新都心,由著名建筑师槙文彦设计的幕张会展中心,已成为每年吸引700万参观者的重要文化交流场所。以东京信息港城为建设目标的临海副都心,集中规划有世界一流的信息化设施,磁悬浮列车等公交系统,集中布置有上水管、下水管、电力、电讯、通信线路、煤气、集中供暖、垃圾输送管道的地下共同沟。在横滨MM21开发区中,对原有的工业厂房、船坞码头进行了充分的再开发与利用,形成了充分体现人性的特色城市景观。

日本三大滨水地区开发建设的经验表明:城市开发就是可持续发展战略的具体行动,必须注重提升包含经济、环境、社会三方面在内的生活质量,追求城市基础设施的现代化与绿色社区的人性化。可持续发展的理念要求开发建设并不是给周边地区带来不可逆转的变化,而是要与环境协调并保持持续的稳定性,创造环境负荷最小的优美城市环境。滨水地区开敞空间的规划设计,应当充分尊重自然,传承历史与文化,培育富有魅力的绿色空间。

2. 生产绿地—G2,规划要点为:
①确定城市生产绿地的发展指标;
②进行生产绿地的用地布局;
③提出城市绿化专业苗圃的发展计划。

3. 防护绿地—G3,规划要点为:
①建立市域生态空间的保护体系;
②确定城市防护绿地的发展指标;
③进行城市防护绿地的分类布局;
④提出城市防护绿地的设计导则与控制指标;
⑤提出城市组团隔离绿地的布局要求与规划控制措施。

4. 附属绿地——G4，规划要点为：
①研究确定城市中各类附属绿地的发展、控制指标；
②提出各类附属绿地的规划设计导则。

城市道路绿地是附属绿地中的一个特定类型，在城市绿化覆盖率中占较大比例。随着城市机动车辆的增加，交通污染日趋严重，利用道路绿化改善道路环境，已成当务之急。同时，道路绿化也是城市景观风貌的重要体现。

城市道路绿化的主要功能是庇荫、滤尘、减弱噪声、改善道路沿线的环境质量和美化城市。以乔木为主，乔木、灌木、地被植物相结合的道路绿化，防护效果最佳，地面覆盖最好，景观层次丰富，能更好地发挥其功能作用。

为保证道路行车安全，道路绿化规划设计需满足以下两方面的要求：

（1）行车视线要求

• 在道路交叉口视距三角形范围内和弯道内侧的规定范围内种植的树木不影响驾驶员的视线通透，保证行车视距；

• 在弯道外侧的树木沿边缘整齐连续栽植，预告道路线形变化，诱导驾驶员行车视线。

（2）行车净空要求

• 道路设计规定在各种道路的一定宽度和高度范围内为车辆运行的空间，树木不得进入该空间。具体范围应根据道路交通设计部门提供的数据确定。

城市道路用地范围空间有限，在其范围内除安排机动车道、非机动车道和人行道等必不可少的交通用地外，还需安排许多市政公用设施，如地上架空线和地下各种管道、电缆等。道路绿化也需安排在这个空间里。由于绿化树木生长需要有一定的地上、地下生存空间，如得不到满足，树木就不能正常生长发育，直接影响其形态和树龄，影响道路绿化所起的作用。因此，应统一规划，合理安排道路绿化与交通、市政等设施的空间位置，使其各得其所，减少矛盾。

道路绿化的植物种植应做到适地适树，并符合植物间伴生的生态习性。对于不适合种植的土壤，应设法改良后进行绿化。适地适树是指绿化要根据本地区气候、栽植地的小气候和地下环境条件选择适于在该地生长的树木，以利于树木的正常生长发育，抗御自然灾害，保持较稳定的绿化成果。植物伴生是自然界中乔木、灌木、地被等多种植物相伴生长在一起的现象，形成植物群落景观。伴生植物生长分布的相互位置与各自的生态习性相适应。地上部分，植物树冠、茎叶分布的空间与光照、空气温度、湿度要求相一致，各得其所；地下部分，植物根系分布对土壤中营养物质的吸收互不影响。道路绿化为了使有限的绿地发挥最大的生态效益，可以进行人工植物群落配置，形成多层次植物景观，但要符合植物伴生的生态习性要求。

城市道路沿线的古树名木，应依据《城市绿化条例》和地方法规进行保护。

城市道路绿化从建设开始到形成较好的绿化效果需要几年或更长的时间。因此道路绿化规划设计要有长远观点，注意远近期结合，绿化树木不应经常更换、移植。同时，道路绿化建设的近期效果也应重视，使其尽快发挥功能作用。

城市道路绿化规划应按重点道路、主干道和次干道等类型提出相应的绿地率控制指标，具体内容可按国家《城市道路绿化规划与设计规范》CJJ 75—97 的标准执行。

在城市附属绿地中，量大面广且最接近市民生活的是居住绿地，其规划原则一般为：

- 以宅旁楼间绿地为基础，小区集中式公园（或游园）为核心，道路绿化为网络，使每个居住小区的绿地相对自成体系，并与城区的绿地系统相联系；
- 居住区绿地建设应以植物造景为主，尽量减少人造硬质景观的堆砌，园林绿化风格应亲切、平和、开朗，并注意与住宅建筑艺术风格相协调，创造各自居住空间的特色；
- 居住区的绿化种植品种要尽量做到多样化，在统一中追求变化，不用或少用带刺、飞毛多、有毒、易造成皮肤过敏的植物。
- 要充分运用垂直绿化与天台绿化等手法，绿化墙面、屋顶、阳台、居室等一切可能绿化的空间，提高居住区内的绿视率（注：居住区内的绿视率通常要求达到 25% 以上）。

5. 其他绿地—G5

其他绿地的含义较广，以前也称"生态景观绿地"或"风景林地"等。按照国家《城市绿地分类标准》（2002 年），其他绿地（G5）定义为："对城市生态环境质量、居民休闲生活、城市景观和生物多样性保护有直接影响的绿地。包括风景名胜区、水源保护区、郊野公园、森林公园、自然保护区、风景林地、城市绿化隔离带、野生动植物园、湿地、垃圾填埋场恢复绿地等"。这些绿地，对于改善城市的大环境生态条件具有非常重要的作用。

在城市总体规划中，其他绿地不参与城市建设用地的平衡，故此类绿地的规划可不受城市规划建设用地定额指标的限制，其规划要点为：

- 切实贯彻"生态优先"的规划原则，着眼于城市可持续发展的长远利益，划定、留足不得开发建设的生态保护区域，如现有的风景名胜区、水源保护区、森林公园、自然保护区等；对于用于城市建设的区域，要明确控制开发强度的范围和边界。
- 充分利用基本农田保护区和自然水域、林地等绿地资源，规划布置城市组团之间或相邻城市之间较宽阔的隔离绿带（300～500 米以上），用以控制城市发展规模，防止建成区"摊大饼"式无序蔓延扩展。同时，要制定相应的措施，使这些绿带成为适于野生动植物繁衍的栖息地和生态廊道。
- 在城乡交接地段，要注意规划一些高绿地率控制区，即绿地率指标达到 50% 以上的建设用地区域，如公共建筑区、行政区、高档居住区，休疗养区，大中专院校区等。

• 生态景观绿地应结合郊区农村的产业结构调整布局，有利于生态农业和林业的发展。

二、城市避灾绿地规划

城市避灾绿地，是指当地震、火灾、洪水等灾害发生时，城市中能用于紧急疏散和临时安置市民短期生活的绿地空间。它一般由城市的防护绿地和公园绿地的某些地块组合构成，是城市防灾减灾体系的重要组成部分。

1. 城市避灾绿地的作用

相对与城市建筑与基础设施等"硬件"环境而言，城市绿地是具有防震减灾功能的隐性"韧"环境。它在灾害发生的非常时期，是城市中具有避灾功能的重要"柔性"空间。

我国是一个地震区分布很广且灾害较多的国家，随着城市开发强度的增加，城市的抗灾能力日趋下降。工业的发展，机动车的增加，也使城市公害加剧，导致城市环境质量的恶化。近几年内美国洛杉矶、日本阪神等地区发生的大地震，都说明城市绿化的减灾作用是其他类型的城市空间所无法替代的。

一定规模的城市公园等绿地，能够切断火灾的蔓延，防止飞火延烧，在熄灭火苗、控制火势、减少火灾损失方面有显著效果。公园内的园林、游戏设施、树木等，为居民的避难生活提供了方便。如：水景设施中的水成为供水中断状况下的用水补充；亭、廊、秋千等成为临时帐篷的搭设处等。1976年唐山大地震后，北京市区的各公园绿地立即成为避灾、救灾的中心基地。1995年初日本阪神地区地震后，有关部门针对城市绿地所进行的调查表明：震后产生了30万人以上的庞大的避难人群，城市公园及小学、体育馆等，是主要的避难场所，而且直至灾后两个月，仍有相当数量的居民生活在公园中。灾后规模较大的公园绿地均成为避灾、救灾、物资保管发放、医疗急救的中心或基地；而规模较小的公园绿地，也为附近居民提供了临时避难场所，使用率很高。因此，根据国家《防震减灾法》，充分发挥城市绿地的防灾、减灾功能，并纳入城市防灾、减灾规划，是绿地系统规划应当考虑的内容之一。

2. 避灾据点与避灾通道

城市防震减灾绿地规划，应当着重规划好城市滨水地区的减灾绿带和市区中的一、二级避灾据点与避灾通道，建立起城市的避灾体系。其中：

一级避灾据点，是震灾发生时居民紧急避难的场所。规划中应按照城区的人口密度和避难场所的合理服务范围，均匀地分布于市区内；多数是利用与居民关系最密切的散点式小型绿地和小区的公共设施组成（如小学、社区活动中心、小区公园等）。它需要在城市减灾的详细规划中具体定位，绿地系统规划中应提出建议性的位置。为保证一级避灾据点的安全、可达性，必须保证它与有崩塌、滑坡等危险的地带和洪水淹没地带的距离一般在500米以上，并要与避灾通道有直接、通畅的道路联系，避灾据点倒塌时，应不致于威胁其中避难人的生命安全。

二级避灾据点，是震灾后发生的避难、救援、恢复建设等活动的基地，往往是灾后相当时期内避难居民的生活场所，可利用规模较大的城市公园、体育场馆和文化教育设施组成。

避灾通道，是利用城市次干道及支路将一级、二级避灾据点连成网络，形成避灾体系。同时，为保证城市居民的避灾地与城市自身救灾和对外联系等不发生冲突，避灾通道应尽量不占用城市主干道。为保证灾害发生后避灾道路的通畅和避灾据点的可达性，沿路的建筑应后退道路红线5～10米，高层建筑后退红线的距离还要加大。

救灾通道，是灾害发生时城市与外界的交通联系，也是城市自身救灾的主要线路。城市救灾通道的规划布置，是城市防灾规划与城市道路交通规划的内容之一。主要救灾通道的红线两侧，应规划有宽度为10～30米不等的绿化带，对保证发生灾害时道路的通畅具有重要意义。

3. 避灾绿地的规划要点

• 进行避灾据点（可分一、二级）与避灾通道的选址布置。避灾绿地要设置在多数人居住或停留的地方，以及很可能发生灾害的地方；参考日本的标准，避灾绿地的规模，应当以去该地避难者每人1～2平方米为宜，每处避灾绿地的平均面积以5～10公顷为宜。

• 设置城市救灾通道，以便在灾害发生时能方便组织疏散和紧急救援。

• 避灾绿地设置应与相关的城市防灾减灾规划相协调。

第八节 城市绿化树种规划

城市绿化树种规划，是城市绿地系统规划中的重要环节，其一般工作程序如下：

1. 对城市本底植被物种进行调查研究

要调查当地原有植被物种和外地引种驯化的物种，了解它们的生态习性、抗污染性和生长情况等。除本地区外，相邻近地区、不同的小气候条件、各种小地形（洼地、山坡、阴阳坡等）的同类树种生长情况也要了解，作为制定植物物种应用可行性方案的基础资料。

2. 确定城市绿化的基调物种和骨干物种

要在广泛调查研究及查阅历史资料的基础上，针对本地的自然条件选择主要应用的绿化植物品种。例如：城市干道的行道树，由于其生长环境恶劣，日照、土壤等条件差，又易受各种机械损伤、空气污染和地上地下管网交叉限制等影响，对绿化应用树种的选择要求就比其他类型的绿地更严格。从生长条件来看，能适合作行道树的树种，通常对城市中其他类型的园林绿地也能较好地适应。除行道树外，其他针、阔叶乔木、灌木和湿生、沼生、水生及地被植物类型中，也要选择一批适应性强、观赏价值或经济价值高的品种作为骨干物种来推广。对于尚未评选市树、市花的城市，还应提出候选品种的建议名单。

3. 确定主要应用植物品种的种植比例

合理规划城市绿化主要应用植物品种的种植比例，既有利于提高城市绿地的生物量和生态效益，使绿地景观显得整齐、丰满；也便于指导安排苗木生产，使绿化苗木供应的品种及数量能符合城市绿化建设的需要。要根据本地的自然条件等特点，规划好不同类型绿地中乔木与灌木、落叶树与常绿树、木本与草本的适宜种植比例。

城市绿化建设应提倡以乔木为主，通常的乔灌比宜掌握在 7：3 左右较好。在我国大部分城市，落叶树生长较快，抗性较强，易见效；常绿树则景观效果好，寿命长，但生长较慢，投资也较大。因此，一般在城市绿地系统的建设初期，落叶树种的应用比重宜大些，3～5 年后再逐步提高常绿树种的应用比重。此外，城市中还应适当发展应用草坪、花卉和地被植物，提高城市景观质量和绿化覆盖率。

4. 编制城市绿化应用植物物种名录

通常包括在城市绿化中应用的乔木、灌木、花卉和地被植物品种。

5. 配套制定苗圃建设、育苗生产和科研规划

城市苗圃建设规划，通常以市、区两级园林绿化部门主管的生产绿地为主。近年来，我国大部分城市出现了郊区农业纷纷转向搞绿化苗木与花卉生产的情况，改变了传统的以国有企业为主的绿化苗木生产格局。对此，我们应从深化体制改革、促进城市化发展的角度来加以认识，对加强城市绿化育苗生产的行业管理提出相应的规划措施。

第九节 生物多样性保护与建设规划

一、生物多样性的概念

广义而论，生物多样性是指所有来源的活的生物体中的变异性。这些来源，包括陆地、海洋和其他水生生态系统及其所构成的生态综合体，包含物种内、物种之间和生态系统的多样性。概言之，生物多样性就是生物及其组成系统的总体多样性和变异性。

我国地大物博，具有丰富和独特的生物多样性，其特点为：

（1）物种丰富。我国有高等植物 3 万余种，全世界裸子植物 15 科 850 种里中国有 10 科约 250 种，是世界上裸子植物最多的国家。我国有脊椎动物 6347 种，占世界种数近 14%。

（2）特有属、种繁多。高等植物中特有种约 17300 种，占全国高等植物总种数的 57% 以上。6347 种脊椎动物中，特有种 667 种，占 10.5%。

（3）区系起源古老。由于中生代末中国大部分地区已上升为陆地，第四纪冰期又未遭受大陆冰川的影响，许多地区都不同程度保留了白垩纪、第三纪的古老残遗部分。如松杉类世界现存 7 个科中，我国有 6 个科。动物中大熊猫、白鳍豚、扬子鳄等都是古老孑遗物种。

(4) 栽培植物、家养动物及其野生亲缘的种质资源非常丰富。我国是水稻和大豆的原产地，品种分别达 5 万个和 2 万个。我国有药用植物 11000 多种，牧草 4215 种，原产中国的重要观赏花卉超过 30 属 2238 种。我国还是世界上家养动物品种和类群最丰富的国家，共有 1938 个品种和类群。

(5) 生态系统丰富多彩。我国具有地球陆生生态系统，如森林、灌丛、草原和稀树草原、草甸、荒漠、高山冻原等各种类型，由于不同的气候和土壤条件，又分各种亚类型 599 种。海洋和淡水生态系统类型也很齐全，其种类目前尚无确切统计数据。

生物多样性的生态功能价值巨大，在自然界中维系能量的流动、净化环境、改良土壤、涵养水源及调节小气候等多方面发挥着重要的作用。丰富多彩的生物及其物理环境共同构成了人类所赖以生存的生物支撑系统。千姿百态的生物景观也给人类带来许多美的享受，是艺术创造和科学发明的源泉。人类文化的多样性，很大程度上起源于生物及其环境的多样性。根据国家环保总局《中国生物多样性国情研究报告》[①]的研究成果，我国生物多样性的经济价值约为人民币 39.33 万亿元。

生物多样性包括三个层次的内容：基因多样性、物种多样性和生态系统多样性，属于相当宏观的生态概念。对于人口集聚、产业发达的城市地区，除了在市域（行政边界）范围内一些特殊的自然生态保护区（如较大规模的森林公园等）里还能保持较为原始的生物多样性以外，大部分的城镇建成区是以人工生态环境为主的。城市化的结果往往造成生态系统均质化、遗传基因的单纯化，生物多样性就主要表现为物种的丰富性。由于大多数野生动物和微生物对城市的环境污染难以承受，基本逃离，因此城市绿地中植物多样性的保护和培育就显得尤其重要。

二、以植物为主的生物多样性规划基本要求

实现生物多样性可促进城市绿地自然化，提高城市绿地系统的生态功能。规划基本要求为：

1. 合理进行城市绿地系统的规划布局，建立城市开敞空间的绿色生态网络，将生物多样性的保护列入城市绿地系统规划和建设的基本内容，突破传统的城市绿化与郊区林业分而治之的局限性，将城区内外的各种绿地视为城市绿地系统的有机组成部分，建立城乡一体化的大环境绿化格局。

2. 大力开发利用地带性的物种资源，尤其是乡土植物，有节制地引进域外特色物种，构筑具有地域区系和植被特征的城市生物多样性格局。

---

① 中国环境科学出版社，1998。

3. 提高单位绿地面积的生物多样性指数。城市地区可用于绿化建设的土地极其有限，因此，只能依靠单位面积物种数量的增加来提高城市绿地系统的生物多样性。

4. 增大城市绿地建设规模，促进公园等生态绿地的自然化，在强调"规划建绿"与"见缝插绿"并重的同时，重视城市中植物群落的构筑；在公园设计上，突破花园的观念；选择适应当地气候、抗逆性强的乡土植物，尤其是优势种，进行人工直接育苗和培育。

5. 改善以土壤为核心的立地条件，提高栽培技术和养护水平，促进绿化植物与城市环境的适应性。

城市绿化树种规划，是城市绿地系统规划的一个重要内容，一般由园林、园艺、林业、生态及植物科学工作者共同承担。多年以前，这项工作主要局限与园林绿化应用树种规划，偏重于乔灌木品种的选择，而对于大量运用的地被植物和花卉、草本植物重视不够。由于城市绿化工作的主要应用材料是花草树木，需要经过多年的培育生长才能达到预期的效果。因此，若城市绿化应用植物品种选择恰当，就能保证植物生长健壮，使绿地发挥较好的生态效益。反之，园林绿化植物生长不良，就需要多次变更，城市园林绿化面貌会长时间得不到有效改善，苗圃的育苗生产和经营也要受到损失。

三、重点是植物的生物多样性规划工作原则

城市绿地系统中的生物多样性保护与建设规划，重点在于对本土植物物种资源的保护和培育，适当引进外来物种，丰富当地的生物多样性。其工作关键，是正确选择城市绿化的应用植物种类，基本原则如下：

1. 要充分尊重自然规律

城市绿化的应用植物物种选择，要基本切合本地区森林植被地理区中所展示的植物品种分布规律。例如，昆明市地处云贵高原区，自然植被是北亚热带常绿阔叶树与针叶树混交林为主，其中落叶阔叶树种又占较大比例。城市绿化主要应用树种应符合这一地带性植被分布规律。

2. 以地带植物种类为主

一般来说，植物的地带物种对当地土壤、气候条件适应性强，有地方特色，应作为城市绿化应用的主要物种。同时，对已在本地适应多年的外来树种也可选用，并有计划地驯化引种一些本地缺少、能适应当地环境条件、经济与观赏价值较高的植物品种，逐步推广应用。新建城市可通过调查研究，引用附近地区或参照自然条件接近的城市绿化树种。

3. 选择抗性强的植物物种

所谓抗性强，即对城市环境中工业、交通等设施排出的"三废"和土壤、气候、病虫害等不利因素适应性强的植物品种。

4. 速生树种与慢长树种相结合

速生树种（如悬铃木、泡桐等）早期绿化效果好，容易成荫，但寿命较短，

通常20～30年后就进入衰老期，影响城市绿地的质量与景观。慢长树（如银杏、香樟等）早期生长较慢，绿化成荫较迟，但树龄寿命长，多在几百年以上，树木价值也高。所以，城市绿化的主要树种选择必须十分注意速生树种和慢长树种的更替衔接问题。在一般情况下，新建城市初期应以采用速生树种为主，搭配部分慢长珍贵树种，分期分批逐步过渡。

第十节　古树名木保护规划

一、古树名木保护规划的意义

古树名木是一个国家或地区悠久历史文化的象征，是一笔文化遗产，具有重要的人文与科学价值。历史的沧海桑田，岁月风云变幻，时代的吉光片羽，都深深地烙印在古树名木的年轮中。古树名木不但对研究本地区的历史文化、环境变迁、植物分布等非常重要，而且是一种独特的、不可替代的风景资源，常被称誉为"活文物"和"绿色古董"。因此，保护好古树名木，对于城市的历史、文化、科学研究和发展旅游事业都有重要的意义。

1982年3月，国家城市建设总局印发全国城市绿化工作会议通过的《关于加强城市和风景名胜区古树名木保护管理意见》中，明确规定了古树名木的范围：古树一般指树龄在100年以上的大树；名木是指树种稀有、名贵或具有历史价值和纪念意义的树木；还规定了树龄在300年以上和特别珍贵稀有或具有历史价值和纪念意义的古树名木定为一级，其余古树名木定为二级；城市绿化主管部门要对古树名木逐一进行登记建档、挂牌、制定出养护措施。

古树名木保护规划，属于城市地区生物多样性保护的重要内容。由于在我国城市绿化管理的实际工作中，古树名木保护从法规到经费都是一个专项，因此在规划上也可以相对独立形成并实施。规划编制要充分体现市区现存古树名木的历史价值、文化价值、科学价值和生态价值；结合城市实际，通过加强宣传教育，提高全社会保护古树名木的群体意识。要通过规划，完善相关的法规条例，促进形成依法保护的工作局面；同时，指导有关部门开展古树名木保护基础工作与养护管理技术等方面的研究，制定相应的技术规程规范，建立科学、系统的古树名木保护管理体系，使之与城市的生态建设目标相适应。

二、古树名木保护规划的内容

城市古树名木保护规划涉及的内容主要有：

1. 制定法规：通过充分的调查研究，以制定地方法规的形式对古树名木的所属权、保护方法、管理单位、经费来源等作出相应规定，明确古树名木管理的部门及其职责，明确古树名木保护的经费来源及基本保证金额，制订可操作性强的奖励与处罚条款，制定科学、合理的技术管理规程规范。

2．宣传教育：通过政府文件和媒体、网络，加大对城市古树名木保护的宣传教育力度，利用各种手段提高全社会的保护意识。

3．科学研究：包括古树名木的种群生态研究、生理与生态环境适应性研究、树龄鉴定、综合复壮技术研究、病虫害防治技术研究等方面的项目。

4．养护管理：要在科学研究的基础上，总结经验，制定出城市古树名木养护管理工作的技术规范，使相关工作逐渐走上规范化、科学化的轨道。

第十一节 分期建设规划

为使城市绿地系统规划在实施过程中便于政府相关部门操作，在人力、物力、财力及技术力量的调集、筹措方面能有序运行，一般要按城市发展的需要，分近、中、远期三个阶段作出分期建设规划。在分期建设规划中，应包括近期建设项目与分年度建设计划、建设投资概算及分年度计划等内容。

编制城市绿地系统分期建设规划的原则为：

1．与城市总体规划和土地利用规划相协调，合理确定规划的实施期限。

2．与城市总体规划提出的各阶段建设目标相配套，使城市绿地建设在城市发展的各阶段都具有相对的合理性，满足市民游憩生活的需要。

3．结合城市现状、经济水平、开发顺序和发展目标，切合实际地确定近期绿地建设项目。

4．根据城市远景发展要求，合理安排园林绿地的建设时序，注重近、中、远期项目的有机结合，促进城市环境的可持续发展。

在实际工作中，城市绿地系统的分期建设规划一般宜按下列时序来统筹安排项目：

◆ 对城市近期面貌影响较大的项目先上；如市区主要道路的绿化，河道水系、高压走廊、过境高速公路的防护绿带等。这些项目的建设征地费用较少，易于实现。

◆ 在完善城市建成区绿地的同时，先行控制城市发展区内的生态绿地空间不被随意侵蚀。

◆ 优先发展与城市居民生活、城市景观风貌关系密切的项目，如市、区级公园、居住区小游园等。这些项目的建设，能使市民感到环境的变化和政府的关怀，对美化城市面貌也起到很大作用。

◆ 在项目选择时宜先易后难，近期建设能为后续发展打好基础的项目（如苗圃）应先上。

◆ 对提高城市环境质量和绿地率影响较大的项目（如生态保护区、城市中心区的大型绿地等），对减少城区的热岛效应能起到很大作用，规划上应予优先安排，尽早着手建设。

此外，城市绿地系统分期建设规划还要及时适应国家政策的变化，把握时机引导发展，并注意留有余地。例如，2001年国务院发布的《关于加强城市绿化建设的通知》中，对如何保证城市绿化用地等关键问题作出了新的政策规定："在城市规划区周围根据城市总体规划和土地利用规划建设绿化隔离林带，其用地涉及的耕地，可以视作农业生产结构调整用地，不作为耕地减少进行考核。为加快城郊绿化，应鼓励和支持农民调整农业结构，也可采取地方政府补助的办法建设苗圃、公园、运动绿地、经济林和生态林等。""切实搞好城市建成区的绿化。对城市规划建成区内绿地未达到规定标准的，要优化城市用地结构，提高绿化用地在城市用地中的比例。要结合产业结构调整和城市环境综合整治，迁出有污染的企业，增加绿化用地。建成区内闲置的土地要限期绿化，对依法收回的土地要优先用于城市绿化。地方各级人民政府要对城市内的违章建筑进行集中清理整顿，限期拆除，拆除建筑物后腾出的土地尽可能用于绿化。城市的各类房屋建设，应在该建筑所在区位，在规划确定的地点、规定的期限内，按其建筑面积的一定比例建设绿地。各类建设工程要与其配套的绿化工程同步设计、同步施工、同步验收。达不到规定绿化标准的不得投入使用，对确有困难的，可进行异地绿化。要充分利用建筑墙体、屋顶和桥体等绿化条件，大力发展立体绿化。"

我国在社会主义初级阶段的城市绿化建设中，应当优先安排城郊大面积的生产绿地和防护绿地，保护和建设生态景观绿地，并在城市建成区中通过产业调整、土地置换和"拆违复绿"等措施积极增加绿地。城市绿地系统规划要为城市环境的可持续发展预留足量的绿色空间。

第十二节 规划实施措施

城市绿地建设和绿化养护管理，是城市绿地系统规划工作的后续环节，需要制定得力有效的措施以保证规划目标的实现。俗话说："三分种、七分管"，表明园林绿地与建筑、道路等工程建设的不同特点。因此，在城市绿地系统规划中，要提出有关规划目标实施措施和完善管理体制的决策建议。一般可包括法规性措施、政策性措施、行政性措施、技术性措施、经济性措施等方面。对大多数城市而言，绿地系统规划建设的措施内容主要有：

1. 要明确划定各类绿地控制范围，保证城市绿化用地。

绿地系统规划所确定的绿化用地，必须逐步建设成为城市绿地，不能改作它用，更不能进行经营性开发建设。城市范围内的江、河、湖、海岸线和山体、坡地等地段，是营造城市景观最重要的区位，也是居民最适宜的游憩活动场所，应当作为城市绿化管理的重点地段严加整治。特别要严格保护城市古典园林、古树名木、风景名胜区和重点公园，在城市开发建设中绝不能破坏。对于用地紧张的大城市和特大城市，要提倡发挥"一地多用"的城市用地叠加效应，想方设法增加城市绿地。

例如，分布于城市外围的垃圾填埋场，远期就可规划作大型绿地。像美国华盛顿的亚基萨县、德国汉诺威、日本大阪都有成功实例。还可以结合殡葬改革和义务植树活动，规划开辟"骨灰入土"的植树基地，远期形成近郊森林。城市中心区改造拆房建绿时，应将地面规划为绿化广场、地下为停车库，一地多用。

2. 通过规划引导，建立稳定且多元化的绿化投资渠道。

从国内外城市绿化发展的经验来看，城市绿化建设资金应当是城市政府公共财政支出的重要组成部分，因而必须坚持以政府投入为主的原则。要通过合理规划和计划的调控，使城市各级政府在财政计划上安排必要的资金保证城市绿化工作的需要，尤其要加大城市绿化隔离林带和大型公园绿地建设的投入，增加城市绿地维护管理的资金。例如，从国际比较来看，城市绿地建设投资在国民生产总值（GNP）中所占的比例，日本为 $0.02\% \sim 0.08\%$，美国为 $0.06\% \sim 0.12\%$；加拿大为 $0.01\% \sim 0.05\%$；我国上海市的绿化建设费约占市政基础设施投资的 5% 左右。

在保证政府财政投入为主的前提下，也要积极拓宽城市绿化建设的资金来源渠道，积极引导社会资金用于城市绿化。具体措施如：可将居住区内的绿地建设经费纳入住宅建设成本，居住区内日常绿化养护费用可从房屋租金或物业管理费中提取一定比例。道路绿化经费，应列入道路建设总投资，由市政建设部门按规划与道路同步实施。地区综合开发或批租时，应将绿地建设纳入开发范围，政府从批租收入中按比例提取投入绿化设施的建设。城市大型绿地的开发，还可以采取综合开发的方式筹集建设资金。城市干道两侧绿带、城市组团间大型绿地的开发建设应列为重点项目，享受一定的政策优惠。除政府拨款投入外，在征地、建设、经营中可反馈市属各项税费，作为国有资产的投入份额，保证绿地建成后运行的稳定性。

3. 依法治绿，是搞好城市绿化养护工作的基本原则。

加强绿化宣传，提高全体市民的绿化意识，尤其要提高各级领导的生态意识。要通过多种形式开展全民绿化教育，了解绿化与保护自然环境的深远意义，促进形成人人爱护绿化、参与绿化的社会风气；并要将城市绿地的规划建设任务分解后，列入各地区领导任期目标，作为其业绩考核的内容之一。

随着城市的扩展与生产力进一步提高，人口增加及市民素质的提高，对城市环境质量的需求也会越来越高。因此，城市规划区内单位附属绿地的配套建设、城市绿化工程建设的监督管理、绿地养护管理制度的完善、园林绿化技术人材的培养、城市绿化建设队伍的优化、加强城市园林绿化科研设计工作、园林绿化行业市场的规范化运行等内容，也都要在城市绿地系统规划中有所考虑。特别是要通过制定和完善地方性城市绿化技术标准和规范，逐步完善城市绿化建设管理的法规体系。

4. 统筹安排，处理好重点地段绿化建设详细规划。

作为与城市总体规划接轨的绿地系统规划，主要任务是解决城市发展过程中有关城市生态和绿色空间可持续发展等宏观问题。但是，在具体的工作实践中，为了便于规划的实施操作，城市政府部门常会要求在绿地系统规划工作中结合总体规划，对近期计划建设的一些重点绿地作出详细规划方案。在中国的现实国情下，这种状况是普遍存在的。对此，规划人员要恰当地加以理解和平衡，将政府官员"为官一任、造福一方"的雄心壮志通过正确的规划引导落到实处，促进城市环境面貌的迅速优化。

城市重点绿地详细规划的编制在技术上可分为两类：一类是针对某些长期控制的地块作出具体的建设规划（如公园规划等），或者是对以往该地块所作过的规划成果进行分析总结、充实修订，提出更好的实施规划方案直接用于指导建设。另一类是针对具体问题展开研究，如城市绿心、绿轴地区的绿地规划布局，滨水地区的绿地设计，旧城区的规划绿地控制等，提出若干规划方案或建设项目、投资匡算等具体建议。

实例：

《上海市城市绿地系统规划》（1994～2010年）中的"重大建设项目规划"内容为：

（一）重大建设项目

1. 外环线环城绿带

（1）主题公园4处，面积867公顷；

（2）环城公园4处，面积273公顷；

（3）育苗基地4处，面积496公顷；

（4）纪念林园2处，面积222公顷；

（5）观光型生产绿带9段，面积2214公顷；

（6）防护林4段，面积436公顷。其中：包括100米宽基干林带943.6公顷。

2. 浦西大型绿地及公园

（1）黄兴路绿地86.7公顷；

（2）三角花园15.9公顷；

（3）江湾乐园12公顷；

（4）八卦园13.3公顷；

（5）曲阳公园6.67公顷、番禺公园4.93公顷、四平公园6.67公顷。

3. 浦东大型绿地

（1）中央公园140.3公顷；

（2）滨海绿带25公顷、明珠公园10公顷；

（3）野生动物放养园153公顷。

4. 嘉定环球游乐园70公顷。

5. 闵行浦江水上乐园、森林公园10公顷。

（二）建设投资匡算

主要项目	至1995年底预计完成投资额（万元）	规划投资额（万元）		
		1996～2010年总投资	其　　中	
			"九五"期间	2000～2010年
中央公园	15000	84000	84000	—
洋泾公园	300	2300	2300	—
文化博览园	500	10200	9000	1200
世纪公园	1000	33000	27000	6000
海洋公园	2000	98000	98000	—
山林公园	2000	50000	50000	—
真趣公园	1000	15000	15000	—
黄兴绿地	8000	31200	31200	—
大宁绿地	1000	16950	16950	—
江湾游乐园	500	14950	4950	10000
八卦园	500	1950	1950	—
野生动物园	8000	23000	23000	—
万竹园	1000	2100	2100	—
吴中、虹桥绿地	100	22250	2250	20000
环城绿带	100000	892000	523000	369000
儿童、老年公园	—	4000	2000	2000
街道、广场、滨河绿地	1000	120000	30000	90000
防护绿地、育苗基地	—	55500	2000	53500
居住区绿地	1000	97500	30000	67500
市、区级公园更新改造	2000	39000	21000	18000
科研、教育等单位更新改造	5000	5000	1000	4000
风景旅游区建设	—	1230000	30000	1200000
合　计	149900	2847900	1000670	1841200

第八章 绿地系统规划中信息技术应用

近20多年来，我国的城市化进程不断加快。不仅大中城市的发展迅速，小城镇的建设更呈现蓬蓬勃勃的局面。与此同时，我国现有的城市规划体系也暴露出多方面不适应发展的问题。例如，一些城市的功能定位不准确、规划编制周期过长，城市结构布局不合理，影响和制约了城市的快速健康发展。其中的重要特征之一，就是许多城市缺乏系统的绿色空间规划。在我国的一些大中城市里，城市绿地占城市规划区总面积的比重较小，人均园林绿地面积远低于国际标准，且分布结构不合理，不利于城市功能的正常发挥和景观形象的营造，给城市发展带来了一系列不良的影响；如城市热岛效应加剧，城市空气质量得不到有效改善，城市街道景观、居住环境、生态面貌滞后于社会经济发展水平和大众生活需求等。

实事求是地全面了解城市园林绿地的现状属性，是科学地编制城市绿地系统规划的基础。我国原有的城市绿地现状调查与数据采集、分析手段劳动密集程度高、周期长，已经不能适应城市迅速发展的需要。因此，利用新技术、新方法，迅速获取及时准确、高质量的城市绿地规划信息，业已成为当务之急。

地理信息系统（Geographic Information System，GIS），是在计算机硬、软件系统支持下，对整个或部分地表层（包括大气层）空间中的有关地理分布数据进行采集、存储、管理、运算、分析、显示和描述的技术系统。自从20世纪60年代GIS技术这一术语被提出来后发展迅速，目前已经进入全面的实用推广阶段。GIS作为一种综合、优秀的数据采集、分析处理技术，现已广泛地运用在测绘、国土、环保、交通及城市规划等许多领域。

遥感（Remote Sensing，RS），是指使用某种遥感器，不直接接触被研究的目标，感测目标的特征信息（一般是电磁波地反射辐射或发射辐射），经过传输、处理，从中提取人们所需的研究信息的过程。遥感可分为航空遥感和航天遥感等。遥感技术具有探测范围大、资料新颖、成图迅速、收集资料不受地形限制等特点，是获取批量数据快速、高效的现代技术手段。

RS、GIS的结合，在数据获取、分析处理方面具有突出的优势，已被广泛地运用到国土资源调查、农作物监测、矿产资源管理、城市规划等诸多领域，产生了良好的效益与效率。经过多次的论证研究和实践，采用遥感分析与地面普查相结合的方法，运用计算机和GIS技术对城市的各类绿地进行全面调查研究，能大大提高成果精度和工作效率，同时节约大量的人力、物力和时间。

第一节 GIS技术与绿地空间调查

一、运用航空遥感方法进行绿地空间调查（以广东省佛山市为例，1997年）

在城市绿地系统规划工作中，传统的现状绿地普查方法是采用"人海战术"，由城市园林绿化部门组织大量人力（多为相关专业的大中专院校实习生），根据现状地形图的索引，逐街逐路地进行园林绿地普查登记和面积量算。由于大量使用手工绘制的图形和现场估算的数据资料，配以表格来逐块表示绿地率和绿化覆盖率，很难准确地描述整个城市的绿化建设状况。

为了使规划师能够随时提取并显示所需了解的城市绿地空间属性，真正地实现图文结合，并实现报表生成、统计和查询。1997年在佛山市绿地系统规划中，大胆尝试应用了航空遥感、GIS等新技术，为制定绿地规划的科学决策提供了现代化的技术手段。

该项目相关工作的技术路线和方法为：

（一）计算机软硬件配置

硬件：SGI Challenge 服务器一台；

SGI Indy 工作站组四台；

586微机两台；

Colcomp 3480 A1幅面数字化仪两台；

软件：PC-ArcView 2.1版本；

网络版 Arc/Info 7.0.3版本；

Foxpro for Windows；

中文版 AutoCAD 12.0；

人员：IT工程师两名，电脑程序员一名，数据录入员五名。

（二）计算城市绿化覆盖面积

采用最新拍摄的航空照片，通过外业调绘、转标、数字化方式，在正射影像图上对农田绿地、公共绿地、房屋建筑区及水域等专项内容进行量算统计。基本工作步骤为：

1. 市区1:8000数字正射影像图制作

为了获得市区现状绿地的正射投影面积，采用佛山市区1996年4月的航摄照片及国家测绘局第二测绘院施测的航外像控成果和内业加密成果，在全数字化摄影测量工作站上，制作数字正射影像图。使用的软件为武汉测绘科技大学研制的VIRTUOZO系统软件。具体方法为：

①对航摄照片进行高精度扫描，获取相关影像数据，根据精度要求，扫描仪分辨率设置为58微米。

②依据像控资料进行航片影像的相对定向和绝对定向，即在摄影测量工作站上进行影像相关，获取DEM数据，绝对定向平面精度0.5米，高程精度为0.3米，形成单模型正射数字影像图。

③在SGI工作站上对单模型的数字影像进行镶嵌拼接，形成完整的佛山市区拼图。

④按照1:8000比例尺，以图上50厘米×40厘米尺寸进行分幅裁切，分成16幅正射数字影像图输出。在影像图中，居民地、道路等重要地物的影像与相应比例尺地形图中同名地物点的点位中误差不得大于1.0毫米。

2. 专项要素的调绘

利用航空摄影照片，请专业测绘队伍分别对实地的绿地、水域、房屋建筑区和市区界线进行全野外调绘。将调绘所得的信息用相应的符号标绘在调绘片上，供内业转标使用。

为获得现状城市绿地的详细资料,绿地空间调查工作共使用佛山市区1:500地形图1687幅。方法为:由外业调查人员在地形图上标注出现状绿地范围或位置,填写调查表(内容包括:绿地所属单位、所在地点、绿地类型、主要植物、生长情况、种植类型等),每张图对应一张调查表,对整个市区分区分批进行普查。由于普查所得的资料既有图形又有文字,而且图形和文字紧密相连,进而可以采用GIS技术对外业普查数据进行整理、输入和汇总分析,为绿地系统规划的编制提供技术支持。

3. 转标工作

在制作好的市区1:8000比例尺的正射影像图上,将外业调绘的专项内容从控制片上转标过来,并用相应的符号区分。专项内容包括:

A—农田,B—公共绿地,C—居住区绿地,D—道路绿地,E—风景林地,F—单位附属绿地,G—水域,H—房屋和建筑区,I—市区界线。

转标工作依照外业调绘片配以立体镜进行,尽量做到准确无误。

4. 各专项数据的获取和统计

利用转标完成的市区正射影像图,使用Arc/Info软件进行数字化采集。为了保证精度,对所采集的数据用理论坐标进行纠正。在图形数据编辑中,要对每个多边形追加属性,并对数据进行拓扑处理,自动计算面积。然后,用程序将每幅图中专项要素的面积及市区面积自动提取并打印,再汇总统计出市区总面积和市区内各专项绿地的面积。

项目工作中使用的GIS软件为Arc/Info和AUTOCAD。由于ARC/INFO在图形编辑方面的功能不如AutoCAD方便、灵活,因此要先将现场调查所得的图形数据用AUTOCAD软件进行数字化输入,再把dwg文件转成dxf文件,通过dxfarc命令生成Arc/Info的coverage。

5. 将ARC/INFO的矢量数据与正射影像数据叠加

利用ARC/INFO和PHOTOSHOP软件将专项要素的矢量数据与佛山市正射影像图数据叠加,形成现状的城市绿地空间分布图。叠加时,要对专项要素进行分层建库,以便将来随时间的变迁而对现状绿地属性进行跟踪和实时修改,使数据不断更新,长期使用。

运用上述GIS的调查分析方法,不仅可以对绿地空间属性数据进行有效的处理,更重要的是让数据可以重复有效地使用,为动态规划的实施打下了基础,大大提高了城市绿地系统规划的科学性和实用性。

二、运用卫星遥感方法进行绿地空间调查(以广州市中心城区为例,2000年)

与航空遥感相比,卫星遥感有获取信息快、费用低等优点。但是,由于长期以来卫星遥感图像的分辨率相对较低,如美国地球资源卫星的分辨率为15米(全色),法国SPOT卫星的分辨率为10米(全色),印度卫星的分辨率为5.8米(全色),可以生成影像图的比例尺分别为:1/10、1/5、1/2.5万。因此,对于城市规划工作而言,它作为宏观区域调查或背景分析比较实用;而作为城市内部工程性调查研究,如生成1/2000至1/10000的影像图,还是得依靠航空遥感技术。1999年9月,美国一米分辨率的IKONOS卫星发射成功,使上述情况发生了很大变化,利用它可以生成1/10000的黑白影像图。从此,城市总体规划的编制完全可以依靠卫星遥感技术来获取信息,也可以将其用于分区规划或专项规划的现状调查。不过,由于一米精度的卫片费用成本较高,在国内尚未普及应用。2002年1月,我国自行研制发射的"东方红"卫星资料对国内政府机关和科研单位开放,它具有3米的地面分辨率(全色),而且成本适中,将成为城市规划中重要的资料来源。

在我国,对于规划区在100平方公里以下中小城市来说,航空遥感技术比较适用,成图工作周期可控制在一年左右,成本价格也不太高。但是,对于大城市和特大城市而言,规划区域从数百至上千平方公里不等,航空遥感的成图工作周期一般都要在2年以上,花费亦相当昂贵。因此,采用卫星遥感方法就比较合适。

2000~2001年,在广州市城市绿地系统规划工作中大面积运用卫星遥感技术进行城市绿地现状调查,取得了良好效果。(图8-1),其基本工作流程为:

1. 应用卫片制作城市绿地现状数字影像图

①通过卫星遥感的方法,对采集的卫星照片资料进行数据处理。在PCI遥感图象处理软件中,以数字地图或普通纸图为基础,对卫星影像进行纠正,形成数字正射影像图。

②利用Landsat/TM丰富的光谱信息和SPOT/HRV的高空间分辨率进行数据融合,制作广州市绿地现状数字影像地图。

2. 城市绿地现状调查及数据处理

①应用1995~1997年版的市区1∶10000地形图资料,以屏幕矢量化方法,提取现状城市绿地信息。

②通过各区园林办和中国林科院热林所组织华南农业大学、仲恺农学院园林专业的学生,按图进行城市园林绿地现状踏查,填写调查表。

③根据广州市规划局现有的城市绿地信息资料和各区的现状踏查结果,对遥感方法所得的绿地数据进行分析纠错,并将数据加工成地理信息数据。

④运用地理信息系统专用软件对数据成果进行分类,分区计算各类绿地的面积,并将有关调查数据进行处理,制成专题图供规划人员使用。

图8-1 广州市区卫星遥感彩色图像(2000.12)

具体工作的技术路线如下：

（一）用卫星遥感照片制作市区绿地分布数字影像图

1. 软硬件环境

硬件：PIII 733 CPU，512M 内存，30G 硬盘的 PC 机，HP Design Jet 2500CP A0 彩色打印机等。

软件：PCI 遥感图像处理软件等。

数据资料：中国科学院遥感卫星地面站接收的 1999 年 12 月 9 日陆地卫星 Landsat 的 TM 数据和 1999 年 11 月 5 日 SPOT 卫星的 HRV 数据。

2. 制作过程

先对图像进行包括格式转换等在内的预处理，完成格式转换后，进行两方面的工作：

（1）对 TM 图像进行几何纠正

几何纠正首先要对图像进行图像增强处理，然后从 1∶1 万的矢量地图选取地面控制点，对图像的 7 个通道数据进行几何精纠正。纠正时采用以 114°E 为中央经线、Krassovsky 椭球为参考椭圆的高斯－克吕格投影，建立三次多项式的几何纠正模型，采用近邻元方法进行像素的重采样。几何纠正 RMS 误差小于 0.2 个像元（6 米）。

（2）对 SPOT/HRV 图像进行几何纠正和配准

已经过几何纠正的 TM 图像为源图像，对 SPOT/HRV 图像进行几何纠正和配准。首先，分别在两幅图上选择对应的控制点，建立三次多项式的几何纠正方程，再通过重采样完成几何纠正和配准。其几何纠正 RMS 误差小于 0.8 个像元（8 米）。

（3）数据融合

利用 Landsat/TM 的 4、3、2 波段的光谱信息和 SPOT/HRV 的高空间分辨率进行数据融合，融合过程中采用 Brovey 模型。该模型采用综合多层信息，进行 RGB 与 HIS 之间的转换，特别是用于 Landsat/TM 和 SPOT/HRV 的数据融合时具有较高的效率和较好的图像效果。融合过程中，以经过几何纠正的 TM4、3、2 波段作为红、绿、蓝通道经过色彩变换生成图像色彩的强度、饱和度和色度图像，再将 SPOT/HRV 代替强度图像，景物图像色彩反变换生成图像的红、绿、蓝通道完成数据融合。

（4）矢量图形叠加

图像经过几何纠正，与矢量图形具有相同的坐标系统，在常规图像处理软件中直接叠加矢量文件和地名注记等，完成数字影像图的制作。

（5）图像输出

经过编辑的城市绿地现状彩色影像通过 A0 幅面的 HP Design Jet 2500CP 彩色打印机输出。输出影像图的成图精度为 1∶50000，最大输出精度能够达到约 1∶25000。

（二）城市绿地现状调查数据处理

1. 计算机软硬件环境

硬件：PIII 650 CPU，256M 内存，20G 硬盘 PC 机 15 台，10M 计算机网络设备，

Contex 800dpi 工程扫描仪、HP Design Jet 2500CP A0 彩色打印机一台。

软件：ArcInfo7、ArcExplorer2.0、Arcview3.0、AutoCAD R14 等。

数据资料：中国科学院遥感卫星地面站接收的 1999 年 12 月 9 日陆地卫星 Landsat 的 TM 数据和 1999 年 11 月 5 日 SPOT 卫星的 HRV 数据。1995～1997 年版广州市区 1∶10000 地形图，广州市规划局有关的城市分区规划资料、城市绿地野外调查资料等。

2. 制作过程

(1) 绿地信息数字化

对 1∶10000 地形图进行扫描，将 TIF 格式的图像数据调入 AutoCAD R14 软件中，用二次开发的定向程序对影像图进行坐标定向，采用广州市独立坐标系。在软件中，对现状绿地信息进行屏幕数字化，并将所有图幅中的绿地要素做接边处理，按行政分区形成数据文件。在数字化时，要对输入数据进行分层、分色处理。

(2) 现状绿地信息人工纠错

由于现有 1∶10000 地形图资料成图年代不同，最近的部分地图数据也是 1997 年更新的，而且绿地现状变化较大，所以，必须对上一步骤数字化所获取的绿地数据进行人工纠错。纠错所使用的基础资料，有市规划局提供的分区规划中的绿地规划文件、各区园林办野外实地调查资料、历年来市园林局的绿地统计报表等。运用人工方法对调查数据进行修改，工作量大，任务艰巨。该项工作持续了近 3 个月。

(3) 运用卫星照片对绿地信息再次纠错

在人工纠错工作完成之后，为进一步核实调查成果，我们又将 10 米精度的市区卫星影像图纳入广州市独立坐标系，并叠加现状调查所得的绿地矢量数据。依据卫星影像图，对叠加后的绿地数据进行二次纠错，调整人工纠错工作中的部分盲区和缺误。所用软件有 AutoCAD、Arcview 以及 ArcExplorer 等。

(4) 现状绿地信息分类与编码

将核实后的绿地现状数据进行整理，分类录入绿地信息（表 8-1），按面特征对数据进行处理。全部调查数据共分为公园（公共绿地）、附属绿地、生产绿地、生态绿地、防护绿地、居住绿地、道路绿地、农田以及绿地中的房屋等。为了保证统计数据的精确度，大部分城市绿地中的建筑都按岛状多边形处理，在统计绿地面积时予以剔除。

为了使现状绿地数据能够与市规划局的城市规划数据库接轨，我们对绿地数据赋予了 6 位编码。这样，就可以通过计算，在数据转换时将编码替换后进入市规划局的数据库，为今后的城市绿地规划建设信息化管理打好基础。

(5) 现状绿地面积量算结果

在全部绿地调查数据整理完毕之后，应用 GIS 软件进行分区、分类统计,将计算结果填入表 8-2。

(6) 现状绿地空间分布图的制作

①绿地信息分类:按照绿地属性的分类,对绿地信息进行提取,并按面填充不同的颜色,每类绿地赋一种颜色。

②制作分区绿地现状图:依据地图制图原理,根据绿地规划工作的需要,制作分区绿地现状图;并将分区的绿地与矢量地图叠加,用 GIS 软件进行编辑,在图上加注记、整饰图廓等。

城市绿地现状遥感调查统计表示例(单位:万平方米) 表 8-1

绿地类别 区别	公共绿地	防护绿地	生产绿地	居住绿地	道路绿地	附属绿地	生态景观绿地	绿地合计
合计								

三、用高精度卫片进行城市绿地遥感调查(以广州市花都区为例,2002 年)

在广州市中心城区 10 米精度常规卫片成功应用的基础上,进一步探索应用 1 米精度全色卫片数据与 4 米精度多光谱数据融合,通过大比例尺地形图(1:2000 或 1:5000)的纠正,采用计算机技术进行花都区绿地空间信息调查,可以把大规模现场人工普查的工作量减少到最低限度。

基本的技术流程(图 8-2)和工作路线如下:

1. 数据源

① 2001 年 IKONOS 卫片数据,分辨率 1 米(全色),经多光谱数据融合,制成 1:10000 的数字正射影像图。

② 测区 1:2000 或 1:5000 比例尺地形图。

③ 测区 1:10000 行政区划图等。

④ 花都区现有的各类城市规划图件和相关资料。

2. 信息规范化及标准化依据

①《中华人民共和国行政区划代码》。

②《1:5000,1:10000 地形图图式》GB 5791—86。

③《城市用地分类与规划建设用地标准》GBT 137—90。

④《县以下行政区划代码编制规则》GB 12409—88。

⑤《城市绿化规划建设指标的规定》,(建设部建城 1993·784 号)。

⑥《城市绿化条例》,国务院,1992。

3. 技术指标

根据 1:10000 专题图的精度要求执行,最小制图单元的面积确定需考虑下列要求:

①输出到图纸上时是清晰可辨认的，或从手工判读中易于数字化。
②能够表达出地形的基本特征。
③在项目费用和提供的土地覆盖信息间取得平衡。

综合考虑这三方面要求，项目设置为：
①最小制图单元：项目设置最小制图单元为1平方米。
②成果精度：单元界线的最大误差不能超过图上0.5毫米。
③投影体系：广州市独立坐标系。

4. 计算机软硬件配置

硬件：绿地遥感调查工作以数字栅格图像作为主要信息源，以计算机自动的数字作业方式为主，人工参与为辅，对系统配置的要求较高。为满足运作需要，主要依靠高性能的奔腾III微机组成图像判读系统，其基本配置为：

①主频：300MHz以上
②内存：>256MB
③硬盘：80GMB以上
④驱动器：40X光驱
⑤显示器：19"
⑥显示分辨率：1024×768
⑦颜色分辨率：32位真彩色

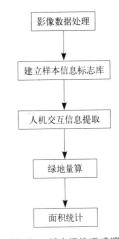

图8-2 城市绿地遥感调查技术流程图

软件：采用ERDAS为正射影像图栅格数据处理软件、ARC/INFO、Arcview为矢量数据处理软件。该项绿地遥感调查的创新点，是采用多尺度分割、面向对象的分类技术进行绿地覆盖信息提取。其主要特点为：

①多尺度的图像分割技术，可以在任何选定的尺度下进行影像对象提取，并且可以在任意数目通道的情况下同时工作，特别适合于高分辨率影像和影像差异小的数据。
②建立层次分明、结构清晰、独特的层次网络分类体系。
③建立以对象为信息提取单元的多边形样本的因子成员函数库。

5. 作业流程

应用高精度卫片进行城市绿地遥感调查工作过程十分复杂，包括了从正射影像数据的准备、信息提取、数据处理分析、数据库建设以及全流程的质量管理等的各个方面，流程如下：

①正射影像数据的准备：数据的预处理、数字地形模型获取、影像的几何纠正、正射纠正等。
②在1:10000地形图进行行政区界的数字化，并同时参照行政区划图，接边后拼成分区界线文件。
③野外实地考察和量测。
④采用基于多尺度分割技术为基础的面向对象的绿地覆盖信息提取。
⑤市区六大类园林绿地边界范围的确定。

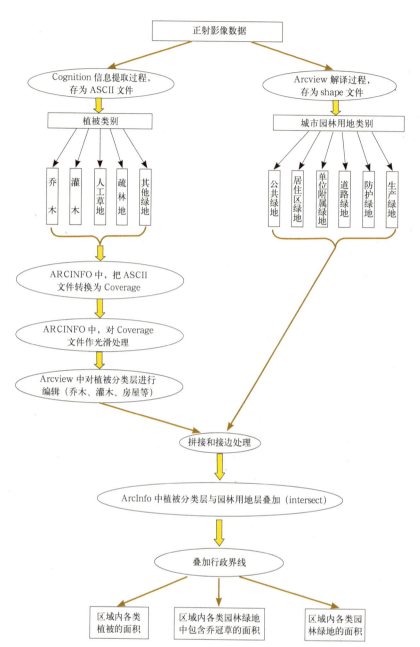

图 8-3 城市绿地遥感调查信息提取流程图

⑥各类城市绿地面积量算、汇总统计。

人机交互信息提取分两方面进行,技术流程图如图 8-3 所示。信息提取的技术方法是基于花都区城市绿地调查的要求而制定的,主要考虑采用正射影像数据作为主要数据源,结合实地野外调查人员的专业经验。

规划区植被信息提取,以数字正射影像图作为主要信息源,参照地形图、土地利用图等有关资料进行人机交互全数字化信息提取。测区城市用地信息提取,是通过人机交互对话,确定植被覆盖地区的城市规划用地性质、位置等属性。

遥感调查植被信息提取规范表 表8-2

植被类型	ID	影像特征及分布	自然特征描述	备注
乔木	1	颜色暗绿,有层次感,且有明显阴影。整片分布,勾绘线从中间穿越阴影等;多为道路边林带、街边林荫道、田间防护林、池塘边林带	高度在2米以上的乔木林地,包括天然林和人工林,如用材林、经济林、防护林等成片林地和带状林地	乔木分三种情况: ①郁闭度为100%,树冠连片,绿化覆盖面积为多边形面积 ②疏散乔木,且树根底部没有草,每个多边形赋予百分比,绿化覆盖面积为多边形面积乘以百分比 ③单个乔木,用圈画树冠的面积即为绿化覆盖面积
灌木	2	颜色与乔木相似,分布于非主干公路、街道边、单位庭院和公园内,阴影稍次于乔木	高度在2米以下的矮林地和灌丛林地	灌木分两种情况: ①郁闭度为100%,树冠连片,覆盖面积即绿化面积 ②疏散灌木,且树根底部没有草,每个多边形赋予百分比,绿化覆盖面积为多边形面积乘以百分比
草地	3	直接勾绘:连片分布,颜色多为浅绿色,纹理较一致。零星裸土出露,中间夹杂深色小块水面。主要为城区外天然草地和城区内人工草坪	以草本植物为主、覆盖度在30%以上的各类草地,包括以牧草为主的灌丛草地和郁闭度在10%以下的疏林草地	注意区分天然草地和人工草坪:天然草地块状面积大,多分布于郊区,其中的作业土路和零星小树可划入草地面积;人工草坪面积较小,多位于城区内,面积勾绘要精确,绿化面积即覆盖面积
疏林地	4	直接勾绘:乔木颜色暗绿,阴影出现明显,乔木个体区分明显,中间出现草地,或裸土,多分布于城区外	郁闭度为10%~30%的稀疏林地	对每个多边形绿色块赋予百分比,绿化覆盖面积为多边形面积乘以百分比

6. 绿地空间信息遥感调查成果
①测区用地遥感调查分布图。
②测区绿地遥感调查分布图。
③测区绿地遥感调查结果统计表。
④测区绿地遥感调查技术报告。

第二节 城市热场与热岛效应研究

一、研究城市热场与热岛的目的和意义

由于城市工业、交通及居民生活不断地向周围环境释放人为热量和大气污染物质,使得城区气候不同于郊区气候。其特点,一般可概括为:气温高、湿度低、风速小、能见度差、雾多、雨多、太阳辐射量减少、空气污染、大气环境恶化等。

城市的大气环境，还受到城市地区特殊下垫面条件的制约。城市下垫面是复杂多样的，它与原有自然环境相比已发生了根本性的变化：屋顶材质多样（琉璃瓦、金属、水泥、沥青等），路面既不透水也不生长植被且质地多样，是一个不均质的、变化频率很快的、以人工建筑群为主的地区。

随着工业化的发展，城市环境日趋人工化和污染日益严重，城市与乡村的大气环境差异越来越大。另一方面，城市居民又对居住环境提出了更高的要求，要求有新鲜的空气、清洁的用水、舒适的居住环境、便捷的交通、优美的环境和健全的生态。通过对城市热岛现象的研究，可以更深入地了解城市环境质量，及时掌握城市环境变化的趋势，制定合理的城市发展规划和绿地系统布局方案。因此，研究城市热岛现象越来越受到国内外许多城市政府的重视。

城市热场，是在一定气候条件下（晴空无云、风力微弱）城市本身的产物。它在不同季节、不同日期，白天黑夜都不尽相同。另外，在一定风力条件下有时会出现"热岛消失"、"热岛飘移"，因此必须把城市热场视为动态现象来研究。超前和同步研究城市热力分布特征和变化规律，可以为环境监测、城市规划等有关部门提供科学依据，对于城市规划、城市环境保护、城市环境质量评价、城市大气污染的研究，既有理论意义，更有现实意义。它可以影响到有关的城市规划与市政管理措施，如城市绿地布局规划、城市防暑降温措施的制订和实施、夏季路面洒水范围、空调电力分配等。

对于大城市和特大城市地区，由于其热岛效应比较显著，因而在进行绿地系统规划时，应当尽可能地对历年的城市热岛效应变化情况进行分析，研究城市建成区的热场分布与热岛强度状况，为城市绿地系统的合理布局提供充分的科学依据。

二、城市热场分布与热岛效应研究内容

研究城市热场和热岛效应，主要从两个方面进行：

①在同一时间内对城区和郊区气温作对比（称为"城郊对比法"），该法要求城市与郊区气温资料的同步性。此外，还可分别对其年变化、季节变化和日变化进行对比。

②就同一城市在其城市发展历史过程中的气温资料进行前后对比（称为"历史对比法"）。

随着城市化的进展，城市人口快速集中，工业化加剧，城市大气环境和城市热场也在不断地发生变化。过去研究城市大气环境和城市热场，多采用定点观察和线路流动观察相结合的方法，由于观察点位的密度不可能太大，流动观察的线路也是有限的几条，所得数据不仅同步性差，经常不能代表城市热场的总貌。所以，对城市大气环境与热场的平面分布、内部结构等不可能作深入细致的研究。遥感技术的运用，恰好弥补了上述不足。它可以在同一时间内获得覆盖全城的下垫面温度数据，具有较好的现实性和同步性。

城市是土地利用类型多样、社会经济结构复杂、景观环境变化很大的地区。

城市下垫面复杂多样，各自具有不同的光谱特性，在遥感图像上很容易加以区分。因此，城市下垫面类型具有易读性。地面热力分布特征主要和下垫面介质、城市格局变化有关，而和气候变化、季节不同关系较小；但其热力强度却和气象、气候条件，季节变化有着很大关系。

城市按功能可分为工业区、居住区、交通用地、公园绿地等，不同功能区的下垫面各有其特点。由于城市用地单位面积内拥有较多的下垫面类别，所以要求遥感影像必须具有较高的分辨率才能有效地区分其变化细节。对于城市规划管理和环境保护等专业部门而言，更需要有大面积的遥感动态监测以及时掌握城市下垫面温度变化的趋势。

目前国际上对城市热场和热岛效应的分析研究，主要是通过卫星遥感手段进行的。用陆地卫星的 TM 图像能取得 7 个波段的信息，其中 TM6（10.4 ~ 12.51）波段主要反映地面温度场的信息。一幅 TM 图像可覆盖 185 公里 × 185 公里范围。通常一座大城市及其附近的一些中小城镇可以同时包容在一幅图像内，不仅成本低廉，而且具有较好的同步性。TM6 的空间分辨率为 120 米，对城市热场分布研究而言，这个精度已相当高了。因为每隔 120 米有一个辐射温度值，即差不多等于大街小巷都遍布了观测点，这是常规的实地观测方法所办不到的。

城市热场与热岛效应研究项目主要包括以下三方面的工作内容：

①遥感图像处理与纠正：包括卫星遥感数据预处理、不同时相遥感影像与专题图件的匹配处理等。

②城市热场分布特征提取和处理：利用不同时期 Landsat/TM 数据，采取地面温度反演技术提取城市地表热场分布图像。

③时间系列热环境变化分析：利用时间系列的遥感图像及提取的城市热岛分布信息，分析不同时期热岛效应的变化，提出热环境变迁相关因子。

三、城市热场分布变化资料获取与分析（以广州市中心城区为例）

首先要对卫星遥感数据预处理，将不同时相的遥感影像及专题图件的进行匹配。然后，利用 1992、1997 和 1999 年不同的时期的 Landsat/TM 数据，采取地面温度反演技术提取市区地表热场分布特征信息。再利用时间系列的遥感图像及提取城市热岛分布信息，分析不同时期的热岛效应变化，提出影响城市热环境变化的相关因素。

1. 软硬件配置

硬件：PIII 733 CPU，512M 内存，30G 硬盘 PC 机等；

软件：PCI 遥感图像处理软件等；

数据资料：中国科学院遥感卫星地面站接收的 1992 年 1 月 20 日、1997 年 11 月 1 日和 1999 年 12 月 9 日陆地卫星 Landsat 的 TM 数据。

2. 工作流程（图 8-4）

3. 研究步骤

先对 1992、1997 和 1999 年的 Landsat 卫星三景 TM 数据进行包括格式转换等在内的预处理，然后进行以下两方面的工作：

(1) 对遥感图像进行几何纠正。

几何纠正是先对图像进行图像增强处理，然后从 1：10000 的矢量地图选取地面控制点，对图像的 7 个通道数据进行几何精纠正，将市界矢量文件进行数据格式转换，生成市界栅格文件。经过几何纠正的遥感图像已具有相同的坐标系，可直接按市界截取研究区范围内的图像。

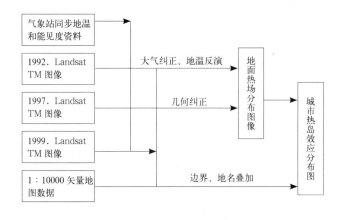

图 8-4 城市热岛效应分析工作流程图

(2) 反演城市地表温度分布场。

地球上的所有物质，只要其温度高于绝对零度（-273℃），无论白天和夜晚都会向外辐射能量。这种辐射称作热辐射。它是地物自身内部分子热运动和吸收外来辐射能所产生的辐射能量（图 8-5）。

地物辐射能量绝大部分来自吸收太阳辐射和大气的逆辐射后的再发射。太阳辐射为短波辐射，因为它的大部分能量集中在可见光波段，而地面辐射为长波辐射，它的能量集中在热红外波段。地表的热平衡一方面是太阳辐射引起地表增温，这种热能一部分从地表向地壳深部传导，另一部分以长波辐射传给大气；另一方面，地球内部的热能也通过地壳传到地表。除此之外，地温还来自人及动物新陈代谢所放出或制造的人为热。

利用陆地卫星的 TM 第 6 波段接受的地表热红外信息，结合同步地面观测资料，通过探测大气参数和定标系数进行大气纠正，计算地表温度主要包括三个步骤：

①将灰度值转换为辐射值：$L=C_0+C_1+GL$；

②将辐射值转换为等值黑体温度；

③利用线性内插的方法，通过黑体温度差值和已知温度，计算 1992 年 1 月 20 日、1997 年 11 月 1 日和 1999 年 12 月 9 日各点的地温。计算生成地表温度图后，通过中值滤波生成城市热岛分布图，并将专题矢量信息（如地名注记等）叠加。

4. 成果分析

通过对陆地卫星 TM 反演的广州中心城区地表温度场进行分析，结果表明：

(1) 广州城市中心区呈高温状况，是城市热岛的主要组成部分，尤其是荔湾区和越秀区等老城区，由水泥、瓦片等构建的城市建筑物、构筑物（道路、广场、大桥）等城镇因子结构非常密集，而且人口高度集中造成的生活热源构成了高温区的主导成分。城镇建筑密度以及楼层高度对城市热力分布也有很大关系，建筑密度越稠、楼层越高，其热力越容易聚集，强度也越大。城市规划布局和建设等因素，对城市热岛效应强度造成了直接影响。

城市热岛效应的形成，除了下垫面介质的主要作用外，城市特有热源状况也会加大和加深某些地区的热力强度。大型工厂是产生热源的重要因子，如广州钢铁厂四周就形成了一个孤立的热岛（图8-6）。而在植被覆盖茂密的东北部山区、珠江水系及水库、湖泊区温度较低。城区中的公园、绿化带等对降低城市温度有很大的作用。如越秀公园和流花湖公园对改善广州旧城中心区的热场分布状况作用显著，其对近地小气候的调节十分明显。从城市热环境总体评价来看，西北郊、东南郊优于西南郊和东北郊。大量树木和绿地对调节气温、净化环境、削弱城市热场、改善城市生态环境等，发挥了良好的功能。因此，保护现有公园绿地，扩大城市绿化覆盖率，对改善城市地区的大气环境有良好的作用。各类城市绿地、水域以及规划合理的住宅小区，可以明显地降低热岛效应。

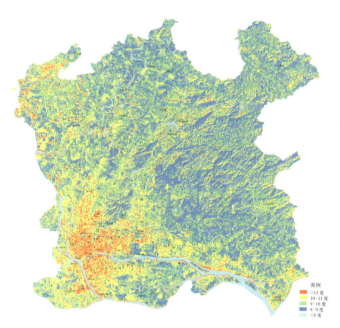

图8-5 广州市区1999-12-09热场分布图

（2）通过分析1992年、1997年和1999年广州中心城区不同时期热岛分布的变化情况可以发现：1992年的城市热岛集中且范围大；1997～1999年热岛分布区域扩大，但单个面积缩小。这是由于1992年前广州中心城区人口和建筑密集，商业中心过于集中，

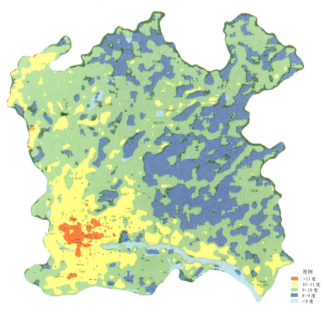

图8-6 广州市区1999-12-09热岛效应图

道路狭窄，通风不畅，园林绿地面积较少所造成的。此后，随着城市的扩展，城市道路拓宽，城市绿化逐渐改善，旧城改造、新城开发伴随着大量人口外迁以及多商业中心的形成，导致了热岛分布区域呈现小而广的状态。在郊区，由于绿地面积较大，城市建设开发较少，所以热岛效应强度较低，局部地区甚至呈现"冷湖"状态。

(3) 研究结果表明：城市建筑的密度、城市道路和商业网点的布局、城市绿地面积的大小等，是影响城市热环境的主要因子；建筑容积率对城市大气热环境有显著影响，城市绿地、水体的保护和扩展，可以显著改善城市的大气热环境质量。因此，必须严格保护现有的各类城市绿地，进一步扩大绿化面积；在城市规划建设中，必须注意控制区域建筑容积率，合理规划，适当分散高层建筑和商业中心。商业区分流既方便市民，也降低了热效应汇聚。拓宽道路不仅可以改善交通拥挤状况；同时能使气流通畅，对道路上行驶的汽车所排放的 CO_2、CO、SO_2 等污染物起到加速扩散与降解的作用。

(4) 以陆地卫星 TM 资料以及气象统计资料作为主要信息源，结合地图矢量信息，利用 GIS 高新技术，对城市热场分布状况进行动态监测和综合分析，不仅省时、省力、成本低，而且客观性和科学性强，具有常规调查方法难以比拟的优点。

第三节　绿地系统规划的数据处理

传统的城市绿地系统规划主要是靠手工记录与作图的方法，成果精度与工作效率都比较低。采用以计算机为主的信息化规划手段后，能基本实现"无纸化"操作，大大提高了工作效率和成果精度。更重要的是能够与后续的绿地规划建设管理系统实现数据信息共享，无缝接轨，实时更新，在运用高新技术的平台上有效地提高城市绿地系统的规划、建设与管理水平。

一、现状绿地分类属性赋值与建库

如何将花费了大量人力、物力和财力所取得的大量现状绿地调研数据进行信息化处理后加以利用，是现代城市绿地系统规划所必须解决的一个技术难题。下面通过1997年《佛山市城市绿地系统规划》后续工作的案例，说明一些可行的方法。

1. 数字化层的设计

通过外业普查的城市绿地有两种情况：一种是块状绿地，另一种是行道树或散树。对此，在外业调查绿地分布图形数字化时，相应地把前一种处理为面状特征，生成面层，用 CAD 的编辑命令使所有面状特征都保证闭合，以减少 Arc/Info 的编辑工作量。对后一种则处理为线状特征，用一条线来表示。另外，为了标志绿地所在的位置，便于查找，又生成了一个图廓层，图廓层用每幅图的坐标生成，包括该图的图号（其中图号为 Text 类型）。

2. 数字化层转入 Arc/Info 生成 Coverage

这部分工作采用了先进的 Client-Server 结构。服务器为 SGI 的 CHALLENGE 专用服务器，客户端工作站为 Indy 工作站。Arc/Info 采用网络版，装在 Server 端。数字化生成的 Dwg 文件转成 Dxf 文件后，通过 PC-NFS 转入 CHALLENGE 服务器中。其结构如下：

每个 Dxf 文件转入 Arc/Info 后相应地生成三个 Coverage；面状 Coverage 由数字化的面层生成，仅建 PAT 表。线状 Coverage 由数字化的线层生成，仅建 AAT 表；图廓 Coverage 由数字化的图廓层生成，无属性表，仅作为背景层显示，方便查询图表。

3. 数据属性项设计与添加

AutoCAD 虽然具有很强的图形录入和编辑功能，但要实现对图形的点、线、面进行追加属性、生成报表、数据统计等功能显然是比较困难的。只有采用有关的 GIS 技术，才能将图形和文字属性有机地结合到一块。使图形的应用变得灵活多样，适用面更广。

现状绿地数据属性项的设计　　　　　　表 8-3

PAT 表

地形图号	绿地序号	所属单位或地点	绿地类型	主要植物	种植类型	生长情况
C8	I2	C30	C2	C40	C10	C2

AAT 表

地形图号	绿地序号	棵树	所属单位或地点	绿地类型	主要植物	种植类型	生长情况
C8	I2	I3	C30	C2	C40	C10	C2

在 AAT 表中设置棵树的目的是计算行道树的占地面积，以每棵树穴占地 1 平方米计。

绿地数据属性项的添加：

虽然我们可以在工作站上的 Arc/Info 中通过 ArcEdit 的有关命令输入各图形的属性项，但由于工作站的操作系统是 Unix，主要是命令式的语言，对于一般的操作人员熟悉起来较慢，加之工作站上的 Arc/Info 其中文为全拼输入法，输入速度很慢。而微机则具有简单易学，输入法多样灵活（一般工作人员主要使用五笔输入法），用微机上的有关数据库软件（如 Foxpro 等）生成数据表比用工作站添加属性表而言，称为外部数据表。因此，规划中就采用内部表和外部表相结合的方法来添加属性项，具体操作方法如下：

Coverage 的内部属性表：PAT 表、AAT 表——在固定的 PAT、AAT 表项后，添加三项：地形图号、绿地序号、图序号。其中图序号由地形图号 + 绿地序号构成。它作为关联项与外部表进行关联。地形图号、绿地序号这两项值在 ArcEdit 在通过编写 AML 程序结合图形赋予，图序号通过程序由地形图号与绿地序号拼接得到。

Coverage 的外部属性表：外部表在微机上用 Foxpro 软件生成，其数据项如下：

Coverage 属性表设计　　　　　　　　　　表 8-4

图序号	所属单位或地点	绿地类型	主要植物	种植类型	生长情况	棵数
C	C	C	C	C	C	I

```
         内部表                              外部表
   ┌───┬───┬─────┐              ┌─────┬───┬───┐
   │...│...│图序号│── RELATE ──│图序号│...│...│
   ├───┼───┼─────┤              ├─────┼───┼───┤
   │...│...│     │              │     │   │   │
   └───┴───┴─────┘              └─────┴───┴───┘
```

内部表、外部表通过共同的图序号项进行关联，并把关联得到的值赋给内部属性表中对应的项。

实践证明，用这种方法来添加属性项不但方便、易操作，而且大大提高了工作效率，尤其对批量数据的处理相当有效。

4．Coverage 的拼接

由于外业普查数据是分批提供的，为了使内业工作能跟上外业调查的进度，按普查区域的先后顺序分成许多不同的 Coverage。最后，要把这些零星散布的 Coverage 拼接成一个大的 Coverage，以全面地反映整个市区的绿地分布情况。利用 Arc/Info 的图层拼接命令可以解决这个问题。但最后生成的大 Coverage 需重建拓扑关系。拼接后的最终成果是生成两个大 Coverage，即一个面状 Coverage 和一个线状 Coverage。

5．绿地面积量算

通过上述数据处理过程，我们就可以比较方便地对现状绿地的属性信息进行分类统计，量算出各类城市绿地的实际面积，计算出城市绿地率、绿化覆盖率和人均公共绿地面积等指标。

运用上述 GIS 方法，不仅可以对现状绿地调查数据进行有效的处理，而且能利用已有的数据满足用户的许多实际需要。作为一般用户，主要的工作平台是 PC 机，具有使用方便、操作灵活、价格便宜、学习简单的特点。为了能在微机上查询、检索、分析各种数据，我们使用了桌面地理信息系统—PC ArcView 软件。为了达到数据同步共享的操作功能，系统硬件部分仍然采用 Client-Server 结构：Server 端存贮所有的数据，Client 端则为装有 ArcView 的 PC 机，如下所示。

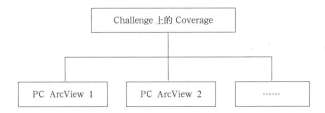

该系统的主要功能有：

(1) 查询检索

利用 ArcView 的 View 功能块，可以获得整个城市的绿地现状图，并可了解每块绿地的各种属性信息，还可以对图形进行缩放显示等操作，此外，还可以根据用户自己设定的绿地属性项分类显示相关的城市绿地信息，如查询所有的宅旁绿地，或种植有某类树种的地块，或统计某个植物品种在城市绿地中应用出现的频度。

(2) 数据分析

除了绿地空间分布的图形、属性查询检索功能外，还可以对所有数据或相关数据进行统计、分析，并生成报表，或生成各种统计图，如柱状图、饼状图等。实现对数据的定性或定量分析，为绿地规划的制定提供科学、准确的基础信息。

二、规划绿地图层叠加与绿线甄别

这项技术的研究，主要是解决绿地系统规划所确定的城市绿线如何与以往所做的各种城市规划成果互补的问题；同时，也能使规划布局的各类绿地能比较顺利地纳入城市总体规划付诸实施。

例如，在广州市绿地系统规划的编制过程中，就进行了以下的工作：

①首先根据城市空间发展和生态环境建设等多方面的需求要素，对规划期内市区拟规划建设的城市绿地进行了空间布局。

②然后参照以往多年来城市规划管理部门控制的绿地地块（含城市分区规划所确定的规划绿地），对各类规划绿地逐一进行编码，核对计算面积。

③再从规划管理角度提出处理与该用地相关的有关问题的途径，并赋予规划地块特定的绿地属性；具体的地块信息，详见本书案例二的内容。

④最后，将所有相关规划的绿地信息图层叠加，进行绿线甄别。凡是相互之间矛盾不大的地块，就可以迅速明确其规划绿线边界；凡是有矛盾的地块，需要进一步分析研究，提出解决问题的方案。

通过这种方法，可以较好地解决规划绿地如何落到实处和实施绿线管理的依据等问题，并且能迅速与城市总体规划的用地布局接轨，大大提高绿地系统规划的可操作性。

三、绿地规划与建设管理信息系统

运用信息化技术手段编制的城市绿地系统规划，需要有相应的建设管理信息系统与之相配套，才能使绿地规划成果能够科学有序地进行建设管理，方便日常办公，发挥出较好的社会与经济效益。这项工作任务，主要是通过 GIS、数据库等技术方法、编制相应的绿地规划与建设信息管理软件来实现的。具体工作的技术方法为：

1. 资料准备

①对城市绿地现状资料和规划资料进行计算机整理和制图，形成标准的数据格式。

②矢量数据格式采用 ARC/INFO 的 SHP 格式，图象数据采用 GEOTIFF 格式。

③对城市绿地现状资料进行图面数字化，并将图形数据纳入相应的城市规划坐标系，制作城市绿地系统规划总图和分区及单项规划图。

2. 工作任务

①将现状绿地信息数据加工成 GIS 数据，带属性和编码，可以满足查询、统计。

②规划绿地信息数据加工成 GIS 数据，带属性和编码，可以满足查询、统计。

③规划绿地地点的现状信息（照片、多媒体等）与 GIS 数据匹配，可以满足查询、浏览。

④树种分布信息转入管理系统，可以提供查询、统计。

⑤其他资料转入管理系统，可以提供查询、统计。

⑥城市规划绿地与建设信息管理系统应用软件开发。

3. 技术流程

①将 AUTOCAD 格式的现状绿地信息数据加工成 GIS 数据，格式为 ARCINFO 的 SHP 格式。数据要求带属性和编码，属性为绿地的分类信息，编码为独立编制的，可以转换到规划局数据库的编码，编码为七位数字。数据要能够满足专题信息的查询、统计。

②将规划绿地信息数据加工成 GIS 数据，格式为 ARCINFO 的 SHP 格式。数据要求带属性和编码，属性为绿地的分类信息，编码为独立编制的，可以转换到规划局数据库的编码，编码为七位数字。数据要能够满足专题信息的查询、统计。

城市绿地规划与建设信息管理系统研制流程示例　　　　表 8-5

项目	时间（星期）											
	1	2	3	4	5	6	7	8	9	10	11	12
现状绿地资料整理	■	■	■	■								
规划绿地资料整理		■	■	■	■							
应用植物资料整理			■	■	■							
古树名木资料整理			■	■	■							
其他规划资料整理			■	■	■							
软件需求调查报告	■	■	■	■								
软件总体设计			■	■								
软件功能设计					■	■	■					
软件编码								■	■	■		
软件测试与试用										■	■	■
规划数据演示平台									■	■	■	■

③将规划绿地地点的现状信息（照片、多媒体等）输入到计算机中，并与 GIS 数据匹配，数据可以通过计算机软件的查询，做到逐一对应。

④将城市绿化应用植物物种信息数据库、城市古树名木保护信息数据库与绿地管理信息系统相结合，使之能够在管理系统中实现有关数据的查询、统计。

⑤将其他规划、调查资料转入管理系统，数据格式要满足系统的查询、统计要求。

⑥城市绿地规划与建设信息管理系统的软件功能，包括图形、属性和文字数据自由编辑；图形、属性和文字数据入库功能；系统中的数据可以与市、区两级城市规划、园林绿化及建设主管部门等单位自由转换；各种数据能实现模糊查询，具有数据统计功能，可以按照需要进行报表输出，可以将现状与规划绿地图形按任意比例输出；同时具有屏幕窗口的基本操作功能。

第四节 GIS、RS 技术的应用前景

在城市绿地系统规划工作中，GIS、RS 技术的结合运用，具有信息获取及时准确、成图快、数据利用度高等明显的优点，且技术先进可行、节约人力物力的投入，从而将产生多方面的社会经济效益。通过佛山、广州、江门、汕头等地的实践和经验总结，利用先进的 GIS、RS 技术进行城市绿地的调查分析技术已经逐步成熟完善，应用效益十分明显。主要表现在以下方面：

1. 由于遥感技术几乎不受天气、气候、地表地形因素的影响，其数据获取及时、精度高、成图快。目前，国内能够获取的美国 IKONOS 卫片数据的分辨率已达 0.6 米，其精度已经可以基本满足城市园林绿地调查分析的要求。

2. 当前，我国的沿海等经济比较发达地区的大、中城市，采用航空摄影方法更新地形图资料的周期多在 3～5 年；而遥感卫星以一定的周期（通常约 20 多天）绕地球旋转，可以连续获得同一地区不同时段的遥感照片。经过加工处理后，一方面可以确保及时进行数据更新；另一方面也便于将不同时期的城市绿地信息进行对比分析，找出城市绿地空间的分布格局特征及变化趋势，为进行城市绿地系统规划提供宏观指引。

3. 以目前的科学发展水平，空间数据处理技术已经基本成熟，可以将航片、卫片加工整理成高精度、高质量满足 GIS 使用的矢量数据。运用 GIS 技术，可以获得矢量格式的城市绿地空间电子数据，建立完整、科学的绿地分类体系、编码体系，使之能与基础地形、栅格遥感图片进行叠加分析，从而获得局部地区详细的、多属性的绿地信息。若同时配套建

立绿地管理信息系统，综合运用专题图、空间分析、空间属性一体化查询等功能，能进一步发掘有关信息，提高数据的利用深度，为城市绿地系统规划提供决策的实时信息支持。

4．利用先进的 GIS、RS 技术进行城市现状绿地的调查分析，其经济效益非常明显。从国内一些城市的实践情况来看，采用传统的人工现场调查估算方法与采用 GIS、RS 等信息技术相比，前者耗费人力多，资金投入大，工期长，精度低；后者耗费人力少，资金投入小，工期短，精度高。

5．通过佛山、广州等城市的绿地系统规划实践表明：运用的 GIS、RS 技术、结合人工现场调查进行城市绿地的现状调查分析，在技术上已基本成熟，效益显著，具有广泛的推广价值。采用这种技术得出调查成果与航片、卫片的叠加便于复查，从而降低了误差，能最大限度地减少人工调查中的误差。对于大中城市来讲，通过该技术手段能及时准确地获取翔实的城市绿地信息，以先进的信息技术提高城市绿地系统的规划建设水平。若能在国家城市绿化行政主管部门的统一领导下广泛推广应用这种技术方法，建立相应的数据信息普查、复查监控机制，将大大有利于统筹分析各地城市的园林绿化建设宏观信息，促进全国的城市园林绿化建设。

总之，信息技术在城市绿地系统规划工作中的全面应用，是先进生产力和现代社会发展的必然趋势。从全国的情况来看，这项工作尚处于探索阶段，有关的技术手段和工作方法还需要进一步完善成熟。本章所介绍的方法谨为抛砖引玉，供读者参考。

参考资料：

国家园林城市遥感调查与测试要求（试行）
建设部城建司
2003 年 8 月 15 日

一、范围
本要求规定了国家园林城市调查与测试的内容与指标。
本要求适用于应用空间遥感技术进行国家园林城市的测试。
二、术语
1．公共绿地
市级、区级、居住区级公园、动物园、植物园、陵园、小游园及街道广场绿地等。
2．公共绿地面积
指城市各类公共绿地总面积之和。
3．建成区绿化覆盖面积
包括各类绿地（公共绿地、居住区绿地、单位附属绿地、防护绿地、生产绿地、风景林地六类绿地）的实际绿化种植覆盖面积（含被绿化种植包围的水面）、街道绿化覆盖面积、屋顶绿化覆盖面积以及零散树木的覆盖面积。

4．人均公共绿地面积

城市中居民平均每人占有公共绿地的数量。

计算公式：人均公共绿地面积（平方米）＝城市公共绿地总面积÷城市人口。

5．绿化覆盖率

城市绿化种植中的乔木、灌木、草坪等所有植被的垂直投影面积占城市总面积的百分比。

计算公式：城市绿化覆盖率（%）＝（城市内全部绿化种植垂直投影面积÷城市面积）×100%

6．绿地率

是指城市各类绿地（含公共绿地、居住区绿地、单位附属绿地、防护绿地、生产绿地、风景林地等六类）总面积占城市面积的比率。

计算公式：城市绿地率（%）＝（城市六类绿地面积之和÷城市总面积）×100%

7．居住区绿地

居住区内除居住区级公园以外的其他绿地。

8．单位附属绿地

机关、团体、部队、企业、事业单位管界内的环境绿地。

9．防护绿地

用于城市环境、卫生、安全、防灾目的的绿带、绿地。

10．生产绿地

为城市提供苗木、花草、种子的苗圃、花圃、草圃等。

11．风景林地

具有一定景观价值，在城市整体风貌和环境中起作用，但尚没有完善游览、休息娱乐等设施的林地。

三、技术要求

1．调查范围涉及一景以上遥感图像的城市，一般在成图时采用无缝镶嵌。影像图采用自由分幅。

2．图像几何精校正所选控制点应均匀分布，校正后的图面中误差一般不大于0.5毫米，最大不大于1毫米。

3．融合图像应突出植被信息和线性特征。

4．依据有关规划资料确定城市建成区界线。

5．带状绿地最小量算面积为0.01公顷，块状绿地面积最小量算面积为0.02公顷。

6．遵循均一性、代表性原则，抽取调查区范围内一定数量的绿化图斑进行精度检验，误差不超过1%。

7. 准确区分城市六类绿地。

8. 遥感调查测试应采用分辨率为 0.61 米的卫星数据。

9. 遥感调查测试的卫星数据必须是当年的卫星数据。

四、指标体系测试内容

1. 城市绿化三项基本指标测试

（1）建成区面积

（2）绿地总面积

（3）人均公共绿地面积（平方米）

（4）绿地率（%）

（5）绿化覆盖率（%）

2. 各城区间的园林绿化三项基本指标测试

（1）人均公共绿地面积（平方米）

（2）绿地率（%）

（3）绿化覆盖率（%）

3. 城市中心区的园林绿化三项基本指标测试

（1）城市中心区面积

（2）城市中心区绿地面积

（3）人均公共绿地面积（平方米）

（4）绿地率（%）

（5）绿化覆盖率（%）

4. 道路绿化指标测试

（1）主干道数量

（2）道路长度

（3）道路面积

（4）绿地面积

（5）绿地率（%）

5. 居住区绿化指标测试

（1）居住区名称

（2）居住区总面积

（3）绿地面积

（4）绿地率（%）

6. 单位附属绿地指标

（1）单位数量

（2）单位总面积

（3）绿地面积

（4）绿地率（%）

7. 城市六类绿地指标测试

测试如下绿地的面积、占建成区总面积的百分比（%）：

（1）公共绿地

（2）居住区绿地

（3）单位附属绿地

（4）生产绿地

（5）防护绿地

（6）风景林地

8．公园指标测试

（1）公园名称

（2）总面积

（3）公园内的陆地面积

（4）陆地占公园总面积的百分比（%）

9．植物结构指标测试

（1）全市绿地总面积

（2）绿地中的草坪总面积

（3）草坪比例（%）

（4）全市绿地中草坪面积大于绿地面积70%的绿地总面积

（5）上述面积所占比例（%）

五、影像与图件成果

1．×××市卫星遥感影像图

2．×××市各城区绿化遥感解译图

3．×××市城市中心区绿化遥感解译图

4．×××市公共绿地专题影像图（包括公园、绿地广场、林荫路）

5．×××市城市热岛效应分布影像图

6．数据光盘（PSD格式）

7．×××市国家园林城市遥感调查报告

六、调查报告内容

1．城市绿化三项指标的分析

2．各城区城市绿化三项指标的分析

3．城市中心区城市绿化三项指标的分析

4．城市公绿地、居住区绿地、单位附属绿地、防护绿地、生产绿地、风景林地及道路绿化布局分析（测算目前服务半径）

5．公园的建设指标和分布情况分析

6．道路绿化（主干道）的情况分析

7．居住区和单位附属绿地建设指标的分析

8．城市绿化指标测试后的结论分析

9．热岛效应的分析

七、有关调查附表

1．城市绿化三项基本指标测试表

城市名称	建成区面积	绿地总面积	人均公共绿地面积	绿地率（%）	绿化覆盖率（%）

2. 各城区园林绿化三项基本指标测试表

城区名称	人均公共绿地面积（平方米）	绿地率（%）	绿化覆盖率（%）
区			
区			
区			

3. 城市中心区的园林绿化三项基本指标测试表

城市中心区面积（平方米）	城市中心区绿地面积（平方米）	人均公共绿地面积（平方米）	绿地率（%）	绿化覆盖率（%）

无法提供和测算城市中心区人口的可不计算人均公共绿地面积。

4. 道路绿化指标测试表

主干道数量	道路长度	道路面积（平方米）	绿地面积（平方米）	绿地率（%）
合计	合计	合计	合计	平均

特大城市以上的，可只测算全市道路绿化的情况，不需要每条都单独测算。

5. 居住区绿化指标测试表

居住区名称	居住区总面积（平方米）	绿地面积（平方米）	绿地率（%）
总计数		平均	

大城市以上的，可只测算全市居住区的情况，单独测算出5～10个居住区的绿化情况。

6. 单位附属绿地指标表

单位数量（名称）	单位总面积（平方米）	绿地面积（平方米）	绿地率（%）
全市总计			

大城市以上的，可测算全市单位绿化的情况或单独测算出5～20个单位的绿化情况。

7. 城市六类绿地指标测试表

绿地名称	绿地面积（公顷）	占建城区总面积的（%）
公共绿地		
居住区绿地		
单位附属绿地		
生产绿地		
防护绿地		
风景林地		
总计		

8. 公园指标测试表

公园名称	总面积	绿地面积	绿地占公园总面积的（%）
总计数			平均数

9. 植物结构指标测试表

全市绿地总面积	绿地中的草坪总面积	占绿地总面积的比例（%）	绿地中草坪面积大于绿地面积70%的绿地总面积	占绿地总面积的比例（%）

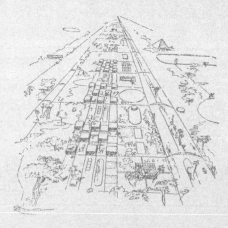

第九章 城市绿地系统规划与建设管理

城市绿地系统规划

城市绿地系统的营造和运行是一个庞大而复杂的系统工程，包括规划、建设、管理等多个工作环节，必须切实做到"规划建绿、全民护绿、科技兴绿、依法治绿"。其中，城市绿化法规、城市绿线管理和园林城市建设，都是与城市绿地系统规划紧密相关的实践性内容。为此，本章对它们重点加以介绍和论述。

第一节　城市绿化法规

从工作特点上看，城市绿地系统规划与一般园林绿地规划设计的不同点，在于它具有很强的综合性和严肃的法规性，必须做到"依法规划"、"依法管理"，"艺术性服从政策性"。经批准的城市绿地系统规划，就是一部法规性的政府文件，必须认真贯彻执行，不能因时因事而随心所欲地修改与发挥。所以，要搞好城市绿地系统规划的编制与实施工作，重要前提之一就是必须"学法、懂法、用法"，认真学习和掌握国家和地方政府颁布的城市绿化法规。

城市绿化法规，包括法律、条例、行政规章、技术规范等内容。依法治绿，要具体地表现在依法规划、建设和管理各类城市绿地，开展城市绿化活动。在我国，城市绿化法规体系主要由全国人大常委会、国务院、建设部等颁发的全国性法律、规章、规范和省、市人大、政府颁布的地方性法律、规章、规范等组成。其中，与城市绿地系统规划、建设、管理工作直接相关的全国性法规主要有：

- 《中华人民共和国城乡规划法》（2008年1月1日起施行）
- 《中华人民共和国环境保护法》（1989年12月26日起施行）
- 《中华人民共和国森林法》（1985年1月1日起施行）
- 《中华人民共和国农业法》（1993年7月2日颁布实施）
- 《中华人民共和国野生动物保护法》（1989年3月1日起施行）
- 国务院：《中华人民共和国自然保护区条例》（1994年12月1日起施行）
- 国务院：《中华人民共和国野生植物保护条例》（1997年1月1日起施行）
- 国务院：《中华人民共和国陆生野生动物保护实施条例》（1992年3月1日发布实施）
- 国务院：《中华人民共和国森林法实施条例》（2000年1月29日发布实施）
- 国务院：《关于开展全民义务植树运动的实施办法》（1982年2月27日颁布实施）
- 国务院：《城市绿化条例》（1992年8月1日起施行）
- 国务院：《关于加强城市绿化建设的通知》（国发[2001]20号，2001年5月31日）
- 国务院：《风景名胜区条例》（2006年12月1日起施行）
- 建设部：《城市规划编制办法》（2006年4月1日起施行）
- 建设部：《城市用地分类与规划建设用地标准》（GBJ 137—90，1991年3月1日起施行）

- 建设部：《城市绿化规划建设指标的规定》(1994年1月1日起施行)
- 建设部：《城市古树名木保护管理办法》（建城[2000]192号，2000年9月1日发布实施）
- 建设部：《城市绿线管理办法》(2002年9月9日发布实施)
- 建设部：《城市绿地系统规划编制纲要（试行）》(2002年12月19日发布实施)
- 中华人民共和国国家标准：《城市居住区规划设计规范》GB 50180—93（1994年2月1日起施行）
- 中华人民共和国国家标准：《风景名胜区规划规范》GB 50298—1999（2000年1月1日起施行）
- 中华人民共和国行业标准：《城市绿地分类标准》CJJ/T 85—2002
- 中华人民共和国行业标准：《园林基本术语标准》CJJ/T 91—2002
- 中华人民共和国行业标准：《城市规划制图标准》CJJ/T 97—2003

此外，省（区）、市人大及其常委会、省（区）、市人民政府及其业务行政主管部门所制定的有关城市绿化的条例、规章、规范，以及经批准的《城市总体规划》、《土地利用总体规划》等规划文本和图则，也是城市绿地系统规划编制和建设管理工作中所要遵循的基本法规依据。

第二节 城市绿线管理

一、城市绿线管理的基本要求

城市绿线，是指依法规划、建设的城市绿地边界控制线。城市绿线管理的对象，是城市规划区内已经规划和建成的各类城市绿地。

根据国家有关法规和行政文件，城市绿线由城市政府有关行政主管部门根据城市总体规划、城市绿地系统规划和土地利用规划予以界定；主要包括以下用地类型：

①规划和建成的城市公园、小游园等各类公共绿地。
②规划和建成的苗圃、花圃、草圃等生产绿地。
③规划和建成的（或现存的）城市绿化隔离带、防护绿地、风景林地。
④城市规划区内现有的林地、果园、茶园等生态景观绿地。
⑤城市行政辖区范围内的古树名木及其依法规定的保护范围、风景名胜区等。
⑥城市道路绿化、绿化广场、居住区绿地、单位附属绿地。

城市绿线管理应依照国家有关法规的要求，结合本地的实际情况进行，基本要求如下：

①城市绿线内所有树木、绿地、林地、果园、茶园、绿化设施等，任何单位、任何个人不得移植、砍伐、侵占和损坏，不得改变其绿化用地性质。

②城市绿线内现有的建筑、构筑物及其设施应逐步迁出。临时建筑及其构筑物应在2～3年内予以拆除。

③城市绿线内不得新建与绿化维护管理无关的各类建筑。在绿地中建设绿化维护管理配套设施及用房的，要经城市绿化行政主管部门和城市规划行政主管部门批准。

④各类改造、改建、扩建、新建建设项目，不得占用绿地，不得损坏绿化及其设施，不得改变绿化用地性质。否则，规划部门不得办理规划许可手续，建设部门不得办理施工手续，工程不得交付使用，国土部门不得办理土地手续。

⑤城市绿线管理在实际工作中，除城市绿地系统规划要求控制的地块以外，还须根据局部地区城市规划建设指标的要求实施城市绿地建设。

⑥城市人民政府应对每年城市绿线执行情况组织城市园林绿化行政主管部门、城市规划行政主管部门和国土行政主管部门进行一次检查，检查结果应向上一级城市行政机关和同级人大常务委员会作出报告。

在城市绿线管理范围内，禁止下列行为：

①违章侵占城市园林绿地或擅自改变绿地性质。

②乱扔乱倒废物。

③钉拴刻划树木，攀折花草。

④擅自盖房、建构筑物或搭建临时设施。

⑤倾倒、排放污水、污物、垃圾，堆放杂物。

⑥挖山钻井取水，拦河截溪，取土采石。

⑦进行有损园林绿化和生态景观的其他活动。

在城市绿线内的尚未迁出的房屋，不得参加房改或出售，房产、房改部门不得办理房产、房改等有关手续。绿线管理范围内各类改造、改建、扩建、新建的建设事项，必须经城市园林绿化行政主管部门审查后方可开工。

因特殊需要，确需占用城市绿线内的绿地、损坏绿化及其设施、移植和砍伐树木花草或改变其用地性质的，城市人民政府应会同省、自治区城市园林绿化行政主管部门审查，并充分征求当地居民、人民团体的意见，组织专家进行论证，并向同级人民代表大会常务委员会作出说明。

因规划调整等原因，需要在城市绿线范围内进行树木抚育更新、绿地改造扩建等项目的，应经城市园林绿化行政主管部门审查后，报市人民政府批准。

二、绿线管理的地块控制规划

城市绿线管理，是建设部根据2001年5月《国务院关于加强城市绿化工作的通知》提出的一项新举措。近年来，全国各地城市都在积极探索其实现途径。在沿海一些发达地区和城市已有相关的实践，多采取参照城市详细规划中常用的用地细分和属性管理方法，划定相应的城市绿线管理地块边界，从而进行城市绿线的规划、建设控制。具体的操作方法是：

1. 在城市绿地系统规划的编制过程中，应根据城市空间发展和生态环境建设等多方面的需求要素，对规划期内市区现状和规划建设的城市绿地进行合理的空间布局。

2. 参照以往城市规划管理部门所控制的绿地地块（含城市分区规划所确定的规划绿地），对各类城市绿地（含现状和规划绿地）逐一进行编码，核对计算面积。

3. 从规划管理角度提出处理与该用地相关的有关问题的途径，并赋予其特定的绿地属性。

（注：具体地块规划控制的信息表述方式，可参见本书案例二）。

通过这种方法，能够较好地解决规划绿地如何落到实处和实施城市绿线管理的合法依据等问题，大大提高绿地系统规划的可操作性。

在我国城市规划实践中，城市绿地系统规划基本是属于城市总体规划层次的专项规划；而城市绿线管理的地块规划，已深入到城市规划体系中详细规划的层次，一般要做到 1∶2000～1∶1000 以上的地图精度才便于贯彻实施。由于城市绿地系统规划实质上是一种城市土地利用和空间发展规划，牵涉到社会各方面的实际利益，因此绿线管理要涉及的现实矛盾和问题较多，通常需要与分区规划和控制性详细规划一样单独立项编制，从而保证城市规划依法审批和实施动态管理中合理的层次性。如果确因实践需要，必须在城市绿地系统规划编制过程中同时考虑满足多层次的规划需求，则应当对规划成果文件作适当的编辑处理，使各层次的规划内容既相互联系，又相对独立，并注意突出重点，方便操作。例如，可在规划文本和说明书中主要阐述总体规划层次的有关原则和宏观要求，而将分区规划和详细规划的具体内容纳入规划附件。这样，既使规划成果文件突出了绿地系统的总体规划内容，从而与城市总体规划顺利衔接配套，也能使绿地系统的详细规划内容得到适当表达并留有余地。

第三节　园林城市建设

一、城市公园系统的概念及其发展

从历史上看，城市绿地系统的规划概念最早起源于 19 世纪中叶欧美国家的城市公园系统建设。直到今天，城市公园作为公共绿地的主体，仍然是城市绿地系统中最重要的部分，是城市居民必需的呼吸与游憩空间。从世界城市发展的历程来看，公园作为公益性的城市基础设施，是广大市民文化娱乐的主要场所，也是建设城市精神文明的重要阵地和展示城市形象风貌的主要窗口。

按照国际惯例，公园可分为城市公园和自然公园两大类。其中，城市公园依据其规模和功能不同又可分为综合公园和专类公园（如动物园、植物园、儿童公园、主题公园等）；自然公园通常指的是大规模的森林公园和国家公园。

城市公园是从西方工业革命以后，在欧美国家产生并推广到全世界的。大约在 1634~1640 年间，当时正处于英国殖民地时期，美国波士顿市政当局曾作出决议，在市区保留某些公共绿地。其目的，一方面是为了防止公共用地被侵占，另一方面是为市民提供娱乐场地。这些公共绿地，后来成了公园的雏形。

美国近代第一个造园家唐宁（Andrew Jackson Downing, 1815~1852年），学习过英国自然风景园的造园理论，受布朗（L.Brown）及其门徒雷普顿（H.Repton）的影响较大。他从美国的水土气候等自然条件出发，结合绘画造型和色彩学的原理，提出了一些园林构图法则。1841 年，他出版了《风景园艺理论与实践概要》（A Treatise on the Theory and Practice of Landseape Gardening）一书，以阐明雷普顿的浪漫主义造园艺术。1849 年他访问英国，游览自然风景园，亲自体会其风格。1850 年后他致力于首都华盛顿各大公共建筑物环境的绿化，对美国园林界产生了很大的影响。唐宁的继承者奥姆斯特德（Frederick Law Olmsted, 1822~1895 年）也是雷普顿的信徒。他出身于农家，受过工程教育，青年时代作为水手曾到过中国，1850 年又步游英伦和欧洲大陆，回国后被委任为纽约市中央公园管理处处长。1857 年，他和助手沃克斯（Calvert Vaux）接受了纽约中央公园（Central Park New York）的设计任务，并提交了以"绿草地"（Greensward）为题的规划方案。1858 年 4 月 28 日，该方案经设计竞赛评委会的仔细评审后入选并获得头奖。

纽约中央公园的规模很大，占地约 344 公顷，位于市中心区（由按规则数字排列的街道所划定的范围内）。奥姆斯特德等在设计中注意保留了原有优美的自然景观，避免采取规划式布局，用树木和草坪组成了多种自由变化的空间。公园内有开阔的草地、曲折的湖面和自然式的丛林，选择乡土树种在园界边缘作稠密的栽植，并采用了回游式环路与波状小径相结合的园路系统，有些园路还与城市街道呈立体交叉相连。公园内还首次设置了儿童游戏场。

奥姆斯特德既改变了英国自然风景园中那种过分自然主义和浪漫主义的气氛，又为人们逃避喧闹、嘈杂的都市生活安排了一块享受自然的天地。这种公园设计手法，在传统的英国风景式的园林布局与美国网格型的城市道路系统之间，找到了一种恰当的结合方式，后来被称之为"奥姆斯特德原则"（the Olmstedian principles），对美国的大型城市公园设计产生了巨大的影响。1860 年，他首创了"Landscape Architecture"一词，以取代雷普顿所习用的"Landscape Gardening"概念。

继纽约中央公园建成之后，美国各地掀起了一场"城市公园运动"（An Urban Parks Movement），在旧金山、芝加哥、布法罗、底特律以及加拿大的蒙特利尔等大城市，建了 100 多处大型的城市公园。如旧金山（San Francisco）的金门公园（Golden Gate Park），总面积 411 公顷，共有树木 5000 余种。公园内有亚洲文化艺术中心、博物馆、日本茶庭、观赏温室、露天音乐广场、运动场、高尔夫球场、跑马场、儿童游戏场及加利福尼亚科学院（California Academy of Science）等。后来，奥姆斯特德在波士顿的城市规划中首次提出了"公园系统"

(Park System)的概念,并将其付诸实践。这些由多个公园(Parks)和园林路(Park Way)组成的绿地系统,为波士顿营造了良好的城市生态环境。公园内有平缓起伏的地形和自然式的水体,有大面积的草坪和稀树草地、树丛、树林,并有花丛、花台、花坛;有供人散步的园路和少量建筑(如风雨亭)、雕塑和喷泉等。最基本的设施是野餐区、儿童游戏场、运动场和大草坪。面积较大的公园设有游人服务中心。位于市区的大公园内还设有游艺场等设施。处在远郊区的公园设有宿营地,供游人度周末。

前苏联在1917年十月革命后,创建了一种新型的城市公园形式——文化休息公园。它将文化教育、娱乐、体育、儿童游戏活动场地和安静的休息环境,有机地组织在一个优美的园林之中。第一个这样的公园在1929年始建于莫斯科,面积810公顷,被命名为高尔基文化休息公园。莫斯科市民们常在公园中欢度节假日,进行散步、游戏、观赏文艺表演、演讲、竞赛、阅读等文化休息活动,日游人量多在10万以上。文化休息公园的总体规划一般是在功能分区的基础上进行的,各分区之间有一定的占地比例关系。例如:娱乐区占总用地比例通常是5%~7%;文化教育区占4%~6%;体育运动区占16%~18%;安静休息区占60%~85%;管理区占2%~4%;儿童活动区占7%~9%等。这种按功能分区规划的文化休息公园形式,后来在很大程度上影响了中国的现代公园建设。第二次世界大战后,在列宁格勒(今圣彼得堡)等城市新建了一些纪念性的胜利公园。它们除了具有文化休息公园的综合功能外,往往以各种英雄人物的雕塑形象来强调公园的主题,具有教育、鼓舞人民的作用,体现了社会主义公园的政治功能。

与欧美国家相似的是,前苏联也在文化休息公园的基础上大力发展城市绿地系统,很多城市在郊区都辟有大片的森林公园,这些公园占地多在300~500公顷。森林公园是设施完善的森林,是直接靠近城市、供人们在自然环境中休息的场所。在森林公园里规定有为休息者服务的各种形式的公用设施和建筑物,有四通八达的道路和小路,还有足够大的林中草地,以保证进行集体郊游活动的需要。前苏联政府规定,每一居民占有的郊区森林面积为:小城市50平方米,中等城市100平方米,大城市200平方米。如莫斯科郊区就有半径为10公里的环状森林公园。

二、园林城市与生态城市规划建设

人类在不同历史时期对城市的发展建设有着不同的规划理想。15世纪欧洲文艺复兴时期出现了关于"理想国"、"理想城市"的规划思想,是当时人们对城市设防以及市民生活等功能要求的反映。17~18世纪,由于资本主义工业城市存在的大量问题和丑陋现象,出现了空想社会主义思想。它主张城市规模不要过大,重视城市的公共生活,认为城乡应该结合,最终达到消灭城乡差别。

20世纪60年代后，西方工业化国家发生新的社会经济变化，进入所谓"后工业"社会。一些学者开始对工业化时期的现代城市进行反思，出现了"后现代主义"思潮。主张在城市规划中要重视人的心理、行为特点，重视人的需要和交往，强调大城市的多样性与多功能的混合，重新唤起人们对传统城市、街道、街坊邻里的怀念，包括城市设计中对人的尺度和人情味的注意；重视对城市的历史保护和旧城区原貌恢复，反对大规模旧城改建计划，限制旧城中心区的汽车交通以及实施"步行化"等。这种人文主义的"后现代"思潮，正越来越广泛地影响到世界各国的城市规划。

1996年，第三届国际生态城市会议在西非的塞内加尔举行，探讨了"国际生态重建计划"。同年，在伊斯坦布尔召开的联合国第二次人居大会上，主题之一就是"城市化进程中人居环境的可持续发展"。大会提出要"在世界上建设健康、安全、公正和可持续的城镇与乡村"。21世纪理想的生态城市应该是：经济、社会、环境可持续发展的城市；以高新技术为基础的高效能、高效率的现代化城市；具有宜人居住环境的绿色城市和高度文化素质的文明城市。

建设园林城市和生态城市，首先要规划建设生态绿地系统，使城乡绿地与城市结构布局有机结合，因地制宜地开展集空间、大气、水体、土地、生物于一体的综合建设，形成"城市—绿地—乡野风光"相结合、富有生命韵律变化的景观。通过构筑城乡多层次的生态绿地，建立横向和纵向的生境结构及生物种群结构，疏通城乡自然系统的能流、物流、信息流、基因流，改善生态要素间的功能耦合网络关系，从而扩大城市地区生物多样性的保存能力和承载容量。

我国在1930年代初就引入了西方"田园城市"、"有机疏散"、"卫星城镇"等城市规划理论。1950年代后，根据国情一贯提倡严格控制大城市规模，积极发展中小城市；1960～1970年代倡导过"工农结合、城乡结合、有利生产、方便生活"的城市建设指导方针；1980年代初期提出"农村城市化"、"离土不离乡"，探讨实现"城乡一体化"；1990年代后，大批城市开始创建"园林城市"。2000年后，又有上海、广州、大连、青岛、珠海、厦门、张家港、中山等城市提出了"生态城市"的建设目标，带动了全国城市建设向生态优化的方向发展。

自1992年8月国务院颁布实施《城市绿化条例》和1992年12月建设部命名首批"园林城市"以来，创建园林城市活动对全国城市建设起到了重要的促进作用。它不仅提高了城市的整体素质和品位，改善了投资环境和生活环境，也使政府对园林绿化工作的重要性有了更加深刻的认识，激励了广大市民群众更加爱护、关心自己城市的环境质量和景观面貌，从而使城市的精神文明水平得到大大升华和提高。

三、创建国家园林城市的基本经验

从1992年至2005年，全国共有101个城市先后8批被建设部命名为"国家园林城市"或"国家园林城区"，2006年底，深圳经考核被建设部确定为创建"国家生态园林城市"的示范城市。全国各地创建国家园林城市的主要经验，可以简要地概括为以下几条：

1. 领导重视，党政一把手亲自抓

政府行为在我国城市规划、建设中具有重要的作用。城市主要党政领导的高度重视，是改善城市生态环境面貌的关键。中国有句俗话说得好："老大难、老大难，老大一抓就不难"。城市绿地作为全社会关注的公共利益载体之一，是一种很特殊的土地利用对象。在市场经济条件下，除了绿地以外的其他城市用地，都有相应的社会利益集团为之打算；唯独城市绿地必须主要靠政府的力量来经营和管理。因此，必须努力强化城市政府部门的宏观调控职能，提高政府对城市生态建设的政策与财政支持力度，进而辅之以积极的公众参与和技术保障，才能使这项事业不断得以推进。

2. 搞好规划，城乡建设统筹布局

要建设舒适宜人、可持续发展的"生态城市"，必须把握好城市规划这个"龙头"。只有在城市总体规划阶段就贯彻"开敞空间优先"（Open space first）的用地布局原则，才有可能为城市绿地系统的规划与建设打好基础。针对我国的具体情况，我们应当在城市规划中提倡工业与生活用地相对集中、绿色空间相对集中、"大疏大密"的布局模式，以求在人均建设用地指标较低的现实条件下，尽可能有效地改善城市的环境质量。

3. 全民参与，各行各业关心绿化

城市绿化和公园建设关系到全体市民的公共利益，必须发动群众共同参与才能规划好、建设好、管理好。特别是居住区绿化和单位附属绿地的建设，一般要占城市总绿地面积的一半以上；必须靠各行各业的关心、支持和努力才能搞好。在这方面，加大宣传力度并适当地搞些"群众运动"是有必要的。

4. 创作精品，突出特色提高水平

长期以来，我国的城市园林绿化建设一直坚持贯彻"普遍绿化、重点提高"的工作方针，这是正确的。所谓重点提高，就是要创作出一批能表现地方文化特色和园林艺术水平的"精品"（多数为公园景区），并使之成为城市景观的"闪光点"。榜样的力量是无穷的。通过实施精品战略，能对整个城市的园林建设上档次、上水平起到示范和指导作用。

5. 培养人才，尊重科学持续发展

与其他行业一样，城市园林绿化事业的发展基础也是人才。据国务院学位委员会[2005]5号文件，全国目前在城市绿地系统规划、建设与管理方面的从业人员约180万，（含城市景观设计、景观建筑规划设计、建设与管理、古典园林的规划设计、建设、保护与管理等专业人员），其中具有大学以上学历的仅7万人。就这些有限的人才，或多或少还存在着一些使用不当的情况。所以，只有政府部门重视培养人才、因才施用，才能按科学规律办事，实现城市的可持续发展。在这方面，许多园林城市已创造出一些有益的经验。

四、面向未来的城市绿化发展战略

园林城市是物质文明与精神文明的结合体,也是国际上容易理解和普遍接轨的城市素质评价指标。创建国家园林城市必须经过长期踏实、艰苦的努力,需要从市长到市民各行各业的齐心协力、共同参与才能实现。2000年6月,来自全球100多个国家和地区、1000个城市的政府和社会组织的代表,在柏林召开了"世界城市大会"。大会通过的《21世纪的城市——关于城市未来的"柏林宣言"》指出:"城市正进入跨千年之际;城市始终带动经济发展并孕育文化。今天,城市被巨大的挑战所困扰,千千万万的成人与儿童正为了生存而挣扎。我们能够扭转这种状况吗?我们能够带给人民更灿烂的未来吗?我们相信,如果能积极发挥教育、可持续发展、全球化和信息技术、民主和有效管理、妇女和社会认同的作用,我们将能够真正建成景观优美、符合生态、经济平等和社会公正的城市。"

自1978年改革开放30年来,我国的城市园林建设取得了巨大的成就。下一步发展的关键,贵在园林规划、设计、施工与管理等各个方面都要突出"以人为本"的理念。所谓"以人为本",就是要充分考虑人类的基本需求与行为特征,尊重人格,善解人性,园林建设要努力为人民服务。伴随着以信息网络化、经济全球化、生活智能化为特征的信息社会的来临和生态城市的崛起,面对城市居住与生产功能的生态化趋势,我们每个城市规划和园林绿化建设工作者都应该从思想上做好准备。园林绿化,不仅有助于创造美好的城市环境,更改善了人民的生活素质。我们要学会主动地适应这些变化,努力做到"以民为本,与民同心,聚民伟力,成民所愿"。

进入21世纪,我国城市绿化与园林事业的发展是机遇与挑战同在。一方面,我们要在城市化加速的进程中努力发展城市绿化和园林建设,改善城市生态环境要素,构筑可持续发展的人居环境空间;另一方面,我们也要进一步发扬祖国优秀的造园艺术传统,加强园林科学研究,创作出更多、更好的园林艺术精品,让中国园林文化进一步走向世界。我们要以改革、创新的精神去努力解决好城市绿化工作在体制、机制和法制等方面存在的问题,调动各种积极因素,建设完善的城市绿地系统,促进我国城市社会、经济的可持续发展。

附录一

城市绿化法规与行政规章选辑

- **中华人民共和国城乡规划法**(2008年1月1日起施行)

第一章 总 则

第一条 为了加强城乡规划管理,协调城乡空间布局,改善人居环境,促进城乡经济社会全面协调可持续发展,制定本法。

第四条 制定和实施城乡规划,应当遵循城乡统筹、合理布局、节约土地、集约发展和先规划后建设的原则,改善生态环境,促进资源、能源节约和综合利用,保护耕地等自然资源和历史文化遗产，保持地方特色、民族特色和传统风貌，防止污染和其他公害，并符合区域人口发展、国防建设、防灾减灾和公共卫生、公共安全的需要。

在规划区内进行建设活动，应当遵守土地管理、自然资源和环境保护等法律、法规的规定。

第二章　城乡规划的制定

第十七条　城市总体规划、镇总体规划的内容应当包括：城市、镇的发展布局，功能分区，用地布局，综合交通体系，禁止、限制和适宜建设的地域范围，各类专项规划等。

规划区范围、规划区内建设用地规模、基础设施和公共服务设施用地、水源地和水系、基本农田和绿化用地、环境保护、自然与历史文化遗产保护以及防灾减灾等内容，应当作为城市总体规划、镇总体规划的强制性内容。

第三章　城乡规划的实施

第三十二条　城乡建设和发展，应当依法保护和合理利用风景名胜资源，统筹安排风景名胜区及周边乡、镇、村庄的建设。

风景名胜区的规划、建设和管理，应当遵守有关法律、行政法规和国务院的规定。

第三十五条　城乡规划确定的铁路、公路、港口、机场、道路、绿地、输配电设施及输电线路走廊、通信设施、广播电视设施、管道设施、河道、水库、水源地、自然保护区、防汛通道、消防通道、核电站、垃圾填埋场及焚烧厂、污水处理厂和公共服务设施的用地以及其他需要依法保护的用地，禁止擅自改变用途。

- **中华人民共和国环境保护法（1989年12月26日起施行）**

第三章　保护和改善环境

第二十二条　制定城市规划，应当确定保护和改善环境的目标和任务。

第三十三条　城乡建设应当结合当地自然环境和特点，保护植被，水域和自然景观，加强城市园林、绿地和风景名胜区的建设。

- **国务院：《城市绿化条例》（1992年8月1日起施行）**

第二章　规划和建设

第八条：城市人民政府应当组织城市规划行政主管部门和城市绿化行政主管部门等共同编制城市绿化规划，并纳入城市总体规划。

第九条：城市绿化规划应当从实际出发，根据城市发展需要，合理安排同城市人口和城市面积相适应的城市绿化用地面积。城市人均公共绿地面积和绿化覆盖率等规划指标，由国务院城市建设行政主管部门根据不同城市的性质、规模和自然条件等实际情况规定。

第十条：城市绿化规划应当根据当地的特点，利用原有的地形、地貌、水体、植被和历史文化遗址等自然、人文条件，以方便群众为原则，合理设置公共绿地、居住区绿地、防护绿地、生产绿地和风景林地等。

第十一条：城市绿化工程的设计，应当委托持有相应资格证书的设计单位承担。工程建设项目的附属绿化工程设计方案，按照基本建设程序审批时，必须有城市人民政府城市绿化行政主管部门参加审查。城市的公共绿地、居住区绿地、风景林地和干道绿化带等绿化工程的设计方案，必须按照规定报城市人民政府城市绿化行政主管部门或者其上级行政主管部门审批。建设单位必须按照批准的设计方案进行施工。设计方案确需改变时，须经原批准机关审批。

第十二条：城市绿化工程的设计，应当借鉴国内外先进经验，体现民族风格和地方特色。城市公共绿地和居住区绿地的建设，应当以植物造景为主，选用适合当地自然条件的树木花草，并适当配置泉、石、雕塑等景物。

第十三条：城市绿化规划应当因地制宜地规划不同类型的防护绿地。各有关单位应当依照国家有关规定，负责本单位管界内防护绿地的绿化建设。

第十四条：单位附城市人民政府城市绿化行政主管部门应当监督检查，并给予技术指导。

第十五条：城市苗圃、草圃、花圃等生产绿地的建设，应当适应城市绿化建设的需要。

第十六条：城市绿化工程的施工，应当委托持有相应资格证书的单位承担。绿化工程竣工后，应当经城市人民政府城市绿化行政主管部门或者该工程的主管部门验收合格后，方可交付使用。

第十七条：城市新建、扩建、改建工程项目和开发住宅区项目，需要绿化的，其基本建设投资中应当包括配套的绿化建设投资，并统一安排绿化工程施工，在规定的期限内完成绿化任务。

第三章　保护和管理

第十八条：城市的公共绿地、风景林地、防护绿地、行道树及干道绿化带的绿化，由城市人民政府城市绿化行政主管部门管理；各单位管界内的防护绿地的绿化，由该单位按照国家有关规定管理；单位自建的公园和单位附属绿地的绿化，由该单位管理；居住区绿地的绿化，由城市人民政府城市绿化行政主管部门根据实际情况确定的单位管理；城市苗圃、草圃和花圃等，由其经营单位管理。

第十九条：任何单位和个人都不得擅自改变城市绿化规划用地性质或者破坏绿化规划用地的地形、地貌、水体和植被。

第二十条：任何单位和个人都不得擅自占用城市绿化用地；占用的城市绿化用地，应当限期归还。因建设或者其他特殊需要临时占用城市绿化用地，须经城市人民政府城市绿化行政主管部门同意，并按照有关规定办理临时用地手续。

第二十一条：任何单位和个人都不得损坏城市树木花草和绿化设施。砍伐城市树木，必须经城市人民政府城市绿化行政主管部门批准，并按照国家有关规定补植树木或者采取其他补救措施。

第二十二条：在城市的公共绿地内开设商业、服务摊点的，必须向公共绿地管理单位提出申请，经城市人民政府城市绿化行政主管部门或者其授权的单位同意后，持工商行政管理部门批准的营业执照，在公共绿地管理单位指定的地点从事经营活动，并遵守公共绿地和工商行政管理的规定。

第二十三条：城市的绿地管理单位，应当建立、健全管理制度，保持树木花草繁茂及绿化设施完好。

第二十四条：为保证管线的安全使用需要修剪树木时，必须经城市人民政府城市绿化行政主管部门批准，按照兼顾管线安全使用和树木正常生长的原则进行修剪。承担修剪费用的办法，由城市人民政府规定。因不可抗力致使树木倾斜危及管线安全时，管线管理单位可以先行修剪、扶正或者砍伐树木，但是，应当及时报告城市人民政府城市绿化行政主管部门和绿地管理单位。

第二十五条：百年以上树龄的树木，稀有、珍贵树木，具有历史价值或者重要纪念意义的树木，均属古树名木。对城市古树名木实行统一管理，分别养护。城市人民政府城市绿化行政主管部门，应当建立古树名木的档案和标志，划定保护范围，加强养护管理。在单位管界内或者私人庭院内的古树名木，由该单位或者居民负责养护，城市人民政府城市绿化行政主管部门负责监督和技术指导。严禁砍伐或者迁移古树名木。因特殊需要迁移古树名木，必须经城市人民政府城市绿化行政主管部门审查同意，并报同级或者上级人民政府批准。

- **国务院关于加强城市绿化建设的通知（国发[2001]20号，2001年5月31日）**

各省、自治区、直辖市人民政府，国务院各部委、各直属机构：

为了促进城市经济、社会和环境的协调发展，进一步提高城市绿化工作水平，改善城市生态环境和景观环境，现就加强城市绿化建设的有关问题通知如下：

一、充分认识城市绿化的重要意义

城市绿化是城市重要的基础设施，是城市现代化建设的重要内容，是改善生态环境和提高广大人民群众生活质量的公益事业。改革开放以来，特别是90年代以来，我国的城市绿化工作取得了显著成绩，城市绿化水平有了较大提高。但总的看来，绿化面积总量不足，发展不平衡、绿化水平比较低；城市内树木特别是大树少，城市中心地区绿地更少，城市周边地区没有形成以树木为主的绿化隔离林带，建设工程的绿化配套工作不落实。一些城市人民政府的领导对城市绿化工作的重要性缺乏足够的认识；违反城市总体规划和城市绿地系统规划，随意侵占绿地和改变规划绿地性质的现象比较严重；绿化建设资金短缺，养护管理资金严重不足；城市绿化法制建设滞后，管理工作薄弱。

地方各级人民政府和国务院有关部门要充分认识城市绿化对调节气候、保持水土、减少污染、美化环境，促进经济社会发展和提高人民生活质量所起的重要作用，增强对搞好城市绿化工作的紧迫感和使命感，采取有力措施，加强城市绿化建设，提高城市绿化的整体水平。

二、城市绿化工作的指导思想和任务

（一）城市绿化工作的指导思想是：以加强城市生态环境建设，创造良好的人居环境，促进城市可持续发展为中心；坚持政府组织、群众参与、统一规划、因地制宜、讲求实效的原则，以种植树木为主，努力建成总量适宜、分布合理、植物多样、景观优美的城市绿地系统。

（二）今后一个时期城市绿化的工作目标和主要任务是：到2005年，全国城市规划建成区绿地率达到30%以上，绿化覆盖率达到35%以上，人均公共绿地面积达到8平方米以上，城市中心区人均公共绿地达到4平方米以上；到2010年，城市规划建成区绿地率达到35%以上，绿化覆盖率达到40%以上，人均公共绿地面积达到10平方米以上，城市中心区人均公共绿地达到6平方米以上。由于各地城市经济、社会发展状况和自然条件差别很大，各地应根据当地的实际情况确定不同城市的绿化目标。为此，要加强城市规划建成区的绿化建设，尽快改变建成区绿地不足的状况，特别是城市中心区的绿化要有大的改观，要多种树、种大树，增加绿化面积，改善生态质量。加快城市范围内道路和铁路两侧林带、河边、湖边、海边、山坡绿化带建设步伐。建成一批有一定规模、一定水平和分布合理的城市公园，有条件的城市要加快植物园、动物园、森林公园和儿童公园等各类公园的建设。居住区绿化、单位绿化及各类建设项目的配套绿化都要达到《城市绿化规划建设指标的规定》的标准。要大力推进城郊绿化，特别是在特大城市和风沙侵害严重的城市周围形成较大的绿化隔离林带，在城市功能分区的交界处建设绿化隔离带，初步形成各类绿地合理配置，以植树造林为主，乔、灌、花、草有机搭配，城郊一体的城市绿化体系。

三、采取有力措施，加快城市绿化建设步伐

（一）加强和改进城市绿化规划编制工作。地方各级人民政府在组织编制城市总体规划和详细规划时，要高度重视城市绿化工作。城市规划和城市绿化行政主管部门等要密切合作，共同编制好《城市绿地系统规划》。规划中要按规定标准划定绿化用地面积，力求公共绿地分层次合理布局；要根据当地情况，分别采取点、线、面、环等多种形式，切实提高城市绿化水平。要建立并严格实行城市绿化"绿线"管制制度，明确划定各类绿地范围控制线。近期内城市人民政府要对已经批准的城市绿化规划进行一次检查，并将检查结果向上一级政府作出报告。尚未编制《城市绿地系统规划》的，要在2002年底前完成补充编制工作，并依法报批。对于已经编制，但不符合城市绿化建设要求以及没有划定绿线范围的，要在2001年底前补充、完善。批准后的《城市绿地系统规划》要向社会公布，接受公众监督，各级人民政府应定期组织检查，督促落实。

（二）严格执行《城市绿地系统规划》。要严格按规划确定的绿地进行绿化管理，绿线内的用地不得改作他用，更不能进行经营性开发建设。因特殊需要改变绿地规划、绿地性质的，应报经原批准机关重新审核，报上一级机关审批，并严格按规定程序办理审批手续。在旧城改造和新区建设中，要严格控制建筑密度，尽可能创造条件扩大绿地面积，城市规划和城市绿化行政主管部门要对新建、改建和扩建项目实行跟踪管理。要将城市范围内的河岸、湖岸、海岸、山坡、城市主干道等地带作为"绿线"管理的重点部位。同时，要严格保护重点公园、古典园林、风景名胜区和古树名木。对影响景观环境的建筑、游乐设施等要逐步迁移。

（三）加大城市绿化资金投入，建立稳定的、多元化的资金渠道。城市绿化建设资金是城市公共财政支出的重要组成部分，要坚持以政府投入为主的方针。城市各级财政应安排必要的资金保证城市绿化工作的需要，尤其要加大城市绿化隔离林带和大型公园绿地建设的投入，特别是要增加管理维护资金。国家将通过加大对中西部地区和贫困地区转移支付力度，支持中西部地区城市绿化建设。同时，拓宽资金渠道，引导社会资金用于城市绿化建设。城市的各项建设都应将绿化费用纳入投资预算，并按规定建设绿地。对不能按要求建设绿地或建设绿地面积未达到标准的单位，由城市人民政府绿化行政主管部门依照《城市绿化条例》有关规定，责令其补建并达到规定面积，确保绿化建设。具体办法由省、自治区、直辖市人民政府制定。

（四）保证城市绿化用地。要在继续从严控制城市建设用地的同时，采取多种方式增加城市绿化用地。在城市国有土地上建设公共绿地，土地由当地城市人民政府采取划拨方式提供。国家征用农用地建设公共绿地的，按《中华人民共和国土地管理法》规定的标准给予补偿。各类工程建设项目的配套绿化用地，要一次提供，统一征用，同步建设。在城市规划区周围根据城市总体规划和土地利用规划建设绿化隔离林带，其用地涉及的耕地，可以视作农业生产结构调整用地，不作为耕地减少进行考核。为加快城郊绿化，应鼓励和支持农民调整农业结构，也可采取地方政府补助的办法建设苗圃、公园、运动绿地、经济林和生态林等。

（五）切实搞好城市建成区的绿化。对城市规划建成区内绿地未达到规定标准的，要优化城市用地结构，提高绿化用地在城市用地中的比例。要结合产业结构调整和城市环境综合整治，迁出有污染的企业，增加绿化用地。建成区内闲置的土地要限期绿化，对依法收回的土地要优先用于城市绿化。地方各级人民政府要对城市内的违章建筑进行集中清理整顿，限期拆除，拆除建筑物后腾出的土地尽可能用于绿化。城市的各类房屋建设，应在该建筑所在区位，在规划确定的地点、规定的期限内，按其建筑面积的一定比例建设绿地。各类建设工程要与其配套的绿化工程同步设计、同步施工、同步验收。达不到规定绿化标准的不得投入使用，对确有困难的，可进行异地绿化。要充分利用建筑墙体、屋顶和桥体等绿化条件，大力发展立体绿化。城市绿化行政主管部门要切实加强绿化工程建设的监督管理。要积极实行绿化企业资质审验、绿化工程招投标制度和工程质量监督制度，确保城市绿化质量。市、区、街道和各单位都有义务建设和维护、管理好责任范围内的绿地。

（六）加强城市绿化科研设计工作。要加强城市绿化的基础研究和应用研究，建立健全园林绿化科研机构，增加研究资金。要加强城市绿地系统生物多样性的研究，特别要加强区域性物种保护与开发的研究，注重植物新品种的开发，开展园林植物育种及新品种引进培育的试验。要加强植物病虫害的防治研究和节水技术的研究。加大新成果、新技术的推广力度，大力促进科技成果的转化与应用。要搞好园林绿化设计工作。各城市在园林绿化设计中要借鉴国内外先进经验，体现本地特色和民族风格，突出科学性和艺术性。各地要因地制宜，在植物种类上注重乔、灌、花、草的合理配置，优先发展乔木；园林绿化应以乡土植物为主，积极引进适合在本地区生长发育的园林植物，海关、质量监督检验检疫等部门应积极配合和支持。城市公园和绿地要以植物造景为主，植物配置要以乔木为主，提高绿地的生态效益和景观效益，为人民群众营造更多的绿色休憩空间。

（七）加快城市绿化法制建设。要认真贯彻执行《中华人民共和国城市规划法》、《中华人民共和国森林法》和《城市绿化条例》；并抓紧组织修改《城市绿化条例》，增加对违法行为的处罚条款，加大处罚力度；制定和完善城市绿化技术标准和规范，逐步建立和完善城市绿化法规体系。各地要结合本地实际，制定和完善地方城市绿化法规。城市绿化行政主管部门要依法行政，加强城市绿化行业管理与执法工作，坚决查处侵占绿地、乱伐树木和破坏绿化成果的行为，对违法砍伐树木、侵占绿地的要严厉处罚。建设部和省级城市绿化行政主管部门要加大城市绿化管理工作力度，加强执法检查和监督管理。

四、加强对城市绿化工作的组织领导

（一）各级城市人民政府要把城市绿化作为一项重要工作，列入议事日程。要把城市绿化纳入国民经济和社会发展计划，市长对城市绿化工作负主要责任。要科学决策、正确引导，建立城市绿化目标责任制,保证城市绿地系统规划的实施。

（二）各级人民政府要建立健全城市绿化管理机构，稳定专业技术队伍，保证城市绿化工作的正常开展。城市绿化行政主管部门要加强技术指导。各有关部门要明确责任，密切配合，积极支持城市绿化工作。建设部要加强调查研究，针对城市绿化工作中出现的问题，拟定有关政策措施，指导城市绿化健康发展。城市绿化的项目建设要引入市场机制。

（三）各级人民政府要组织好城市全民义务植树，广泛组织城市适龄居民参加植树绿化活动。要搞好城市全民义务植树规划，严格落实义务植树任务和责任，加强技术指导和苗木基地建设以及苗木供应，确保植树成活率和保存率，保证绿化质量。

（四）继续做好建设园林城市工作。通过明确目标，科学考核，使更多的城市成为园林城市；积极组织开展创建园林小区、园林单位等活动，搞好单位绿化、小区绿化。要开展认建、认养、认管绿地活动，引导和组织群众建纪念林、种纪念树。

城市绿化工作是一项服务当代、造福子孙的伟大事业。各级人民政府及城市绿化行政主管部门一定要加强领导和组织协调，结合各地实际，积极制定加强城市绿化建设的政策措施，切实加强和改进城市绿化工作，促进我国城市绿化事业的健康发展。

建设部要定期对本通知的执行情况进行监督检查，并向国务院作出书面报告。

- 建设部：《城市规划编制办法》（2006年4月1日起施行）

第一章 总则

第三条 城市规划是政府调控城市空间资源、指导城乡发展与建设、维护社会公平、保障公共安全和公众利益的重要公共政策之一。

第四条 编制城市规划，应当以科学发展观为指导，以构建社会主义和谐社会为基本目标，坚持五个统筹，坚持中国特色的城镇化道路，坚持节约和集约利用资源，保护生态环境，保护人文资源，尊重历史文化，坚持因地制宜确定城市发展目标与战略，促进城市全面协调可持续发展。

第五条 编制城市规划，应当考虑人民群众需要，改善人居环境，方便群众生活，充分关注中低收入人群，扶助弱势群体，维护社会稳定和公共安全。

第六条 编制城市规划，应当坚持政府组织、专家领衔、部门合作、公众参与、科学决策的原则。

第三章 城市规划编制要求

第十八条 编制城市规划，要妥善处理城乡关系，引导城镇化健康发展，体现布局合理、资源节约、环境友好的原则，保护自然与文化资源、体现城市特色，考虑城市安全和国防建设需要。

第十九条 编制城市规划，对涉及城市发展长期保障的资源利用和环境保护、区域协调发展、风景名胜资源管理、自然与文化遗产保护、公共安全和公众利益等方面的内容，应当确定为必须严格执行的强制性内容。

第四章 城市规划编制内容

第一节 城市总体规划

第二十九条 总体规划纲要应当包括下列内容：

（一）市域城镇体系规划纲要，内容包括：提出市域城乡统筹发展战略；确定生态环境、土地和水资源、能源、自然和历史文化遗产保护等方面的综合目标和保护要求，提出空间管制原则；预测市域总人口及城镇化水平，确定各城镇人口规模、职能分工、空间布局方案和建设标准；原则确定市域交通发展策略。

（二）提出城市规划区范围。

（三）分析城市职能、提出城市性质和发展目标。

（四）提出禁建区、限建区、适建区范围。

（六）研究中心城区空间增长边界，提出建设用地规模和建设用地范围。

（七）提出交通发展战略及主要对外交通设施布局原则。

（八）提出重大基础设施和公共服务设施的发展目标。

（九）提出建立综合防灾体系的原则和建设方针。

第三十条　市域城镇体系规划应当包括下列内容：

（一）提出市域城乡统筹的发展战略。其中位于人口、经济、建设高度聚集的城镇密集地区的中心城市，应当根据需要，提出与相邻行政区域在空间发展布局、重大基础设施和公共服务设施建设、生态环境保护、城乡统筹发展等方面进行协调的建议。

（二）确定生态环境、土地和水资源、能源、自然和历史文化遗产等方面的保护与利用的综合目标和要求，提出空间管制原则和措施。

（三）预测市域总人口及城镇化水平，确定各城镇人口规模、职能分工、空间布局和建设标准。

（四）提出重点城镇的发展定位、用地规模和建设用地控制范围。

（五）确定市域交通发展策略；原则确定市域交通、通讯、能源、供水、排水、防洪、垃圾处理等重大基础设施，重要社会服务设施，危险品生产储存设施的布局。

（六）根据城市建设、发展和资源管理的需要划定城市规划区。城市规划区的范围应当位于城市的行政管辖范围内。

（七）提出实施规划的措施和有关建议。

第三十一条　中心城区规划应当包括下列内容：

（一）分析确定城市性质、职能和发展目标。

（二）预测城市人口规模。

（三）划定禁建区、限建区、适建区和已建区，并制定空间管制措施。

（四）确定村镇发展与控制的原则和措施；确定需要发展、限制发展和不再保留的村庄，提出村镇建设控制标准。

（五）安排建设用地、农业用地、生态用地和其他用地。

（六）研究中心城区空间增长边界，确定建设用地规模，划定建设用地范围。

（七）确定建设用地的空间布局，提出土地使用强度管制区划和相应的控制指标（建筑密度、建筑高度、容积率、人口容量等）。

（八）确定市级和区级中心的位置和规模，提出主要的公共服务设施的布局。

（九）确定交通发展战略和城市公共交通的总体布局，落实公交优先政策，确定主要对外交通设施和主要道路交通设施布局。

（十）确定绿地系统的发展目标及总体布局，划定各种功能绿地的保护范围（绿线），划定河湖水面的保护范围（蓝线），确定岸线使用原则。

（十一）确定历史文化保护及地方传统特色保护的内容和要求，划定历史文化街区、历史建筑保护范围（紫线），确定各级文物保护单位的范围；研究确定特色风貌保护重点区域及保护措施。

（十二）研究住房需求，确定住房政策、建设标准和居住用地布局；重点确定经济适用房、普通商品住房等满足中低收入人群住房需求的居住用地布局及标准。

（十三）确定电信、供水、排水、供电、燃气、供热、环卫发展目标及重大设施总体布局。

（十四）确定生态环境保护与建设目标，提出污染控制与治理措施。

（十五）确定综合防灾与公共安全保障体系，提出防洪、消防、人防、抗震、地质灾害防护等规划原则和建设方针。

（十六）划定旧区范围，确定旧区有机更新的原则和方法，提出改善旧区生产、生活环境的标准和要求。

（十七）提出地下空间开发利用的原则和建设方针。

（十八）确定空间发展时序，提出规划实施步骤、措施和政策建议。

第三十二条　城市总体规划的强制性内容包括：

（一）城市规划区范围。

（二）市域内应当控制开发的地域。包括：基本农田保护区，风景名胜区，湿地、水源保护区等生态敏感区，地下矿产资源分布地区。

（三）城市建设用地。包括：规划期限内城市建设用地的发展规模，土地使用强度管制区划和相应的控制指标（建设用地面积、容积率、人口容量等）；城市各类绿地的具体布局；城市地下空间开发布局。

（四）城市基础设施和公共服务设施。包括：城市干道系统网络、城市轨道交通网络、交通枢纽布局；城市水源地及其保护区范围和其他重大市政基础设施；文化、教育、卫生、体育等方面主要公共服务设施的布局。

（五）城市历史文化遗产保护。包括：历史文化保护的具体控制指标和规定；历史文化街区、历史建筑、重要地下文物埋藏区的具体位置和界线。

（六）生态环境保护与建设目标，污染控制与治理措施。

（七）城市防灾工程。包括：城市防洪标准、防洪堤走向；城市抗震与消防疏散通道；城市人防设施布局；地质灾害防护规定。

第三十三条　总体规划纲要成果包括纲要文本、说明、相应的图纸和研究报告。

城市总体规划的成果应当包括规划文本、图纸及附件（说明、研究报告和基础资料等）。在规划文本中应当明确表述规划的强制性内容。

第三十四条　城市总体规划应当明确综合交通、环境保护、商业网点、医疗卫生、绿地系统、河湖水系、历史文化名城保护、地下空间、基础设施、综合防灾等专项规划的原则。

编制各类专项规划，应当依据城市总体规划。

第二节　城市近期建设规划

第三十六条　近期建设规划的内容应当包括：

（一）确定近期人口和建设用地规模，确定近期建设用地范围和布局。

（二）确定近期交通发展策略，确定主要对外交通设施和主要道路交通设施布局。

（三）确定各项基础设施、公共服务和公益设施的建设规模和选址。

（四）确定近期居住用地安排和布局。

（五）确定历史文化名城、历史文化街区、风景名胜区等的保护措施，城市河湖水系、绿化、环境等保护、整治和建设措施。

（六）确定控制和引导城市近期发展的原则和措施。

第三节　城市分区规划

第三十八条　编制分区规划，应当综合考虑城市总体规划确定的城市布局、片区特征、河流道路等自然和人工界限，结合城市行政区划，划定分区的范围界限。

第三十九条　分区规划应当包括下列内容：

（一）确定分区的空间布局、功能分区、土地使用性质和居住人口分布。

（二）确定绿地系统、河湖水面、供电高压线走廊、对外交通设施用地界线和风景名胜区、文物古迹、历史文化街区的保护范围，提出空间形态的保护要求。

（三）确定市、区、居住区级公共服务设施的分布、用地范围和控制原则。

（四）确定主要市政公用设施的位置、控制范围和工程干管的线路位置、管径，进行管线综合。

（五）确定城市干道的红线位置、断面、控制点座标和标高，确定支路的走向、宽度，确定主要交叉口、广场、公交站场、交通枢纽等交通设施的位置和规模，确定轨道交通线路走向及控制范围，确定主要停车场规模与布局。

- 建设部：《城市用地分类与规划建设用地标准》（GBJ 137—90，1991年3月1日起施行）

第四章　规划建设用地标准

第二节　规划人均单项建设用地指标

第4.2.1条　编制和修订城市总体规划时，居住、工业、道路广场和绿地四大类主要用地规划人均单项用地指标应符合的表4.2.1规定。

规划人均单项建设用地指标　　　　表4.2.1

类别名称	用地指标（平方米／人）
居住用地	18.0～28.0
工业用地	10.0～25.0
道路广场用地	7.0～15.0
绿地 其中：公共绿地	≥9.0 ≥7.0

规划建设用地结构　　　　　　　表 4.3.1

类别名称	占建设用地的比例（%）
居住用地	20 ～ 32
工业用地	15 ～ 25
道路广场用地	8 ～ 15
绿地	8 ～ 15

第三节　规划建设用地结构

第 4.3.1 条　编制和修订城市总体规划时，居住、工业、道路广场和绿地四大类主要用地占建设用地的比例应符合表 4.3.1 的规定。

第 4.3.4 条　风景旅游城市及绿化条件较好的城市，其绿地占建设用地的比例可大于 15%。

第 4.3.5 条　居住、工业、道路广场和绿地四大类用地总和占建设用地比例宜为 60%～75%。

- **建设部：《城市绿化规划建设指标的规定》(1994 年 1 月 1 日起施行)**

第一条　根据《城市绿化条例》第九条的授权，为加强城市绿化规划管理，提高城市绿化水平，制定本规定。

第二条　本规定所称城市绿化规划指标包括人均公共绿地面积、城市绿化覆盖率和城市绿地率。

第三条　人均公共绿地面积，是指城市中每个居民平均占有公共绿地的面积。

计算公式：人均公共绿地面积（平方米）＝城市公共绿地总面积÷城市非农业人口。

人均公共绿地面积指标根据城市人均建设用地指标而定：

（一）人均建设用地指标不足 75 平方米的城市，人均公共绿地面积到 2000 年应不少于 5 平方米；到 2010 年应不少于 6 平方米。

（二）人均建设用地指标 75 ～ 105 平方米的城市，人均公共绿地面积到 2000 年不少于 6 平方米；到 2010 年应不少于 7 平方米。

（三）人均建设用地指标超过 105 平方米的城市，人均公共绿地面积到 2000 年应不少于 7 平方米；到 2010 年应不少于 8 平方米。

第四条　城市绿化覆盖率是指城市绿化覆盖面积占城市面积比率。

计算公式：城市绿化覆盖率（%）＝（城市内全部绿化种植垂直投影面积÷城市面积）×100%。

城市绿化覆盖率到 2000 年应不少于 30%，到 2010 年应不少于 35%。

第五条　城市绿地率，是指城市各类绿地（含公共绿地、居住区绿地、单位附属绿地、防护绿地、生产绿地、风景林地等六类）总面积占城市面积的比率。

计算公式：城市绿地率（%）=（城市六类绿地面积之和÷城市总面积）×100%。

城市绿地率到 2000 年应不少于 25%，到 2010 年应不少于 30%。

为保证城市绿地率指标的实现，各类绿地单项指标应符合下列要求：

（一）新建居住区绿地占居住区总用地比率不低于 30%。

（二）城市道路均应根据实际情况搞好绿化。其中主干道绿带面积占道路总用地比率不少于 20%，次干道绿带面积所占比率不低于 15%。

（三）城市内河、海、湖等水体及铁路旁的防护林带宽度应不少于 30 米。

（四）单位附属绿地面积占单位总用地面积比率不低于 30%，其中工业企业；交通枢纽、仓储、商业中心等绿地率不低于 20%；产生有害气体及污染工厂的绿地率不低于 30%，并根据国家标准设立不少于 50 米的防护林带；学校、医院、休疗养院所、机关团体、公共文化设施、部队等单位的绿地率不低于 35%。因特殊情况不能按上述标准进行建设的单位，必须经城市园林绿化行政主管部门批准，并根据《城市绿化条例》第十七条规定，将所缺面积的建设资金交给城市园林绿化行政主管部门统一安排绿化建设作为补偿，补偿标准应根据所处地段绿地的综合价值所在城市具体规定。

（五）生产绿地面积占城市建成区总面积比率不低于 2%。

（六）公共绿地中绿化用地所占比率，应参照《公园设计规范》GJ 48—92 执行。属于旧城改造区的，可对本条（一）、（二）、（四）项规定的指标降低 5 个百分点。

第六条 各城市应根据自身的性质、规模、自然条件、基础情况等分别按上述规定具体确定指标，制定规划，确定发展速度，在规划的期限内达到规定指标。城市绿化指标的确定应报省、自治区、直辖市建设主管部门核准，报建设部备案。

第七条 各地城市规划行政主管部门及城市园林绿化行政主管部门应按上述际准审核及审批各类开发区、建设项目绿地规划；审定规划指标和建设计划，依法监督城市绿化各项规划指标的实施。城市绿化现状的统计指标和数据以城市园林绿化行政主管部门提供、发布或上报统计行政主管部门的数据为准。

第八条 本规定由建设部负责解释。

第九条 本规定自 1994 年 1 月 1 日起实施。

- **建设部：《城市古树名木保护管理办法》（建城[2000]192号，2000年9月1日）**

第一条 为切实加强城市古树名木的保护管理工作，制定本办法。

第二条 本办法适用于城市规划区内和风景名胜区的古树名木保护管理。

第三条 本办法所称的古树，是指树龄在一百年以上的树木。

本办法所称的名木，是指国内外稀有的以及具有历史价值和纪念意义及重要科研价值的树木。

第四条 古树名木分为一级和二级。

凡树龄在300年以上，或者特别珍贵稀有，具有重要历史价值和纪念意义，重要科研价值的古树名木，为一级古树名木；其余为二级古树名木。

第五条　国务院建设行政主管部门负责全国城市古树名木保护管理工作。

省、自治区人民政府建设行政主管部门负责本行政区域内的城市古树名木保护管理工作。

城市人民政府城市园林绿化行政主管部门负责本行政区域内城市古树名木保护管理工作。

第六条　城市人民政府城市园林绿化行政主管部门应当对本行政区域内的古树名木进行调查、鉴定、定级、登记、编号，并建立档案，设立标志。

一级古树名木由省、自治区、直辖市人民政府确认，报国务院建设行政主管部门备案；二级古树名木由城市人民政府确认，直辖市以外的城市报省、自治区建设行政主管部门备案。

城市人民政府园林绿化行政主管部门应当对城市古树名木，按实际情况分株制定养护、管理方案，落实养护责任单位、责任人，并进行检查指导。

第七条　古树名木保护管理工作实行专业养护部门保护管理和单位、个人保护管理相结合的原则。

生长在城市园林绿化专业养护管理部门管理的绿地、公园等的古树名木，由城市园林绿化专业养护管理部门保护管理；

生长在铁路、公路、河道用地范围内的古树名木，由铁路、公路、河道管理部门保护管理；

生长在风景名胜区内的古树名木，由风景名胜区管理部门保护管理。

散生在各单位管界内及个人庭院中的古树名木，由所在单位和个人保护管理。

变更古树名木养护单位或者个人，应当到城市园林绿化行政主管部门办理养护责任转移手续。

第八条　城市园林绿化行政主管部门应当加强对城市古树名木的监督管理和技术指导，积极组织开展对古树名木的科学研究，推广应用科研成果，普及保护知识，提高保护和管理水平。

第九条　古树名木的养护管理费用由古树名木责任单位或者责任人承担。

抢救、复壮古树名木的费用，城市园林绿化行政主管部门可适当给予补贴。

城市人民政府应当每年从城市维护管理经费、城市园林绿化专项资金中划出一定比例的资金用于城市古树名木的保护管理。

第十条　古树名木养护责任单位或者责任人应按照城市园林绿化行

政主管部门规定的养护管理措施实施保护管理。古树名木受到损害或者长势衰弱，养护单位和个人应当立即报告城市园林绿化行政主管部门，由城市园林绿化行政主管部门组织治理复壮。

对已死亡的古树名木，应当经城市园林绿化行政主管部门确认，查明原因，明确责任并予以注销登记后，方可进行处理。处理结果应及时上报省、自治区建设行政部门或者直辖市园林绿化行政主管部门。

第十一条 集体和个人所有的古树名木，未经城市园林绿化行政主管部门审核，并报城市人民政府批准的，不得买卖、转让。捐献给国家的，应给予适当奖励。

第十二条 任何单位和个人不得以任何理由、任何方式砍伐和擅自移植古树名木。

因特殊需要，确需移植二级古树名木的，应当经城市园林绿化行政主管部门和建设行政主管部门审查同意后，报省、自治区建设行政主管部门批准；移植一级古树名木的，应经省、自治区建设行政主管部门审核，报省、自治区人民政府批准。

直辖市确需移植一、二级古树名木的，由城市园林绿化行政主管部门审核，报城市人民政府批准。

移植所需费用，由移植单位承担。

第十三条 严禁下列损害城市古树名木的行为：

（一）在树上刻划、张贴或者悬挂物品。

（二）在施工等作业时借树木作为支撑物或者固定物。

（三）攀树、折枝、挖根摘采果实种子或者剥损树枝、树干、树皮。

（四）距树冠垂直投影5米的范围内堆放物料、挖坑取土、兴建临时设施建筑、倾倒有害污水、污物垃圾，动用明火或者排放烟气。

（五）擅自移植、砍伐、转让买卖。

第十四条 新建、改建、扩建的建设工程影响古树名木生长的，建设单位必须提出避让和保护措施。城市规划行政部门在办理有关手续时，要征得城市园林绿化行政部门的同意，并报城市人民政府批准。

第十五条 生产、生活设施等生产的废水、废气、废渣等危害古树名木生长的，有关单位和个人必须按照城市绿化行政主管部门和环境保护部门的要求，在限期内采取措施，清除危害。

第十六条 不按照规定的管理养护方案实施保护管理，影响古树名木正常生长，或者古树名木已受损害或者衰弱，其养护管理责任单位和责任人未报告，并未采取补救措施导致古树名木死亡的，由城市园林绿化行政主管部门按照《城市绿化条例》第二十七条规定予以处理。

第十七条 对违反本办法第十一条、十二条、十三条、十四条规定的，由城市园林绿化行政主管部门按照《城市绿化条例》第二十七条规定，视情节轻重予以处理。

第十八条 破坏古树名木及其标志与保护设施，违反《中华人民共和国治安管理处罚条例》的，由公安机关给予处罚，构成犯罪的，由司法机关依法追究刑事责任。

第十九条 城市园林绿化行政主管部门因保护、整治措施不力，或者工作人员玩忽职守，致使古树名木损伤或者死亡的，由上级主管部门对该管理部门领导给予处分；情节严重、构成犯罪的，由司法机关依法追究刑事责任。

第二十条 本办法由国务院建设行政主管部门负责解释。

第二十一条 本办法自发布之日起施行。

- 建设部令：《城市绿线管理办法》（2002年9月9日发布）

第一条 为建立并严格实行城市绿线管理制度，加强城市生态环境建设，创造良好的人居环境，促进城市可持续发展，根据《城市规划法》、《城市绿化条例》等法律法规，制定本办法。

第二条 本办法所称城市绿线，是指城市各类绿地范围的控制线。

本办法所称城市，是指国家按行政建制设立的直辖市、市、镇。

第三条 城市绿线的划定和监督管理，适用本办法。

第四条 国务院建设行政主管部门负责全国城市绿线管理工作。

省、自治区人民政府建设行政主管部门负责本行政区域内的城市绿线管理工作。

城市人民政府规划、园林绿化行政主管部门，按照职责分工负责城市绿线的监督和管理工作。

第五条 城市规划、园林绿化等行政主管部门应当密切合作，组织编制城市绿地系统规划。

城市绿地系统规划是城市总体规划的组成部分，应当确定城市绿化目标和布局，规定城市各类绿地的控制原则，按照规定标准确定绿化用地面积，分层次合理布局公共绿地，确定防护绿地、大型公共绿地等的绿线。

第六条 控制性详细规划应当提出不同类型用地的界线、规定绿化率控制指标和绿化用地界线的具体坐标。

第七条 修建性详细规划应当根据控制性详细规划，明确绿地布局，提出绿化配置的原则或者方案，划定绿地界线。

第八条 城市绿线的审批、调整，按照《城市规划法》、《城市绿化条例》的规定进行。

第九条 批准的城市绿线要向社会公布，接受公众监督。

任何单位和个人都有保护城市绿地、服从城市绿线管理的义务，有监督城市绿线管理、对违反城市绿线管理行为进行检举的权利。

第十条 城市绿线范围内的公共绿地、防护绿地、生产绿地、居住区绿地、单位附属绿地、道路绿地、风景林地等，必须按照《城市用地分类与规划建设用地标准》、《公园设计规范》等标准,进行绿地建设。

第十一条 城市绿线内的用地,不得改作他用,不得违反法律法规、强制性标准以及批准的规划进行开发建设。

有关部门不得违反规定,批准在城市绿线范围内进行建设。

因建设或者其他特殊情况,需要临时占用城市绿线内用地的,必须依法办理相关审批手续。

在城市绿线范围内,不符合规划要求的建筑物、构筑物及其他设施应当限期迁出。

第十二条 任何单位和个人不得在城市绿地范围内进行拦河截溪、取土采石、设置垃圾堆场、排放污水以及其他对生态环境构成破坏的活动。

近期不进行绿化建设的规划绿地范围内的建设活动,应当进行生态环境影响分析,并按照《城市规划法》的规定,予以严格控制。

第十三条 居住区绿化、单位绿化及各类建设项目的配套绿化都要达到《城市绿化规划建设指标的规定》的标准。

各类建设工程要与其配套的绿化工程同步设计,同步施工,同步验收。达不到规定标准的,不得投入使用。

第十四条 城市人民政府规划、园林绿化行政主管部门按照职责分工,对城市绿线的控制和实施情况进行检查,并向同级人民政府和上级行政主管部门报告。

第十五条 省、自治区人民政府建设行政主管部门应当定期对本行政区域内城市绿线的管理情况进行监督检查,对违法行为,及时纠正。

第十六条 违反本办法规定,擅自改变城市绿线内土地用途、占用或者破坏城市绿地的,由城市规划、园林绿化行政主管部门,按照《城市规划法》、《城市绿化条例》的有关规定处罚。

第十七条 违反本办法规定,在城市绿地范围内进行拦河截溪、取土采石、设置垃圾堆场、排放污水以及其他对城市生态环境造成破坏活动的,由城市园林绿化行政主管部门责令改正,并处一万元以上三万元以下的罚款。

第十八条 违反本办法规定,在已经划定的城市绿线范围内违反规定审批建设项目的,对有关责任人员由有关机关给予行政处分;构成犯罪的,依法追究刑事责任。

第十九条 城镇体系规划所确定的,城市规划区外防护绿地、绿化隔离带等的绿线划定、监督和管理,参照本办法执行。

第二十条 本办法自二〇〇二年十一月一日起施行。

- 建设部:《城市绿地系统规划编制纲要(试行)》(2002年12月19日发布)

为贯彻落实《城市绿化条例》(国务院[1992]100号令)和《国务院关于加强城市绿化建设的通知》(国发[2001]20号),加强我国《城市绿地系统规划》编制的制度化和规范化,确保规划质量,充分发挥城市绿地系统的生态环境效益、社会经济效益和景观文化功能，特制定本《纲要》。

《城市绿地系统规划》是《城市总体规划》的专业规划，是对《城市总体规划》的深化和细化。《城市绿地系统规划》由城市规划行政主管部门和城市园林行政主管部门共同负责编制，并纳入《城市总体规划》。

《城市绿地系统规划》的主要任务，是在深入调查研究的基础上，根据《城市总体规划》中的城市性质、发展目标、用地布局等规定，科学制定各类城市绿地的发展指标，合理安排城市各类园林绿地建设和市域大环境绿化的空间布局，达到保护和改善城市生态环境、优化城市人居环境、促进城市可持续发展的目的。

《城市绿地系统规划》成果应包括：规划文本、规划说明书、规划图则和规划基础资料四个部分。其中，依法批准的规划文本与规划图则具有同等法律效力。

本《纲要》由建设部负责解释，自发布之日起生效。全国各地城市在《城市绿地系统规划》的编制和评审工作中，均应遵循本《纲要》。在实践中，各地城市可本着"与时俱进"的原则积极探索，发现新问题及时上报，以便进一步充实完善本《纲要》的内容。

规划文本

一、总则　包括规划范围、规划依据、规划指导思想与原则、规划期限与规模等

二、规划目标与指标

三、市域绿地系统规划

四、城市绿地系统规划：结构、布局与分区

五、城市绿地分类规划：简述各类绿地的规划原则、规划要点和规划指标

六、树种规划：规划绿化植物数量与技术经济指标

七、生物多样性保护与建设规划：包括规划目标与指标、保护措施与对策

八、古树名木保护：古树名木数量、树种和生长状况

九、分期建设规划：分近、中、远三期规划，重点阐明近期建设项目、投资与效益估算

十、规划实施措施：包括法规性、行政性、技术性、经济性和政策性等措施

十一、附录

规划说明书

第一章　概况及现状分析

一、概况。包括自然条件、社会条件、环境状况和城市基本概况等。

二、绿地现状与分析。包括各类绿地现状统计分析,城市绿地发展优势与动力,存在的主要问题与制约因素等。

第二章　规划总则

一、规划编制的意义

二、规划的依据、期限、范围与规模

三、规划的指导思想与原则

第三章　规划目标

一、规划目标

二、规划指标

第四章　市域绿地系统规划

阐明市域绿地系统规划结构与布局和分类发展规划,构筑以中心城区为核心,覆盖整个市域,城乡一体化的绿地系统。

第五章　城市绿地系统规划结构布局与分区

一、规划结构

二、规划布局

三、规划分区

第六章　城市绿地分类规划

一、城市绿地分类(按国标《城市绿地分类标准》CJJ/T 85—2002 执行)

二、公园绿地(G1)规划

三、生产绿地(G2)规划

四、防护绿地(G3)规划

五、附属绿地(G4)规划

六、其他绿地(G5)规划

分述各类绿地的规划原则、规划内容(要点)和规划指标并确定相应的基调树种、骨干树种和一般树种的种类。

第七章　树种规划

一、树种规划的基本原则

二、确定城市所处的植物地理位置,包括植被气候区域与地带、地带性植被类型、建群种、地带性土壤与非地带性土壤类型。

三、技术经济指标:确定裸子植物与被子植物比例、常绿树种与落叶树种比例、乔木与灌木比例、木本植物与草本植物比例、乡土树种与外来树种比例(并进行生态安全性分析)、速生与中生和慢生树种比例,确定绿化植物名录(科、属、种及种以下单位)。

四、基调树种、骨干树种和一般树种的选定

五、市花、市树的选择与建议

第八章　生物(重点是植物)多样性保护与建设规划

一、总体现状分析

二、生物多样性的保护与建设的目标与指标

三、生物多样性保护的层次与规划（含物种、基因、生态系统、景观多样性规划）

四、生物多样性保护的措施与生态管理对策

五、珍稀濒危植物的保护与对策

第九章　古树名木保护

第十章　分期建设规划

城市绿地系统规划分期建设可分为近、中、远三期。在安排各期规划目标和重点项目时，应依城市绿地自身发展规律与特点而定。近期规划应提出规划目标与重点，具体建设项目、规模和投资估算；中、远期建设规划的主要内容应包括建设项目、规划和投资匡算等。

第十一章　实施措施　分别按法规性、行政性、技术性、经济性和政策性等措施进行论述

第十二章　附录、附件

规划图则

一、城市区位关系图

二、现状图

包括城市综合现状图、建成区现状图和各类绿地现状图以及古树名木和文物古迹分布图等。

三、城市绿地现状分析图

四、规划总图

五、市域大环境绿化规划图

六、绿地分类规划图

包括公园绿地、生产绿地、防护绿地、附属绿地和其他绿地规划图等。

七、近期绿地建设规划图

注：图纸比例与城市总体规划图基本一致，一般采用 1∶5000～1∶25000；城市区位关系图宜缩小（1∶10000～1∶50000）；绿地分类规划图可放大（1∶2000～1∶10000）；并标明风玫瑰。绿地分类现状和规划图如生产绿地、防护绿地和其他绿地等可适当合并表达。

基础资料汇编

第一章　城市概况

第一节　自然条件地理位置、地质地貌、气候、土壤、水文、植被与主要动、植物状况

第二节　经济及社会条件经济、社会发展水平、城市发展目标、人口状况、各类用地状况

第三节　环境保护资料城市主要污染源、重污染分布区、污染治理情况与其他环保资料

第四节　城市历史与文化资料

第二章　城市绿化现状

第一节　绿地及相关用地资料

一、现有各类绿地的位置、面积及其景观结构

二、各类人文景观的位置、面积及可利用程度

三、主要水系的位置、面积、流量、深度、水质及利用程度

第二节　技术经济指标

一、绿化指标：人均公园绿地面积；建成区绿化覆盖率；建成区绿地率；人均绿地面积；公园绿地的服务半径、公园绿地、风景林地的日常和节假日的客流量

二、生产绿地的面积、苗木总量、种类、规格、苗木自给率

三、古树名木的数量、位置、名称、树龄、生长情况等

第三节　园林植物、动物资料

一、现有园林植物名录、动物名录

二、主要植物常见病虫害情况

第三章　管理资料

第一节　管理机构

一、机构名称、性质、归口

二、编制设置

三、违章制度建设

第二节　人员状况

一、职工总人数（万人职工比）

二、专业人员配备、工人技术等级情况

第三节　园林科研

第四节　资金与设备

第五节　城市绿地养护与管理情况

附录二

国家园林城市申报与评审办法

（建设部 2005 年 3 月 25 日发布）

为进一步规范国家园林城市申报与评审工作，我部对《创建国家园林城市实施方案》进行了修订，并改为《国家园林城市申报与评审办法》。

一、申报范围

国家园林城市实行申报制。

全国设市城市均可申报国家园林城市。

直辖市、计划单列市、省会城市的城区可申报国家园林城区（参照园林城市申报与评审办法和标准）。已命名为国家园林城市称号的城市所辖城区不再申报国家园林城区。

二、申报条件

（一）已制定创建国家园林城市规划、并实施3年以上。

（二）对照建设部《国家园林城市标准》组织自检达到国家园林城市标准。

（三）已开展省级园林城市创建活动的，必须获得省级园林城市称号2年以上。

（四）近3年内未发生重大破坏绿化成果的事件。

三、申报时间

国家园林城市的评审每两年开展一次，建设部受理申报时间为该评审年的五月底前。

四、申报程序

（一）由申报城市人民政府向建设部提出申请，并抄报省级建设主管部门。

（二）由所在省级建设主管部门对申报城市组织资格评定，根据评定结果，向建设部提出初评意见。

（三）直辖市申报国家园林城市由城市人民政府直接报建设部。

（四）申报国家园林城区的，先报经城市人民政府同意，并提出上报意见。

五、申报材料（同时进行网上申报）

（一）省级建设主管部门的报告及初审意见。

（二）申报城市人民政府的申请报告。

（三）申报城市需提供的有关材料：

1．关于创建国家园林城市的技术报告（文本和多媒体音像）。

2．城市概况、基础设施情况以及环境状况等有关情况的说明。

3．城市绿地系统规划文本、批准文件及实施情况，城市绿线制度建立和实施情况的说明。

4．按照《国家园林城市标准》逐项说明材料。

5．城市园林绿化机构设置与行业管理情况说明。

6．创建工作影像资料、城市绿化现状图等。

六、评审程序

（一）建设部统一组织对申报城市（城区）进行遥感测试。

（二）经过遥感测试合格的城市，将组织专家组进行实地考察，并由专家组提出书面考察评估意见。

（三）建设部组成评审委员会，观看申报城市创建国家园林城市的技术报告音像资料，并听取专家组考察评估意见，对申报城市进行综合评审，提出评审意见。

（四）对通过综合评审的城市进行公示（10天）。

（五）公示结束后，对申报城市进行审定，对审定通过的城市进行命名，并表彰授牌。

七、复查管理

对已命名的"国家园林城市"实行复查制。每三年复查一次，复查合格的，保留"国家园林城市"称号；对复查验收不合格的，给予警告，限期整改；整改不合格的，撤消"国家园林城市"称号。

国家园林城市标准

一、组织领导

（一）认真执行国务院《城市绿化条例》和国家有关方针、政策，认真落实《国务院关于加强城市绿化建设的通知》的要求。

（二）城市政府领导重视城市园林绿化工作，创建工作指导思想明确，组织保障，政策措施实施有力。

（三）结合城市园林绿化工作实际，创造出丰富经验，对全国有示范、推动作用。

（四）按照国务院职能分工的要求，建立健全城市园林绿化行政管理机构，职能明确，行业管理到位。

（五）近3年城市园林绿化建设资金逐年增加，园林绿化养护经费有保障，并随绿地增加逐年增长。

（六）管理法规和制度配套、齐全，执法严格有效，无非法侵占绿地、破环绿化成果的严重事件。

（七）园林绿化科研队伍和资金落实，科研成效显著。

二、管理制度

（一）城市绿地系统规划编制（修编）完成，并获批准纳入城市总体规划，严格实施，取得良好的生态、环境效益。

（二）严格实施城市绿线管制制度，并向社会公布。

（三）城市各类绿地布局合理、功能健全、形成科学合理的绿地系统。

（四）各类工程建设项目符合建设部《城市绿化规划建设指标的规定》。

（五）编制和实施城市规划区生物（植物）多样性保护规划，城市常用的园林植物以乡土物种为主，物种数量不低于150种（西北、东北地区 80种）。

三、景观保护

（一）注重城市原有自然风貌的保护。

（二）突出城市文化和民族特色，保护历史文化措施有力，效果明显，文物古迹及其所处环境得到保护。

（三）城市布局合理，建筑和谐，容貌美观。

（四）城市古树名木保护管理法规健全，古树名木保护建档立卡，责任落实，措施有力。

（五）户外广告管理规范，制度健全完善，效果明显。

四、绿化建设

（一）指标管理

1．城市园林绿化工作成果达到全国先进水平，各项园林绿化指标近三年逐年增长。

2．经遥感技术鉴定核实，城市绿化覆盖率、建成区绿地率、人均公共绿地面积指标达到基本指标要求（见附页）。

3．各城区间的绿化指标差距逐年缩小，城市绿化覆盖率、绿地率相差在5个百分点以内、人均绿地面积差距在2平方米以内。

4．城市中心区人均公共绿地达到5平方米以上。

（二）道路绿化

1．城市道路绿化符合《城市道路绿化规划与设计规范》，道路绿化普及率、达标率分别在95%和80%以上，市区干道绿化带面积不少于道路总用地面积的25%。

2．全市形成林荫路系统，道路绿化具有本地区特点。

（三）居住区绿化

1．新建居住小区绿化面积占总用地面积的30%以上，辟有休息活动园地，旧居住区改造，绿化面积不少于总用地面积的25%。

2．全市"园林小区"占60%以上。

3．居住区园林绿化养护管理资金落实，措施得当，绿化种植维护落实，设施保持完好。

（四）单位绿化

1．市内各单位重视庭院绿化美化，全市"园林单位"占60%以上。

2．城市主干道沿街单位90%以上实施拆墙透绿。

（五）苗圃建设

1．全市生产绿地总面积占城市建成区面积的2%以上。

2．城市各项绿化美化工程所用苗木自给率达80%以上，出圃苗木规格、质量符合城市绿化工程需要。

3．园林植物引种、育种工作成绩显著，培育和应用一批适应当地条件的具有特性、抗性优良品种。

（六）城市全民义务植树

1．认真组织全民义务植树活动，实施义务植树登记卡制度，植树成活率和保存率均不低于85%，尽责率在80%以上。

2．组织开展城市绿地认建、认养、认管等群众性绿化活动，成效显著。

（七）立体绿化

1．积极推广建筑物、屋顶、墙面、立交桥等立体绿化，取得良好的效果。

2. 立体绿化具有一定规模和较高水平的城市，其立体绿化可按一定比例折算成城市绿化面积。

五、园林建设

（一）城市公共绿地布局合理，分布均匀，服务半径达到500米（1000平方米以上公共绿地）的要求。

（二）公园设计符合《公园设计规范》的要求，突出植物景观，绿化面积应占陆地总面积的70%以上，植物配置合理，富有特色，规划建设管理具有较高水平。

（三）制定保护规划和实施计划，古典园林、历史名园得到有效保护。

（四）城市广场建设要突出以植物造景为主，绿地率达到60%以上，植物配置要乔灌草相结合，建筑小品、城市雕塑要突出城市特色，与周围环境协调美观，充分展示城市历史文化风貌。

（五）近三年，大城市新建综合性公园或植物园不少于3处，中小城市不少于1处。

六、生态环境

（一）城市大环境绿化扎实开展，效果明显，形成城郊一体的优良环境。

（二）按照城市卫生、安全、防灾、环保等要求建设防护绿地，城市周边、城市功能分区交界处建有绿化隔离带，维护管理措施落实，城市热岛效应缓解，环境效益良好。

（三）城市环境综合治理工作扎实开展，效果明显。生活垃圾无害化处理率达60%以上，污水处理率达55%以上。

（四）城市大气污染指数小于100的天数达到240天以上，地表水环境质量标准达到三类以上。

（五）江、河、湖、海等水体沿岸绿化效果较好，注重自然生态保护，按照生态学原则进行驳岸和水底处理，生态效益和景观效果明显，形成城市特有的风光带。

（六）城市湿地资源得到有效保护，有条件的城市建有湿地公园。

（七）城市新建建筑按照国家标准普遍采用节能措施和节能材料，节能建筑和绿色建筑所占比例达到50%以上。

七、市政设施

（一）燃气普及率80%以上。

（二）万人拥有公共交运车辆达10辆（标台）以上。

（三）公交出行比率大城市不低于20%，中等城市不低于15%。

（四）实施城市照明工程，景观照明科学合理。城市道路照明装置率98%以上，城市道路亮灯率98%以上。

（五）人均拥有道路面积9平方米以上。

（六）用水普及率90%以上；水质综合合格率100%。

（七）道路机械清扫率20%；每万人拥有公厕4座。

国家园林城市基本指标表

		100万以上人口城市	50～100万人口城市	50万以下人口城市
人均公共绿地	秦岭淮河以南	7.5	8	9
	秦岭淮河以北	7	7.5	8.5
绿地率（%）	秦岭淮河以南	31	33	35
	秦岭淮河以北	29	31	34
绿化覆盖率（%）	秦岭淮河以南	36	38	40
	秦岭淮河以北	34	36	38

备注：国家园林城区评审

国家园林城区的评审参照国家园林城市标准。下列项目不列入评审范围：

1．城市绿地系统规划编制。
2．城市规划区范围内生物多样性（植物）规划。
3．城市大环境绿化。
4．按城市整体要求的市政建设。

附录三

国家园林县城标准与评选办法

（建设部2006年1月6日发布）

国家园林县城标准

1．按照国务院职能分工的要求，建立健全县园林绿化行政管理机构，职能明确，行业管理到位。

2．法规和管理制度配套、齐全，执法严格有效，无非法侵占绿地、破坏绿化成果的严重事件。

3．完成了县城绿地系统规划编制（修编），并严格实施，各类绿地布局合理、功能健全、形成科学合理的绿地系统；建立实施城市绿线管制制度。

4．公共绿地布局合理，服务半径达到500米（1000平方米以上公共绿地）的要求；城市绿化覆盖率40%、建成区绿地率35%、人均公共绿地面积9平方米以上。

5．注重县城风貌的保护，突出文化和民族特色，保护历史文化措施有力，文物古迹及其所处环境得到有效保护；户外广告管理规范，制度健全完善，效果明显。

6．道路绿化符合《城市道路绿化规划与设计规范》，道路绿化普及率、达标率分别在100%和80%以上，县城干道绿化带面积不少于道路总用地面积的25%。

7. 至少有两座公园符合《公园设计规范》要求，面积在3公顷以上，公园绿地率70%以上，植物配置合理，富有特色，规划建设管理具有较高水平。

8. 县城各单位重视庭院绿化美化，园林式单位、园林式小区各占60%以上；主干道沿街单位90%以上实施拆墙透绿。

9. 认真组织全民义务植树活动，实施义务植树登记卡制度，植树成活率和保存率均不低于85%，尽责率在80%以上；组织开展了绿地认建、认养、认管等群众性绿化活动。

10. 广场建设要以植物造景为主，绿地率达到60%以上，建筑小品、雕塑特色突出，与周围环境协调美观，充分展示历史文化风貌，立体绿化效果明显。

11. 县城生态环境良好，山体、水系及周边自然环境得到有效保护，形成城郊一体的优良环境；按照城市卫生、安全、防灾、环保等要求建设防护绿地。

12. 县城环境综合治理效果明显。生活垃圾无害化处理率达80%以上，污水处理率达65%以上，大气污染指数小于100的天数达到240天以上，地表水环境质量标准达到三类以上。

13. 人均拥有道路面积9平方米以上，用水普及率90%以上，水质综合合格率100%，县城照明科学合理，道路亮灯率98%以上，每万人拥有公厕4座以上。

14. 已开展省级园林县城创建活动，获得省级园林县城称号两年以上。

国家园林县城评选办法

为了认真贯彻十六届五中全会精神，坚持科学发展观和构建和谐社会，促进城镇化健康发展，加快县城园林绿化建设步伐，提高园林绿化水平，促进人与自然的和谐发展，特制定本办法。

一、申报范围

国家园林县城实行申报制。县政府所在镇可申报国家园林县城。

二、申报时间

国家园林县城的评选每两年一次，各省、自治区建设厅、直辖市园林局须在评选年的6月底前将申报材料报建设部。

三、申报材料

（一）省、自治区建设厅、直辖市园林局推荐国家园林县城的报告。

（二）申报的县城创建工作汇报（文字）、音像材料。下列材料提供光盘：

1. 关于创建国家园林县城情况汇报，县城现状图以及影像资料。
2. 县人民政府关于县城概况、基础设施情况以及环境状况等有关情况的说明。
3. 园林绿化规划及实施情况的说明。
4. 绿化情况的说明（公园、游园绿地建设与管理情况、大环境绿化建设、自然资源保护利用情况等有关资料）。

5. 绿化管理情况的说明（法制建设、养护管理、古树名木保护管理、以及创建园林式单位、开展城市全民义务植树等群众性绿化活动开展情况等有关资料）。

四、申报程序

各省、自治区建设厅、直辖市园林局根据本办法，制定本地区园林县城的申报程序和要求，对本地区申报县城进行检查，并统一将检查通过的县城的材料按要求报建设部。

各省、自治区建设厅、直辖市园林局每次申报的园林县城最多为3个。

五、评审与命名

建设部根据省、自治区建设厅、直辖市园林局报送的园林县城申报材料，进行综合评审，评审合格的，由建设部命名并颁发奖牌。

对已命名的"国家园林县城"，建设部将进行随机抽查，对不符合国家园林县城标准的，将作出相应处理。

附录四

国家生态园林城市创建标准

（建设部 2004 年 6 月 15 日发布）

建设部关于印发创建"生态园林城市"实施意见的通知

各省、自治区建设厅，直辖市建委及有关部门，计划单列市园林局，深圳市城管局，新疆建设兵团建设局，解放军总后勤部：

为进一步推动城市生态环境建设，实施可持续发展战略，落实党的十六大提出的"全面建设小康社会"的任务，努力为广大人民群众创造优美、舒适、健康、方便的生活环境，经研究决定在创建"园林城市"的基础上，开展创建"生态园林城市"活动。现将《关于创建"生态园林城市"的实施意见》印发给你们，请遵照执行。

各级建设行政主管部门要认真贯彻十六届三中全会精神，坚持以人为本，树立全面、协调、可持续的发展观，高度重视城市生态环境建设；要充分认识创建"生态园林城市"的重大意义，切实加强对开展创建"生态园林城市"工作的指导；要坚持实事求是、因地制宜的原则，制定切实可行的实施方案和目标，精心组织，狠抓落实，使创建工作扎扎实实、富有成效。

附件：1. 关于创建"生态园林城市"的实施意见
　　　2. 国家生态园林城市标准（暂行）

二〇〇四年六月十五日

附件1：关于创建"生态园林城市"的实施意见

为贯彻落实党的十六大精神，进一步加强城市生态环境建设，促进城市实施可持续发展，提出创建"生态园林城市"的实施意见：

一、准确把握"生态园林城市"的基本内涵

"生态城市"是在联合国教科文组织发起的"人与生物圈"计划研究过程中提出的一个概念。本意见所指的生态城市化，就是要实现城市社会、经济、自然复合生态系统的整体协调，从而达到一种稳定有序状态的演进过程。生态城市是城市生态化发展的结果，是社会和谐、经济高效、生态良好循环的人类居住形式，是人类住区发展的高级阶段。在我国全面建设小康社会的过程中，在创建"园林城市"的基础上，把创建"生态园林城市"作为建设生态城市的阶段性目标，就是要利用环境生态学原理，规划、建设和管理城市，进一步完善城市绿地系统，有效防治和减少城市大气污染、水污染、土壤污染、噪声污染和各种废弃物，实施清洁生产、绿色交通、绿色建筑，促进城市中人与自然的和谐，使环境更加清洁、安全、优美、舒适。

二、充分认识创建"生态园林城市"的重大意义

加强城市生态环境建设，努力为广大人民群众创造一个优美、舒适、健康、方便的生活居住环境，是坚持"三个代表"重要思想在城市建设工作的具体体现，是各级建设行政主管部门的重要职责。党的"十六大"明确提出了"全面建设小康社会"的目标，把"可持续发展能力不断增强，生态环境得到改善，资源利用效率显著提高，促进人和自然的和谐，推动整个社会走上生产发展、生活富裕、生态良好的文明发展之路"作为全面建设小康社会目标的重要内容，十六届三中全会明确提出坚持以人为本，树立全面、协调、可持续的发展观。创建"生态园林城市"，不仅是满足人民生活水平不断提高的需要，也是落实十六大提出的全面建设小康社会宏伟目标的重要措施。各级建设行政主管部门要充分认识开展创建"生态园林城市"工作的重大意义，增强历史责任感，积极引导城市建设向"生态城市"目标发展。

三、创建"生态园林城市"的指导原则

开展创建"生态园林城市"，必须坚持以下原则：

第一，坚持以人为本的原则。城市是人群高度集中的地方，城市建设必须代表最广大人民群众的根本利益，注重城市经济和社会的协调发展，注重城市的可持续发展，满足人们对生活、工作、休闲的要求，建设良好的人居环境。

第二，坚持环境优先的原则。要按照环境保护的要求，深化城市总体规划的内涵，做好城市绿地系统规划，使城市市区与郊区甚至更大区域形成统一的市域生态体系。确定以环境建设为重点的城市发展战略，优化城市市域发展布局，形成与生态环境协调发展的综合考核指标体系。在城市工程建设、环境综合整治中，从规划、设计、建设到管理，从技术方案选择到材料使用等都要贯彻"生态"的理念，坚持"环境优先"的原则，要开发新技术，大力倡导节约能源、提高资源利用效率。

第三，坚持系统性原则。城市是一个区域中的一部分，城市生态系统也是一个开放的系统，与城市外部其他生态系统必然进行物质、能量、信息的交换。必须用系统的观点从区域环境和区域生态系统的角度考虑城市生态环境问题，制定完整的城市生态发展战略、措施和行动计划。在以城市绿地系统建设为基础的情况下，坚持保护和治理城市水环境、城市市容卫生、城市污染物控制等方面的协调统一。

第四，坚持工程带动的原则。要认真研究和制定工程行动计划，通过切实可行的工程措施，保护、恢复和再造城市的自然环境，要将城市市域范围内的自然植被、河湖海湿地等生态敏感地带的保护和恢复，旧城改造、新区和住宅小区建设，城市河道等水系治理、城市污水、垃圾等污染物治理，水、风、地热等可再生性能源的利用等措施，列入工程实施。充分扩大城市绿地总量和减少污染物排放，不断改善城市生态环境。

第五，坚持因地制宜的原则。我国幅员辽阔，区域经济发展与生态环境状况等有所不同，创建"生态园林城市"必须从实际出发，因地制宜地进行。建设"生态园林城市"不能急功近利，要根据城市社会经济发展水平的不同阶段，制定切实可行的目标，促进城市经济、社会、环境协调发展。

四、关于创建"生态园林城市"的评估办法由于各地地理气候条件等差异，各地可根据上述原则，在创建园林城市的基础上，参照《国家生态园林城市标准（暂行）》（详见附件2），研究制定本地的创建"生态园林城市"的方案。

"生态园林城市"的评估工作每年进行一次，将采取城市自愿申报，省级建设行政主管部门推荐，建设部组织专家评议，部常务会审定的办法进行。申报城市必须是已获得"国家园林城市"称号的城市。

附件2：国家生态园林城市标准（暂行）

一、一般性要求

1. 应用生态学与系统学原理来规划建设城市，城市性质、功能、发展目标定位准确，编制了科学的城市绿地系统规划并纳入了城市总体规划，制定了完整的城市生态发展战略、措施和行动计划。城市功能协调，符合生态平衡要求；城市发展与布局结构合理，形成了与区域生态系统相协调的城市发展形态和城乡一体化的城镇发展体系。

2. 城市与区域协调发展，有良好的市域生态环境，形成了完整的城市绿地系统。自然地貌、植被、水系、湿地等生态敏感区域得到了有效保护，绿地分布合理，生物多样性趋于丰富。大气环境、水系环境良好，并具有良好的气流循环，热岛效应较低。

3. 城市人文景观和自然景观和谐融通，继承城市传统文化，保持城市原有的历史风貌，保护历史文化和自然遗产，保持地形地貌、河流水系的自然形态，具有独特的城市人文、自然景观。

4. 城市各项基础设施完善。城市供水、燃气、供热、供电、通信、交通等设施完备、高效、稳定，市民生活工作环境清洁安全，生产、生活污染物得到有效处理。城市交通系统运行高效，开展创建绿色交通示范城市活动，落实优先发展公交政策。城市建筑（包括住宅建设）广泛采用了建筑节能、节水技术，普遍应用了低能耗环保建筑材料。

5. 具有良好的城市生活环境。城市公共卫生设施完善，达到了较高污染控制水平，建立了相应的危机处理机制。市民能够普遍享受健康服务。城市具有完备的公园、文化、体育等各种娱乐和休闲场所。住宅小区、社区的建设功能俱全、环境优良。居民对本市的生态环境有较高的满意度。

6. 社会各界和普通市民能够积极参与涉及公共利益政策和措施的制定和实施。对城市生态建设、环保措施具有较高的参与度。

7. 模范执行国家和地方有关城市规划、生态环境保护法律法规，持续改善生态环境和生活环境。三年内无重大环境污染和生态破坏事件、无重大破坏绿化成果行为、无重大基础设施事故。

二、基本指标要求

（一）城市生态环境指标

序号	指标	标准值
1	综合物种指数	≥0.5
2	本地植物指数	≥0.7
3	建成区道路广场用地中透水面积的比重	≥50%
4	城市热岛效应程度（℃）	≤2.5
5	建成区绿化覆盖率（%）	≥45
6	建成区人均公共绿地（平方米）	≥12
7	建成区绿地率（%）	≥38

（二）城市生活环境指标

序号	指标	标准值
8	空气污染指数小于等于100的天数／年	≥300
9	城市水环境功能区水质达标率（%）	100
10	城市管网水水质年综合合格率（%）	100
11	环境噪声达标区覆盖率（%）	≥95
12	公众对城市生态环境的满意度（%）	≥85

（三）城市基础设施指标

序号	指标	标准值
13	城市基础设施系统完好率（%）	≥85
14	自来水普及率（%）	100，实现24小时供水
15	城市污水处理率（%）	≥70
16	再生水利用率（%）	≥30
17	生活垃圾无害化处理率（%）	≥90
18	万人拥有病床数（张／万人）	≥90
19	主次干道平均车速	≥40公里／小时

（四）基本指标要求说明

1. 综合物种指数

物种多样性是生物多样性的重要组成部分，是衡量一个地区生态保护、生态建设与恢复水平的较好指标。本指标选择代表性的动植物（鸟类、鱼类和植物）作为衡量城市物种多样性的标准。

物种指数的计算方法如下：

单项物种指数：$P_i = \dfrac{N_{bi}}{N_i}$（$i = 1, 2, 3$，分别代表鸟类、鱼类和植物）

其中，P_i 为单项物种指数，N_{bi} 为城市建成区内该类物种数，N_i 为市域范围内该类物种总数。

综合物种指数为单项物种指数的平均值。

综合物种指数 $H = \dfrac{1}{n} \sum\limits_{i=1}^{n} P_i$，$n = 3$

注：鸟类、鱼类均以自然环境中生存的种类计算，人工饲养者不计。

2. 本地植物指数

城市建成区内全部植物物种中本地物种所占比例。

3. 建成区道路广场用地中透水面积的比重

城市建成区内道路广场用地中，透水性地面（径流系数小于0.60的地面）所占比重。

4. 城市热岛效应程度（℃）

城市热岛效应是城市出现市区气温比周围郊区高的现象。采用城市市区6~8月日最高气温的平均值和对应时期区域腹地（郊区、农村）日最高气温平均值的差值表示。

5. 建成区绿化覆盖率（%）

指在城市建成区的绿化覆盖面积占建成区面积的百分比。绿化覆盖面积是指城市中乔木、灌木、草坪等所有植被的垂直投影面积。

6. 建成区人均公共绿地（平方米）

指在城市建成区的公共绿地面积与相应范围城市人口之比。

7. 建成区绿地率（%）

指在城市建成区的园林绿地面积占建成区面积的百分比。

8. 城市空气污染指数小于100的天数／年

空气污染指数（API）为城市市区每日空气污染指数（API），其计算方法按照《城市空气质量日报技术规定》执行。

9. 城市水环境功能区水质达标率

指城市市区地表水认证点位监测结果按相应水体功能标准衡量，不同功能水域水质达标率的平均值。沿海城市水域功能区水质达标率是地表水功能区水质达标效和近岸海域功能区水质达标率的加权平均；非沿海城市水域功能区水质达标率是指各地表水功能区水质达标率平均值。

10. 城市管网水水质年综合合格率

指管网水达到一类自来水公司国家生活饮用水卫生标准的合格程度。

11. 环境噪声达标区覆盖率（%）

指城市建成区内，已建成的环境噪声达标区面积占建成区总面积的百分比。

计算方法：

$$噪声达标区覆盖率 = \frac{噪声达标区面积之和}{建成区总面积} \times 100\%$$

12. 公众对城市生态环境的满意度（%）

指被抽查的公众（不少于城市人口的千分之一）对城市生态环境满意（含基本满意）的人数占被抽查的公众总人数的百分比。

13. 城市基础设施系统完好率（%）

是衡量一个城市社会发展、城市基础建设水平及预警应急反应能力的重要指标。城市基础设施系统包括：供排水系统、供电线路、供热系统、供气系统、通讯信息、交通道路系统、消防系统、医疗应急救援系统、地震等自然灾害应急救援系统。完好率最高为1，前5项以事故发生率计算，每条生命线每年发生10次以上扣0.1，100次以上扣0.3，1000次以上为0；交通线路每年发生交通事故死亡5人以上扣0.1，死亡10人扣0.3，死亡30人以上扣0.5，死亡50人以上则为0。后3项以是否建立了应急救援系统为准，若已建立则为1，未建立则为0。

计算公式：基础设施完好率 $= \Sigma P_i / 9 \times 100\%$

式中 P_i 为各基础设施完好率。

14. 用水普及率

指城市用水人口与城市人口的比率。

15. 城市污水处理率（%）

指城市污水处理量与污水排放总量的比率。

16. 再生水利用率（%）

指城市污水再生利用量与污水处理量的比率。

17. 生活垃圾无害化处理率（%）

指经无害化处理的城市市区生活垃圾数量占市区生活垃圾产生总量的百分比。

18. 万人拥有病床数（张／万人）

指城市人口中每万人拥有的病床数。

19. 主次干道平均车速

考核主次干道上机动车的平均车速，平均行程车速是指车辆通过道路的长度与时间之比。

城市绿地系统规划

下篇
规划实务

城
市 绿 地 系 统 规 划

案例一：桂林市生态绿地系统规划
（1995～2015年）[①]

1 项目背景与工作框架

1.1 规划编制背景

1985年7月，国务院对《桂林市城市总体规划》（1980～2000年）的批复明确指出："桂林市是我国重点风景旅游城市和历史文化名城。桂林独有的秀丽山水风景和自然景观，是大自然赋予的宝贵财富；一切建设都要与山水风景相协调，严格禁止在风景区或规划的绿地内建设有碍山水自然景色的建筑物、构筑物。要结合详细规划，着重把山水、文物保护规划进一步搞好，不仅要保护山水、文物等景物本身，而且要重视其环境景观的保护。"

该规划实施期间，得到了广西壮族自治区、桂林市党委、人大、政府和政协的高度重视和支持。桂林市的社会经济发展和城市建设，基本按照城市总体规划的要求进行。城市性质得到长期坚持，城市规模得到严格控制，[②]城市布局的原则得到坚持和深化。总体上看，原规划对城市发展发挥了较好的宏观调控作用，部分规划目标已实现。

然而，由于原规划是在计划经济体制下编制的，当时尚处于改革开放初期，在规划指导思想、城市功能结构及量化发展目标的确定上，很难预料今天的发展态势；在实施过程中，已反映出规划滞后于社会经济发展需要、难以适应改革开放和社会主义市场经济体制的新形势等问题。随着国家经济体制的转轨和改革开放进程的加速，特别是各级政府及各部门《"九五"计划与2010年远景规划纲要》的制定，有必要对1984年版的《桂林市城市总体规划》进行修编。

1995年开展的桂林总规修编，认真按照《城市规划法》和建设部颁布的《城市规划编制办法》的要求进行，规划区的范围为市域全境。规划编制在符合国家及地方有关标准和技术规范的规定的基础上，尽可能地结合科学研究，尝试新的规划思路与方法。规划期为25年（1996～2020年），其中，近期规划为5年（1996～2000年）；中期规划到2010年；远期规划到2020年。同时，考虑到若干重大问题的决策影响深远，远景规划展望到2050年。

[①] 《桂林市城市总体规划》修编工作于1995～1996年间进行，由清华大学建筑学院和清华大学城市规划设计研究院应邀承担。其间，笔者具体负责了绿地系统专项规划。因篇幅所限，本书对部分内容有所简化。

[②] 1984年的原规划城市用地到2000年为56.7平方公里，1994年达到46.3平方公里，尚有发展余地。

1.2 规划指导思想

1.2.1 桂林的城市性质要坚持强调"风景旅游城市"和"历史文化名城"的特点。同时，应充分考虑社会经济发展对城市现代化的更高要求，在城市发展的基本目标中，反映时代特点，参与国际竞争，促进区域经济发展。因此，对桂林未来城市性质的认识可总述为："桂林是山水优美、生态健全的国际性风景旅游城市，国家历史文化名城，以高新技术产业为主导的桂东北地区现代化中心城市。"

1.2.2 要正确处理好可再生资源和不可再生资源的利用关系，促进城市的可持续发展。桂林市丰富独特的自然景观环境和与之相依存的历史文化特色，是宝贵的不可再生资源，应当在社会经济发展和城乡建设中得到永久性保护和弘扬。对此，在规划思想和方法上要充分重视，妥善处理好社会经济发展与城市建设和自然山水景观、历史文化遗产保护的关系。要重视对规划区土地资源和旅游资源的社会经济及区位条件的宏观变化分析，从区域发展战略及区域平衡的观点出发，寻求土地资源和旅游资源合理开发和优化配置。

1.2.3 要正确处理好有价资源与无价资源的利用关系，促进市域环境的健康发展。作为世界著名的山水旅游城市，保持良好的生态环境对于桂林市的发展具有极为重要的特殊意义。黄金有价而山水无价。要高度重视桂林市域乃至周边地区城乡生态环境的保护，通过生态绿地系统的规划和建设，进一步改善、提高桂林市的整体环境质量。要促进清洁无公害工业体系的形成，高标准地建设现代化的生活居住环境；把建设山水城市、园林城市、生态城市，作为城市的长期发展目标；不断寻求土地资源配置和旅游资源配置的动态平衡，以确保规划区社会经济的健康发展。

1.2.4 要正确处理好风景旅游与工业发展的协调关系，增强城市发展的经济动力。要适应改革开放和社会主义市场经济体制的新形势，力求使桂林的旅游经济优势得到充分发挥，带动其他产业走与之相协调的道路。为增强桂林市的经济实力，要从提高城市整体效益出发，协调好各个行业发展的关系；尤其应该注意寻求第二产业的出路及其布局结构的调整。同时要重视城市基础设施建设，为城市经济的发展和城市现代化创造条件。

1.2.5 要充分考虑跨世纪发展问题，规划决策既要有足够的科学性、合理性、前瞻性和高标准，又要考虑到桂林的现实情况，妥善处理好"低起点"与"高标准"之间的矛盾，确定合理的发展时序，将规划远见与近期实施有机结合起来。在做出重大决策时，应充分考虑有关政策与措施的保证条件，不仅重视规划目标的合理性，还应考虑经济技术和管理操作上的可行性。此外，生态绿地系统的规划要有弹性，从城乡一体化的角度，为城市的远景发展留有余地。

1.3 规划工作方法

1.3.1 "实空间"规划与"虚空间"规划相结合

对于城市建筑的实体空间而言，生态绿地可谓是一种"虚空间"。若将桂林的城市空间当作一幅山水画来经营的话，那么"着墨"与"留白"就必须同时考虑；正确处理好"实空间"与"虚空间"的耦合关系，构筑合理的城市形态。所以，对市域生态绿地系统的研究要先行一步，并争取在城市总图布局阶段就能积极参与，贯彻"开敞空间优先"（Open Space First）的用地布局原则，运用符合当地条件的生态绿地系统布局，自然地把城市分隔成为若干组团，避免城市单中心连片发展的"摊大饼"之弊。同时，这样也能较好地处理城市与郊县农村地区互补协调发展的关系。

1.3.2 绿地指标规划与城市形态规划相结合

迄今为此，国内的城市绿地系统规划编制过程，主要是一种"绿地指标规划"模式，即按照编制规范要求的规划指标，区分出不同的绿地类型，然后在基本成型的城市用地总图上填空布局，较少考虑城市整体形态的规划合理性。为改进这一习用的规划方法，更好地构筑桂林山水园林城市的整体形态，本次规划力求把功能指标规划与城市形态规划相结合，用绿地布局模式影响城市形态布局。

1.3.3 遵守编制规范与科学研究创新相结合

作为城市总体规划修编的主要内容之一，绿地系统的规划既要符合国家现行颁布的有关编制规范和要求，以满足实际工作部门的需要；又要努力提高规划的科学水平，拓展规划思维的领域，增加新的规划内容，尝试新的理论研究成果。因此，要在对现状问题进行深入科学研究的基础上，提出有创新思想的解决办法，然后再与有关的编制规范相对照，反复协调，力求兼顾、两全其美。

1.3.4 定性与定量、整体与局部研究相结合

对于一些涉及面较大的区域性问题，（如漓江风景绿地的保护和发展），要在进行整体定性分析的同时，增加一些局部的定量研究，以提高规划论证的说服力。

1.3.5 建设项目规划与投资、管理规划相结合

面向社会主义的市场经济体制，城乡建设的空间规划要力求与有关的投资、管理措施相对应，提前考虑和安排，从而让规划落到实处，提高可操作性。

1.3.6 现场调查研究与文献资料研究相结合

为了熟悉现状问题，必须深入现场调研；同时，又要进行大量的文献研究，了解有关的历史情况，总结前人成果，把握城市文脉，丰富规划思想。

1.4 规划工作框架

按照上述规划思想和方法，我们对有关规划内容制定了工作框架，如图案1-1所示。

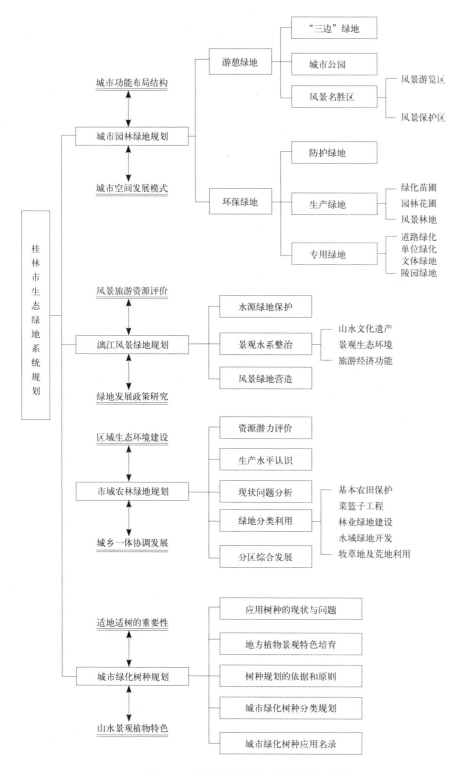

图案1-1 桂林市生态绿地系统规划的工作框架

注："三边"绿地，是指利用山边，水边、路边零星空地而开辟建设的小型游憩绿地。

2 城市园林绿地规划

2.1 风景园林对桂林市发展的特殊意义

桂林是我国著名的风景旅游城市和历史文化名城，素有"山水甲天下"之美称，是中外游客向往的游览胜地。桂林风景园林的特点，主要表现在：

2.1.1 以岩溶峰林和漓江风光为主要特色，集"山青、水秀、洞奇、石美"四绝之胜，天然而和谐地组成了"群山倒影山浮水，无山无水不入神"、"水绕青山山绕水，山浮绿水水浮山"的自然景观美。桂林风景园林里的洞穴，形态奇异，类型齐全，芦笛岩、七星岩、莲花岩等都堪称为"洞穴瑰宝"。

2.1.2 人文景观与文物古迹、民俗风情、村寨风光融于一体，并与自然景观有机结合，相互交辉。靖江王府和靖江王陵、兴安灵渠、甑皮岩洞穴遗址、尧山汉墓群、宋代花桥等文物古迹，均有很高的科学和艺术价值。

2.1.3 资源数量丰富、景区种类较多、地域组合好。大桂林地区的风景园林旅游区，北到兴安灵渠，南到阳朔，东到海洋山，西到龙胜花坪，方园数百里，面积达 2000 多平方公里，大小景点星罗棋布，有开发观赏价值的景区（景点）200 多处，开发利用潜力巨大。市域内经各级人民政府公布为重点文物保护单位的有 109 处（其中，属自治区重点保护的 19 处，属市级重点保护的 48 处，属县级保护的 42 处）。风景资源的地域组合，以桂林市为中心向四周辐射，呈圈层分布，大致可划分为五大景区，即"桂林－阳朔"漓江山水景区、兴安灵渠古迹景区、海洋山高尚银杏林景区、猫儿山水源林景区、龙胜花坪原始森林景区。

2.1.4 城在景中，景在城中，城景交融，相映成趣。丰富的风景园林资源，形成了桂林独有的城市特色，促进了城市的发展。早在唐宋时期，桂林、阳朔一带的 20 多个名山胜境就已得到开拓，并在桂林城区疏挖河湖、栽花修路，构筑了环城水路游览系统。后经历朝经营，桂林的风景资源相继得到开发利用，其风景园林的特色更加名扬全国。韩愈描写桂林山水特色的诗句"江作青罗带，山如碧玉簪"，广为流传至今，成为世人口碑。明清时期，桂林市为广西省治及桂林府治；民国年间，桂林市也曾作为广西省会，并为大西南地区的文化重镇。1979 年 1 月，国务院确定桂林为社会主义风景游览城市；1982 年 2 月，又公布桂林为全国首批 24 个历史文化名城之一。1986 年春，桂林被列为"七五"期间全国七个旅游重点建设城市之一。

桂林市区旧时有"老八景"，即：桂岭晴岚（铁封山）、訾洲烟雨（訾洲）、东渡春澜（浮桥）、西峰夕照（西山）、尧山冬雪（尧山）、舜洞薰风（虞山）、青碧上方（开元寺）、栖霞真境（七星岩）。清人朱树德又作"续八景"，即：叠彩和风（叠彩山）、壶山赤霞（骆驼山）、南溪新霁（南溪山）、北岫紫岚（盘古山）、南岭夏云（越城岭）、榕城古荫（榕湖）、独秀奇峰（独秀峰）。1992 年，桂林市景点征名小组，通过报纸、电视等广泛征求意见、征集景点诗词作品，评选出桂林"新24景"。即：榕湖春晓、古榕系舟、南桥虹影、还珠试剑、拿云揽胜、木龙古渡、老人高风、隐山六洞、西山佛刻、桃江拥翠、芦笛仙宫、花桥映月、七星洞天、驼峰赤霞、龙隐灵迹、桂海碑林、靖江王陵、尧山观涛、穿山挂月、塔山清影、南溪玉屏、冠岩水府、漓江烟雨。

桂林山水甲天下。自然山水和园林的优美风景，是桂林市最宝贵的特有资源，也是桂林争取成为现代化国际旅游名城的立市之本。因此，保护、建设和经营好桂林的山水风景与园林绿地，是桂林城市发展的关键环节之一。

2.2 桂林市区园林绿地现状的基本评价

1949年后，桂林人民在党和政府的领导下，克服重重困难绿化和美化家园，使城市内外基本披上了绿装（表案1-1）。城市西部有著名的西山公园和芦笛岩风景区；城市东部有七星公园；东北郊的尧山风景区，森林面积已达1195公顷；城市西南郊为龙泉国家森林公园；城市南面是奇峰景区，青山绿水间点缀着绿色的军营；城市北面是万顷良田和绿色的沙洲。漓江蜿蜒穿越市区，两岸的许多地段已进行了精细的绿化和美化。建于1980年代、长20公里的环城公路已全程植树绿化，犹如一条绿色的项链环绕着桂林城，美丽壮观。"青山环野绿，一水抱城流"的传统山水城市景观特征，基本得到了保持。1991年，桂林市被评为广西壮族自治区绿化先进城市；1994年又被评为全国园林绿化先进城市。

据统计，1995年底，桂林市建成区的绿化面积1722公顷，绿化覆盖率达33%；公共绿地面积204.5公顷，人均公共绿地5.0平方米。现有开放游览公园10个，面积191.31公顷。

2.3 城市园林绿地建设存在的现状问题

2.3.1 面积数量方面

①由于市区建筑密度过大，规划预留绿地面积不足，导致公共绿地数量较少，人均指标偏低，未能达到建设部对一般城市要求的标准（7平方米／人）；与国内园林城市的先进水平尚有较大差距（1994年底，城市人均公共绿地面积指标：珠海市14.5平方米／人、深圳市13.5平方米／人）。而且，城市中心区的公共绿地数量较少，仅有滨江风景管理处所辖的榕杉湖、叠彩山、伏波山以及象山公园等几处，总面积为37.41公顷(1994年底,城市中心区常住人口规模为15.4万人，人均公共绿地面积仅有2.43平方米。)

②除1960年代建设的滨江路有较宽阔的绿带外，大部分城区道路两侧的绿地宽度都不足8米，规模也较小；建成区外围缺乏较大面积的防护绿地，历来均以石山作为城市外围的天然屏障。

③园林绿化专用苗圃面积严重不足，1995年底育苗面积仅42公顷，约占城市建成区面积的0.8%（按国家标准，该指标应为城市建成区面积的2%～3%；在1984年的桂林市城市总体规划中，该指标约占城市建成区面积的4%）。

2.3.2 空间布局方面

①城市园林绿地的空间分布不够均匀，新区建设中对园林绿化工作重视尤为不够。就现状而言，城市园林绿地在漓江以西的城区较多，漓江以东的城区较少，

城北新区、城南瓦窑区和高新技术开发区，则基本没有较大的公共绿地。

②城市园林绿地的总体布局比较零散，构不成系统；各景点山体、水系、公园和城市绿地之间缺乏有机联系，市区主要旅游景区和公园之间，缺乏景观优美的园林化游览道路相联接。

③现状公共绿地的空间布局与风景旅游城市的特点以及游人审美感知活动需求不相适应；如游人密集流动的中山路沿线、十字街周围等地，公共绿地极少。

④公共绿地空间规模与服务半径尚不配套，未能形成规模适当、功能完善的城市公园系统。市区各主要公园和游览景区的入口前，停车场地严重不足。

2.3.3 城市景观方面

①城市中心区的一些新建筑的体量、高度和形象，与周围山水景观很不协调，少数建筑甚至严重损害了城市的风景视廊；多数大型公共建筑附近，也没有质量较高的园林绿地；尤其是近年来逼近漓江岸线设计的许多建筑组群，切断了沿江绿带的自然伸展，破坏了将山水景观引入城市的视线空间和人们接近风景园林的游憩通道，影响了中外游人对桂林山水城市特征的第一认知。

②市区内的山水形胜之地，大多被各种建筑挤占；违章占用园林绿地的现象时有发生，在部分地段已导致景观环境质量下降，与"桂林山水甲天下"的美誉大相庭径。

③现有公园绿地的景观效果欠

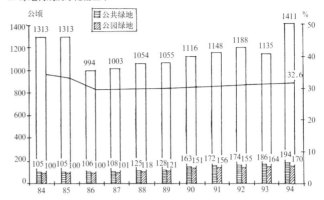

a. 绿地构成及绿化覆盖率

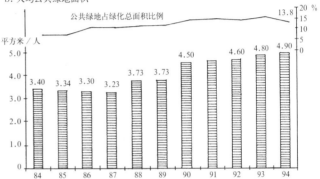

b. 人均公共绿地面积

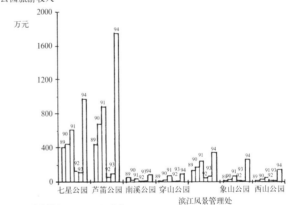

c. 公园旅游收入

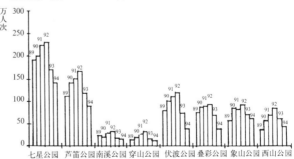

d. 公园旅游人数（1989～1994年）

图案 1-2 桂林市园林绿化现状分析（据《桂林市统计年鉴》）

案例一：桂林市生态绿地系统规划（1995～2015年）

桂林市城市园林绿地现状（1995年底）　　　　　　　　　　　表案1-1

	统计项目分类	面积（公顷）	备注
1	公共绿地	210.50	
	其中：公园	191.31	共9个公园（含七星公园内的动物园2.6公顷）
	小游园	6.64	共11处，统计标准为：绿带平均宽度大于8米，每块绿地面积大于400平方米
	街头绿地	12.49	共44处
2	园林生产绿地	75.62	其中，实际绿化育苗面积41.32公顷；原黑山苗圃34.3公顷正准备开发为园林植物园
3	城市防护绿地	271.70	共60处
	其中：绿化石山	243.97	共45处
	分散绿地	27.73	共15处
4	单位附属绿地	817.3	共184处
5	居住区绿地	17.33	共9处
6	风景林地	207.25	1处（在尧山风景区靖江王陵周围）
7	道路绿地	122.89	道路绿化覆盖面积
	其中：分车带绿地	6.52	共11处
	中心绿岛	0.99	共8处
	行道树绿带	115.38	共144条
8	城市绿化覆盖总面积	1722.6	园林绿地面积1525.84公顷＋道路绿化面积122.89公顷
9	城市建成区面积	52.2（平方公里）	
10	城市常住人口	42.1（万人）	市区常住非农人口
11	城市绿化覆盖率	33（%）	上表项中8÷9
12	城市人均公共绿地面积	5.0(平方米／人)	上表项中1÷10

桂林市城市公园现状（1995年底）　　　　　　　　　　　表案1-2

公园名称	规划面积（公顷）	建成面积（公顷）	现有管理面积（公顷）	年游人量（万人）	年经营收入（万元）	年总支出（万元）
七星公园	137.20	65.12	105.0	164.61	1206.45	1304.7
芦笛公园	169.95	11.58	40.27	99.85	2103.82	2091.2
象山公园	11.95	11.42	11.88	83.13	306.56	264.82
西山公园	125.0	64.69	118.10	39.87	124.88	120.63
穿山公园	79.13	12.64	31.76	12.06	94.72	103.55
南溪山公园	22.72	12.70	19.31	18.33	89.47	93.54
叠彩山公园	26.95	8.45	9.97	49.65	460.76	449.71
伏波山公园	2.62	1.20	1.20	57.42	合计入上行	合计入上行
榕杉湖公园	19.16	16.34	17.88		不收门票	
桂湖公园		17.57	17.57		不收门票	

说明：1.表中的公园规划面积是1984年城市总体规划所定。2.基础资料来源于桂林市园林局。

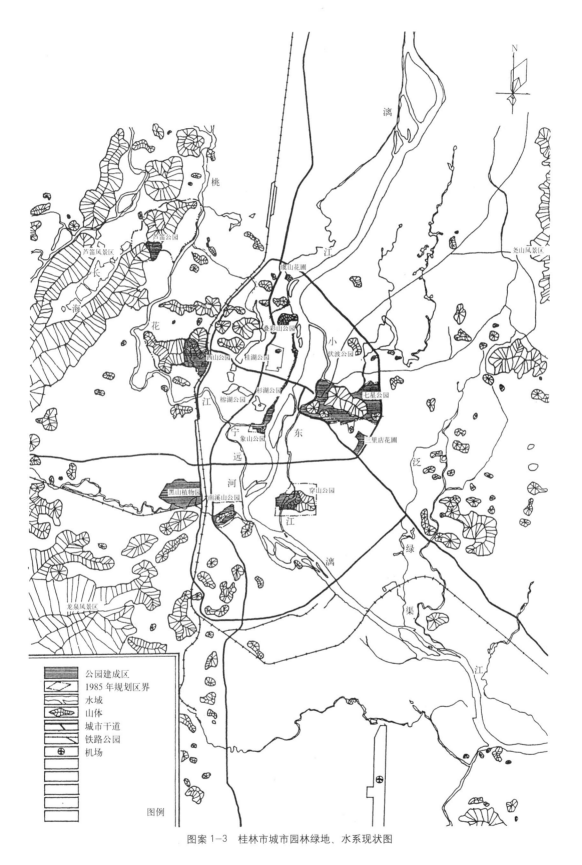

图案 1-3 桂林市城市园林绿地、水系现状图

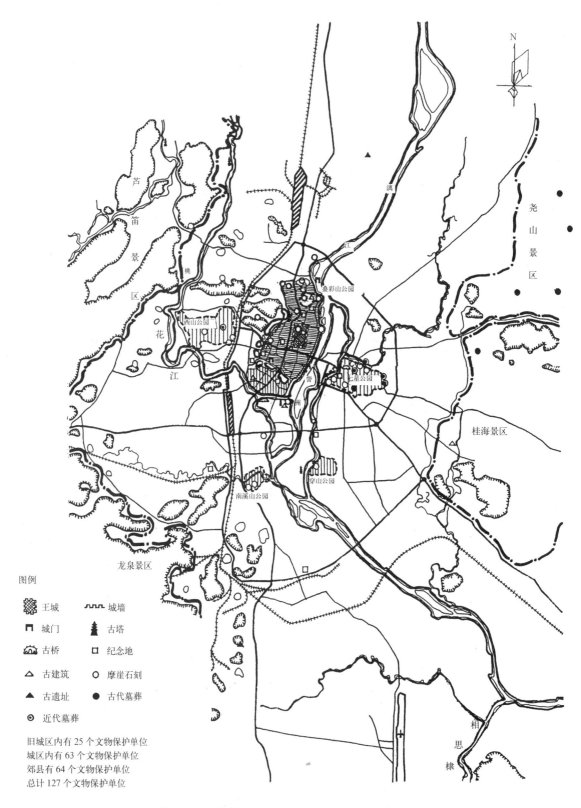

图案 1-4 桂林市城区文物古迹、历史地段、风景名胜分布图

精致，有不少处于粗放经营状态；一些景点建筑因管理不善而使景观受损。1980年代初曾经对全国城市公园建设起过一定示范作用的优秀景区，如七星公园盆景园、芦笛岩入口景区等，目前景观效果已不尽人意，亟待整修。

④城市园林绿地里的植被景观层次较单薄，应用树种不够丰富，种植形式较单一，修剪养护水平有待提高。

2.3.4 建设管理方面

①多年来，桂林市绿地系统规划工作一直没有开展，造成部分城市总体规划中要求实现的园林绿地边界不清，土地产权关系不明确，常导致与农民及有关单位的用地纠纷，增加了园林绿地管理工作的难度。

②由于各种因素的干扰，规划绿地被侵占，现状绿地被蚕食。1984年国务院批准的《桂林市城市总体规划》中所列14个公园，规划新增面积基本未能实现。

③城市园林绿化管理机构权限不够明确，文物管理部门与园林管理部门因各自工作侧重点不同、缺乏统一协调机制，扯皮现象时有发生（如"桂海碑林"景区）。对风景点的多头无序开发，导致了一些游览景区建设失控和混乱。

④城市绿化执法力度不够，有时因"政出多门"而对违章现象处理不力。

2.4 城市园林绿地发展规划

2.4.1 城市绿地系统布局

①保护"千峰环野立，一水抱城流"的山水城市传统布局形态。

桂林作为历史悠久的著名山水游览城市，具有中国文人画诗意境界的山水环境特征：城景相依、群峰竞秀、漓江倒影、一叶扁舟等等。外围有尧山、猴山、龙泉山围合的大山体绿环，内有叠彩山、老人山、西山、黑山、南溪山、斗鸡山、穿山、普陀山围合的小山体绿环；漓江穿城而过，蜿蜒南流。尤其是叠彩山、独秀峰和象鼻山所构成的"三山一线、王城居中"空间形态，具有很深的传统风水哲理内涵和精湛的城市建筑布局技巧，应当予以完整地保护与继承。

②构筑"一带、两江、三楔、七组团"的现代园林城市空间格局。

"一带"，即沿漓江流域市区段，规划建设较宽的漓江风景游览绿带；平均宽度要求达到10米以上，有条件处应争取达到50～100米左右。

"两江"，即沟通漓江（含支流小东江）和桃花江的环城水系，沿岸开辟宽窄不同、规模不等的园林绿地。

"三楔"，即组织形成大规模的西山组团绿楔、七星岩－尧山组团绿楔、龙泉组团绿楔（各组团面积都在200公顷以上），呈环状围合态势并分头伸入城区。

"七组团"，即由上述生态绿地和水系，自然地将中心城分隔成七大城市组团：旧城组团、城南组团、中心组团（琴潭）、城北组团、高新技术开发区组团、科教区组团和临桂组团。

③形成"山水旅游城区－国家园林城市－生态城市地区"的可持续发展模式。

山水旅游城区，是指由漓江（含支流小东江）和桃花江水系所围合的中心城区（面积约13.48平方公里）；其规划功能为旅游中心城，核心为历史文化名城。在此区范围内，要重点发展与山水相依的风景园林绿地和旅游度假设施，严格控制城市建筑的体量、高度和形象，大部分与历史文化名城保护和风景游览无关的工业企业和仓储部门，要逐步调整、外迁。同时，要设法疏解城市中心区的常住人口。

国家园林城市，即在城市建成区范围内，要努力争取达到"国家园林城市"的各项绿地建设标准；各个城区组团的建设，都要紧紧围绕桂林山水的景观特征进行布局，努力实现"城在景中，景在城中，城景交融，绿满桂林"的目标。

生态城市地区，即在市域范围内的城市地区（含郊县），要基本实现能流、物流的良性循环（农副产品等有机营养物质）和主要生态因子（碳、氧、水等）的平衡，促进区域"社会－经济－生态"的可持续发展。

因此，桂林城市园林绿地规划建设的基本模式，可以概括为：积极发展漓江风景绿带和城市"三组三边"生态绿地。三组，即城市外围的西山、尧山和龙泉山组团园林绿地；三边，即城市内部山边、水边和路边的公共绿地。桂林城市规划与建设的长期发展战略应为：营造山水城，美化园林城，发展生态城。

2.4.2 城市绿地分类规划

①社区公园——公益性质，开放游览，主要为市民日常生活游憩服务和美化城市街景，不收门票，政府补贴经营；包括各类街区小游园（每个面积大于2000平方米）和较大的水域绿地。主要有：榕杉湖公园、桂湖公园、滨江公园、老人山游园、喜树林游园、八角塘游园、北站公园等。

②特色景点——具有鲜明、奇特的自然风景与人文景观特色，是外地游客来桂林的重点游览景点，面积规模一般较小，公园功能较单一，门票价格可随旅游市场状况而浮动；这些公园包括：芦笛公园、伏波山公园、叠彩山公园、象山公园、南溪山公园、穿山公园、虞山公园等。

③综合公园——有明确的功能分区，公园面积较大，景区内容丰富，能兼顾市民游憩与宾客游览的需求，可设立内外有别的双重门票价格；这些公园包括：七星公园、西山公园、狮子山公园、桃花江公园、訾洲公园、猴山公园、琴潭岩公园、莲花塘公园、大洲公园、城北公园、南洲公园、猫儿山公园、瓦窑公园、岳山公园、科教区公园、开发区公园、金山公园、榕山公园、兰塘公园等。

④特殊公园——按照特定主题建设的公园绿地，是城市功能的配套部分，能同时为市民和游客提供有特色的游憩活动内容；包括王城历史文化公园、王陵郊野公园、尧山野生动物园、黑山园林植物园、伏龙洲儿童公园、蚂蟥洲游乐公园、雁山公园等。

⑤风景名胜区——按照国家《风景名胜区条例》设置的组团型山水园林绿地。根据桂林市的具体情况，又可再分为风景游览区和风景保护区两类。

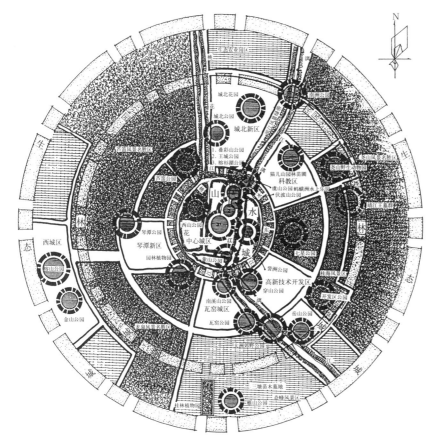

图案 1-5 桂林城市园林绿地布局结构模式图

风景游览区，是已有一定开发经营基础的景区，近期规划建设的目标是争取成为省级风景名胜区；包括芦笛风景区、尧山风景区、龙泉风景区等。

风景保护区，是尚不具备开放游览条件的景区（如奇峰地区现状为军事用地等），在规划期内要妥善控制其建设用地开发强度，保护风景资源；包括奇峰风景区、桂海风景区等。

⑥生产绿地——新辟猫儿山园林苗圃、城北花圃、三塘苗木基地等。

⑦防护绿地——加强市区周围71个重点保护石山的普遍绿化和城市道路绿化。

2.4.3 园林绿地建设指标规划

①城市建成区的人均公共绿地面积，规划到2000年争取达到7平方米／人，2010年达到11平方米／人，2020年达到15平方米／人，见表案1-3。

②市区建设用地中的绿地率，平均要求达到20%～25%；城市中心区（主要是现状旧城区）内的绿地率，应争取达到15%以上；规划的"高绿地率"地区（军营、高校、科研机构、政府机关、旅游度假区等），绿地率应达到50%以上。

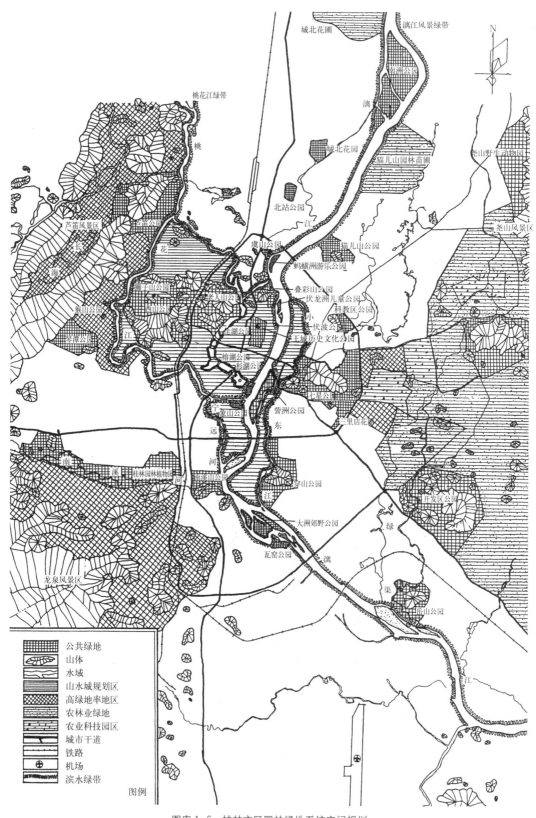

图案1-6 桂林市区园林绿地系统空间规划

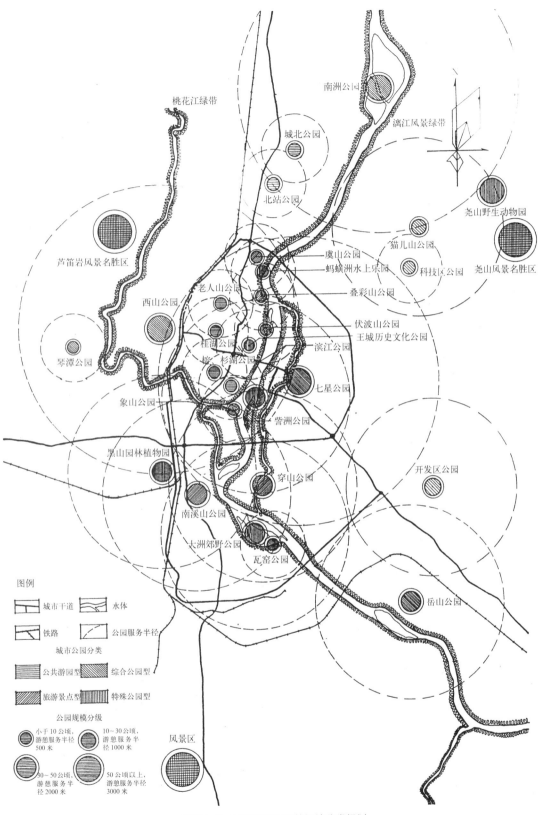

图案1-7 桂林市城市园林绿地分类规划

案例一：桂林市生态绿地系统规划（1995~2015年）

桂林市城市园林绿地规划指标汇总表

表案 1-3

绿地类别	现状面积（公顷）	规划面积（公顷）	分期建设时序
一、公园			
1. 现有公园			
七星公园	65.12	105.0	近期实施
芦笛公园	11.58	40.27	近期实施
象山公园	11.42	11.88	近期实施
西山公园	64.69	118.1	近期实施
穿山公园	12.64	105	规划期内实施
南溪山公园	12.70	25	规划期内实施
叠彩山公园	8.45	10	近期实施
伏波山公园	1.20	2.5	规划期内实施
榕杉湖公园	16.34	17.88	近期实施
桂湖公园	17.57	25	近期实施
小　计	221.66	460.63	现有城市公园数 10 个
2. 规划公园			（注：部分公园名称按地名暂定）
南洲公园		85	规划期内实施
北站公园		6.5	规划期内实施
城北公园		7	规划期内实施
虞山公园		1.5	近期实施
伏龙洲儿童公园		3.2	近期实施
蚂蟥洲游乐公园		6.27	近期实施
王城历史文化公园		18.5	规划期内控制用地，远期实施
訾洲公园		40	近期实施
黑山园林植物园		88	近期实施 43.5 公顷
瓦窑公园		17	规划期内实施
狮子山公园		95	规划期内实施
桃花江公园		21	近期实施
猴山公园		59	规划期内控制用地，远期实施
牯牛山公园		12	规划期内控制用地，远期实施
莲花塘公园		10	规划期内控制用地，远期实施
琴潭岩公园		12.6	规划期内实施
猫儿山公园		20	规划期内实施
科教区公园		9	规划期内实施
大洲公园		37	规划期内实施
岳山公园		40	规划期内控制用地，远期实施
开发区公园		11	近期实施
雁山公园		15	规划期内实施
西城区：榕山公园		70	规划期内控制用地，远期实施
金山公园		16	近期实施
兰塘公园		30	规划期内实施
小　计		730.57	规划新增城市公园数 25 个
二、郊野公园、风景区			
王陵郊野公园		210	规划期内实施
尧山野生动物园		115	规划期内控制用地，远期实施
芦笛风景区		203	（注：含现状芦笛公园 40.27 公顷）
小　计		528	（注：龙泉、奇峰、桂海风景区均在本期规划城市建设区外，故暂不计入。）
三、其他公共绿地		150	（注：主要为"三边"绿地和小游园）
四、生产绿地			
猫儿山苗圃		110	近期征地，规划期内实施
城北花圃		70	近期实施
三塘园林苗木基地		125	规划期内控制用地，远期实施
小　计		305	
五、防护绿地		520	规划期内实施
园林绿地规划面积总计		2653.93	（注：已扣除芦笛公园重复的计算面积）

桂林市近期规划新增园林绿地建设投资概算（1996～2000年） 表案1-4

绿地类型	规划新增面积（公顷）	建设投资概算	备注
公共绿地	210	4.2亿元	平均造价200元/平方米（含征地费）
生产绿地	110	0.88亿元	平均造价80元/平方米（含征地费）
风景区绿地	100	1.2亿元	平均造价120元/平方米（含征地费）

注：本表据桂林市园林局提供的资料，按1995年价格指数为基准计算。

③到2010年，建成区的绿化覆盖率要求达到35%～40%；为城市园林绿化专用的生产绿地达到305公顷。

④防护绿地要结合城市外围的林业绿地设置，桂林市域行政范围的绿化覆盖率（包括农业绿地、林业绿地和水域），要求达到70%以上。

⑤城市公园建设规模与服务半径分级：

- 小于10公顷的公园，服务半径500～1000米；
- 10～50公顷的公园，服务半径1000～2000米；
- 50公顷以上的公园，服务半径2000～3000米；
- 特殊公园的服务范围均为全市区。

2.4.4 园林绿地建设措施规划

①城市绿地要实行统一规划，分期建设，分级管理。

根据桂林市"山水－园林－文物"互相依存的具体情况，本规划建议：将城市园林绿化、漓江风景名胜区和历史文物保护这三大块的业务行政工作，归口到一个政府部门统筹管理，以精简办事机构、减少行业矛盾、提高工作效率（表案1-5）。

②广筹建设资金，缓解"无米之炊"。

资金短缺是制约桂林市园林建设发展的重要因素之一。1991～1995年的"八五"计划期间，市计委、市建委批准的园林绿化概算总投资为3686万元，但实际落实的投资仅941万元，其中还包括园林局自筹资金374.7万元。因此，要努力解决建设资金的来源问题。具体措施是：一方面，可通过政府行为向全市各单位征收全民义务植树基金和城市建设绿化配套投资费，专项用于城市绿化建设。另一方面，市政府及有关部门应对城市绿化和园林事业采取适当优惠的倾斜政策，扶持其发展。根据桂林的实际情况，在市财政尚不宽裕的条件下，宜采取"放水养鱼"的政策措施，让

桂林城市绿化与园林建设管理机构设置规划 表案1-5

主管部门：桂林市风景园林局
- 城市绿化管理处（含市绿委办、下属绿化工程公司、苗圃、花圃等）
- 城市公园管理处（下属全市城区各公园、风景点等）
- 规划建设管理处（下属园林建筑公司、设计所、风景园林开发公司等）
- 漓江风景名胜区管理处（下属沿江主要景区及阳朔县园林管理所等）
- 文物保护管理处（下属全市各文物保护单位管理机构）
- 法规监察管理处（下属绿化监察执法大队）
- 机关事务办公室（包括党、政、工、团、劳动、财务等）

园林部门能通过"创收留成、上缴回流、自我积累、滚动发展"的方式来扩大再生产规模,提高园林建设水平。

③加强普遍绿化,争取绿化用地,积极发展城市"三边绿地"。

要努力清退建成区范围内重要自然山水景区附近违法、违章和不符合城市规划要求的建筑物;加强全民义务植树活动的组织;积极发展小游园和"三边绿地"(山边、水边、路边的可绿化用地),还绿于民。要在总体规划的指导下,进一步制定分区规划和详细规划,划定一些禁止建设用地,恢复山水古城保护区环境的自然与文化风貌。

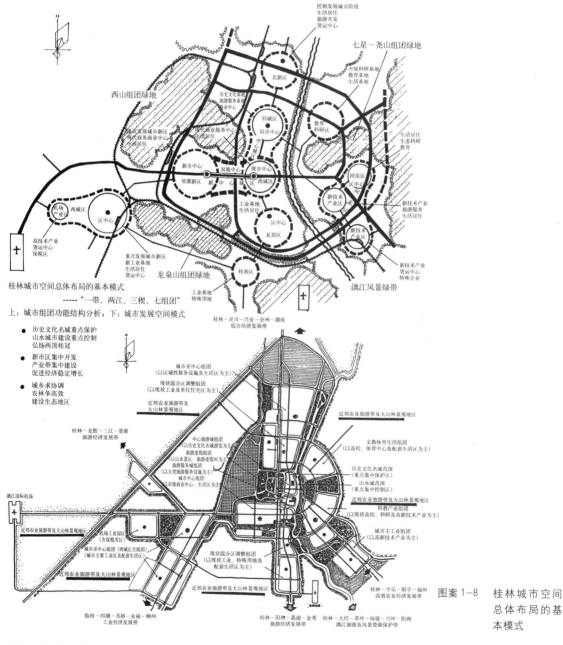

图案1-8 桂林城市空间总体布局的基本模式

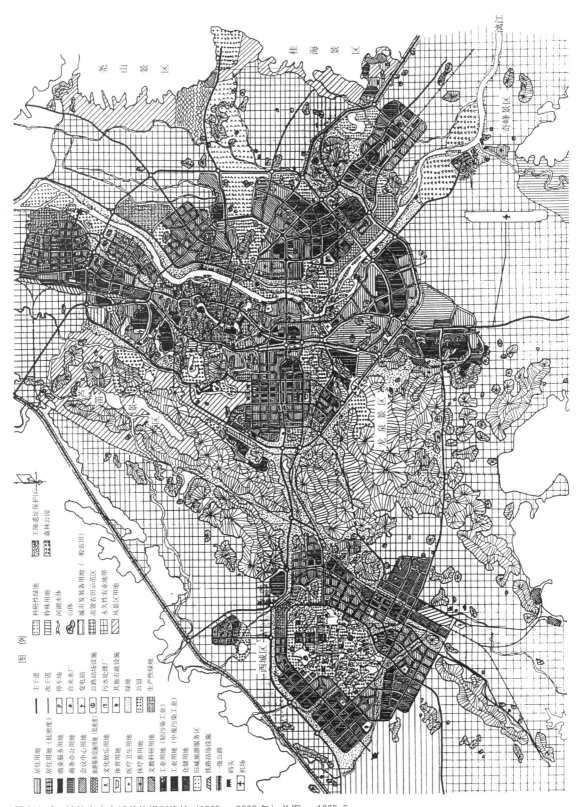

图案1-9 桂林市中心城总体规划修编（1995～2020年）总图 1996.6.
（注：《桂林市城市总体规划》修编方案于1997年10月通过建设部组织的技术审评，2003年国务院正式批复。）

案例一：桂林市生态绿地系统规划（1995～2015年）

④在城市中心区内（即规划的"山水旅游城"范围），要严格控制建设强度，疏解工业布局和人口密度，尽量扩大绿化用地。铁路和城市快速干道的选线，要尽可能避免穿越和干扰风景园林的精华区域。

⑤现状公园要尽快将已有的未开放管理面积，拓展建设为可游览面积。同时，要优先安排建设征地难度较小的江心洲公园，迅速扩大城市公共绿地面积，如訾洲公园、伏龙洲儿童公园、蚂蟥洲游乐园、南洲公园、大洲公园等。

⑥尽快筹建新规划的园林苗圃和花圃，扩大城市园林绿化专用的生产绿地面积，开展园林植物引种驯化和栽培繁育的科学研究，进一步丰富城市园林绿化的应用树种。

⑦综合整治小东江和桃花江水系市区段，治污清淤。特别是南溪河的污染问题要尽快解决。沿江两岸要运用植物造景手段精细绿化、美化。

⑧要严格按规划组织城市园林绿地建设，加强宣传教育，加大执法力度，力控违法、违章现象。

按照上述规划，在正常实施的情况下，桂林市可望在2000年左右实现"国家园林城市"的创建目标，成为具有现代化水平的山水园林城市。

3 漓江风景绿地规划

3.1 漓江流域概况

漓江是桂林山水的精华之所在，是一条诗的大江、画的长河。她那清莹透澈、如情似梦的江水，沿岸苍翠神奇、维妙维肖的山峰和农舍人家、茂林修竹的田园风光，以及一年四季阴晴雨雾、变幻无穷的景色，是享誉全球的无价瑰宝。

漓江属珠江流域西江水系桂江上游，发源于广西兴安县猫儿山、海洋山和青狮潭水库区；流经兴安、灵川、临桂、桂林市区和阳朔县，在平乐县恭城河口汇入桂江。漓江全长214公里，地势北高南低；北部为海拔900～2000米的中低山碎屑岩区，南部为海拔200～600米的岩溶峰丛洼地、峰丛河谷和峰林平原。

漓江是桂林人民的母亲河，是流域内一市四县、58个乡镇、近200万人口生活和工农业生产、国内外旅游业赖以维持的源泉。1993年，仅桂林市区利用的2.5亿立方米地表水总量中，有81.6%以漓江为水源；城市工业和生活用水量中，有77.6%以漓江为直接水源。流域内的四县58乡镇的情况基本相同。

漓江流域内的自然景观和历史文化古迹，是全世界人民的宝贵财富。桂林作为山水旅游名城，是因漓江而孕育。1978年，漓江被列为国家重点保护的13条江河之一；1982年，国务院公布桂林漓江为第一批国家级重点风景名胜区。1985年，漓江被评为"中国十大风景名胜"之一，且名列前茅；1986年，国家又把桂林市列为全国七个旅游重点建设城市之一。1991年，在"中国旅游胜地四十佳"评选活动中，"漓江风光"被评为以自然景观为主的旅游胜地第二名。

3.2 漓江水资源特点

桂林市地处亚热带季风性气候区，雨量充沛，地表水资源较为丰富。全市河流年地表径流量为93.5亿立方米，其中流域面积在100平方公里以上的河流有：

漓江、桃花江、良丰河、会仙河、太平河、义江、茶洞河、丹桥河、龙江河、龙胜河、电龙河、金宝河、大源河、乌龟河，分属于柳江和桂江两大水系。这些河流多属于山区河流，主要特征是水量充沛，峰高流急，年内洪枯变化较大，洪枯流量悬殊。河流其径流补给来源主要是降雨，因此径流的变化主要受降雨时空变化影响。一般每年3～8月降雨较多（约占全年降雨量的80%），河流的径流较丰（约占全年径流量80%），常发生洪涝灾害。而每年9月至翌年2月降雨较少，常导致河道径流骤减。若遇贫水年，一些江河甚至断流，极易形成干旱。受降雨影响，桂林市的地表水资源在地区分布上也不均衡，大致是由西北向东南递减，临桂县的黄沙、宛田一带最丰，桂林市次之，阳朔县较少。

漓江流域面积约2860平方公里。漓江及其支流桃花江的水资源，构成了桂林市区生活食用、旅游航运和工农业生产的供水之源，也是桂林市及上、下游沿岸城镇生活与工业污水主要的最终接纳和降解水体。漓江水系的组成见表案1-6。

漓江水系的组成　　　　　　　　　　　　表案1-6

干流	漓　江											→桂江
	源头	→	上游	→		中游（漓江桂林市区段）			→	下游		
支流	大溶江	灵渠	小溶江	甘棠江	桃花江	灵剑溪	南溪河	良丰河	西田河	东家河	潮田河	兴坪河	田家河	荔浦河	恭城河	→桂江

漓江流域地下水动态变化特征为气象型，补给来源主要为大气降水（约占总补给量的93%），其次为非岩溶区侧向补给、渠道和农田灌溉入渗补给。地下水埋藏浅，一般埋深2～10米，径流途径短，水循环快，降雨流沛补给量大，丰、枯水期水位变化较大，年水位变幅多为1～5米。因此，漓江的主流和支流均属雨源型河流，其流量随降雨量的变化而变化。漓江的水文特征见表案1-7。

漓江的水文特征　　　　　　　　　　　　表案1-7

水文站名	多年平均经济流量（亿立方米/年）	最大年径流量（亿立方米/年）	最小年径流量（亿立方米/年）	多年平均流量（立方米/秒）	枯水期最小流量（立方米/秒）	水力坡度值（‰）	年平均径流模数（吨/秒·平方公里）
桂林站	40.52	56.69	23.30	127.0	3.80	0.58	45.7
阳朔站	71.0	97.27	47.18	220.55	12.30	0.41	39.0

据统计，桂林市的水资源总量达120.72亿立方米，属丰水区；但是水量的时空分布却极不均匀。汛期洪水成灾，大量弃水，约80%的地表径流滚滚而去。其他月份的径流只占总量的20%，枯水期水量严重不足。若遇贫水年份，水危机随时可能出现。据历史记载，漓江最大流量

为 7810 立方米／秒（1885 年），最小流量为 3.8 立方米／秒（1951 年）；最高水位 148.58 米（1885 年），最低水位 140.18 米（1951 年）；多年平均流量 128 立方米／秒，多年平均枯水流量 10.8 立方米／秒；年平均径流量 42 亿立方米，年平均水温 19.3℃。一年中最大与最小的月均流量相差近 100 倍，时序变化极不稳定。

目前，全市工农业生产及人民生活每年需用水约 9 亿立方米（包括两县一郊，不计河道用水）。其中，农业用水约 7 亿立方米，生活用水约 0.9 亿立方米，工业用水约 1.1 亿立方米。到 2000 年，全市的年总水量将达到 11 亿立方米，平均每年增长 2.5%。如果考虑旅游通航等河道内用水，则要大大超出这一数值（据水利部门计算，桂林市现状旅游通航年需水量 9.46 亿立方米，漓江枯水季最小流量要有 30 立方米／秒以上。）

3.3 漓江水源林及沿岸植被状况

3.3.1 猫儿山水源林

猫儿山自然保护区的主体部分为华江乡，华江是漓江的主要发源地之一。乡境内的杉木江、乌龟江、龙塘江、锐伟河、千祥河、昇坪河，皆发源于华江林区的深山老林之中，最后汇集到大溶江流入漓江。

据 1978 年和 1990 年进行的两次华江乡森林资源二类调查，结果表明：虽然乡域内森林覆盖率由 80.83% 上升到 84.91%，新造林增加 1.54 万亩，竹林增加 2.25 万亩；但阔叶杂木林却由 32.84 万亩下降为 28.93 万亩，减少了 11.91%；特别是杂木成林由 26.26 万亩下降为 18.83 万亩，减率为 28.29%（表案 1-8）。其中，对漓江水源发育影响最大的洞上村林区，1978～1990 年间的森林资源变化概况见表案 1-9。此外，千祥村作为华江乡政府的所在地，其村境内的森林资源也呈全面减少的趋势（表案 1-10）。

猫儿山主水源地华江乡现状森林资源情况分析　　　　　表案 1-8

森调时间	森林总蓄积量（万立方米）	其中成熟林	阔叶杂木林总蓄积量（万立方米）	其中成熟林	林分亩均蓄积量	杂木亩均蓄积量
1978 年	188.14	151.11	173.13	150.35	4.85 立方米	5.27 立方米
1990 年	140.54	104.45	131.93	104.35	4.37 立方米	4.56 立方米
增减率	−25.30%	−30.88%	−23.79%	−30.60%	−9.90%	−13.47%

华江乡主林区洞上村森林资源变化情况分析　　　　　表案 1-9

项目	林分面积（公顷）		增减率（%）	森林蓄积量（万立方米）		增减率（%）
	1978 年	1990 年		1978 年	1990 年	
总量（1+2+3）	3868.73	2257.13	−41.66	22521.67	14941.33	−33.66
1. 杉木	57.93	102.47	+76.87	257.33	109.33	−57.51
2. 松木	90.67	12.53	−66.17	220.87	67.73	−69.33
3. 杂木	3720.13	2142.13	−42.42	22043.47	14764.27	−33.02
（杂木成熟林）	3600.67	1571.73	−56.34	20918.67	12696.27	−39.31

华江乡主林区千祥村森林资源变化情况分析　　　表案 1-10

项目	林分面积（公顷）		增减率（%）	森林蓄积量（万立方米）		增减率（%）
	1978 年	1990 年		1978 年	1990 年	
总量（1+2+3）	2642.27	1757.60	-33.48	13579.33	9615.2	-29.19
1. 杉木	191.73	178.47	-6.92	526.07	136.33	-74.08
2. 松木	188.67	15.33	-91.87	468.27	78.27	-85.29
3. 杂木	2261.87	1563.8	-30.86	12585.0	9400.6	-25.30
（杂木成熟林）	1810.13	1140.53	-36.99	10480.8	6330.67	-39.60

3.3.2 青狮潭水源林

青狮潭水源林保护区是漓江的主要发源地之二，其重点林区在九屋乡。据 1979 年、1988 年两次森林资源调查结果显示：10 年间森林总蓄积量减少了 15.82 万立方米，减率为 12.82%；其中的阔叶杂木成林蓄积量减少了 23.27 万立方米，减率为 25.77%。森林的变化趋势是：成林减少，幼中林增加，大径木下降，蓄积量下降（表案 1-11）。这说明原有的森林植被结构(栲树 + 网脉山龙眼 + 狗脊群落、甜楮 + 栲树 + 杜鹃 + 鼠刺群落、银荷木 + 网脉山龙眼 + 光皮桦 + 狗脊群落)遭到破坏，复层林变成单层林，森林涵养水源的功能在不断降低。

青狮潭水源林保护区主林区九屋乡森林资源变化情况　　表案 1-11

森调时间	总蓄积量（万立方米）	杂木阔叶林面积结构（%）			森林蓄积量结构（%）			杂木成林蓄积量
		幼林	中林	成林	幼林	中林	成林	
1979 年	123.36	0.69	2.87	96.44	0.01	1.44	98.55	90.30 万立方米
1988 年	104.54	1.3	35.99	58.17	0.19	24.41	75.40	67.03 万立方米
增减率	-12.82%	+5.15	+33.12	-38.27	+0.18	+22.97	-23.15	-25.77%

3.3.3 海洋山水源林

海洋山水源林保护区是漓江主要发源地之三，其主要林区大境乡是潮田河的源头，该河流经大圩汇入漓江。大境乡林区 1977 年和 1988 年两次森林资源调查的主要结果（表案 1-12）显示：总的趋势也是大树变小树，密林变稀林，蓄积量锐减。

海洋山水源林保护区主林区大境乡森林资源变化情况　　表案 1-12

森调时间	总蓄积量（万立方米）	杂木阔叶林面积结构（%）			森林蓄积量结构（%）			杂木成林蓄积量
		幼林	中林	成林	幼林	中林	成林	
1979 年	88.60	3.12	11.26	85.62	0.39	8.53	91.08	70.59 万立方米
1988 年	71.29	8.60	42.96	48.44	3.44	38.44	58.12	32.87 万立方米
增减率	-19.53%	+5.48	+31.70	-37.18	+3.05	+29.91	-32.96	-53.44%

3.3.4 漓江中、上游森林

漓江中上游森林主要位于兴安和灵川两县境内。根据1971～1990年间的三次森林资源二类调查结果显示：虽然两县有林地面积在20年里有所增加，但活立木总蓄积量却大幅度下降（表案1-13、表案1-14），年均净增量均为负数。这表明能起涵养水源、保持水土主要作用的林分面积已大量减少，两县森林涵养水源的功能在退化，漓江水源地前景堪忧！

兴安县森林资源变化概况　　　　　　　　　　　　　　表案1-13

森调时间	有林地面积（万亩）	活立木总蓄积量（万立方米）	主要树种林分单位面积蓄积量变化（立方米/亩）			
			综合	杉木	马尾松	阔叶杂木
1971年	132.26	437.19	3.337	2.514	1.138	5.892
1978年	159.69	522.24	3.637	2.368	1.738	5.330
1990年	176.18	399.33	2.87	2.272	1.363	4.149
20年总变化量	+43.92	−37.86	−0.467	−0.242	+0.225	−1.743
20年总变化率	+33.21%	−8.66%	−13.99%	−9.63%	+19.77%	−29.58%

灵川县森林资源变化概况　　　　　　　　　　　　　　表案1-14

森调时间	有林地面积（万亩）	活立木总蓄积量（万立方米）	主要树种林分单位面积蓄积量变化（立方米/亩）			
			综合	杉木	马尾松	阔叶杂木
1971年	117.97	481.51	3.200	6.370	2.231	6.148
1979年	174.40	445.13	2.876	2.498	2.058	4.015
1988年	159.77	337.98	2.524	3.867	2.071	2.753
18年总变化量	+41.8	−143.53	−0.676	−2.503	−0.160	−3.395
18年总变化率	+35.44%	−29.81%	−21.12%	−39.30%	−7.17%	−55.22%

3.4 漓江风景绿地现状主要问题

3.4.1 上游水源林蓄积量持续减少

森林是地气边界层最大的生态系统，参与地气边界层的物质交换和水分循环。由于森林的存在，相当多的水分进入了"大气—生物—土壤"的小循环圈内，避免了在"地—气"大循环中的大量流失。森林水量平衡的科学研究表明：在常绿阔叶林年水量平衡的支出项中，最大的就是林地含蓄的水量，约占46.3%，且林内比林外大11.6%。也就是说，水源林区的年降水量有近一半被含蓄在林地内，

漓江上游地区森林内外的径流特征比较　　　　　　　　表案1-15

径流期	类型	径流总量（升）	径流深度（毫米）	径流模数（立方米/秒·平方公里）	径流系数	林内外径值	径流变率	变率差	林内外比值
全年	林内	35.4278	118.1	3.7447	0.0604	1.00	0.907～1.074	0.167	1.00
	林外	117.8647	392.9	12.4582	0.2009	3.33	0.794～1.195	0.401	2.40
丰水期（6～8月）	林内	13.3208	44.4	5.5861	0.0536	1.00	0.938～1.109	0.171	1.00
	林外	45.2600	150.9	18.9798	0.1822	3.40	0.846～1.089	0.443	2.59

在降雨之后和枯水季节逐渐而缓慢地从河流的源头和谷地两侧以泉水的形式流出，稳定地补给河流的水量，保持枯水期的正常径流量。对于一次降雨过程而言，林下枯枝落叶层和土壤含水量达到饱和时，贮有的水量占总降雨量的30.4%；全年调节水量的功能，林内是林外草坡的2.4倍；在6～8月的丰水期，林内约是林外的2.6倍。

雨源型河流受季风气候的影响，一年里出现丰水与枯水期的径流变化是不可避免的。对于桂林地区而言，春夏半年（3～8月）降水量占全年的70%，秋冬半年只占30%；因此，漓江春夏半年的径流量占年径流量的81.9%，而秋冬半年只占18.1%。在枯水季节，河道径流由两部分水构成：一是汛期地下水的滞后排泄，二是枯水季的降水。据测定，目前枯水季径流与降水的相关系数已达0.85。因此，枯水变化除前期流量影响外，枯水发展取决于枯水期的无雨持续天数和流量衰减速率。而枯水期流量的衰减速率，又主要与上游水源林地对河流全年径流量的调节能力有关。

根据上述调查分析，造成漓江流域枯水期扩大和水量锐减的主要原因，就是对上游水源林的人为破坏。例如：灵川县九屋乡（青狮潭源头）1985年的木材生产任务是5600立方米，实际却砍伐了20000立方米，超过计划3.57倍。兴安县华江乡（猫儿山源头），1977年计划收购杂木2万根，实际却收购了32万根，超出16倍。近10年来，一些经营毛竹的单位，发动群众修山抚育，把毛竹林中的阔叶树全部砍光；却不知毛竹与其他阔叶树种混生有种间互助作用，造成"唇亡齿寒"：水土大量流失，毛竹越长越小，发笋率也没有多少提高。由于乱砍乱伐和对森林资源的不当经营，造成了漓江源头和上游的水源林面积急剧减少到仅占森林总面积的29.91%。而且水源林中的小径材（胸径8～14厘米）占72.76%；中径材（胸径16～24厘米）占22.72%；大径材（胸径26厘米以上）只占4.52%。水源林植被群落结构受到严重破坏，郁闭度大大下降。

1959年，漓江三个水源林区的总蓄积量共5.37×10^6立方米，到1979年则下降为4.62×10^6立方米，减少14%；1985年为4.16×10^6立方米，又减10%。据1989年对青狮潭水源林的抽样调查，结果又下降了15.0%。三个水源林区在30年内的森林蓄积量共减少1.84×10^6立方米，下降了34.2%，平均每年递减1.14%。

漓江流域水源林区的森林群落结构被严重破坏后，林下的枯枝落叶层极为稀薄，土壤腐殖质层减少，土壤团粒结构被破坏，土层紧实度增加，调节水量、涵养水源的功能急剧降低，因此造成漓江月均径流量的大起大落。据兴安县大榕江水文站的观测统计：1950年代末最大（洪峰）流量1600立方米／秒，最小流量3.50立方米／秒；1970年代末，最大流量达1780立方米／秒，最小流量1.12立方米／秒。20年间最大流量上升了11.25%，最小流量下降了68.0%。漓江上游年平均输沙量1960年代

为 1.902×10^5 吨，1970 年代达到 5.28×10^5 吨，增加了 1.78 倍。

3.4.2 农业生态环境恶化

由于近 30 年来漓江流域的农业用地大量施用化肥，造成土壤板结、含水量减少。以至降水季节刚过，进入 9 月后上游大小支流及沿江两岸的冲沟及泉眼露头绝大部分干涸，使枯水期地下水补给急剧减少，所以造成漓江枯水期流量与降水相关系数高达 0.85。

3.4.3 自然河床遭到人为破坏

① 农民在漓江河道上随意挖砂，乱取砾石。目前破坏较严重的河段有：郊区大河乡的五福—泗洲湾、柘木圩—龙门、华侨农场—大圩等。其中，华侨农场—大圩约 1 公里长的河段已被严重破坏，河滩裸露，改变了河床的自然形态，影响了山水景观。沙石堆积物被洪水冲刷后推移质增加，使河床更加不稳定（1988～1989 年间，漓江仅因河道沙坑就溺死群众 63 人！）。

② 由于漓江游览段的河床已被挖得坑坑洼洼，造成河道分流、潜流，影响航道有效水深，洪水时影响行船安全。近年来，游船又越来越大（从 1970 年代的每船 20～30 座发展到 80～120 座），为了适应大船通航，有关部门把漓江中的浅滩炸掉、航道挖深、修丁坝 70 多座拦水归槽，使原来较为宽阔的漓江在许多地段变成了窄窄的"漓沟"。

漓江发育有其自身的河相关系，在桂林至阳朔长达 86 公里、水头落差 41 米的河段上，全靠 66 个浅滩呈梯级拦蓄枯水流量，才使地下水长流不断，尚能保持一定的山水景观。盲目地大规模疏浚航道，不仅不可能降低 41 米高的河道落差，反而破坏了沙滩拦蓄枯水流量的作用，降低了水位。据桂林水文站 1988～1989 年观测：测量 30 立方米／秒，15 立方米／秒，7 立方米／秒流量时的相应水位，比 30 年前同级流量水位分别下降了 15、28、37 厘米。沿江 20 个抽水站抽不上水，严重影响附近地区农民的生产、生活用水。

3.4.4 对漓江水资源的开发利用管理欠佳

漓江上游现有大小水库近 30 座，有效库容 4.56×10^9 立方米，以青狮潭水库为主。1980～1986 年的枯水期（9 月～翌年 2 月）内，青狮潭水库多年平均放水量占全年径流量的 25.6%，同期入库的河道天然径流量占全年径流量的 17.5%，汛蓄枯补水量为全年径流量的 8.1%。然而，因水政调度不当，水库当年 11 月至翌年 2 月又拦蓄了全年 7.2% 的天然径流量，相当于减少了漓江中下游 5.2 立方米／秒的枯水流量，使得下游枯水雪上加霜。

目前在漓江流域，上游及中游的一部分属兴安县和灵川县，由桂林地区行署管理；中游临桂县和阳朔县由桂林市管理；青狮潭水库的蓄水、补水由自治区直辖；三者之间政令不一，难以协调。还有，上游水源林的保护由林业部门负责；中游河道水资源利用的最大经济效益被旅游部门拿走；市区沿岸的园林绿化，由园林部门承担。因此就形成了这样一种局面：各有关部门对有利可图的旅游业发展都抢着上，而对短期内无直接经济利益产出的生态建设项目都不愿管。一方面是漓江水资源的保护与开发力度不够，而另一方面是破坏和浪费水资源的现象却屡禁不止、相当严重。

3.4.5 枯水期延长影响流域内人民生活和旅游业发展

由于枯水季节漓江径流量锐减，造成水质严重污染。当漓江流量降至8立方米/秒以下时，桂林市每天自来水厂要抽水2立方米/秒，工业用水要抽水2立方米/秒，而全市排入漓江的污水每天达24万吨，相当于3立方米/秒的流量，净水与污水的稀释倍数几乎达到了1∶1。全市5个自来水厂中，有3个抽取的水混浊发臭，危及市区及沿江两岸百万以上居民的健康，造成严重的社会问题。1989年，夏末干旱、秋旱和冬旱相连，桂林市境内的66条溪河，断流达34条；山塘和水库374处，干涸373处；漓江的流量曾下降到4立方米/秒，三个水厂因取水头露出水面10～30厘米而被迫停产，整个城市发生水荒。市郊也有200个自然村数万人饮水发生困难。

漓江枯水期延长，还造成了浮游生物繁殖下降，渔业资源濒临枯竭。漓江水产品的产量，1970年代仅为1960年代的1/4，到1980年代后，水产品种质量又有下降。过去常见的鱼类（如白鳝、帅鱼）濒临绝迹，鲢鲂、青鱼已极为罕见。江中现在已很难捕到10斤以上的大鱼，水生生物群落日益失去平衡。

漓江山水的优势，在于千姿百态的群峰与清彻如镜的漓水相映成趣，构成梦幻般的神奇倒影。山无水不奇，水无山不秀。然而，由于现在每年的枯水期已延长到近6个月，水面漂浮物增多，水质混浊，许多景点失去倒影，破坏了自然山水的美感。更不幸的是：因缺水严重，每年9月初至翌年2月底，游客要在远离市区的磨盘山、竹江甚至杨堤码头上船，而且多数游船只能到达兴坪，不能直抵阳朔，水上游程从原来的83公里缩短到20公里，使游客十分扫兴。所以每年枯水期内，桂林市的旅游客流就明显减少，给城市造成了严重的经济损失。

3.4.6 城镇建筑紧逼江边，沿江绿地被大量蚕食

目前，在从桂林至阳朔的漓江两岸，城市和村镇居民点的许多建筑是紧逼江岸而建，体量和规模都较庞大，与秀丽的自然山水很难协调。一些规划预留的城镇段沿江绿地，被各类建筑蚕食、占用。笔者在调研中看到，曾因朱德、周恩来、陈毅、郭沫若等老一辈无产阶级革命家登临、题咏而著名的阳朔滨江公园，已被当地政府"有偿转让"给台商经营40年，正在拆除原有的园林建筑，准备改建成香烟缭绕的"佛门圣地"。

3.5 漓江风景绿地景观资源评价

漓江流域沿岸，山川秀丽，田园似锦，碧水环绕，峰峦映影。特别是桂林至阳朔86公里的漓江风光，不仅有"山青、水秀、洞奇、石美"之四绝，还有"深潭、险滩、流泉、飞瀑"的佳景，集中了桂林山水的精华，令人产生"船在水中行，人在画中游"的美感。百里漓江的天然画卷，融山水景观与人文古迹于一体，是桂林旅游的黄金水道。

漓江沿岸的风景资源，以自然景观为主体，由地表岩溶峰林和地下岩溶洞穴及水域、绿地所组成。同时，也穿插有一些人文古迹名胜。按照漓江水道的自然流向，可将其沿岸主要的风景资源划分为四个区段：

3.5.1 上游源头段

①猫儿山自然保护区：有丰富的森林及野生动植物资源，有被称为"活化石"的铁杉林，还有奇特的花岗岩地貌。当年红军长征跋涉的"老山界"，就在猫儿山上。

②桂北少数民族风情及民俗：如沿江分布的瑶族村寨、木楼、别致的服饰、风俗及生活方式、文化艺术等，异彩纷呈，很有吸引力。

③青狮潭水库：有东江、西江、公平江三条水源河流。1958年筑坝建库后，蓄水量约5亿立方米。既有"两山夹一水"的峡谷景致，也有烟波飘渺、水平如镜的湖泊风光。

3.5.2 中游兴安段

①灵渠风景区：灵渠始建于秦始皇33年（公元前214年），与都江堰、郑国渠并称为秦代三大水利工程，是沟通湘、漓二水、联接长江水系与珠江水系的古运河。整个灵渠工程由铧嘴、分水坝、南渠、北渠、秦堤、泄水坝和陡门（即船闸）组成。北渠长4公里，分水7/10汇入湘江；南渠长30公里，分水3/10流向漓江。北渠有陡门4处，南渠有陡门32处（由于人为的损毁，现陡门仅存20余处）。南渠沿线尚有古桥多座，其建造时代不同，风格各异，具有很高的文物和观赏价值。灵渠现为广西壮族自治区重点文物保护单位。

②乳洞岩：位于兴安镇西南约6公里的茅坪村，村旁有一山，山上树木繁茂，山中有上、中、下三洞。洞内泉水如乳泉般涌出，品之清冽甘甜。上洞名"飞霞"，中洞名"驻云"，下洞名"喷雷"。三洞中石奇景异，有唐元镇、韦瑾、宋范成大、李邦彦、陆洗、刘克庄等人的留咏题刻。

③古严关：位于兴安镇西南7.5公里处的狮子山与凤凰山峡谷之间，相传建于秦始皇33年（公元前214年），用条石砌成。现关门尚保存完好。

④石马坪古墓群：位于兴安镇西南22公里处的莲塘村旁，面积约3平方公里，有汉至晋代的古墓数百座，是广西自治区的重点文物保护单位。

⑤秦城遗址：位于溶江乡境内，面积约6平方公里，为秦始皇派兵戎五岭时所筑。现存遗址5处，为广西自治区重点文物保护单位。

3.5.3 桂林市区段

漓江蜿蜒南流，流经桂林市区的江段，北起虞山桥，南至净瓶山桥，全长约10公里，两岸景观属典型的岩溶地貌。风景名山有虞山、叠彩山、伏波山、独秀峰、象鼻山、穿山、南溪山、骆驼山、宝塔山、斗鸡山、净瓶山等。溶洞有七星岩、芦笛岩等。沿岸的主要文物古迹有：甑皮岩古人类洞穴遗址、桂海碑林、古南门、明代靖江王府、明代靖江王墓群、明代靖江王墓群、花桥、木龙石塔、舍利塔、西山摩崖造像等。

漓江市区段有9个江洲，占地面积50.7公顷，其中绿地面积29.2公顷，绿化覆盖率达57.5%。一些江洲又和风景名山相得益彰，如伏龙洲、蚂蟥洲、訾洲、

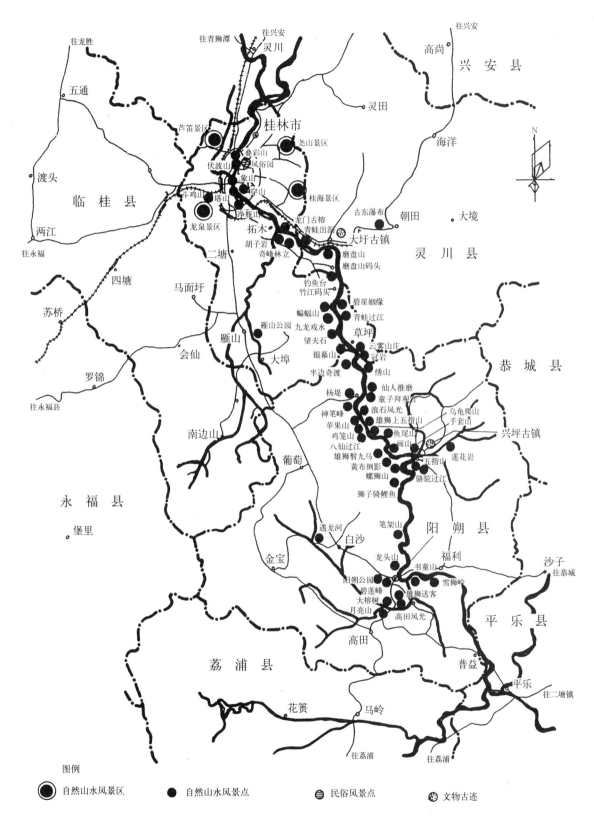

图案 1-10 漓江沿岸风景绿地景观资源分布图

净瓶洲等。洲上翠竹葱茏，柑桔成林，野花飘香，鸟语蝉鸣，富有浓郁的山水田园风光气息。临江赏景，别有风致。沿江石山10座，占地面积52.5公顷，绿化覆盖率已达56%。其中，最突出的是叠彩山，绿化覆盖率高达81.7%。

3.5.4 下游阳朔段

阳朔，又有"山水甲桂林"之说。漓江风景名胜区的很大一部分，是在阳朔境内。从桂林市区沿漓江南下，有冠岩、杨堤、画山、兴坪、莲花洞、碧莲峰、书童山、西郎山、东岭、阳朔公园等重要景点和景区。另外，沿桂荔公路南行约5公里，有一隋代古榕，树大数围，盘根错节，浓荫覆盖，造型奇特，每年吸引数十万游客。再往南行约半里，就是著名的"月亮山"。在山前绕半周，可见半山穿洞如同月圆渐变月缺的景象。古榕东面数百米，新开辟了"聚龙潭"景点，是个造型优美、景观奇特的天然溶洞。

漓江风景绿地的景观特点，在于山水形胜与人文古迹及田园风光、民族风情的有机结合；在于山、水、城相依，山、水、城交融，山、水、城同辉；在于优美的自然山水与灿烂的民族文化共生共荣。

3.6 漓江风景绿地发展规划

3.6.1 按照国家风景名胜区性质核定管理范围

漓江风景名胜区自国务院命名以来，至今没有划定明确的保护边界和管理范围。因此，虽然成立有漓江风景管理局(副处级单位)，但一直很难开展有效的工作。

规划从桂林市区北端的南洲顺流南下至阳朔县的福利镇，沿漓江常水位岸线，分别向两岸纵深第一重风景石山的分水线（约300～500米的地域，含河滩、农田、石山、草坡、林地等），划定为漓江风景绿地的绝对保护边界。其中现有的城、镇、村建筑组群，要通过合理规划和严格执法来控制其发展规模。扣除这部分建设用地的面积，其余就是漓江风景区的管理范围。在风景区绝对保护边界以外500～1000米纵深的土地，划定为风景保护规划协调区，其中的所有人工建设活动均应由市、县规划部门统一管理。严禁在漓江两岸的风景绿地内乱挖乱建。

建议广西自治区组建跨越现状市、县行政边界的漓江流域管理特区，委托桂林市政府代行其相应的行政管理职能。在市园林局内设立漓江风景名胜区管理处，对漓江风景区实行统一规划、统一保护、统一管理、统一建设。漓江市区段的风景绿地，要纳入城市总体规划统筹安排和建设。同时积极创造条件，争取将漓江风景名胜区向联合国教科文组织申报"世界自然与文化遗产"，寻求国际性合作发展。

3.6.2 强化漓江上游水源涵养林区的保护工作

对于猫儿山、青狮潭、海洋山三个自然保护区，要严格实行封山育林政策，制止乱砍乱伐。对于面积已经很小而群落结构还保存较好的原生水源林，要特别加强保护。在这一地区，必要时应采取适当移民出山定居的政策，降低人口密度，减少人为活动对原生植被的破坏。对已经遭到过度砍伐的成熟水源林，要让其休养生息，逐步恢复其涵养水源的功能，不能再继续开发利用。对于中幼龄的常绿阔叶林，要分级进行管理：

①分布在保护区核心区的，要采取绝对保护措施。

②分布在保护区外围缓冲区的，要以保护为主，极少量开发。

③分布在缓冲区外围的，可以边保护、边开发，维持林相演替的动态平衡。

3.6.3 努力扩大漓江流域水源涵养林的覆盖面积

漓江流域内的各级政府要采取鼓励群众营造水源林的政策，并安排一定的投资补贴；要定出指标，规定期限，层层下达水源林建设的生产任务。要争取在2010年前能基本建成桂东北的防护林体系；使漓江流域上游的山地水源林覆盖率提高到75%，把流域内丘陵区域的森林覆盖率扩大到60%，在平地区域的森林覆盖率要达到20%以上。

3.6.4 制定保护漓江流域生态平衡的政策法规

本规划建议政府部门要制定和调整水源涵养林地区的有关政策法规，包括农、林产业政策和粮食政策，引导群众在保护漓江流域生态平衡的基础上广开致富门路；坚决禁止毁林开荒、刀耕火种以及人为破坏森林资源的情况发生。漓江两岸坡度大于25°的山坡要退耕还林。要在优先保护水源林所需面积的基础上，调整林业的内部结构，安排好用材林、经济林、薪炭林、特种用材林的合理比例，处理好封山育林与山地开发（含采矿）的关系。到2010年，争取运用生物治理的手段使漓江枯水期径流量能增加4立方米／秒。

1992年的枯水季，漓江因缺水造成河床大片裸露，山水景观严重受损；百里漓江，通航里程只有6公里，游客怨声载道。这样的历史，不应当再重演了！

3.6.5 尽快改变沿岸城乡居民的能源结构，减少耗柴量

目前在漓江流域内的四县一市，居民的燃料来源主要靠木柴，各县的酒厂、砖瓦厂及其他乡镇企业和机关单位，也都在大量消耗木柴。每年冬季，市县机关、企事业单位纷纷到水源林区大量采购木炭。这些也是造成农民大量砍伐水源林的直接原因。所以，尽快改变沿江城镇居民的生活能源结构，转向依靠煤、电和其他能源，才能减轻群众对水源林采伐的物质需求，使保护水源林的计划真正落到实处。对此，政府部门应制定相应的优惠政策、措施，引导和鼓励城乡居民生活能源结构的转变。

3.6.6 实施漓江沿岸地区综合整治的系统工程

要尽快整治漓江两岸的石山、绿地，禁止一切破坏自然景观、造成水土流失的不合理土地开发行为；整修河道，治理河床，禁止在风景游览河段淘沙、采石、挖土方，保护和恢复河床的自然形态。漓江航道的疏浚要适可而止，现有游船的吨位规模只能缩小，不能再扩大。要积极创造条件，争取桂林至阳朔的漓江能全程旅游通航。

3.6.7 发展生态农业，改善沿江的农村生态环境

生态农业是适合我国基本国情的一种资源节约型的新型农业，它

对农业资源进行多目标、多层次、多环节的全方位开发利用，提高土地、水域、作物空间和光能的利用率，具有高效、稳定、持续的特点。因此，漓江沿岸的农作区要走生态农业的发展道路。农田耕作要以施用农家肥为主，减少土壤板结度，提高土壤含水率，增加枯水期地下水的补给量。同时，要尽可能少用农药。

3.6.8 加强水利设施建设，蓄洪调峰补枯

规划扩大青狮潭水库，新建斧子口水库与川江水库补水工程，以维持漓江枯水期的正常流量。同时，积极开展跨流域调补水工程的可行性研究，包括龙胜江底水库的北水南调枢纽工程、义江引水工程、黄沙三级水库补水工程、华境水库工程等计划。对流域内的调补水工程方案，如小溶江引水工程、五里峡、上桂峡补水工程等，应创造条件促成早日实施。

3.6.9 慎重开发漓江沿岸的新建旅游景点

在漓江两岸新建旅游景点应以保护生态环境和山水景观资源为先决条件，有计划、有步骤、量力而行。尤其是水源涵养地区的旅游开发，决不能一哄而上。象青狮潭库区现有的旅游开发活动就已严重失策。在缺乏供电、给排水、电讯等基础设施配套的库区山坡、滩地上建设"度假村"之类的旅游点，不仅经济效益差，也破坏了库区的生态和景观，影响下游城市的生活用水质量。

本规划期内，规划重点投资建设的漓江风景绿地项目有：灵渠风景区、尧山风景区、芦笛风景区、桃花江旅游度假区、訾洲公园、草坪－冠岩景区、兴坪山水古镇景区、阳朔滨江景区和雁山公园等。这些景点、景区的建设和完善，对于促进漓江流域风景绿地综合开发，实现区域"社会－经济－生态"可持续发展，将发挥重要的作用。

4 市域农林绿地规划

4.1 市域农林绿地资源概况

桂林市地处低纬度，属中亚热带季风气候区。境内气候温和、雨量充沛，热量丰富、光照充足；夏长冬短、四季分明；且地形地貌多样，有中山、低山、丘陵、台地、平原、石山、岩溶等。西北部重山峻岭，是越城岭山脉延绵，最高峰为蔚青岭，海拔1788米。东南面是海洋山南端，其高峰为嵩坪垄，海拔1701米。西南方是架桥岭的西北侧，其高峰为三县界，海拔1170米。中部丘陵、台地、平川广泛分布，漓江、义江、桃花江、相思江、遇龙河、金宝河等60多条江河穿行其间，青狮潭水库东西干渠、金灵水库、大江水库、久大水库分布其中，形成优越的自然环境，哺养着丰富的动植物资源。

据桂林市最新的土地利用详查资料（1994年），全市土地总面积为4247.82平方公里（统计数为4195平方公里）。其中：市区和郊区为561.07平方公里（统计数为565平方公里），占市域总面积13.21%；临桂县为2249.84平方公里（统计数为2202平方公里），占市域总面积52.96%；阳朔县为1436.91平方公里（统计数为1428平方公里），占市域总面积33.83%。

4.1.1 地形特点

桂林市域俗称"五山二水三分地",是一个峰林山区、丘陵、溶蚀平原兼有的岩溶地带(表案1-16)。全市农村可划分为三个地貌区:

桂林市土地资源的地形分布情况 表案1-16

地貌类型	中低山区	丘陵	台(阶)地	平地	其他
面积(平方公里)	1231.20	969.60	264.87	950.73	776.67
占土地总面积	29.36%	23.12%	6.32%	22.68%	18.52%

注:本表据《桂林经济社会统计年鉴1994》P22的资料整理。

①西北部山区 为连绵峻岭,山高在800米以上的土地,占临桂县总面积的43.66%;还有低山119.27平方公里,分布在黄沙、宛田、茶洞、中庸、保宁、五通的一部,是林木、青竹、土特产和草食牲畜的主要产区。

②中部平原区 为孤峰溶蚀平原,属桃花江、漓江流域的平原、台地。其中,郊区的平原和台地占60.90%,对发展蔬菜和经济作物生产比较有利。临桂县的平原和台地占39.34%,是生产双季稻的粮食基地。

③东南部丘陵区 为峰林槽谷,丘陵多在500米以下;阳朔境内的丘陵占全县总面积的58.2%,是水果、甘蔗、青黄红麻等经济作物的主要产区。

4.1.2 土地利用现状

全市土地利用现状分类面积和构成见表案1-17。全市耕地占土地总面积的20.83%,其中有一半以上分布在临桂县境内。林地占土地总面积的43.48%,其中2/3分布在临桂县。未利用地占土地总面积的24.27%,其中一半在阳朔县境内。

4.1.3 农林绿地后备资源

据桂林市1992年"四低"、"四荒"土地后备资源调查,全市共有中低产田面积为44940公顷,占水田面积的94.10%,中低产旱地14873.33公顷,占旱地面积94.10%,中低产果园面积7166.67公顷,占果园面积75.17%;中低产林地29546.67公顷,占林地面积30.48%,其中用材林的中低产面积为17873.33公顷,占用材林面积34.95%,经济林中低产面积7060公顷,占经济林面积76.85%;其他林(主要指毛竹)中低产

桂林市土地利用现状(单位:公顷) 表案1-17

土地利用类型	土地总面积	耕地	园地	林地	牧草地	建设用地	交通用地	水域	未利用土地
市域	424782.2	88483.5	8960.6	184679.2	4958.1	18096.1	2897.2	13800.1	103107.3
市、郊区	56106.6	12643.1	2543.6	15679.1	4559.6	8876.0	626.1	2968.5	8210.6
临桂县	224984.4	47307.5	1777.8	121777.3	125.5	5257.6	1453.1	6733.6	40552.1
阳朔县	143691.2	28533.0	4639.2	47222.8	273.0	3962.5	618.0	4098.1	54344.6

注:建设用地项为居民点及工矿用地;资料来源:桂林市国土局,1995.12。

面积 4613.33 公顷，占其总面积 12.60%；玉米地中低产面积 1973.33 公顷，占玉米地面积 95.48%；甘蔗地中低产面积 613.33 公顷，占甘蔗地面积 94.85%；红薯地中低产面积 4706.67 公顷，全为中低产地；花生地中低产面积 3540 公顷，占花生地面积 96.55%。

全市现有耕地共 88483.5 公顷，其中：中低产田 63588.9 公顷，占耕地总面积的 71.87%；土壤瘠薄型有 20941.7 公顷，占 32.93%；干旱缺水型有 20525.5 公顷，占 32.29%。中低产田中，较易于改造的有 36309.1 公顷，占 57.10%；需要一定投入规模和较大型改造设施的有 23782.1 公顷，占 37.40%；目前条件下难以改造的低产田有 3467.5 公顷，仅占 5.45%。所以，市域的中低产田有较大的改造潜力。

4.1.4 农林绿地开发潜力

在提高农业投入和管理水平条件下，到 2010 年全市粮食等主要农作物的单产水平都将有较大的提高。其中，旱稻单产可望由目前的 311.3 公斤／亩，提高到 392 公斤／亩；中稻单产可望由目前的 274.7 公斤／亩，提高到 347.7 公斤／亩；晚稻单产可望由目前的 284.9 公斤／亩，提高到 365.6 公斤／亩。粮食作物单产平均提高幅度可达 73.7 公斤／亩。

在农业生产方面，园地面积从 1990 年的 8706.3 公顷上升到 1994 年的 8960.6 公顷；蔬菜等农副产品生产基地不断扩大，其中，蔬菜生产用地面积从 1990 年 1372.8 公顷上升到 1994 年的 1525.8 公顷。园地和菜地为城市的发展提供了丰富的水果和农副产品。在林业生产用地上，森林覆盖率 1994 年已达 31.8%，从而为旅游资源的进一步开发提供了较优良的生态环境。

全市现有荒山、荒地共 103107.3 公顷，主要分布在临桂、阳朔两县。其中宜开垦为耕地的共 6372.36 公顷，宜开垦为园地的 16549.88 公顷，宜植树造林发展畜牧业的共 25215.33 公顷。

4.1.5 农林绿地生物资源

桂林市的原生植被为亚热带常绿阔叶林。但是，目前除黄沙、宛田瑶族乡境内的花坪林区原生植被保存较好外，其他地方的原生植被基本消亡，只存在次生植被和人工植被。据最近的资源调查，全市现有森林面积 10.38 万公顷，占全市土地总面积的 24.74%，其中，70% 以上的森林分布在低山和高丘上。全市共有资源植物 200 多科，近 600 属，1500 多种。其中，受国家重点保护的品种有：银杉、香花木、银杏、马尾松、马蹄参、伞花木、粘木、白桂木、枝油杉、青檀、长苞铁杉等。药用植物有：半夏、山姜、金银花、黄连、杜梗、百合、穿心莲、茯苓、牛夕、薄荷、山苍子、乌柏、两面针、香茅、砂仁、射干、薄公英等。果树品种资源有 16 科，29 属，51 个种，115 个品种。其中，优良品种有：沙田柚、新会橙、柳橙、桂夏橙、碰柑（硬芦）、温州蜜柑、金柑、水蜜桃、朱砂李、萘李、大果枇杷、雪梨、月柿、油栗、中华猕猴桃、乌杨梅等。

全市经济作物品种资源共有 10 科、10 属、51 个品种。其中，经济价值较高的优良品种有：罗汉果、马蹄、果蔗、五通青茶、苎麻等。油料作物品种资源有：

花生、芝麻、油茶等23个品种。粮食作物品种资源有713个，优良品种有"901"、"713"、香稻、枝优77、桂33、桂99、特优77、汕优64、甜玉米等。蔬菜品种资源有17种、40属、57个种、176个品种，优良品种有红宝石蕃茄、芦笋、牛角茄子、青皮大苦瓜、柳叶菜花、大尖叶莴苣、牛腿南瓜、马耳早萝卜、83-1大白菜、荔浦芋等。

动物资源中，畜禽类有：猪、牛、羊、狗、猫、兔、鸡、鸭、鹅、鹌鹑、鸽子等10种。鱼类品种资源有8目、24科、86属、144种，而以鲤科鱼类为主，有55属，86种，占江河鱼类的61%。野生动物资源有：果子狸、黄腹角雉、黄狼、穿山甲、锦鸡、蛇类、蛙类、熊、豹、狐狸、猴子、鹧鸪、斑鸠、猫头鹰、画眉、娃娃鱼、鳖、龟、竹鼠等，主要分布在临桂县和阳朔县的边远山区。

4.2 农林业生产力水平分析

桂林市域内的农田主要种植水稻、豆类、花生、红薯、甘蔗、木茹、荸荠、黄红麻、莲藕、慈菇等作物，园地主要种植蔬菜、水果、茶叶和桑树。用材林主要种植马尾松和杉木，经济林主要种植油桐、油茶、板栗、柑桔、青竹等。据土地详查资料，全市现有林地135113.4公顷，森林覆盖率达31.8%，比1960年增加了10个百分点。对改善区域环境、生态平衡和防止水土流失，保持山青水秀"甲天下"的桂林风景特色，起到了积极作用。

但是，由于长期以来对农业的资金和科技投入都不足，加之土壤障碍因素多等自然条件的影响，耕地中的中、低产田占绝大部分；再加上种植业和养殖业内部产业结构不尽合理，品种单一，作物单产不高，致使农业绿地的生产力较低，无论产量或经济效益都增长缓慢，基本处于维持简单的再生产的水平。1994年，农业人口的人均种植业年产值仅610.17元；全市每公顷耕地的农业产值为5534.17元；每公顷水面的渔业产值为7557.85元（均按1990年不变价计）。

桂林市森林覆盖率的历史演变（单位：%）　　　表案1-18

年　份	1960	1973	1979	1986	1990	1994
森林覆盖率	21.4	19.5	24.7	24.8	25.9	31.8

资料来源：桂林市国土局。

桂林市农林业生产水平现状　　　表案1-19

年　份	全市耕地面积（公顷）	农林业总产值（万元）		农林业商品产值（当年价、万元）
		当年价格	1990年不变价	
1990	63593	61637	55795	40946
1991	64160	70291	63381	44644
1992	64308	86631	73073	55035
1993	64188	101858	75524	59236
1994	63520	143089	82082	84626

桂林市农业生产主要经济指标　　　　　　　　　　　表案 1-20

年 份	粮食产量（万吨）	水果产量（吨）	水产品产量（吨）	蔬菜产量（市区）（万吨）
1990	32.55	30278	5031	6.73
1991	34.70	41712	5609	7.00
1992	34.83	54647	5857	7.12
1993	34.40	58622	6806	7.37
1994	34.13	60915	8014	7.71

表案1-19、表案1-20的统计数字来源据《桂林市经济社会统计年鉴》。

4.3 市域农林绿地现状主要问题

4.3.1 农林绿地垦殖率相对较高，但土地后备资源不足。

桂林市1994年农业土地垦殖率达20.83%，高于广西和全国的平均水平（表案1-21）。全市1994年未利用的土地总面积共103107.3公顷，约占土地总面积的1/4。但其中多半是无法利用的裸岩石砾地（57061.8公顷），易于利用的荒草地仅占33.0%。这些荒草地几乎全部分布在阳朔和临桂两县，各占30.6%和68.4%。在荒地中绝大部分为宜林、宜牧荒地（56.4%和35.7%），宜农荒地仅占7.9%。这就增加了农林业用地需求平衡与合理配置的难度。

4.3.2 建设用地规模迅速扩大，耕地减少较快，人地矛盾加剧。

从1990～1994年的五年间，仅市郊就有835.3公顷土地被城市和村镇建设所征用，其中有1/3是良田和菜地。桂林市人均耕地面积本来就较少，几项重要的指标（表案1-22、表案1-23），均只有全国平均水平的1/3～2/3。随着城市的发展和人口的增长，预计市域人均耕地指标还会继续下降，因此要特别注重保护农田耕地。

桂林市农业土地开发利用的指数比较（单位：%）　　表案 1-21

行政区域	土地利用指数	土地垦殖指数	耕地复种指数
桂林市	75.73	20.83	209.2
广　西	68.69	14.40	177.13
全　国	68.71	13.19	148.56

资料来源：桂林市国土局。

桂林市各项人均占地指标（单位：亩）　　表案 1-22

区　域	人均占地	人均占耕地	人均占农业用地	人均占非农业用地
桂林市	4.97	1.04	3.37	0.24
全　国	13.50	1.80	8.20	0.39

表中的数据系按桂林市国土局1994年土地详查资料计算得出。

桂林市农业人口人均耕地情况的演变（单位：亩）　　表案 1-23

年　份	1950	1952	1957	1965	1975	1979	1980	1985	1993	1994
人均耕地	2.43	2.61	2.31	1.48	1.48	1.48	1.41	1.27	1.20	1.17

数据来源：《桂林市国土资源》1986，《桂林市经济社会统计年鉴》1995。

4.3.3 土地利用结构不尽合理，生产力水平偏低，生产潜力没有得到充分发挥。

一是耕地、林地和未利用地三者占了土地总面积的近90%，而其他五大类用地仅占10%；二是在农业用地结构中，以种植业为主，比较单一；不仅粮食的自给水平较低（目前为60%～70%），而且园地、牧业、副业、渔业的综合发展不足。若从土壤性状和质量以及光、热、水等自然条件来看，桂林市域土地的农、林业生产水平尚有较大潜力可以挖掘。

4.3.4 农业耕作粗放，广种薄收，科学种植管理水平亟待提高。

这突出地表现在全市的中低产田、中低产园、中低产林、中低产养殖水面所占比重较大等方面。

4.3.5 林业生产水平普遍较低。

市域林区的林分质量较低，多处于残次林水平；造林时间在10～20年左右，涵养水源的能力低；林业的产业构成不当，仍处于传统的种植采集阶段；林产加工业不发达，高消耗、低技术、低效益；大部分的林区尚未脱贫。

4.3.6 农林绿地被乱占、水土流失、生态破坏的现象比较严重。

这主要是因为广大乡村地区的土地管理机构不健全、土地监察与执法力量薄弱、对森林资源的掠夺性采伐、采矿污染、工业"三废"排放等原因所造成。如阳朔县久大水库的碎江河上游，近十多年来大面积的水源林被破坏；每逢大雨，砂石泥土沿山坡倾泻而下，致使碎江河岸已被冲塌了500米以上，许多良田被泥沙淹没，碎江村口的河床竟加高了2米！

4.4 市域农林绿地分类利用规划

4.4.1 基本农田保护与菜篮子工程

根据国务院1994年8月18日颁布的《基本农田保护条例》和广西壮族自治区人民政府1995年5月18日发布的有关实施办法，本次桂林市城市总体规划修编工作，特别增加了有关基本农田保护和菜篮子工程的规划内容，旨在解决"一要吃饭，二要建设，三保生态环境"的市域土地利用协调发展问题。

"一要吃饭"，就是要稳定基本农田，满足城市人民生活所必需的粮食和其他农副产品供应；"二要建设"，就是要保障基础产业、旅游、交通、住宅等各类必要的建设发展用地，特别应保障基础设施和骨干产业的用地。"三保生态环境"，就是要充分认识"山野环抱、碧水长流"的良好生态环境对桂林市发展具有极为重要的特殊意义，结合实际，因地制宜，统筹兼顾，优化土地利用结构，合理进行用地布局，不断提高市域土地利用的社会、经济、生态综合效益。这样才能协调各行各业的用地需求，促进社会经济平衡、全面、持续地发展。

（说明：为了使本规划能与《桂林市国民经济与社会发展"九五"计划和2010年远景目标纲要》及《桂林市土地利用规划（1995～2010年）》

等现行政府文件较好地衔接，便于实际操作；并考虑到影响农林业生产的不确定因子较多、应避免过长时期的预测误差放大，本规划研究数据的计算时段主要设定在 1995～2010 年之间，对 2020 年的远景只做定性研究。）

①粮田　1994 年底，全市共有耕地 88483.5 公顷，占市域土地总面积 20.83%。其中，粮田占耕地面积的 85%，菜地占 1.7%，其余则主要为经济作物用地。规划期间耕地需求量主要取决于农副产品的需求量、各类作物单产水平及耕地复种指数等。

粮食需求量主要包括口粮、饲料粮、种子粮、工业用粮、储备粮等。全市粮食需求的变化趋势为：总量呈刚性增加，人均口粮呈下降趋势，间接消费的饲料粮、工业用粮则大幅度增加。因桂林是国家级对外开放的旅游城市，在口粮需求量的人员构成中，国内游客、国外游客人数在规划期间将大幅增长，其粮食需求量也将同步增长。

全市现状耕地面积 88483.5 公顷，预测到 2010 年的可增加值为 5040.3 公顷，减少值为 6400.0 公顷，增减相抵净减 1359.7 公顷，即：2010 年全市耕地面积为 87123.8 公顷。耕地增加值中，围垦滩涂 22.4 公顷（在郊区），新开荒地 5017.9 公顷。

根据桂林市国民经济"九五"计划和 2010 年远景规划的社会经济发展指标，可预测全市的粮食需求总量：2000 年为 59.41 万吨，2005 年为 63.48 万吨，2010 年为 69.18 万吨。考虑规划期内可能的资金投入水平、种植技术、管理水平提高和品种改良等因素后，粮食单产水平（水稻为主）2000 年可能为 295.3 公斤/亩，2005 年为 331.7 公斤/亩，2010 年为 368.3 公斤/亩；粮食复种指数 2000 年为 185%，2005 年为 190%，2010 年为 195%。按保持目前的城市粮食自给率（约 60%）计算，可求得全市粮食播种耕地面积应为：2000 年 71098 公顷，2005 年 65375 公顷，2010 年 62140 公顷。据此，就可以从用地规划上对市域的基本农田保护，进行必要的总量控制（"九五"期间的近期规划，具体内容见表案 1-24）。

桂林市基本农田保护与发展近期规划（1996～2000 年）　　表案 1-24

项　目	栽培面积（公顷）	总产量（万吨）	产量年均递增率（%）
水稻	73333	35.9	1.7
果树	17000	12.7	13.31
经济作物	7520	12.31	8.47

本规划期内，要实现主要农作物品种良种化、栽培技术科学化、地方化和规范化，推进生产专业化，建成 10 万亩沙田柚、10 万亩优质谷、4.5 万亩夏熟水果、10 万亩早熟温州蜜柑生产基地。完成 20 万亩中低产田的改造任务，建立高产稳产粮田 50 万亩（每亩年产 800 公斤），果树 40 万亩。农村人口人均有高产粮田 0.5 亩，果树 0.41 亩。考虑到农业科技进步等因素的作用，到 2010 年，全市粮食播种面积仍然保持 125 万亩，但总产可达 43.38 万吨，年均递增 1.38%。其中：水稻总产 40.75 万吨，年均递增 1.27%；水果总产 42.7 万吨，年均递增 12.26%。经济作物总产 13.405 万吨，年均递增 0.93%。

要进一步挖掘耕地生产潜力，大力改造中低产田。中低产田的主要障碍因子是土壤贫瘠和缺水，较易改造。据测算：在高投入情况下，全市水稻增产潜力可达73%，在中投入时，可达21%左右。开垦荒地和改造中低产田的投资比平均为2.55:1；投资回收期为1.33:1。增产潜力大，投资少，难度小，见效快。

② 菜地　1994年，全市现有菜地1376.89公顷，蔬菜年总产量6.0万吨。随着人口的增长、消费水平的提高及旅游事业的发展，蔬菜需求量将日益增大。规划期本市城镇居民、流动人口、国内外游客蔬菜需求总量：2000年为11.40万吨，2005年为13.74万吨，2010年为16.82万吨；蔬菜单产分别为24.80吨／公顷，26.25吨／公顷和29.25吨／公顷；菜地复种指数分别为350%、370%和400%；蔬菜商品率为80%。据此，可求得全市应发展菜地的面积：2000年为1642公顷，2005年为1768公顷，2010年为1797公顷。因此，要按照市域吃菜人口的增长，同步进行新菜地的开发；规划期内老菜地被占用多少就必须弥补多少。2010年全市人均吃菜水平，要达到年消费164公斤的标准。

③ 园地　全市现有园地面积8960.6公顷，水果产量约6.09万吨。随着商品经济的发展，全市园地面积近年来已有所增加，但仍与优越的自然条件和丰富的果品资源不相称。罗汉果、沙田柚、白果等是桂林的名、特、优果品，享誉海内外。大力发展园地，有利于提高经济效益，改善农村生产生活条件（园地的收益几乎是种植业的一倍）；有利于发展旅游产品，出口创汇；有利于整治荒山荒坡，改善生态环境。据市农业局果树"九五"发展计划和2010年规划目标，以及对后备土地资源的适宜性评价和耕地退耕还园的可行性分析，至2010年可增加10215.9公顷。在园地增加值中，退耕还园1356.0公顷；开发滩涂80.2公顷；开垦宜园荒地8778.6公顷，约占宜园荒地总量的53%。

4.4.2　林业绿地建设

1994年全市林地面积为184679.2公顷，森林覆盖率为31.8%。市域林地的发展应以生态保护、美化环境、为旅游业发展服务为出发点，同时注重林地综合经济效益，满足人民对林产品的需求，逐步建成结构合理、层次分明、多功能、多效益、多林种的人工植被群落，并增加田间防护林面积。

预测到2010年，市域林地的增减值相抵。林地的减少值中，城镇、交通和水利建设分别占用2744.5、363.2、1476.8公顷。林地增加值中，退耕还林244.0公顷、牧草地（主要在郊区）上植树造林850.4公顷、开垦宜林荒地3490.1公顷。同时，开发田埂地、增加田间防护林及其他宜林荒地的绿化面积将达5000公顷。

林业绿地建设的规划目标为：2000年和2010年，全市有林地面积分别达到166702.5公顷和183920.6公顷，森林覆盖率分别达到39.2%和

43.3%。到 2010 年完成 6600 公顷低产林改造；建立相对连片的经济果木林基地 3100 公顷；发展建设竹笋两用基地 5000 公顷；完成漓江沿岸 82 公里地段和桂林－阳朔公路沿线 78 公里林带的绿化工程（表案 1-25）。

桂林市域林业绿地建设规划　　　表案 1-25

项　目	1996～2000 年	2001～2005 年	2006～2010 年	建设总量
低产林改造	2500 公顷	2460 公顷	1640 公顷	6600 公顷
经济果木林	1600 公顷	900 公顷	600 公顷	3100 公顷
竹笋两用基地	4000 公顷	600 公顷	400 公顷	4000 公顷
漓江沿岸绿化	60 公里	17 公里	5 公里	82 公里
漓江沿岸封山育林	3500 公顷	800 公顷	700 公顷	5000 公顷
桂阳公路林带	35 公里	20 公里	15 公里	70 公里
桂阳路沿线经济林	1700 公顷	300 公顷	100 公顷	2100 公顷

基础资料来源：桂林市国土局。

4.4.3 水域绿地开发

全市现有水域面积 13800.2 公顷，因水利建设到 2010 年将增加 3152.2 公顷，同时减少值为 281.0 公顷，增减相抵净增 2871.2 公顷。即 2010 年全市水域面积将为 16671.4 公顷。水域面积减少值中，利用滩涂开发耕地 22.4 公顷及园地 80.2 公顷，改滩涂、沼泽种草放牧 54.3 公顷，利用滩涂、水塘发展居民点、工矿建设 62.2 公顷及交通建设 61.9 公顷。水域面积增加值中，占用耕地 637.9 公顷，占用林地 1476.8 公顷，占用牧草地 100.9 公顷，利用荒地 936.6 公顷。鱼塘建设要进一步开发可养殖利用水面的生产能力，改进管理技术，引进新品种，提高水产品产量，争取到 2010 年全市居民的鲜鱼人均年消费水平达到 18 公斤。

4.4.4 牧草地及荒地利用

全市现有牧草地面积 4958.0 公顷，根据对荒山荒地宜牧适宜性评价，规划到 2010 年增加值为 11588.5 公顷，减少为 1823.2 公顷，增减相抵净增 9765.3 公顷。即：2010 年全市牧草地面积为 14723.3 公顷。在牧草地减少值中，植树造林占用 850.4 公顷，居民点工矿及交通、水利建设分别占用 773.5 公顷，98.4 公顷和 100.9 公顷。在牧草地增加值中，改滩涂、沼泽种草放牧 54.3 公顷（多在临桂县），开垦宜牧荒地 11534.2 公顷（多在临桂、阳朔县）。

要合理开发后备土地资源，搞好多种经营，发展农村经济。以挖潜改造、提高单产为主，开垦新荒为辅；把可耕荒地用于园地和牧地，进行生态农业开发和农副产品基地建设。全市现有未利用荒地面积 10.3 万公顷，其中：宜耕、园、林、牧开发的约 4.81 万公顷（宜耕地 0.64 万公顷，宜园地 1.65 万公顷，宜林牧地 2.52 万公顷）。根据全市耕、园、林、牧用地的发展需要，到 2010 年，宜耕、宜园、宜林牧荒地的开发利用率，要分别实现 80%、50% 和 60%。

4.5 农林绿地分区综合发展规划

综上所述，桂林市域农林绿地的规划用地平衡，见表案 1-26。

桂林市域农林绿地规划汇总平衡表　（单位：公顷）　　　表案1-26

时间	耕地	园地	林地	牧草地	水域	未利用地	建设用地
1994（基年）	88483.5	8960.6	184679.2	4958.0	13800.2	103107.3	20793.3
2010年	87123.8	19174.3	184679.2	14723.3	16671.4	71754.7	30655.4

本表的建设用地项包括城镇村居民点及工矿用地和交通用地。

据桂林市计划委员会等部门的规划，市域农业产值"九五"期间（1996～2000年）要年均增长5%，2000年达7.05亿元；后10年年均增长4.5%，2010年达11亿元。乡镇企业总收入"九五"期间年均增长25%，2000年达92亿元以上；后10年年均增长20%，2010年达557亿元以上。因此，市域农林绿地要制定能适应生产、生活、旅游、创汇等要求的多功能发展战略。为实现这个目标，可在土地利用空间上，因地制宜地作出适当分区（表案1-27）和有关规划如下：

桂林市土地利用分区规划　　　表案1-27

地域分区	范围	面积（公顷）	占总面积
市区及近郊平原区	市区：良丰农场、华侨农场、市园艺场 郊区：甲山乡、穿山乡、柘木镇、大河乡、朝阳乡、二塘乡、雁山镇 临桂：临桂镇、庙岭乡	75569.3	17.79%
中郊平原丘陵区	郊区：大埠乡，阳朔：葡萄乡、白沙镇 临桂：四塘乡、两江镇、渡头乡、五通镇、中庸乡、会仙乡、六塘镇、南边山乡	134520.6	31.67%
远郊山地区	临桂：茶洞乡、保宁乡、宛田乡、黄沙乡 阳朔：金宝乡、高田乡	132080.3	31.09%
漓江沿岸风景保护区	郊区：草坪乡　阳朔：杨堤乡、兴坪镇、城关镇、福利镇、普益乡、阳朔镇	82612.0	19.45%

本表数据资料来源：桂林市国土局，1995.12。

4.5.1 市区及近郊平原区

该区为市区及其周围郊区，范围包括市区、市直3个农场、郊区甲山乡等7个乡镇和临桂县的临桂、庙岭2个乡镇，面积75569.3公顷。

该区现状土地利用类型中，耕地17107.6公顷，占22.64%；园地2503.0公顷，占3.31%；林地14167.9公顷，占18.75%；牧草地3757.5公顷，占4.97%；建设用地9966.2公顷，占13.19%；交通用地773.4公顷，占1.02%；水域3597.8公顷，占4.76%；未利用地23695.9公顷，占31.36%。规划土地利用类型中，耕地14738.7公顷，占19.50%；园地3326.1公顷，占4.4%；林地13298.7公顷，占17.6%；牧草地3572.2公顷，占4.73%；建设用地14891.6公顷，占19.71%；交通用地1189.4公顷，占1.57%；水域4024.2公顷，占5.33%；未利用山地20528.4公顷，占27.16%。

该区位于市域中心，居漓江之滨，地势平坦，土层深厚，耕性良好。该区城乡交错分布，融为一体，市场近而大，可靠且稳定。文物古迹荟萃，旅游资源丰富，发展商品生产具有得天独厚的条件。但该区也存在一些问题，如：征占耕地较多，工业废气、废水排放对土地生态环境有一定影响等。

根据该区资源条件及面向城市、服务城市的宗旨，从发展城郊商品经济出发，今后该区农林绿地的发展方向为：

①服务城市市场，大力抓好"菜篮子工程"；加速蔬菜、禽畜、奶品、渔业、水果、马蹄（特产果品）等商品基地建设，发展鲜活副食品生产，提高商品率。

②发挥乡镇企业优势，并积极发展与城市工业相配套的乡镇企业。

③充分利用丰富的自然和人文景观旅游资源发展第三产业；建立"农－工－商"综合经营，一、二、三产业协调发展，多层次、多产业、多功能的农村经济结构体系。

④加强土地管理，保护耕地资源。该区土地资源少，耕地后备资源更少，因此，要认真贯彻执行土地法，建立科学的土地管理制度，严格执行基本农田保护区规划；严格征地审批手续。同时，要管好、用好新菜地建设基金和耕地补偿金，提高土地利用集约化程度和管理水平。

4.5.2 中郊平原丘陵区

该区位于桂林市域中部，范围包括郊区大埠乡，阳朔县葡萄、白沙2个乡镇，临桂县四塘等8个乡镇，面积134520.6公顷。

该区现状土地利用类型中，耕地42812.3公顷，占31.83%；园地3472.6公顷，占2.58%；林地49278.4公顷，占36.63%；牧草地979.1公顷，中0.73%；建设用地4107.6公顷，占3.05%；交通用地1320.7公顷，占0.03%；水域5724.2公顷，占4.26%；未利用地26825.7公顷，占19.94%。规划土地利用类型中，耕地42964.5公顷，占31.94%；园地8337.3公顷，占6.2%；林地49627.1公顷，占36.89%；牧草地5701.8公顷，占4.24%；建设用地6315.32公顷，占4.69%；交通用地1696.2公顷，占1.26%；水域7713.7公顷，占5.73%；未利用地12164.7公顷，占9.05%。

该区是市域西北山地余脉向丘陵的过渡地带。地形以平原、丘陵居多，低山次之，河谷、台地面积也较大。土壤质地良好，土层深厚，肥力较高。义江自北向南，贯穿其中，是主要粮食产区和经济作物、畜禽产品及鲜鱼产区。但是，该区农业用地结构目前以种植业为主，其他各业发展较慢；种植业又以粮食为主，经济作物比重小，限制了土地利用综合功能的发挥和经济效益的提高。另外，该区的农业土地利用方式，向市郊商品型调整的步子还较慢。

根据该区资源优势和较好的地理位置，今后该区农林绿地的发展方向为：

①在依托城市、服务城市、富裕农村、城乡共荣的方针指导下，以乡镇企业为突破口，大力发展以农副产品加工和建材为主的加工企业。

②以农牧结合经营为重点，实行农、林、牧、副、渔全面发展，"种植业－养殖业－加工业"有机结合。

③应用技术密集化和经营集约化措施，探索实现粮油高产、优质、低成本的配套技术；加强商品粮基地建设，努力提高单产水平，增加总产量。

④有计划地发展水果、甘蔗、瓜菜等基地建设，建立合理的粮食与经济作物生产比例；以肉、禽、蛋为重点，发展畜牧业生产，建立生猪、家禽、商品牛生产基地。

⑤强化农产品保鲜、贮藏和加工技术；积极发展薪炭林、防护林和小片速生林，重视四旁植树。

⑥充分开发利用淡水养殖水面，抓好"小水面精养、大水面增殖"，积极发展渔业生产，办好渔业基地。

4.5.3 远郊山地区

该区位于市域西北至西南部，系越城岭山系余脉。范围包括：临桂县茶洞等4个乡，阳朔县金宝、高田2个乡、面积132080.3公顷。

该区现状土地利用类型中，耕地13830.7公顷，占10.47%；园地1237.0公顷，占0.94%；林地97796.4公顷，占74.04%；牧草地32.8公顷，占0.02%；建设用地1738.0公顷，占1.32%；交通用地298.5公顷，占0.23%；水域1789.9公顷，占1.36%；未利用地15357.0公顷，占11.62%。规划土地利用类型中，耕地14068.2公顷，占10.65%；园地3051.8公顷，占2.31%；林地97993.5公顷，占74.19%；牧草地2310.6公顷，占1.75%；建设用地2157.6公顷，占1.63%；交通用地543.5公顷，占0.41%；水域2122.1公顷，占1.61%；未利用地9833.0公顷，占7.45%。

该区山峦起伏，地形复杂，山体大，海拔高，气候温凉，降雨较多；空气湿度大，云多，雾多；土壤类型多样，土层深厚，湿润肥沃，有机质含量高。该区林地面积广，是市域林业生产的主要地区，且土特产和林副产品生产较多，牧业有一定发展。但是，该区交通不便，投资环境条件较差，耕地少且肥力低。

根据该区自然条件及资源优势，今后该区农林绿地的发展方向为：

①坚持"因地制宜、发挥优势、扬长避短、以长养短"的指导思想，积极发展水源涵养林，大力营造经济林、用材林和薪炭林，加速林业建设。

②坚持退耕还林、还牧，加强草山草坡建设，种草放牧，发展以肉牛、肉羊、兔子为主的山地畜牧业生产。

③充分利用丰富的矿产资源，林特产品和野生资源种类多的优势，适当发展采矿业、加工业和名特优稀商品生产。

④推广优良品种，增加农业投入，依靠科技种田，大力改造中低产田，积极稳妥地发展粮食生产，实现粮食基本自给。逐步把该区建设成林茂、粮丰、牛多、商品经济发达的"林－牧－粮－工－特（土特产）"综合发展的地区。

4.5.4 漓江沿岸风景保护区

该区位于漓江两岸，范围包括郊区草坪乡、阳朔县杨堤等6个乡镇，总面积82612.0公顷。现状土地利用类型中，耕地14732.9公顷，占17.83%；园地1748.0公顷，占2.12%；林地23436.5公顷，占28.37%；牧草地188.6公顷，占0.23%；建设用地2284.5公顷，占2.77%；交通用地304.6公顷，占0.37%；水域2688.2公顷，占3.25%；未利用地37228.7公顷，占45.06%。规划土地利用类型中，耕地15352.4公顷，占18.58%；园地4459.1公顷，占5.40%；林地23759.9公顷，占28.76%；牧草地3138.7公顷，占3.80%；建设用地2284.5公顷，占2.77%；交通用地304.6公顷，占0.37%；水域2811.4公顷，占3.40%；未利用地29228.7公顷，占35.39%。

该区处于漓江河谷岩溶地带，其岩溶地貌是桂林山水的精华和代表。该区土壤肥沃，土层厚，宜种性好，是桂林市沙田柚、柑桔等水果的主产区。但是，该区农业用地结构中种植业比重大，土地综合功能发展差，经济效益不高。同时，该区有林面积仍较低，与该区漓江两岸奇山异岭的绿化要求不相称。

根据该区资源优势和限制因素综合分析，今后该区农林绿地的发展方向为：

①在粮食自给的基础上，重点发展经济林果生产，加强面向广西自治区内外市场的沙田柚及柑橙生产基地建设。

②搞好漓江两岸的绿化造林，抓好沿江农田苎麻、糖蔗等经济作物商品生产。

③积极发展畜牧业、水产养殖业，办好农副产品加工业。

④充分利用漓江自然风光，积极创造条件发展旅游事业，服务城市，富裕农村，使该区成为风景优美、经济繁荣、林果和多种经营协调发展的地区。

5 城市绿化树种规划

城市绿化树种的选择，是决定当地绿化工作成败和绿地建设质量的重要环节。因树木生长周期长，如果主要树种选择失误，将严重影响城市的生态与景观环境。所以，在城市总体规划阶段，就有必要对它认真地进行研究，并作出适当的规划，以指导城市绿化发展战略的确定和苗木生产绿地的用地选择。

1949年以来，桂林市长期没有全面、系统地进行过对绿化树种的调查、研究、选择和规划。因此，城市主要绿化树种的确定带有一定的盲目性。如1950年代大量发展大叶桉，1960年代大量发展白兰、黄兰、柠檬桉、木麻黄等，结果均因不能"适地适树"而大量死亡，损失惨重。1985～1987年，桂林市园林局曾组织专业人员开展了有关的调研工作，[①] 对城区内外现有绿化树种的生态习性和生长情况进行了摸底，提出过一个关于桂林市绿化树种选择的调研报告。本规划在此基础上，通过进一步的现场调查与文献研究相结合方法，系统地编制桂林市城市绿化树种规划，作为城市总体规划中生态绿地系统专项规划的重要内容。

---

① 共调查了88个单位与地段，调查树木总数为5395株。

5.1 城市绿化应用树种现状和问题

5.1.1 桂林市自然地理条件概述

桂林属亚热带气候带，气候温和湿润，其特征是冬短夏长，雨量充沛。年平均气温18.8℃，极端最高气温39.7℃（1941年7月5日），极端最低气温-5℃（1940年1月25日）。最热月为7月，平均气温28.3℃，最冷月为1月，平均气温7.8℃。全年无霜期307天。但由于地处湘桂走廊，是寒潮入侵广西的主要通道。每当冬季寒潮南下时，寒风刺骨，呼啸而下，风力较大，气温急剧下降，并伴有霜冻或冻雨出现，对抗寒性弱的树种造成较重危害。

桂林是华南多雨地区之一，年均降雨量1914.3毫米；但雨量的季节分配不均匀，春夏多雨，占全年降雨量的79.2%，而秋冬只占20.8%，干湿季节比较明显。桂林不但雨量多，雨日长，而且湿度也大，对树木生长发育十分有利。桂林市区年均相对湿度为76%。年均蒸发量1485毫米。市区夏季盛行南风，冬季北风频繁，春秋两季为南北季风交替，风向较乱。年均风速2.55米/秒，最大风速为19米/秒。全年日照时数为1580.9小时，年均日照百分率为33.65%。

桂林市地处宽阔的漓江谷地，地表石灰岩由于长期溶蚀，堆积有较厚的红色粘土层。漓江多级阶地，还堆积了厚十米左右的粘性土和沙卵石层。土山及低丘陵，分布沙页岩红壤。石山土壤多为褐色石灰土及黑色石灰土，前者土壤呈中性或微酸性反应，后者则呈中性或微碱性反应。旧城区的土壤，一般是瓦砾砖石层叠，比较坚实，多呈中性或碱性反应。

5.1.2 市区植被与绿化树种现状

桂林市区的植被，人工栽植的以桂花、香樟、阴香、榕树、桂林白腊、竹类、银桦、泡桐、苦楝、夹竹桃、白蝉、南迎春等树种为主；零星野生分布的树种以构树、苦楝、枫杨、枫香、朴树、乌桕、厚壳、皂荚、翅荚香槐等为主；石山自然植被原为常绿阔叶林，后因人为等因素的破坏，目前演变为石灰岩落叶阔叶林和石灰岩灌木丛为主要类型的植被。其中，乔木主要为青檀、翅荚香槐、榔榆、朴树等落叶树，灌木及藤本主要为火棘、斜叶榕、红背山麻杆、牡荆、龙须藤、老虎刺、崖豆藤、铸木、竹叶椒、小果蔷薇等。因此，市区石灰岩山体基本构成夏绿冬枯、或冬季半绿半枯的植物景观。

郊区的自然植被，现状多为马尾松林和荒草坡，个别地带兼杂有人工阔叶林；石山上主要为常绿、落叶混交阔叶林和灌木草丛。

据调查，桂林市区现状应用的绿化树种共527种（含主要变种），分属91个科236属，以亚热带的树种占绝大多数。其中，常绿针叶乔木40种，常绿阔叶乔木124种，落叶针叶乔木5种，落叶阔叶乔木102种，常绿灌木100种，落叶灌木76种，常绿藤本30种，落叶藤本21种，竹类29种。

5.1.3 城市绿化树种的现状问题

①绿化树种比较单调　桂林的城市绿化常用树种仅136种，占调查树种总量的25.8%，数目较少。一些优良的乡土树种，如被誉为"南国相思树"的何氏红豆，花果俱佳的宛田红花油茶，可与雪松相媲美的黄枝油杉，隆冬满树果实红艳的冬青等，尚未得到推广应用，因此，迫切需要挖掘现有地方树种资源潜力，丰富绿化常用树种，加速繁殖那些适合桂林城市生长环境而应用尚少的树种。

②行道树种有待完善　街道绿化，一直是桂林城市绿化的薄弱环节。一方面，受城市用地紧张的限制，街道两旁缺少均匀分布的小游园等街头绿地；另一方面，行道树种在历史上变动较多，如1950年代大量栽植大叶桉，白蚁危害严重，树形不美观；1960年代换种柠檬桉、白兰、黄兰等，1969年的冻害，又造成这些南亚热带树种大量冻死。经过几十年的考验，目前生长较好的仅有香樟、桂花、阴香、石山榕、枫香、桂林白腊、国槐等，比较单调，缺少开花鲜艳、适应性强、病虫害少又耐修剪的行道树种。[①]

③石山绿化需要加强　桂林市现状石山绿化以落叶乔、灌、藤种类较多，占石山树种的46%，植株数量上约占40%左右，因此在石山的植物景观上，大部分形成夏季绿色、冬季半绿半枯的外貌。调查显示，现状石山绿化树种种类尚少，尤其缺乏一些适应性强、在夏秋高温、干旱季节能正常生长的常绿树种、色叶树种和花灌木树种。

④古树名木保护欠佳　古树名木是活的文物和宝贵的自然遗产，反映了城市的历史与文化。古树还表现了对当地环境的适应性和生命力，在科学研究上有重要价值。但是，在桂林却有不少古树名木缺乏保护，不同程度地受到各种损害；有些树干已被白蚁蛀空，如工人文化宫的古厚壳树；有的已非正常死亡，如叠彩山的翅荚香槐。琴潭岩前原有一株古樟，树龄1000多年，高26.5米，胸径3.06米，冠幅33.1米，饱经沧桑仍雄伟壮观，不幸几年前毁于流民取暖用火。

5.2　城市绿化应用树种规划的原则

根据桂林的城市性质和自然条件，从城市绿化现状和绿化树种的生长情况出发，吸取以往在树种选择上的经验教训，宜按下列原则选择城市绿化树种：

①因地制宜，适地适树，按各个树种的生态习性和不同立地条件进行比较选择，充分发挥树种特性，实现良好的生态效益。

②以乡土树种为主，外来适生树种为辅，培育桂林的地方植物特色景观。

③以常绿阔叶树为主，落叶阔叶树为辅，努力表现亚热带植被的岭南风光。

④积极发展珍贵观赏树种、色叶树种和木本花卉，丰富城市色彩，美化山水环境。

5.3　城市绿化应用树种规划的重点

5.3.1　地方植物景观特色的培育

每个城市都应有地方植物景观特色。桂林作为著名的风景游览城市和历史文

---

① 据1987年调查，全市街道行道树共23个树种，其中：桂花树占10.9%；香樟占25.3%；阴香占16.0%；银桦占1.9%；桂林白腊占3.3%；国槐占3.1%；前三个树种共占总数的52.3%。近几年来，情况有所改观，增加了石山榕等树种。

化名城，更需要有鲜明的植物景观特色来衬托秀丽的山水风景。

桂林市的常绿阔叶树种占 53.1%，基本反映了亚热带常绿阔叶林自然植被带的面貌。城市绿化从 1960 年代以来，大量发展常绿乔、灌木树种（如桂花、香樟、阴香、竹类、蒲葵、棕榈以及夹竹桃、白蝉、南迎春等），成年桂花树已达十多万株，初步形成了以桂花为主的植物景观特色。

广西的树种资源十分丰富，达数千种；桂林地区的猫儿山自然保护区和花坪自然保护区里，植物种类繁多，其中就有不少优良的城市绿化树种。因此要大力加强引种驯化工作。

5.3.2 石灰岩山体的绿化树种选择

桂林的岩溶石山千姿百态，秀丽奇绝，构成桂林独特的山水风景；石山绿化对于美化山水风景和改善城市生态环境，有着重要影响。

桂林气候条件比较优越。但由于石灰岩山地岩石裸露较多，太阳辐射热强烈，夏秋气温比平地高 3～5℃，而岩面最高温度可达 70℃以上，同时，土层浅薄，土质粘重，加以山峰陡峭，多断岩、裂隙，土壤保水力差。土壤受母岩和气候影响，发育成黑色和褐色的石灰土。所以，在石灰岩山地特殊生境条件下，石山树木具有明显的岩生和旱生适应性，形成了独具特色的石灰岩植被，产生了一些特有的种类（如岩棕、桂林白腊、桂林紫薇等）。通过初步调查，桂林的石山树种达 217 种（天然生长的有 124 种，人工栽培的有 93 种），常绿树种与落叶树种之比为 1.2∶1，乔木与灌木之比为 1.5∶1。主要的乔木有：青冈栎、石山榕、山胶木、小果化香、翅荚香槐、青檀、椰榆、桂林白腊、菜豆树、园叶乌桕、黄连木、朴树、构树、布惊、水冬瓜等；灌木有：火棘、红背山麻杆、牡荆、岩棕、麻叶绣球、小果蔷薇、竹叶椒等；木质藤本有：龙须藤、老虎刺、崖豆藤类、狭叶络石、粉叶爬山虎等。

多年来，桂林市先后应用了 90 多个树种绿化了 54 座石山。在一些风景区的石山上，大量栽植了垂柏、夹竹桃、桂花、枇杷、吊丝竹、海桐、南迎春、茶条木、蒲葵等常绿树种，与原有植被相结合，使石山景观有较大改善，初步显出四季常青的景观。

5.3.3 丰富城市行道树种

因地制宜、适地适树，是树种规划和栽培的基本原则之一。引种石山绿化树种作行道树，是桂林增加和丰富行道树种的重要途径。由于石山树种适应性强，引种容易取得成功，同时又具鲜明的地方特色，在这方面，已有些成功的例子。如 1958 年由石灰岩山上引种的半常绿乔木——桂林白腊（*Fraxinus qwjmonsis*），经过 30 多年的培育，已成功推广应用。桂林白腊适应性强，树冠伞园形，树皮绿色斑驳状，十分优美，在杉湖北路种植 86 株，树龄 28 年，平均树高 9.6 米，冠幅 8.5 米，胸径 25 厘米。近几年，又大量引种常绿乔木——石山榕〔*Ficus virens* Ait. var. Sublanceolate (Mig.) Corner〕，并在街道试种，生长良好。此外，还要扩大利用外地的树种资源，如近年从四川引种、栽植在漓江路等地的银木（*Cinnamum Septentrionale Hand-Mzt*）和香叶树（*Lindera Communis Hemsf*）。

    5.3.4　加强古树名木保护

    古树名木是桂林山水风景资源的重要组成部份，往往与风景名胜交相辉映。如著名的七星岩前有株古枫香，高达 27 米，胸径 1.16 米，冠幅 23.7 米，树姿苍劲雄伟，秋日满树红叶，极为绚丽壮观，又如古南门前的 800 年古榕高达 18.6 米，胸径 1.62 米，冠幅达 32 米，绿叶虬枝，浓荫盖地，成为榕湖一景。因此，要向市民广泛宣传保护古树的重要意义，设立古树保护基金，支持古树的保护工作；对古树要立碑、设围、补洞、治病、除虫，按国家《城市绿化条例》的要求进行保护；同时，要落实古树名木的保护单位，使管理责任到位。

5.4　城市绿化应用树种分类规划

    为充分表现城市的园林绿化特色，适应不同绿地用途的需要，本规划遵循上述规划原则，按以下四个层次对应用树种进行了分类规划：

    5.4.1　基调树种：指代表一个城市地方植物景观特色的树种，它具有适应性强，分布广，对城市生态和审美影响大，容易栽培，受人喜爱的特点。

    5.4.2　骨干树种：指配合基调树种，构成城市四季色相景观，丰富城市绿化美化效果的观赏树种。

    5.4.3　特定用途树种：根据树种特性，按园林绿化的不同用途分别进行选择和规划。

    5.4.4　引种推广树种：为增加城市绿化树种，根据其生长特性，对一些经过引种栽培表现较好，但尚未引起重视的树种，列入规划，以便推广应用。

    ①基调树种：桂花、香樟、阴香、小叶榕、蒲葵、吊丝竹、夹竹桃。

    ②骨干树种：乔木：竹柏、黄枝油杉、雪松、白兰、广玉兰、枫香、冬青、洋紫荆、宛田红花油茶、桃树、紫薇、苏铁、棕榈。灌木：南迎春、花石榴、山茶、杜鹃、红诗木、茉莉、卷筒吊钟、凌霄、木芙蓉、五色梅、南天竹、棕竹。藤本：紫藤、扁藤、凌霄、爬山虎。

    ③特定用途树种：

    1）行道树

    市区街道行道树：桂花、香樟、阴香、银桦、银木、小叶榕、石山榕、广玉兰、红花羊蹄甲、桂林白腊、枫香、狗骨木、蒲葵。

    郊区公路行道树：香樟、桂花、阴香、银木、小叶榕、石山榕、仪花、枫香、银杏、乌桕、栾树、南酸枣、狗骨木、桂林白腊、白花泡桐、苦楝、国槐、湿地松、夹竹桃、吊丝竹、撑篙竹。

    2）庭荫树

    桂花、香樟、阴香、楠木、白兰、广玉兰、小叶榕、银桦、柚树、杨梅、枇杷、冬青、红豆、火力楠、香花木、深山含笑、阔瓣白兰、广西木莲、木莲、樟叶槭、柠檬桉、秋枫、红花羊蹄甲、竹柏、罗汉松、黄枝油杉、江南油杉、雪松、蒲葵、苦竹、粉单竹。银杏、枫香、乌桕、南酸枣、鹅掌楸、栾树、桂林白腊、狗骨木、合欢、无患子、国槐、榔榆、擦木、苦楝、皂荚。

3）风景林树种

针叶乔木：马尾松、黑松、湿地松、竹柏、罗汉松、垂柏、园柏、雪松、金钱松、黄枝油杉、江南油杉、水杉、池杉、落羽杉。

常绿阔叶乔木：桂花、冬青、柚树、广玉兰、火力楠、广东白兰、广西木莲、灰木莲、红花羊蹄甲、杨梅、广宁油茶、博白油茶、香樟、秋枫、山杜英、亮叶槭、荷木、花桐木、蒲葵、棕榈、苏铁。

落叶阔叶乔木：枫香、银杏、乌桕、柿树、桃树、李树、白玉兰、栾树、狗骨木、菜豆树、桂林白腊、榔榆、青檀、黄连木、南酸枣、翅荚香槐、喜树、重阳木、紫薇。

灌木：夹竹桃、南迎春、杜鹃、五色梅、海桐、花石榴、木槿、木芙蓉、棕竹、南天竹、阔叶十大功劳、构骨、九里香、火棘、栀子、金丝桃。

竹类：苦竹、黄竹、绿竹、撑篙竹、波竹、单竹、粉单竹、寿竹。

4）防护绿地树种

a. 石山绿化树种

乔木：垂柏、园柏、黄枝油杉、狗骨木、任豆树、菜豆树、青岗栎、石山榕、小叶榕、斜叶榕、枫香、乌桕、棠梨、紫薇、梧桐、枇杷、桂花、蒲葵、园叶乌桕、栾树、苦楝、桂林白腊、黄连木、榔榆。灌木：夹竹桃、南迎春、茶条木、五色梅、火棘、海桐、石榴、野蔷薇、石山桂。

b. 江岸湖边绿化树种

乔木：枫杨、垂柳、乌桕、枫香、银杏、桂林白腊、小叶榕、蒲葵、香樟、阴香、桃树、李树、喜树、榔榆、厚壳树、重阳木、秋枫、水杉、池杉、落羽杉。灌木：夹竹桃、南迎春、木芙蓉、花石榴、白蝉、木槿、紫薇、野蔷薇、五色梅、栀子、金樱子、海桐。竹类：撑篙竹、吊丝竹、黄竹、绿竹、单竹、粉单竹、寿竹、苦竹。

c. 防风林树种：香樟、枫香、荷木、湿地松、马尾松、野桉、杨梅、夹竹桃、紫穗槐。

d. 抗污染树种：夹竹桃、大叶黄杨、海桐、珊瑚树、小叶榕、石山榕、广玉兰、女贞、龙柏、香樟、枇杷、构树、苦楝、蒲葵、棕榈、紫穗槐。

5）观花树种　桂花、金桂、银桂、丹桂、四季桂、石山桂、山茶、杜鹃、月季、白兰、广玉兰、白玉兰、紫玉兰、含笑、夜合、火力楠、深山含笑、香花木、阔瓣白兰、广西木莲、木莲、灰木莲、鹅掌揪、红花羊蹄甲、宛田红花油茶、广宁油茶、小果油茶、中果油茶、桃、李、梅花、梨、杏、棠梨、海棠花、垂丝海棠、贴梗海棠、樱花、石楠、火棘、麻叶绣球、野蔷薇、木瓜、红叶李、红诔木、紫叶桃、棣棠、茉莉、南迎春、白蝉、栀子花、六月雪、卷筒吊钟、木槿、木芙蓉、夹竹桃、硬骨凌霄、凌霄、菜豆树、石榴、火石榴、五色梅、紫薇、桂林紫薇、紫藤、紫荆、锦鸡儿、合欢、海桐、九里香、柚树、腊梅、绣球花、使君子、金银花、红千层、栾树、岭南杜鹃、马银花、凤尾兰、结香、连翘、十大功劳、阔叶十大功劳、枸杞、木香。

6) 观果树种　南天竹、金桔、四季桔、红桔、代代花、柚树、香园、石榴、火石榴、柿子、枇杷、银杏、冬青、铁冬青、红豆、火棘、木瓜、枸骨、玉珊瑚、十大功劳、枸杞、厚皮香、栾树、野鸦椿、罗芙木、亮叶槭、珊瑚树、扁藤。

7) 色叶树种　枫香、乌桕、园叶乌桕、银杏、黄连木、紫叶李、紫叶桃、红枫、鸡爪槭、亮叶槭、石楠、桂花、柞木、石榴、南天竹、紫叶小檗、红背桂、狗骨木、红背山麻杆、翅荚香槐。

8) 其他观赏树种　龙柏、园柏、金叶桧、铅笔柏、翠柏、千头柏、日本扁柏、洒金柏、花柏、香柏、绒柏、湿地松、柳杉、水杉、池杉、落羽杉、罗汉松、金钱松、偃柏。挂绿竹、佛肚竹、大佛肚竹、粉单竹、单竹、黄竹、吊丝球竹、绿竹、苦竹、人面竹、龟甲竹、紫竹、方竹。

9) 篱垣树种　圆柏、南迎春、白蝉、大叶黄杨、小叶黄杨、雀舌黄杨、小叶女贞、珊瑚树、栀子、海桐、木槿、马甲子、枳壳、枸杞、火棘、六月雪、十大功劳、茉莉、棕竹、红背桂、凤尾竹。

10) 垂直绿化树种　紫藤、凌霄、扁藤、爬山虎、使君子、络石、狭叶络石、金银花、蔷薇、藤本月季、木香、南迎春、葡萄、云实、老虎刺、扶芳藤、薜荔、常春藤。

④引种推广树种

针叶树：广东五针松、海南五针松、云南松、火炬松、红豆杉、南洋杉、福建柏、刺柏、铁坚杉、日本冷杉、短叶罗汉松、脉叶罗汉松、粗榧、鸡毛松。

常绿阔叶乔木：广东含笑、白花含笑、红花木莲、石笔木、大头茶、石山樟、兴安楠木、华东润楠、饭甑讪、白椎、大叶栎、罗浮栲、多花山竹子、米老排、粉苹婆、四季青、樱叶石楠、猴欢喜、亮叶围诞树、香叶树、山枇杷、中华安息香、鸭脚木、黄槐。

落叶阔叶乔木：黄葛榕、福建樱花、阿根廷泡桐、象牙红、尖果栾树、厚朴。

常绿灌木：金粟兰、浙江红花油茶、攸县白花油茶、金花茶、黄蝉、狗牙花、鸳鸯茉莉、玉珊瑚、桃叶珊瑚、夜来香、瑞香、白瑞香、凹叶女贞、米碎花、扁爿海桐、鸭嘴花、朱蕉、紫金牛、篦齿苏铁、崖棕、黄花夹竹桃、细叶棕竹、大叶棕竹。落叶灌木：一品红、鄘桐、黄花倒水莲、龙吐珠。

常绿藤本：亮叶鱼藤、方藤、铁线莲、山木通、七叶木通、崖豆藤、龙须藤、三角花、鸡血藤、黑血藤、南五味子、凹叶马兜铃。落叶藤本：三裂蛇葡萄、粉叶爬山虎、中华猕猴桃。竹类：摆竹、茶杆竹。

⑤地被植物

蜈蚣草、假俭草、结缕草、细叶结缕草、竹节草、沿阶草、麦冬、小麦冬、阔叶麦冬、吉祥草、蝴蝶花、鸢尾、射干、葱兰、韭兰、朱顶红、文殊兰、石蒜、黄花石蒜、天门冬、玉簪、紫玉簪、萱草、蜘蛛抱蛋、紫鸭跖草、紫背鸭跖草、美人蕉、佛甲草、红花酢浆草、紫云英、蛇莓、冷水花、络石、狭叶络石、长春藤、爬山虎。

(备注：因篇幅所限，桂林市城市绿化树种应用植物名录从略。)

案例二：广州市城市绿地系统规划
(2001～2020年)[①]

1 项目概况与工作框架

广州是拥有1000多万人口的特大城市，是中国"南大门"和华南地区的政治、经济、科技、教育、文化中心。广州的城市绿地系统规划工作，涉及面广，影响面大，是一个非常复杂的超大型系统工程。

2000年4月，广州市建委下文（穗建城复[2000]110号）要求由市政园林局牵头组织编制《广州市城市绿地系统规划》。2000年6月，广州市城市绿地系统规划办公室成立。7月，规划办公室组织了包括各区园林办、绿委办和高校、科研机构的干部、专家、学生及工作人员150多人，开始进行全市绿地系统现状调研。

2000年6月，经国务院批准，番禺、花都撤市建区，纳入广州市行政辖区。2000年10月，广州市中心城区绿地现状调研工作完成，规划办组织专家进行了城市绿地现状分析，并与有关单位合作开展了两个基础课题研究：

① 城市生态因素对绿地系统布局模式的影响研究（与华南农业大学林学院合作）；

② 城市空间拓展对城市绿地布局需求的影响研究（与广州市城市规划自动化中心合作）。

2001年1月，规划办公室完成了初步规划成果，提交专家组论证。2001年5月，番禺区绿地系统规划启动。2002年1月底，《广州市城市绿地系统规划》（市域与中心城区）的送审稿和番禺区绿地系统规划初稿编制完成，提交市领导、政府有关部门和专家组征求意见，同时启动了花都区绿地系统规划。2002年2月1日，规划办组织召开了《广州市城市绿地系统规划》（送审稿）的专家论证会，会后又进一步征求市人大城乡建设与环境资源保护委员会、市计划委员会、市建委、市规划局、市政园林局、国土房管局、环保局、林业局等有关部门对规划成果的意见，对规划文件作了进一步完善，依法报批。2002年6月28日，该规划通过了国家建设部专家组的评审验收。专家评审意见指出：

① 广州市委、市政府认真贯彻2001年《国务院关于加强城市绿化工作的通知》，在新形势下组织编制了《广州市城市绿地系统规划》，高度重视城市生态环境和园林绿化的规划建设，是非常适时及必要的工作。

[①] 《广州市城市绿地系统规划》工作于2000～2002年间进行，主编单位是广州市城市绿地系统规划办公室，笔者作为规划办公室副主任和规划组长具体负责了该规划编制。为节约篇幅，本书对部分内容做了缩写。

② 该规划指导思想正确，现状调查深入细致，基础资料翔实，组织机构高效合理，编制方法科学严谨，规划思路清晰，技术手段先进，规划工作成果达到了国内同领域的领先水平。该规划对全国的城市绿地系统规划编制工作，具有重要的参考价值。

③ 该规划提出的市域绿地系统空间结构，符合广州市的实际情况和城市发展需要，规划指标体系先进，内容全面，特别是通过科学研究提出的"开敞空间优先"和"生态与景观并重"的规划思想，符合广州市城市发展总体规划的战略思路，较好地协调了广州市社会经济快速发展与自然环境保护之间的矛盾。

④ 评审专家组认为，该规划的编制成果符合国家与省、市有关法规、规定和技术规范的要求，具有较强的科学性和前瞻性，可依法纳入城市总体规划的编制和实施，对广州现代化中心城市的环境建设、实现城市可持续发展，具有指导性意义。评审专家组一致同意，该规划作为一项重要的城市专项规划成果，可在对规划文本作适当修改后，依法上报广州市人民政府审批。

2003年3月6日，广州市政府批准了该规划，依法纳入城市总体规划贯彻实施。

该案例的特点之一，是城市绿地系统规划与城市总体规划修编准备工作同步进行，充分贯彻了"生态优先"、"开敞空间优先"的规划理念。由于行政区划调整和一些特殊的历史原因，1990年代进行的广州市城市总体规划修编方案未获国务院批准，给本次绿地系统规划的工作前提条件造成了很大的困难。特别是在城市绿化用地问题上，规划绿地与以往实际已批出的城市建设用地和国土部门编制的《土地利用总体规划》产生了诸多矛盾。然而，正象世间万物的运动都具有两面性一样，该规划在协调、平衡与解决各种矛盾的过程中，使"生态优先"的城市发展理念得到较好地落实，为21世纪新一轮的广州城市总体规划修编提供了相关工作基础。这在我国现行的城市规划编制体系中，是在特大城市地区应用"开敞空间优先"规划方法的创新实践。

该案例的特点之二，是规划内容全面，覆盖了从总体规划、分区规划到详细规划等多个工作层次，与国家建设部城建司发布的《城市绿地系统规划编制技术纲要》（初稿）[建城园函（2001）73号]要求的工作内容基本相符，并充分结合了本地的实际情况。在规划成果的编辑结构上，也做到了重点突出、层次分明，与现行的城市规划管理的政策框架相协调，使理论创新与依法行政相统一。因此，该规划具有较强的可操作性，有利于政府主管部门全面统筹城市园林绿化行业的各项发展，并大大缩短了从规划编制到指导实践之间的时间。这种方法，对于传统的城市绿地系统规划编制模式而言，也是一次突破。

该案例的特点之三，是在编制工作组织上，采取了政府部门主导，科学研究先行，多个规划设计与专业单位分项目合作、多层次参与，既充分体现政府意志，又广泛汇集专家和民间智慧，将协调城市绿化用地等复杂矛盾的难题放在一个相对集中的规划过程中解决。同时，在规划中尽量运用先进科技手段辅助规划决策，最大限度地实现了理论与实际相结合、现实与理想相衔接。

2 规划文本(市域与中心城区)

2.1 总则

2.1.1 为发展广州的城市绿化事业,加强城市环境建设,保护和改善生态环境,增进市民身心健康,提高城市规划与园林绿化建设管理水平,促进城市可持续发展,根据国家有关法律、法规和政府文件,结合本市实际编制本规划。

2.1.2 本规划所界定的规划区范围与现状市区行政范围相同,即:市域面积7434.4平方公里,包括十个行政区和两个县级市,其中,荔湾、越秀、东山、天河、海珠、芳村、黄埔、白云八个区统称为"中心城区",面积1443.6平方公里。其中,荔湾区、越秀区和东山区合称为"旧城中心区"。

2.1.3 本规划的适用年限与《广州市城市建设总体战略规划》一致,为2001~2020年。

2.1.4 规划编制依据

- 《中华人民共和国城市规划法》(1990年);
- 《中华人民共和国土地管理法》(1986年颁布,1998年修订);
- 《中华人民共和国环境保护法》(1989年);
- 《中华人民共和国森林法》(1984年);
- 中华人民共和国国务院:《中华人民共和国森林法实施细则》(1986年);
- 中华人民共和国国务院:《城市绿化条例》(1992年);
- 中华人民共和国国务院:《风景名胜区管理暂行条例》(1985年);
- 中华人民共和国国务院:《关于加强城市绿化建设的通知》(国发[2001]20号);
- 中华人民共和国建设部:《城市绿化规划建设指标的规定》([1993]784号);
- 中华人民共和国建设部:《国家园林城市评选标准》(2000年);
- 中华人民共和国建设部:《城市古树名木保护管理办法》(建城[2000]192号);
- 广东省人大常委会:《广东省实施〈中华人民共和国城市规划法〉办法》(1992年);
- 广东省人大常委会:《广州市城市绿化管理条例》(1996年);
- 广东省人大常委会:《广州市公园管理条例》(1997年);
- 广东省人大常委会:《广东省城市绿化条例》(1999年);
- 广州市人民政府:《〈广州市城市建设总体战略规划〉(2001~2020年)》(2001.10);
- 广州市人民政府:《〈广州市土地利用总体规划〉(1997~2010年)》;
- 广州市人民政府:《〈广州市79个分区规划〉(1995~2020年)》;

- 广州市城市规划局：1997～2001年市区范围编制的各类专项规划和局部地区规划。

2.1.5 规划目标

在21世纪，广州市城市绿地系统规划建设的目标是"翠拥花城"；基本思路为"云山珠水环翡翠，古都花城铺新绿"。即：

- 充分利用广州山水环抱的自然地理条件，按照生态优先的原则和可持续发展的要求，构筑城市生态绿地系统的空间结构。
- 积极发展各城市组团之间的绿化隔离带，实施"森林围城"和"山水城市"建设战略。
- 努力构筑"青山、碧水、绿地、蓝天"的景观格局，将广州建设成为国内最适宜创业和居住的国际化、生态型华南中心城市。

2.1.6 规划原则

- 依法治绿：以国家和省、市各项有关法规、条例和行政规章为准绳，以《广州市土地利用总体规划》（1997～2010年）和2001年10月市政府批准的《广州市城市建设总体战略规划》（2001～2020年）为基本依据，充分贯彻"以人为本"的规划理念，为市民构筑适宜创业发展和安居的人居环境，建设山水型生态城市。
- 生态优先：要高度重视环境保护和生态的可持续发展，合理布局各类城市绿地，保护古树名木与名胜古迹等历史遗产和景观资源；要进一步加强中心城区南部生态果园、西部花卉生产区和东北部白云山系林地的规划建设，加强绿化建设管理和投入，保障城市发展过程中经济、社会、环境效益平衡发展。
- 系统整合：要改变传统的单因单果的链式思维模式，以系统观念和网络式思维方法为基础，综合考虑与平衡城市生态建设与城市发展之间的诸多问题与矛盾，使规划能符合城市社会、经济、自然系统各因素所形成的错综复杂的时空变化规律。
- 因地制宜：要结合城市的自然地理特征，充分利用白云山、珠江、流溪河等自然资源，合理引导城市功能空间与自然生态系统的发展；城市绿地布局要做到"集中与分散相结合"、"地面绿化与空间绿化相结合"，在重点发展各类公共绿地的基础上，加强居住小区与道路绿化、城市组团隔离绿地和近郊生态景观绿地的建设，构筑多层次、多功能、多类型的市域生态绿地系统。
- 城乡结合：市域城乡同属一个"社会－生态复合系统"，要重视城乡整体功能的完善和协调，确保两者能平衡发展；要加强区域合作，努力建构有利于维系区域生态平衡的城乡一体化绿地系统。
- 整体协调：绿地系统规划应当兼顾城市发展过程中社会、经济和自然资源的整体效益，尽可能公平地满足不同地区和不同代际人群间的发展需求；统一规划，分步实施，着重研究近中期规划，寻求切实可行的绿地建设与绿线管理模式。

2.1.7 城市绿线管理

①城市绿线，是指依法规划、建设的城市绿地边界控制线。城市绿线管理的对象，是城市规划区内已经规划和建成的公共绿地、防护绿地、生产绿地、附属

绿地、生态景观绿地等各类城市绿地。

②根据国家有关法律和行政规章，城市绿线由城市绿化与城市规划行政主管部门根据城市总体规划、城市绿地系统规划和城市土地总体利用规划予以界定；主要包括以下用地类型：

- 规划和建成的城市公园、小游园等各类公共绿地。
- 规划和建成的苗圃、花圃、草圃等生产绿地。
- 规划和建成的（或现存的）城市绿化隔离带、防护绿地。
- 城市规划区内现有的风景林地、果园、茶园等生态景观绿地。
- 城市行政辖区范围内的古树名木及其依法规定的保护范围、风景名胜区等。
- 城市道路绿化、绿化广场、居住区绿地、单位附属绿地。

③依照国家有关法规的要求，结合广州的实际情况，城市绿线管理的基本要求如下：

- 城市绿线内所有树木、绿地、林地、果园、茶园、绿化设施等，任何单位、任何个人不得移植、砍伐、侵占和损坏，不得改变其绿化用地性质。
- 城市绿线内现有的建筑、构筑物及其设施应逐步迁出。临时建筑及其构筑物应在二至三年内予以拆除。
- 城市绿线内不得新建与绿化维护管理无关的各类建筑。在绿地中建设绿化管理配套设施及用房的，要经城市绿化行政主管部门和城市规划行政主管部门批准。
- 各类改造、改建、扩建、新建建设项目，不得占用绿地，不得损坏绿化及其设施，不得改变绿化用地性质。否则，规划部门不得办理规划许可手续，建设部门不得办理施工手续，工程不得交付使用，国土部门不得办理土地手续。
- 城市绿线管理在实际工作中，除城市绿地系统规划要求控制的地块以外，还须根据局部地区城市规划建设指标的要求实施城市绿地建设。
- 城市绿化、规划和国土行政主管部门每年应对城市绿线的执行情况进行一次检查，检查结果应向市政府和市人大常委会做出报告。

④在城市绿线管理范围内，禁止下列行为：

- 违章侵占城市城市绿地或擅自改变绿地性质。
- 乱扔乱倒废物。
- 钉拴刻划树木，攀折花草。
- 擅自盖房、建构筑物或搭建临时设施。
- 倾倒、排放污水、污物、垃圾，堆放杂物。
- 挖山钻井取水，拦河截溪，取土采石。
- 进行有损城市园林绿化和生态景观的其他活动。

⑤在城市绿线内的尚未迁出的房屋，不得参加房改或出售，房产、房改部门不得办理房产、房改等有关手续。绿线管理范围内各类改造、改

建、扩建、新建的建设事项，必须经城市园林绿化行政主管部门审查后方可开工。

⑥因特殊需要，确需占用城市绿线内的绿地、损坏绿化及其设施、移植和砍伐树木花草或改变其用地性质的，市政府行政主管部门应会同省政府城市园林绿化行政主管部门进行审查，并充分征求当地居民、人民团体的意见，组织专家进行论证，并向市人民代表大会常务委员会做出说明。

⑦因规划调整等原因，需要在城市绿线范围内进行树木抚育更新、绿地改造扩建等项目的，应经市城市绿化行政主管部门审查，报市人民政府批准。

⑧凡涉及到市域内林地、林木的管理事宜，应按国家、省、市有关林业的法律、法规执行。

2.2 城市绿地系统总体布局（节选）

2.2.1 市域绿地系统布局结构

①城市空间结构发展概略：21世纪的广州，必须确立"生态优先"的城市建设战略，寻求一种既能应对发展挑战又能解决环境问题的城市发展模式。以广州市域"山、城、田、海"并存的自然基础，构建"山水城市"的框架，最大限度地降低开发与资源保护的冲突，减低对自然生态体系的冲击。构筑生态廊道，保护"云山珠水"，营造"青山、名城、良田、碧海"的生态城市。

②城市空间结构：广州未来的城市空间结构规划为"以山、城、田、海的自然格局为基础，沿珠江水系发展的多中心组团式网络型城市"。

③市域绿地空间形态：

• 北部山林保护区，包括花都、从化、增城三个组团，绿地内容主要有森林公园、自然保护区、水源涵养林等，是实现"森林围城"战略的关键地区。

• 都会中心区，包括中部、东部、西北部等三大组团，是广州的历史、文化、政治、经济中心，已有多年的建设历史。其绿地系统建设应注重空间秩序的建立与人居环境的营造，并结合历史文化及休闲旅游加以发展。

• 都市发展主干区域，包括市桥、南沙两大组团，为低密度的开敞建设区，应注意建设江海生态景观绿带及组团绿化隔离带。

• 南部滨海开敞区，绿地形态主要有滨海生态保养区、滨海园林区和都市型生态农业区等。

④市域生态廊道布局：规划以山、城、田、海的自然特征为基础，构筑"区域生态环廊"、建立"三纵四横"的"生态廊道"，建构多层次、多功能、立体化、网络式的生态结构体系，构成市域景观生态安全格局。

⑤"区域生态环廊"：即要在广佛都市圈外围，通过区域合作建立以广州北部连绵的山体，东南部（番禺、东莞）的农田水网以及顺德境内的桑基鱼塘，北江流域的农田、绿化为基础的广州地区环状绿色生态屏障——生态环廊，从总体上形成"区域生态圈"。

⑥"三纵"，即三条南北向的生态廊道，自西向东依次为：

• 西部生态廊道南起洪奇沥水道入海口，穿过滴水岩、大夫山、芳村花卉果林区，北接流溪河及北部山林保护区。

- 中部生态廊道南起蕉门水道入海口，经市桥组团与广州新城之间生态隔离带、小洲果园生态保护区，向北延伸至世界大观以北山林地区。
- 东部生态廊道南起珠江口，经海鸥岛、经济技术开发区西侧生态隔离带至北部山林地区。

⑦"四横"，即四条东西向生态廊道，自北向南依次为：

- "江高——新塘生态廊道"，沿华南路西北段与规划的珠三角外环之间的生态隔离带向东延伸至新塘南岗组团东北部山林地区。
- "大坦沙——黄埔新港生态廊道"，以珠江前、后航道及滨江绿化带为主，顺珠江向东西延伸。
- "钟村——莲花山生态廊道"，西起大石、钟村镇西部的农业生态保护区，经以大石飘峰山、香江动物园、森美反斗乐园（南村里仁洞）为基础的中部山林及基本农田保护区，向东经化龙农业大观、莲花山，延伸至珠江。
- "沙湾——海鸥岛生态廊道"，沿沙湾水道和珠三角环线及其以南大片农田。

⑧市域城市组团间绿化隔离带，主要包括：

- 沿市域边界与其他城市隔离的山体、农田、沿江绿化带。
- 各大片区之间由山体、沿江绿化带、农田、大型绿地构成的绿化隔离带。
- 以"三纵四横"为主体构成的都会区小组团绿化隔离带，南沙片区内部、南沙经济技术开发区与黄阁镇之间的绿化隔离带。

⑨市域生态环境建设要求：

- 市域内城市规划与建设，要充分满足生态平衡和生态保护的要求，尽量降低建筑密度和容积率、拓展城市公共活动空间、增加市区公园与绿地等措施实现生态环境的改善，营造良好的生活社区。规划建设具有岭南园林与建筑风格特色、人文景观与自然景观形神相融的山水城市，加大环境保护的投资力度。
- 要有效控制对传统农业耕作区、自然村落、水体、丘陵、林地、湿地的建设开发，尽量保持原有的地形地貌、植被和自然生态状况，营造良性循环的生态系统，保护和改造"绿脉"，建设好城市北部的生态公益林、森林公园、流溪河防护林、天河绿色走廊，建立和完善城市组团之间、城市功能区之间的生态隔离带。推广生态农业，提高农田防护林网建设质量和防护效益。
- 要坚持资源合理开发和永续利用，对重大的经济政策、产业政策进行环境影响评估，有效防止城市化建设过程中的生态破坏；提倡对资源的节约和综合利用，鼓励绿色产业的发展；加强重要生态功能地区的生态保护，防止生态破坏和功能退化；加强石矿场整治垦复，合理开发利用滨海滩涂，保护海洋与渔业资源；保护生物物种资源的多样性和生物安全。

⑩市域生态保护区规划：在流溪河、东江、沙湾水道三个水源保护区种植水源保护涵养林，在从化市东北部、花都区北部、番禺区西部设森林公园；在新机场以南设城市森林公园；番禺南部临海区设红树林保护区；将海珠区东南部和番禺区东北部规划为"都市绿心"。市域东部、西北部为基本农田保护区。

2.2.2 城市绿化建设指标规划

广州市中心城区绿化建设指标总体规划为：2005年建成区绿地率、绿化覆盖率和人均公共绿地面积分别达到33%、35%和10平方米，2010年上述指标分别达到35%、40%和15平方米，2020年上述指标分别达到37%、42%和18平方米。

2.2.3 中心城区绿地系统布局

①广州市中心城区绿地系统的规划布局模式可概括为："一带两轴，三块四环；绿心南踞，绿廊导风；公园棋布，森林围城；组团隔离，绿环相扣。"

②一带两轴，三块四环：

• "一带"，即沿珠江两岸开辟30～80米宽度的绿化带，使之成为市民休闲、旅游、观光的胜地，体现滨水城市的景观风貌。

• "两轴"，即沿着新、老城市发展轴集中规划建设公共绿地，以期形成两条城市绿轴。其中，老城区的绿轴宽度为50～100米，新城区的绿轴宽度为100～200米。

• "三块"，即分布在中心城区边缘的三大块楔形绿地，即：白云山风景区、海珠区万亩果园和芳村生态农业花卉生产区，是广州中心城区的"绿肺"。

• "四环"，即在城市主要快速路沿线建设一定宽度的防护绿带，作为城市组团隔离带和绿环风廊。其基本规划要求为：内环路10～30米、外环路30～50米、华南快速干道及广园东路50～100米、北二环高速公路300～500米。

③绿心南踞，绿廊导风：在中心城区的东南部的季风通道地区，规划预留控制和建设巨型绿心，包括海珠果树保护区、小谷围生态公园、新造－南村－化龙生态农业保护区等，总面积达180平方公里。同时，沿城市主要道路两侧建设一定宽度的绿地，使之成为降低热岛效应、改善生态条件的导风廊道。

④公园棋布，森林围城：以公园为主要形式大量拓展城市公共绿地，使城市居民出户500～800米之内就能进入公园游憩，让"花城"美誉名副其实，造福于民。在市区的西北和东北部，规划以现有林业资源为依托，建设好水源保护区与森林游憩区。同时，在南部平原水网地区，大力推动海岸防护林、农田防护林网与生态果林区的建设，使之成为城市的南片绿洲。

⑤组团隔离，绿环相扣：规划在整个城市的各组团之间预留和建设较宽阔的绿化隔离带。同时，要将市区周边的山林、河湖景观引进城市，充分体现山水城市的特色。在河湖水体、公路铁路两旁，要按标准设立防护林带。在城市东北部、西部、北部、南部，要结合郊区大环境绿化，把丘陵、平原、河涌、道路绿化和公共绿地连结成网，组成系统，实现绿树成荫，鲜花满城的生态绿地系统。

⑥中心城区的绿地系统景观构架规划为：

• 保护"越秀山－中山纪念碑－中山纪念堂－市政府大楼－人民公园－起

义路－海珠广场"的城市传统中轴线。
- 逐步建设"燕岭公园－铁路东站－中信广场－天河体育中心－珠江新城－琶洲岛－海心沙新客运港"城市新中轴线。
- 整治美化珠江两岸，建设风光旖旎的珠江风景旅游河段。
- 综合规划沿江出海口岸线，解决好人文景观、河港生产运输与自然风光的融洽和谐，形成城市中轴线与珠江构成的"一横两纵"城市景观构架。
- 合理调整白云山风景名胜区的林相结构，沿山麓建设绿化休闲带，实现"山上多绿、山下多园"的建设目标，增强其自然生态功能。
- 充分借助云山、珠江、滨海衬托的特色优势，重点建设一批标志性建筑和高水平的绿地，构筑城市新景观，提升城市的文化艺术品位。

2.3 城市绿地建设规划

2.3.1 城市绿地分类发展规划

①公共绿地：应在充分保护和利用好市区内现有公共绿地的前提下，按以下要求规划布局新增公共绿地：

- 充分考虑合理的服务半径，力求做到大、中、小型公共绿地均匀分布，尽可能方便居民使用。根据广州市区的现状条件，市级公园服务半径宜为2000米，区级公园服务半径宜为1000米，居住区级公园和街道小游园宜为300～500米。
- 在珠江前、后航道布局节点绿地，在前航道广州大桥以东和后航道布局建设连续绿化带，宽度为100～300米；在流溪河市区段两侧规划建设100～300米宽的绿化带，在市区主要河道两侧规划建设30～50米宽的绿化带。
- 在旧城区中轴线建设节点绿地，在新城市中轴线建设宽度100～200米的连续绿廊。
- 将白云山风景区逐步建成城市公园群；在海珠果园保护区、芳村花卉生产保护区范围内，逐步建设若干自然景观为主的生态郊野公园。
- 在市区内环路沿线出入口10～50米范围内建设节点绿地，市区内的高速公路、快速路入口处规划建设面积大于400平方米的节点绿地，沿城市主干道每隔500～1000米建设节点绿地。
- 在重要文物古迹和城市广场附近增辟公共绿地。
- 积极发展城市公园和郊区森林公园；市属各区都要建设2～3个面积30000平方米以上的公园；每个行政街、镇区要建设一个面积3000平方米以上的中心公园；到规划期末，全市的各类公园总数要达到200个。
- 公共绿地的规划建设，应以植物造景为主，适当配置园林建筑及小品。各类城市公园建设用地指标，应当符合国家行业标准的规定。城市公园内严格控制建设经营性娱乐项目，不得建设住宅；新建公园的绿地率不低于70%。街道小游园建设的绿化种植用地面积，不低于小游园用地面积的70%；游览、休憩、服务性建筑的用地面积，不超过小游园用地面积的5%。

- 公共绿地的设施内容，应综合考虑各种年龄、爱好、文化、消费水平的居民需要，力求达到景观丰富性与功能多样性相结合。

②生产绿地：生产绿地是指专为城市绿化建设需要而设的生产科研基地，包括苗圃、花圃、草圃、药圃以及园林部门所属的果园与各种生产性林地。广州市中心城区规划的生产绿地，主要分布在海珠、芳村、黄埔、白云四个行政区内，面积达建成区面积的2%以上，包括一部分以绿化苗木生产为主业的农业用地。

③防护绿地：防护绿地是指为改善城市自然环境和卫生条件而设置的防护林地。规划在市区的不同地段设置不同类型的防护绿地，主要是在市区外围的公路、铁路、高速公路、快速干道、高压走廊、河涌沿线开辟防护绿地；在主要工厂、仓库与城市其他区域间布局防护绿地。市区防护绿地的设置，应当符合下列规定：

- 城市干道规划红线外两侧建筑的退缩地带和公路规划红线外两侧的不准建筑区，除按城市规划设置人流集散场地外，均应用于建造隔离绿化带。其宽度分别为：城市干道规划红线宽度26米以下的，两侧各2～5米；26米至60米的，两侧各5～10米；60米以上的，两侧各不少于10米。公路规划红线外两侧不准建筑区的隔离绿化带宽度，国道各20米，省道各15米，县（市）道各10米，乡（镇）道各5米。

- 在城市高速公路和城市立交桥控制范围内的非建筑用地，应当进行绿化。

- 高压输电线走廊下安全隔离绿化带的宽度，应按照国家规定的行业标准建设，即：550千伏的，不少于50米；220千伏的，不少于36米；110千伏的，不少于24米。

- 穿越市区主要水系（珠江）两岸的防护绿带宽度各不少于50米，一般河道两岸的防护绿带宽度各不少于30米。

- 流溪河、增江、白坭河上游发源地汇水处及其主流、一级支流两岸自然地形中第一层山脊以内的河道沿岸，规划控制水源涵养林宽度各不少于100米；沿流溪河两岸坡度在46度以上的山地、主要山脊分水岭及土壤薄、岩石裸露地域设饮用水体防护林，规划宽度为100～300米。

- 珠江广州河段的防护绿化，必须符合河道通航、防洪、泄洪要求，同时还应满足风景游览功能的需要。铁路沿线两侧的防护绿带宽度每侧宜为20～30米。

- 规划利用城市广场、绿地、文教设施、体育场馆、道路等基础设施的附属绿地，建立避灾据点与避灾通道，以期形成完善的城市防灾、减灾体系，并纳入城市防灾、减灾规划。

④居住区绿地：本规划确定了广州市城市居住区的绿地率规划指标（详见规划说明书）。在居住区绿化建设中，要大力提倡垂直绿化与屋顶绿化，在尽量少占土地的情况下增加城市绿量。

居住区绿地的规划设计，要严格遵循国家颁布的《城市居住区规划设计规范》GB 50180—95，按局部建设指标要求配套。除了要满足规划绿地率的指标外，还应达到国家技术规范中所规定的居住区绿地建设标准。即：

• 居住区的绿地率应大于30%，其中10%为公共绿地；居住区、居住小区和住宅组团，在新城区的，不低于30%；在旧城区的不低于25%。其中公共绿地的人均面积，居住区不低于1.5平方米，居住小区不低于1平方米，住宅组团不低于0.5平方米。

• 居住区公园面积应在两公顷以上，居住小区公园应在5000平方米以上。

• 居住区绿地中的绿化种植面积，应不低于其用地总面积的75%。

⑤附属绿地：市区内所有建设项目，均应按规划要求的建设指标配套附属绿地。城市小组团隔离带、低密度建设绿化缓冲区以及城市风廊区域的花园式单位等地块，要尽量提高绿地率。市区内建设工程项目安排配套绿化用地应符合下列规定：

• 医院、休（疗）养院等医疗卫生单位，在新城区的不低于40%；在旧城区的不低于35%。

• 高等院校、机关团体等单位，在新城区的不低于40%；在旧城区的不低于35%。

• 经环境保护部门鉴定属于有毒有害的重污染单位和危险品仓库，不低于40%，并根据国家标准设置宽度不少于50米的防护林带。

• 宾馆、商业、商住、体育场（馆）等大型公共建筑设施，建筑面积在20000平方米以上的，不低于30%；建筑面积在20000平方米以下的，不低于20%。

• 主干道规划红线内的，不低于20%；次干道规划红线内的，不低于15%。

• 工业企业、交通运输站场和仓库，不低于20%；

• 其他建设工程项目，在新城区的，不低于30%；在旧城区的，不低于25%。

• 新建大型公共建筑，在符合公共安全的要求下，应建造天台花园。

• 附属绿地的建设应以植物造景为主，绿化种植面积，不低于其绿地总面积的75%。

• 城市主干道绿化带面积占道路总用地面积的比例不得低于20%；次干道绿化带面积所占比例不得低于15%；城市快速路和立交桥控制用地范围内，应兼顾防护和景观进行绿化。

• 市区的道路绿化，应选择能适应本地条件生长良好的植物品种和易于养护管理的乡土树种。同时，要巧于利用和改造地形，营造以自然式植物群落为主体的绿化景观。

⑥生态景观绿地：它主要分布在市区的东北部与南部，对于维护城市生态平衡具有重要的作用。规划的基本要求是保护好自然水体、山林和农田等绿地空间资源，建立为保持生态平衡而保留原有用地功能的城市生

态景观绿地，主要包括各类森林公园、自然保护区、风景名胜区、旅游度假区、生态农业旅游区等。

- **森林公园**：全市现有已批建森林公园 45 个，面积 68422 公顷。规划到 2010 年，全市森林公园调整并增加至 52 个，面积 76487 公顷，占市域面积的 10.29%；2020 年，全市森林公园总数达到 62 个，总面积 96029.6 公顷，占市域面积的 12.91%。森林公园要优化整体环境，改造林相，提高林木覆盖率；要改善交通路网，按核心保护区、缓冲区和旅游区的不同要求，分级控制旅游人数，完善配套服务设施，发展与生态保护相适宜的旅游项目，如动、植物观赏，科普考察，避暑休闲，康体健身，森林浴等。要加快市域东南部生态防护林和北部生态公益林建设，由现有 13.37 万公顷发展到 20.07 万公顷，占林业用地面积 65%以上。

- **自然保护区**：全市现有自然保护区有两处，即从化温泉自然保护区（2786 公顷）和市区饮用水源一级保护区（132 公顷）。规划建设自然保护区 5 个，面积 22067 公顷，占市域面积的 2.97%。其中主要包括：①大封门—大岭山自然保护区（8653.3 公顷），保护主体为亚热带常绿阔叶天然林和国家级珍稀濒危保护动、植物；②北星自然保护区（228.3 公顷），保护主体为亚热带常绿阔叶、针阔混交林及长颈长尾雉、蟒蛇、大壁虎、小灵猫等珍稀野生动物；③五指山自然保护区（200 公顷），区内有保存较好的亚热带常绿阔叶林、高山自然灌木林和国家一、二级保护动植物；④番禺新垦红树林、鸟类自然保护区（100 公顷），保护主体为珠江口湿地生态系统、红树林、浅海鱼虾和过冬候鸟。

- **风景名胜区与旅游度假区**：规划重点建设南湖国家旅游度假区、白云山风景名胜区、芳村花乡生态旅游区、丹水坑风景旅游区、从化温泉旅游度假区、莲花山旅游风景区、番禺滨海休闲度假区、花都芙蓉嶂旅游度假区、花都九龙潭水上世界度假村、增城百花山庄旅游度假区等，使之成为都市生态旅游的基地。

- **基本农田保护区与生态农业旅游区**：市域农业的发展要按照近、中、远郊"三个圈层"进行产业结构调整，逐步形成符合市场需求、各具特色的空间布局。按照广东省土地利用总体规划的要求，规划期内市域基本农田保护区的任务指标为 1469 平方公里；其中，中心城区的基本农田保护区任务指标为 165.46 平方公里。要重点保护建设海珠区万亩果园，瀛洲生态公园，长洲岛生态果园，芳村花卉博览园，以及番禺万顷荷香度假区，化龙农业大观园，横沥生态旅游度假农庄，增城仙村果树农庄，朱村荔枝世界，从化荔枝观光园等生态农业旅游区。要合理规划区内旅游路线，完善配套服务设施，充分利用农业绿地的生态旅游资源为市民与城市建设服务。

2.3.2 城市绿地分期建设规划

①近期（2001～2005 年），市区城市绿地建设的重点是进一步完善中心城区的绿地空间形态，规划年均增加公共绿地 300 公顷；主要包括：

- 珠江沿岸节点绿地。
- 新、旧城中轴线节点绿地。
- 内环路节点绿地。

- 环城高速公路绿化隔离带。
- 华南快速路沿线绿化隔离带。
- 北二环高速公路绿化隔离带。
- 生态开敞区"亲民"绿地。
- 市区内按服务半径（300～500米）规划布局的公园及广场绿地。

② 中期（2005～2010年），市区园林绿化建设的对策为：
- 着重完善城市绿地空间主控框架形态。
- 新建绿地应在保证绿化的前提下配套相应的休闲功能。
- 多渠道争取绿化用地，除政府划拨外，亦可采用向农民长期租地等可行的方式。
- 长期控制与短期实施相结合；对于环城高速公路两侧绿化隔离带、北二环高速公路内侧300米、外侧500米的绿化隔离带，进行长期控制，短期内分区段实施。

③ 远期（2010～2020年），城市绿化建设的目标是全面实施本规划所提出的绿色空间体系，提高城乡环境质量，按照"青山、碧水、蓝天、绿地、花城"的目标，把广州建设成为中国最适宜创业发展和生活居住的生态型山水城市。

2.4 城市绿化植物多样性规划

2.4.1 城市绿化植物多样性规划原则与目标

① 规划原则：
- 以南亚热带地带树种为主，适当引进外来树种，满足不同的城市绿化要求。
- 生态功能与景观效果并重，兼顾经济效益。
- 充分考虑广州的气候条件，突出观花、遮荫乔木，形成花城特色。
- 适地适树，优先选择抗逆性强的树种。
- 城市绿化的种植配置要以乔木为主，乔灌藤草相结合。

② 规划目标：
- 培育广州的植物景观特色，满足市民文化娱乐、休闲、亲近自然的要求。
- 优化城市树种结构，提高绿化植物改善城市环境的机能。
- 引导城市绿化苗木生产从无序竞争进入有序发展。
- 构筑城市绿色空间的艺术风貌、充分展现城市个性。

2.4.2 城市绿化基调树种规划：

城市绿化基调树种，是能充分表现当地植被特色、反映城市风格、能作为城市景观重要标志的应用树种。规划选用19种乔木（南洋杉、白兰、樟树、大叶紫薇、尖叶杜英、木棉、红花羊蹄甲、洋紫荆、凤凰木、黄槐、细叶榕、高山榕、大叶榕、垂榕、非洲桃花心木、荔枝、人面子、芒果、扁桃）和2大类植物（棕榈类和竹类）作为基调树种加以推广应用。

2.4.3 城市绿化骨干树种规划

城市绿化的骨干树种，是具有优异的特点、在各类绿地中出现频率较高、使用数量大、有发展潜力的树种。不同类型的城市绿地，一般应具有不同的骨干树种。主要包括：道路绿化树种、庭园树种、防护林树种、生态景观绿地树种（水土保持林、水源涵养林和生态风景林）、特殊用途树种（耐污染树种、森林保健树种、引蜂诱鸟树种、攀援植物种类、石场垦复绿化树种、绿篱树种、湿生和水生植物）。（品种名录详见规划说明书）

2.4.4 城市绿化优选推广的新树种规划

为了体现广州花城四季有花的地带植物景观特色，在大量调查研究和长期引种驯化实验的基础上，规划优选一批冠幅优美、观花特性好的乔木树种加以推广，包括有开发潜力的野生地带树种和基本处于同一纬度的世界各国优秀树种。

①近期推荐发展的行道树种有：红苞木、千年桐（广东油桐）、血桐、乐昌含笑、观光木、海南红豆、台湾栾树、小叶榄仁、黑板树（糖胶木）黄钟花。

②中期推荐发展的行道树种有：蝴蝶树、水黄皮、海南暗罗、山桐子、石碌含笑、多花山竹子、岭南山竹子、海南木莲、大头茶、依朗芷硬胶、无忧树、黄果垂榕、红花银桦。

③远期推荐发展的行道树种有：长蕊含笑、三角榄（华南橄榄）、菲律宾榄仁、星花酒瓶树、沙合树、库矢大风子、红桂木、港口木荷。

④近期推荐发展的庭园树种有：大花五桠果（大花第轮桃）、毛丹、仪花、鱼木、野牡丹、石斑木、幌伞枫、董棕、玉叶金花、红花继木、琴叶榕、红木（胭脂树）、柳叶榕、火焰木、美丽异木棉、蓝花楹、沙漠玫瑰、阑屿肉桂、红刺露兜。

⑤中期推荐发展的庭园树种有：广西木莲、铁力木、马褂木（鹅掌楸）、铁冬青、福建柏、金花茶、青皮（青梅）、圆果萍婆、格木、大叶胭脂、桃金娘、红楠、深山含笑、红花油茶、杜英、长叶暗罗、泰国大风子、红叶金花、锡兰肉桂。

⑥远期推荐发展的庭园树种有：金叶含笑、合果木、山白兰、二乔玉兰、红花木莲、梭果玉蕊、馨香木兰、六瓣石笔木、五列木、竹节树、银叶树、琼棕、面包树、长叶马胡油、桂叶黄梅、马来蒲桃。

2.4.5 城市绿地乔木种植比例控制指标规划：为了有效遏制城市热岛效应的扩散蔓延，既要在建成区内加大绿地面积，也要在绿地中配置适当的树种、加大乔木种植比例以增加绿量，改善下垫面的吸热与反射热性状。根据有关的科学研究，单位面积城市绿地种植乔木的比例应为立木地径面积 5.5 平方米／公顷以上，即乔木的种植密度应不低于 175 棵／公顷（以乔木地径平均 25 厘米计算）。

2.4.6 苗圃建设与苗木生产规划：据测算，广州市中心城区园林绿化建设所需乔木每年约为 15 万株，灌木约 800 万棵，草皮约 300 万平方米。相应的乔木苗生产苗圃面积应为 100～150 公顷，灌木、草花生产苗圃面积应为 150～250 公顷，草皮的生产苗圃面积应为 300～400 公顷。市区生产绿地（苗圃）分成三大片布局：芳村区以生产灌木、草花为主，天河区和白云区东北部以生产乔木苗为主，番禺区以生产草皮和灌木为主。为提高广州城市绿化应用植物的多样性，近中期将重点培育三类园林绿化植物品种：(1) 经过个别地段试种，已正常开花结果、景观效果和生长表现良好的新品种；(2) 在单位附属绿地种植多年、景观效果和生长表现良好的新品种；(3) 远期发展具有良好的观赏效果、应用潜力大、但未经试种的野生地带树种。

2.4.7 园林绿化应用科学研究规划：城市绿化科研项目的选择，必须立足现实，坚持目的性、全面性和层次性的原则，有计划、有重点地进行研究。规划期内将主要开展园林绿化植物的选择和培育研究（含抗污染绿化树种选择、优良绿化树种的选育、野生地带树种的开发、外地引进树种的栽培技术、特种绿地树种选育与栽培研究等）；园林绿化植物配置模式研究；绿化树种养护管理和病虫害防治研究；园林绿化树种结构、配置及效益研究。要充分发挥科研人员的作用，逐步把科研活动纳入正轨，确保城市绿化事业的健康发展。要定期开展园林绿化应用植物的项目研究，对城市绿化建设中的重大问题组织攻关。同时，要加强科研合作，建立和完善园林科研管理体系，推广应用先进、成熟的科研成果，促进科研与生产的良性循环。

2.5 城市古树名木保护规划

2.5.1 指导思想与规划目标：古树名木是中华民族的宝贵财产，是活的文物。要通过科学规划，充分体现市区现存古树名木的历史、文化、科学和生态价值。要结合广州的实际情况，通过加强宣传教育，提高全社会保护古树名木的群体意识；要不断完善相关的法规条例，加大执法力度，推进依法保护。同时，通过开展有关古树保护基础工作及养护管理技术等方面的研究，制定相应的技术规程、规范，建立科学、系统的古树名木保护管理体系，使之与广州历史文化名城与生态城市的建设目标相适应。

2.5.2 古树名木保护法规建设规划：

①广州市中心城区有市政府颁令保护的在册古树名木共602株，现存544株。其中，长势较好的有405株、一般的有127株、差的有12株。属于一级古树名木共有34株。这些古树分属20个科30个属36个种，主要树种有细叶榕（257株）、大叶榕（80株）、樟树（70株）、木棉（56株）等。

②专项立法：为使全市的古树名木管理纳入规范化、法治化轨道，要在广州市政府1985年5月颁布的《广州地区古树名木保护条例》和1996年广东省人大常委会颁布的《广州市城市绿化管理条例》的基础上，按照国家建设部2000年发布实施的《城市古树名木保护管理办法》，进一步完善保护法规，制订相应的实施细则，明确古树名木管理的部门、职责、保护经费来源及基本保证金额；制订可操作性强的奖励与处罚条款以及科学合理的古树名木保护技术管理规范。

③宣传教育：要进一步加强对城市古树名木保护工作的宣传教育力度，利用电视、广播、报纸、书籍等传统媒体和互联网等信息化现代媒体，提高全社会的保护意识。要充分发动民间组织开展专题宣传教育活动，鼓

励公众参与。

2.5.3 古树名木保护科学研究规划：要在现有的古树名木树龄鉴定和复壮技术两项科研成果的基础上，进一步开展有关古树名木的生理生态基础研究和养护管理技术的研究。近中期规划开展的古树名木科研项目包括：古树名木植物种群生态的研究、病虫害综合防治技术研究，生态学性状监控普查和综合复壮技术研究等。

2.5.4 古树名木保护管理措施规划：要在科学研究的基础上，总结经验，制定出市区古树名木养护管理的技术规范，使古树名木的养护管理逐渐走上规范化、科学化的轨道；要采取相应的复壮措施，抢救生势衰弱的古树；要组织专业队伍，持续开展白蚁综合治理，力求在2003年前基本控制白蚁的危害；要进一步清除古树周围的违章建筑，封补树洞及树枝截面，重设古树名木保护围栏与铭牌。对市区内未入册保护的古树名木，要定期组织全面调查，争取在规划期内将市区大部分地区的古树名木列入法定保护范围，实施管养。

2.5.5 罗岗古树名木生态保护区规划：市、区两级政府有关部门要对白云区罗岗镇罗峰村境内大面积古荔枝树群实施有效保护，将该地区建成以古树名木和古窑遗址为主要内容的生态保护区，开展适度的生态旅游活动。区内规划建设的主要景区有：罗岗古窑遗址公园，罗岗香雪生态公园和罗峰山古荔枝公园。

2.6 附则

2.6.1 本规划内容由规划文本、说明书、规划图和附件四部分组成，经批准的规划文本与图件具有同等法律效力。

2.6.2 本规划由广州市城市绿化行政主管部门负责解释并组织实施。如需要对本规划中的内容进行调整或修改，应按有关的法定程序进行。

2.6.3 本规划经法定程序批准后，市有关行政主管部门应将规划内容依法纳入城市总体规划管理体系贯彻实施；并进一步完善有关的分区规划、详细规划和专项规划。

2.6.4 本规划自广州市人民政府批准之日起公布实施。

3 规划说明书[①]

3.1 自然地理与城市发展概况

3.1.1 自然地理条件

①地理位置与人口分布

广州是广东省省会，全省政治、经济、科技、教育和文化的中心。广州市地处中国南方，广东省的中南部，珠江三角洲的北缘，接近珠江流域下游入海口。地理坐标为东经112度57分至114度3分，北纬22度26分至23度56分，东连惠州市博罗、龙门两县，西邻佛山市的三水、南海和顺德市，北靠清远市的市区

---

① 该部分内容在本书编辑时有较大幅度缩写，但保留了主要规划内容的各级标题，以便让读者能了解规划成果内容的基本框架。

和佛冈县及韶关市的新丰县,南接东莞市和中山市,隔海与香港、澳门特别行政区相望。由于珠江口岛屿众多,水道密布,有虎门、横门、磨刀门等水道出海,使广州成为中国远洋航运的优良海港和珠江流域的进出口岸。广州又是京广、广深、广茂和广梅汕铁路的交汇点和华南民用航空交通中心,是中国的"南大门"。

广州市域总面积为7434.4平方公里,占全省陆地面积的4.18%。其中,中心城区(老8区)面积为1443.6平方公里,占全市总面积的19.42%。据2001年4月广州市人口普查第二号公报的公布数据,广州市区(10区)人口为852.58万人,从化、增城两个县级市人口为141.72万人。

②土地资源及利用条件

广州市域总面积为7434.4平方公里,其中农业耕地面积12.27万公顷,林业用地面积30.92万公顷。广州市土地资源数量有限,但土地类型多样,适宜性广;地势自北向南降低,地形复杂;最高峰为北部从化市与龙门县交处的天堂顶,海拔为1210米。东北部为中低山区,中部为丘陵盆地,南部是沿海冲积平原,是珠江三角洲的组成部分。

广州市行政区划、土地面积及人口分布情况(2000年)　　表案2-1

区名	街道办事处(个)	镇(个)	土地面积(平方公里)	人口(万)	备注
越秀区	10	0	8.9	34.14	
东山区	10	0	17.2	55.63	
荔湾区	12	0	11.8	47.48	
海珠区	14	1	90.4	123.73	
天河区	14	2	108.3	110.93	
白云区	6	15	1042.7	174.87	
芳村区	5	1	42.6	32.38	
黄埔区	4	3	121.7	38.94	(含开发区)
番禺区	6	16	1313.8	163.14	
花都区	0	10	961.1	71.34	
合计	81	48	3718.5	852.58	

由于受各种自然因素的互相作用,广州市域形成了多样的土地类型,根据土地垂直地带可划分为以下几种:

• 中低山地——是海拔400~500米以上的山地,主要分布在广州的东北部山区,一般坡度在20~25度以上,成土母质以花岗岩和砂页岩为主。这类土地是重要的水源涵养林基地,宜发展生态林和水电。

• 丘陵地——是海拔400~500米以下垂直地带内的坡地,主要分布在山地、盆谷地和平原之间,在增城市、从化市、花都区以及市区东郊、北均有分布,成土母质主要由砂页岩、花岗岩和变质岩构成。这类土地可作为用材林和经济林生长基地。

• 岗台地—是相对高程 80 米以下，坡度小于 15 度的缓坡地或低平坡地。主要分布在增城市、从化市和白云、黄埔两区，番禺区、花都区、天河区亦有零星分布，成土母质以堆积红土、红色岩系和砂页岩为主。这类土地可开发利用为农用地，也很适宜种水果、经济林或牧草。

• 冲积平原—主要有珠江三角洲平原，流溪河冲积的广花平原，番禺沿海地带的冲积、海积平原。土层深厚，土壤肥沃，是广州市粮食、甘蔗、蔬菜的主要生产基地。

• 滩涂—主要分布在番禺区南沙、万顷沙、新垦镇沿海一带。

近年来，随着城市开发建设进程的加快，市区范围内的耕地呈迅速下降趋势，农田减少甚多，土地后备资源十分紧张。

③气象与气候特征

广州地处南亚热带，属南亚热带典型的季风海洋气候。由于背山面海，海洋性气候显著，具有温暖多雨、光热充足、温差较小、夏季长、霜期短等气候特征。由于水热同期，非常有利于农林作物的生长，但受台风等自然灾害的威胁也较大，给工农业生产带来不利的影响。

• 气温　广州市域各地的年平均气温在 21.4～21.9°C 之间，差别不大，分布规律为南高北低。夏季（7 月），气温最高，在 28.4～28.7°C 之间。冬季（1 月），气温最低，在 12.4～13.5°C 之间。广州年极端最高气温在 37.5～38.7°C 之间；年极端最低气温在 0.4～2.6°C。每年广州日平均气温 ≥ 10°C 的积温在 7350～7692°C 之间，其地理分布是自南向北逐渐减少。广州每年 12 月至次年 2 月均有可能出现寒潮，以 1 月份最为频繁。广州的霜冻年平均为 1.5～3 天。无霜期北部 290 天，南部 346 天。每年 11 月至次年 3 月均有可能出现，但多数出现在 1 月份。广州出现低温阴雨天气年概率为 72%，最长的一段低温阴雨天气为 25 天。倒春寒最长天数为 9.6 天。

• 降雨　广州市域雨量充沛，年降水量为 1689.3～1876.5 毫米。因受地形影响，降水量分布是山区多于平原，北部多于南部。广州降雨量四季变化明显，夏季最多，冬季最少。4～6 月份为前汛期锋面暴雨季节，各地月平均雨量在 229～361 毫米之间；2～3 月和 10～11 月为春、秋季节，各地月平均雨量在 36～114 毫米之间；12 至翌年 1 月为大陆干冷气团影响的冬季，天气干燥，降水甚少，各地月平均雨量在 24～50 毫米之间。每年除 12 月份，其他月份均有可能出现暴雨，但多数出现在 4～9 月份。每年农历"端午节"前后 10 天，广州出现暴雨以上降水可能性较大，年平均达 0.8 次。

• 日照　广州光热资源充足，年平均日照时数为 1875.1～1959.9 小时，日照时数的等值线呈现东北－西南走向的槽状结构。由于广州市区的迅速发展，高楼林立，且有一定的大气污染，直接遮挡和削弱了部分光照。因此，广州市区的日照时数实际上成为全市的相对低值区，年太阳总辐射量为 105.3～109.8 千卡／平方厘米。

• 蒸发量　广州市域春季因受阴雨天气与较低气温的影响，故蒸发量较少，其量在104～118毫米之间；夏季因高温天气，蒸发量在一年中最高。冬季由于受偏北风的影响，在一年中气温最低，蒸发量颇少。

• 湿度　广州位于南亚热带季风气候区，干湿季明显，年平均相对湿度值较高，一般为80%。其中，春季（4月）阴雨较多，是一年中相对湿度较大的季节；夏季（7月）与春季的分布趋势相似，但其值较之低2%左右；秋季（10月）开始进入干季，相对湿度普遍减少，约为75%；冬季（1月）是全年相对湿度最低的季节，介于70%～73%之间。

• 风向　冬夏季风的交替是广州季风气候的突出特征。冬季的偏北风因极地大陆气团向南伸展而形成，干燥寒冷。夏季偏南风因热带海洋气团向北扩张所形成，温暖潮湿。夏季风转换为冬季风一般在9月份，而冬季风转换为夏季风多数在4月份。广州每年5～12月均有可能受热带气旋(台风)的影响，其中7～9月份影响和侵袭的可能性较大，年平均3～4个。这些热带气旋多数来自西北太平洋，只有少部分发源于南海。台风影响广州的极大风速值为35.4米／秒(1964年)，特大暴雨日雨量为322.4毫米，总雨量为595.4毫米（1965年）。

④水文与水资源特征

• 河流分布　广州市位于东江、西江和北江的下游，珠江三角洲的中北部，市域河流归属珠江水系。其中，东北部以山区河流为主，主要河流有流溪河、上游来自增江；还有白坭河等。南部则为珠江三角洲河网区，主要为西、北、东江下游和珠江前、后航道汇流交织成的河网。全市集雨面积在2000平方公里以上的河流，有珠江、流溪河和增江。集雨面积在100～1000平方公里的小河支流有19条。河网区主要水道长416公里，珠江前、后航道纵贯广州市中心城区。水道纵横交错，又使番禺区成为有名的水乡。珠江八大入口的三个口门－虎门、蕉门、洪奇沥，在广州市境内分别把河川径流注入伶仃洋。

• 水资源　广州属南亚热带季风气候区，频临南海，雨量丰沛。地表径流由降水产生，属雨水补给型。全年多年平均径流量80.47亿立方米。广州市地处南方丰水区，属珠江水系河口区范围，过境水资源相对丰富，总量达1245亿立方米，为本地水资源的15倍。其中，东江北干流经增城市境204亿立方米；北江经芦苞、西南两闸和平洲水道、大石涌等流入广州水道共300亿立方米；西江、北江分别经思贤滘、甘竹滩和东海水道调节后，流入番禺河网水道共741亿立方米。另外，以虎门、蕉门、洪奇沥三个口门合计，年径流为1320亿立方米，占珠江水系八大口门总和的42.4%。

• 水资源特征　广州本地水资源较少，人均占有量不高，本地水资源总量为81.29亿立方米。其中，地表水60.1亿立方米，浅层地下水20.37亿立方米，深层地下水0.82亿立方米。全市水域面积7.44万公顷，占全市土地面积的10%。以河川径流量计，每平方公里有108.2万立方米，人均量1375立方米，公顷均量49425立方米。与广东全省平均相比，每平方公里占有量多6.3万立方米，人均量少1808立方米，公顷均量少19830立方米。

⑤生物与矿产资源

广州市域的自然条件为多种生物栖息繁衍和作物种植提供良好的生态环境，生物种类繁多，生长快速。广州地带性植被为南亚热带季风常绿阔叶林，但天然林已极少，山地丘陵的森林都是次生林和人工林。

市域栽培作物具有热带向亚热带过渡的鲜明特征，是全国果树资源最丰富的地区之一，包括热带、亚热带和温带3大类、40科、77属、132种和变种共500余个品种，更是荔枝、橙、龙眼、乌（白）榄等起源和类型形成的中心地带。蔬菜向以优质、多品种著称，共有14类近400个品种。花卉、盆景是广州市的特产，包括观花、观叶和观叶赏果三大类，主要有白兰、桂花、茉莉、米仔兰、含笑、剑兰、菊花、金桔、四季桔等共150余个品种。粮食、经济作物、畜禽、水产和野生动物种类也很多，且不乏名优特品种。

广州市域的地质构造相当复杂，有较好的成矿条件。目前已发现有52个矿种，探明或作远景评价的35种；主要产地396处，其中大、中型矿点17处。矿种包括黑色金属和冶金辅助原料、有色金属、贵重金属、稀土、稀有金属以及能源、化工、建筑材料等非金属矿种。其中，主要有煤、铁、铅、锌、稀土、瓷土、黄金、大理石、钽、坯等，尤以建设材料资源最为丰富。

建筑材料包括建筑石材、水泥石灰岩、水泥配料粘土、水泥配料砂岩、高岭土、霞石、正长石、钾长石、石墨、陶土、石英砂等。其中，建筑石料储量6.5亿立方米，河沙1.74亿立方米，装饰石材可采储量100万立方米。水泥石灰岩18处，探明储量3.699亿吨，品位平均含氧化钙51%；水泥配料粘土7处，探明储量294万吨；水泥配料砂2处，探明储量2443万吨。

⑥市树、市花、市鸟

广州的市树和市花为同一树种：木棉；市鸟为画眉。

3.1.2 社会经济发展

自1949年10月建国以来，广州经过50多年的建设、改革和发展，发生了历史性的深刻变化，经济和社会发展取得了令人瞩目的辉煌成就。

解放前夕，广州经济萧条、产业衰败、满目疮痍。解放后，广州人民在党的领导下团结奋斗，胜利完成了九个国民经济和社会发展的五年计划，取得了经济建设的辉煌成就。1999年国内生产总值达到2063.37亿元，按可比价格计算，比1949年增长210.6倍，平均每年增长11.3%。

1978年改革开放以来，广州充分运用国家给予的特殊政策和灵活措施，对外开放，对内搞活，实现了经济发展的大跨越，创造了广州有史以来经济发展最快、综合实力提高幅度最大的历史记录。1999年和1978年比较，国内生产总值增长15.3倍，年均增长14.2%；人均国内生产总值（GDP）从1978年的907元，增加到1999年的3.04万元，按当年平均汇率折算为3668美元，仅次于上海，居国内10大城市第二位。广州的综合经济实力显著增强，在国内十大城市中的位次排序从 1978 年的第六位跃升至第三位，仅次于上海和北京。"九五"期间广州市的发展成就主要有：
- 城市综合经济实力明显增强
- 城市形象和环境有较大改观
- 社会主义市场经济体制初步建立
- 对外开放形成全方位、多层次、宽领域格局
- 社会事业正在向与经济协调发展的格局转变
- 城乡居民收入增长，生活水平实现初步富裕

广州市未来一个时期具体的社会经济发展规划指标为：

①国民经济持续快速健康发展：经济结构调整取得明显成效，经济增长质量显著提高，2005 年，GDP 达到 4880 亿元，年均增长 12%左右；人均 GDP6.4 万元，年均增长 10%（可比价）；三次产业增加比例为 2.5：42.5：55；高新技术产品产值占总产值的 25%。

②国民经济和社会信息化水平迈上新台阶：信息产业成为全市第一大支柱产业，信息基础设施在全国领先，奠定广州作为国际化区域性信息中心的基础。2005 年，信息产业增加值占 GDP 比重超过 15%，因特网用户人数超过 250 万人，城镇人均信息消费占全部消费支出的比重超过 10%，信息化综合指数 80%。

③城市建设和管理水平全面提高：城市综合服务功能进一步增强，山水生态城市框架基本确立，成为国内最适宜创业发展和生活居住的大城市之一。2005 年，城市人均道路面积 10 平方米左右；自然保护区覆盖率 10%，建成区绿化覆盖率 35%，城镇居民人均公共绿地面积 10 平方米，环境综合指标 90 分；城市化水平 81.5%。

④社会主义市场经济体制日趋完善：市场经济运行机制更为健全，形成开放型经济发展格局，在更大范围参与国际经贸合作与竞争，成为国内经济国际化程度最高的城市之一。

⑤以人为本的社会发展体系更加健全：市民整体素质和城市文明程度全面提高，民主法制建设取得较大进展，力争成为生态环境建设、精神文明建设和依法治市的先进城市。2005 年末，总人口、常住人口分别控制在 1130 万人和 768 万人以内，年均人口自然增长率控制在 6.8‰以内；平均预期寿命 75 岁以上；R&D（研究与开发）经费支出占 GDP 的 2%；市级财政支出中教育经费所占比重在 15%以上，适龄青年高等教育在校学生比重 54%；城镇登记失业率控制在 4%以内；社会保险综合参保率超过 95%。

⑥人民生活整体迈向比较富裕阶段：城乡居民收入持续增长，生活质量进一步提高，人居环境明显改善。2005 年，城镇居民人均可支配收入、农村居民人均纯收入分别达到 22200 元和 9450 元，扣除价格因素实际年均分别增长 5.5%和 5%；城市人均居住面积 16 平方米，

农村居住条件进一步改善；全市恩格尔系数 38%；居民消费价格指数上升 4% 左右。

3.1.3 城市规划建设

①城市历史沿革

广州已有四千多年的文明史。在新石器时代，这里的"百越"人创造了岭南地区的岭南文化。公元前 214 年，秦始皇统一岭南，设南海郡，郡治设在番禺，辖 4 县。郡尉任嚣筑"任嚣城"，至今已有 2225 年历史。

公元前 206 年，赵佗建立南越国，建筑了"周十里"的赵佗城。公元前 111 年，汉平南越国，分南越国土为南海等九郡，南海郡治在番禺。公元前 226 年，三国东吴时期，孙权建立交、广二州，合浦以南为交州，以北为广州，广州之名由此而起。公元 917 年，刘䶮在广州建立大越国，国号为汉，史称南汉。

公元 1757 年，广州成为全国惟一的对外通商口岸，史称"一口通商"。"十三行"垄断了全国的对外贸易。公元 1840 年 6 月，英国发动侵华战争，派军舰封锁珠江口，第一次鸦片战争爆发，中国近代史开始。

1918 年 10 月 19 日，广州市政公所发出第一号布告，宣布拆城墙、开马路。自此，广州的古城墙、城门全部拆毁，把旧城墙基辟为大马路。1921 年 2 月 15 日，广州市政厅成立，孙科任广州市第一任市长，是为广州建市之始。1938 年 10 月 21 日，日军占领广州，沦陷期长达 7 年。1949 年 10 月 14 日广州解放，10 月 28 日，广州市人民政府成立，叶剑英任市长。

1957 年 4 月 25 日至 5 月 25 日，第一届中国出口商品交易会在广州中苏友好大厦举行。此后，每年都在广州举办春秋两届出口商品交易会。

②城市风貌特色

广州是 1982 年国务院公布的第一批 24 个历史文化名城之一。其主要依据，一是建城历史悠久；二是岭南古都所在地；特别是被称为 20 世纪 70 年代和 20 世纪 90 年代全国十大考古发现之一的西汉南越王墓和南越国宫署及御花园遗址，堪称全国之最，媲美罗马古城；三是古代海上"丝绸之路"的发祥地和经久不衰的外贸港市；四是我国近现代革命的策源地，康有为在这里发动维新运动，孙中山在这里领导起义和三次在广州建立革命政权，张太雷、叶剑英等在这里领导广州起义并成立苏维埃政府。

广州历史文化名城的特点主要有：

- 岭南古都，是南越国、南汉国和南明国的三朝古都所在地。
- 我国古代海上"丝绸之路"的发祥地和长盛不衰的外贸名城。
- 中国近现代革命策源地和民主革命大本营。
- 当代改革开放试验区的中心城市和窗口。
- 岭南文化中心。
- 著名的华侨城市和外贸港市。

③城市规划简况

广州早在建城之始，南海郡尉任嚣就十分重视城址的选择。秦 33 年（公元前214年），任嚣在甘溪水道（即今仓边路所在地）以西的古番山和禺山上修筑南海郡治秦番禺城。当时，咸潮可涌至番禺城下，任嚣依山傍水筑城，既可防御外敌入侵，免受水患，又便于取得甘溪的淡水。2000多年来广州城区一直在原城址的基础上逐步扩展，其中变迁较大的有五次：一是秦汉之际，赵佗称帝，号南越国，把任嚣城扩大到周长10公里的大城，俗称"越城"或"赵佗城"；二是三国东吴时期，吴交州刺史步骘把交州治所从广信迁到南海郡，重修越城的西半部，并把城向北扩展；三是五代时期，刘龑将禺山凿平，把城垣向南扩展，称"新南城"，并在城内外大建离宫别苑；四是北宋庆历和熙宁年间，修筑三城合一，并向东面和北面扩展，把越秀山包在城内，嘉靖年间，在城南加筑外城。

  清朝，广州西关平原日趋繁荣。康熙年间（1662～1722年），因江岸不断向南伸展，清政府在怀远驿南面（今文化公园一带）修建十三行夷馆。咸丰年间（1851～1861年）沙面成为英法租界，与此同时，利用西关农田建厂房，开辟街道，形成纺织工业区。工业、商业的发展，促进了住宅区的开辟，同治（1862～1874年）、光绪（1875～1908年）年间，富商在今宝华大街辟建街道呈方格状的新型住宅区，随后在上、下西关涌平原上陆续建宝源、宝贤、宝庆、逢源道呈方格状等住宅区，逐步形成晚清西关西部住宅区特色（俗称"西关大屋"）。城南商业区沿珠江两岸发展，居住区则在白鹅潭东岸洲头咀到龙溪乡之间（今大基头一带）辟建，其模式与西关相同。至清末，珠江沿岸平原区已尽数开辟。

  民国21年（1932年），广州市政府公布《广州市城市设计概要草案》，这是广州建市以来第一部正规的城市规划设计文件。在这之前，没有正式编制城市总体规划，历代均由地方长官按照一定的规制进行建设。

  1952年，广州市政建设计划委员会提出两个都市规划总图方案，这是建国后城市总体规划编制工作的最早尝试。1954～1983年间，广州城市建设方针经历了7次变化，先后提出了14个城市总体规划方案，方案的变化主要在于城市性质、规模、空间布局、专项规划的广度与深度等方面。1984年9月18日，国务院批复了《广州市城市总体规划》。

  1985～1990年间，广州市政府认真贯彻国务院批复精神，在实施过程中不断调整、充实和深化城市总体规划，使之适应改革开放发展的需要，更好地指导城市建设。主要内容有：

- 保持原国务院批复的广州市城市性质不变。
- 将规划的期限由原来2000年延长至2010年。调整城市规划区范围，除包括广州市8区4县(市)外，还将南海的黄岐、东莞的新沙划入规划区。
- 原城市总体规划确定旧城区（54.4平方公里范围）人口控制在200万人左右的原则保持不变，积极疏散旧城区人口，发展新区。规划至2010年，广州市区总人口将达460万人（其中非农业人口413万人），城市建成区人口控制在408万人；首次在城市总体规划中考虑流动人口（预计2010年达到150万人）对城市用地、城市基础设施和生活服务设施的要求。据此，调整城市用地规模，规划至2010年城市用地发展区控制在555平方公里左右。

• 调整城市空间布局。城市用地除主要向东发展外，还向南、向北（在保护水源的前提下）发展。规划对原城市各组团的内容作了深化，即建立以中心区、东翼、北翼3大组团为构架，每一大组团又由几个不同功能的小组团构成的大都市的多层次空间布局结构。其中城市中心区大组包括：旧城区（越秀、东山、荔湾）、天河地区、海珠地区、芳村地区4个小组团。该大组团设有旧城中心和天河珠江新城两个中心，具有以政治、经济、文化、体育和对外交往为主，兼有工业、港口、生活等多种功能。东翼大组团包括黄埔区及白云区的一部分，拥有大沙地综合城市副中心区、黄埔开发区、广州经济技术开发区等3个相互联系的小组团。北翼大组团包括流溪河西北侧的雅瑶镇、神山镇、江高镇、蚌湖镇、人和镇及东南侧的新市镇、石井镇、同和镇、龙归镇、太和镇和广花平原地带。该大组团主要发展住宅和无污染的工业项目，以确保流溪河的水源不受污染。

• 在深化原各个专项规划的基础上，调整并增加了城市公共交通、快速轨道交通、旅游、商业网点、文教卫生、防灾、污水治理等专项规划。根据城市空间布局结构的新要求，重点深化城市道路交通规划和绿化生态环境规划，并对新机场的选址作了进一步分析论证。

1990年12月，广州市政府第86次常务会议讨论并原则通过《广州市城市总体规划调整、充实、补充和深化的报告》。

1990～2000年间，广州市进行了第2轮城市总体规划修编，但未获国务院批准。同期进行的《广州市土地利用总体规划》（1997～2010年），于2000年5月获国务院批准并贯彻实施。国土资源部的批复中指出："广州市是广东省省会，是中南地区重要的中心城市，随着人口增长和社会经济的发展，农用地与建设用地矛盾日益突出。为此，在土地利用上，必须坚持在保护中开发，在开发中保护的方针，采取有力措施，严格限制农用地转为建设用地，控制建设用地总量，对耕地实行特殊保护，积极推进土地整理和复垦，适度开发土地后备资源，加强生态环境建设，实现土地资源的可持续利用。到2010年，中心城城市建设用地规模控制在385平方公里以内。"

2000年6月，经国务院批准，番禺、花都撤市设区。行政区划的调整为广州城市空间的拓展和城市的可持续发展提供了新的契机。2000年9月，市政府邀请全国规划、建筑、交通、生态专业的著名专家成功地召开了"广州城市总体发展概念规划咨询研讨会"，并结合五家规划咨询单位提出的规划概念与方案，对广州市整体的发展策略、思路及方向等重大问题进行了充分探讨。同年10月，广州市规划局组建了专门的"广州城市总体发展战略规划深化工作组"，以城市土地利用、城市生态环境和城市综合交通这三个专题为核心，展开、深化并形成广州市长远发展战略与政策框架，从物质形态的角度为实现城市发展目标提供一个比较稳定的城市结构框架和可持续的生态发展模式。同时，由广州市发展计划委员会牵头，根据《广州市国民经济和社会发展第十个五年计划纲要》和市政府关于按照生态城市的概念建设山水生态城市的要求,进行了《广州市生态城市规划纲要》的研究和编制工作。本规划就是在《广州市土地利用总体规划》(1997～2010年)的原则指导下,密切配合《广州市城市总体发展战略规划》(2001～2020年)和《广州市生态城市规划纲要》(2001～2020年)所编制的专项规划。

④城市园林发展

广州的园林,始自2100多年前的南越宫苑。到南汉时达到全盛期,有宫殿园林26个。晚清时,白云山和石门风景区已有一定的建设。1911年,孙中山倡导植树造林,带头在黄花岗手植马尾松4株(今仍存活1株)。民国期间,广州的城市园林绿化始有规划。1918年,孙中山又将清明节定为植树节。到1949年,广州有观音山、汉民、中央和黄花岗等公园,面积共32.6公顷;行道树5200株,品种10多个,城市绿化覆盖率1.56%,城市人均公共绿地面积约0.3平方米。

1949年后,广州市园林绿化建设逐步发展,做到"群众办绿"、"科技兴绿"和"依法治绿"。建国初期,城市园林绿化工作由广州市工务局主管,设园林科负责。1956年3月,市政府成立了绿化工作委员会和广州市园林管理处,制定了园林绿化布局规划。1956～1961年,国家出现经济暂时困难,园林绿化事业受到一定影响。为促进绿化事业的发展,1963年3月,市政府召开绿化总结表彰和动员大会及各类绿化现场会,组织成立了群众性的学术团体——广东园林学会,交流、普及园林理论和科学知识,为政府当好参谋。1965年1月广州市园林管理局成立,加强了政府对城市园林绿化建设工作的指导与管理。1966年广州的城市绿化覆盖率达到了27.3%,居全国大城市第2位。

1966～1976年"文化大革命"期间,广州市园林绿化成果遭到严重破坏。1978年后,园林绿化事业得以复苏。通过深入开展全民义务植树活动,加强公园和大型城市骨干绿地建设,推广垂直绿化,多种藤本植物,并提倡家庭种花,使广州逐步形成从公园到居住小区、平面绿化与立体绿化相结合的城市绿化体系。1987年,广州被评为"全国绿化先进城市"。1990年,市政府提出整顿城市十大进出口的绿化建设方案,促进了全市如期实现绿化达标。1993年,广州市被评为"全国城市绿化先进城市"。

在依法治绿方面,1957年9月,市政府颁布《广州市保护绿化暂行办法》,1987年至1988年,经广州市人大常委会通过,市政府颁布了《广州市城市绿化管理规定》、《广州市公园管理规定》、《八年绿化广州市的标准和措施》。1995年11月,省人大常委会批准《广州市白云山风景名胜区保护条例》,于1996年3月1日起施行。1996年12月,省人大常委会批准了《广州市城市绿化管理条例》,并于1997年3月1日起实施。依据《条例》,进一步完善了市区审批砍移树木和绿化报建程序,加大查处破坏绿化行为的力度,切实保护古树名木,清理违章建筑还绿于民,使全市的园林绿化工作走上了法制化的道路。同时，编制并经市定额站审定了《广州市城市道路绿化养护管理质量标准》和《广州市城市道路绿化日常养护经费标准》等一系列行政规章，为加强城市绿化的社会化管理作好了准备。1997年12月，省人大常委会又批准了《广州市公园管理条例》，并于1998年3月1日起实施。

  1998年以来，全市新建了一大批城市绿地，完成了新广从公路、机场路、黄埔大道、龙溪路、广中路等大批新、扩建道路配套绿化种植工程。如广州东站绿化广场、海珠东广场、英雄广场、东风路绿化整治、中山路整治、珠江两岸绿化整治、中山大道、广园东路及广深公路绿化等工作，使广州主干道绿化和十大进出口的绿化水平进一步提高；街头绿地的鲜花摆设工作也面貌一新。大部分市区公园实施了"拆墙复绿"、"拆店复绿"，还绿于民，让公园景观融入街景。同时新建了大批村镇公园，初步形成了功能合理、种类齐全、分布均匀的城市公园体系。在大量建设中，广州园林主管部门重视继承和发扬岭南园林特色，营造了一批文化内涵丰富，地方特色鲜明，高水平的公园精品，如流花西苑、兰圃、草暖公园、云台花园、珠江公园、天河公园"粤晖园"、"粤秀园"等，表现出独特的岭南园林地方风格。

  1998～2001年间，广州市全面实施了"一年一小变"、"三年一中变"的城市环境综合整治工程，使城市面貌又上新台阶。据统计，从1997年至2000年，全市建成区新增绿化覆盖面积2064公顷；城市绿化覆盖率和绿地率，分别从1997年的27.50%、25.33%增至2000年的31.60%、29.57%。新建公园18个，新增公共绿地850万平方米，人均公共绿地从1997年的5.68平方米增至2000年底的7.87平方米。一大批高水平的城市园林绿化工程项目，使广州的面貌焕然一新，城市环境明显改善，花城变得更美了。2001年10月，第四届中国国际园林花卉博览会在广州举行，千年花城向世界展示了她迷人的风姿。2001年12月，广州市参加国际公园与康乐设施协会主办的"Nations in Bloom"竞赛，荣获第三名，成为迄今为止世界上人口最多的"国际花园城市。"当月，广州市还荣获了国家建设部颁发的"中国人居环境范例奖"。

3.1.4 生态环境保护

  多年来，广州市在发展经济的同时，十分重视环境保护，实施可持续发展战略，致力于营造适宜创业发展和生活居住的生态城市，谋求经济和环境的协调发展。市政府坚持开展城市环境综合整治工作，每年均按照全市国内生产总值的2.2%投入环保建设，如2000年就达52亿元。通过道路桥梁、地铁、机动车污染控制治理，工矿企业污染源达标治理，生活污水处理厂、垃圾回收、填埋处理厂场等城市环境基础设施的建设，使城市环境面貌发生了巨大的变化，环境质量得到明显改善，市民对城市环境质量的满意度不断提高。

  2000年，广州中心城区空气质量状况以"良"为主，占全年城区空气质量的69.2%，没有出现中度以上的大气污染。空气质量各项指标年均值较1999年进一步下降，所有指标均优于国家或地方标准；水环境质量得到有效控制，珠江（广州段）溶解氧等多项指标优于1999年，各项重金属以及氰化物、砷等有毒有害指标得到有效控制。从化流溪河水库水质优良，饮用水源得到有效保护；城区声环境质量连续7年提高，其中区域环境噪声继续优于功能区1类区昼间标准，道路交通噪声首次优于4类区（道路交通干线两侧区域）昼间标准。2000年，在全国35个重点城市环境综合整治定量考核中，广州的排名由1999年的第28位跃升为第7位，综合得分85.16分，比全国平均分高2.44分。1998年后，市政府高度重视环保和美化市容，清拆违法建筑1200多万平方米，改造了三条商业步行街，对4000多栋沿街建筑物的立面和屋顶进行重新装饰美化，重新整饰和改造商业街区和陈旧楼宇。广州市区的空气质量已达到国家二级标准，以优和良为主；珠江水质已初步退浊还清，饮用水源水质达标率为98.3%；区域环境的噪声和道路噪声连续7年下降，仅为54.2分贝，达到国家标准。

1998～2001年间，为营造绿色城市，市政府投入园林绿化建设的资金约6.27亿元。以新、旧两条城市轴线和珠江岸线为主，构建"一横两纵"的城市景观体系塑造新的城市形象；启动了109项城市景观工程建设，重点建设了广州艺术博物馆、广东奥林匹克体育中心、广州体育馆等，正在大力推进广州新机场、广州国际会展中心、广州歌剧院和广州报业广场等一批大型标志性新建筑。同时，市政府还在城区中心的黄金地段开辟绿地，先后新建了天河东站绿化广场（10万平方米）、珠江公园（23万平方米）、陈家祠绿化广场（2万平方米）、白云山绿化休闲带（93万平方米）和18.4公里的珠江两岸景观绿化工程以及广园东路、广州大道、沙河立交等几十项道路配套绿化工程。

为了保护广州的水资源环境，广州市于1996年成立了市政污水处理总厂，现有两座大型城市污水处理厂，出水水质均达到或优于设计标准值。其中，大坦沙污水处理厂1989年投入运行，日处理污水能力33万吨；猎德污水处理厂2000年3月投入运行，日处理污水能力22万吨。全市已建成垃圾压缩站40座，在建27座，已实行垃圾上门收集的居民户达95%；全市一、二级马路全部取消了垃圾桶存放点。

广州素有"花城"的美誉。随着城市建设的发展，各种体现都市人崇尚自然追求更高生活品味心态需求的山景、江景、绿色小区、明星楼盘，也成为城市的亮丽风景线。市区新建住宅区的园林景观都力求创新，各具特色，层次丰富多彩。如傍山而建、享受白云山景色的"云山板块"，观赏珠水江景、自成风格的"华南板块"，均以各自的园林景观特点营造出优良的住区环境。通过山水景观、建筑小品、植物配植和人文景观的有机结合，巧用中心花园与组团绿地、支柱层绿化、天台花园等景观创造，合理规划和利用空间，最大限度地提高绿地率，为住户间的人际交流和提高生活质量提供优美的空间。许多住区建设注重保护原有的自然生态植被群落，或模拟建立相似的人工植被群落，提高了生态环境质量。在绿色社区建设中，一些与居民健康直接关联的新技术得到推广应用。如直饮水系统，隔音玻璃、垃圾分类收集等。社区内的生活污水经处理净化后用于绿化，以节约水资源和减少对环境的污染；室外硬地多采用透水性强的环保材料。广州绿色社区人居环境的营造，正在努力追求"三忘"境界，即："令居之者忘老，寓之者忘归，游之者忘倦"。[①]

广州作为历史文化名城，文物、古迹、古建筑数量众多，构成了独特的城市景观，市域现有 221 处文物古迹。其中：纪念性文物 70 处、宗教建筑 24 处、古建筑 66 处、艺术圣地 8 处、古遗址 53 处；有 11 处全国重点文物保护单位，30 处省级文物保护单位，80 处市级文物保护单位，64 处广州市内部控制保护。

广州市中心城区现有林地面积 292357 公顷，生态公益林面积 130937.6 公顷。其中，特用林面积 29959.7 公顷，包括自然保护区 129.1 公顷，自然保护小区 19828.1 公顷，风景林 8293.4 公顷，其他特用林 1709.1 公顷；防护林面积 100977.9 公顷，包括水源涵养林 68353.9 公顷，水土保持林 23853.2 公顷，沿海防护林 31 公顷，其他防护林 8739.8 公顷。

广州也是我国较早开发森林旅游的城市，中心城区现有森林公园 7 个，其中国家级 2 个、市级 4 个、区级 1 个，经营面积 22726 公顷；已建成自然风景区、生态农业庄园、动植物观赏游憩区等不同类型的生态旅游景区 24 处。其中，较著名的有白云山风景区、流溪河森林公园、石门国家森林公园、广东树木公园、从化蓄能电站森林公园等。

目前，广州是全国卫生先进城市，全国林业生态先进城市，全国优秀旅游城市，广东省文明城市和国际花园城市，并连续 23 年保持着较高的经济增长速度，千年古城焕发出勃勃生机。进入 21 世纪，广州将继续解决好经济社会发展与人口、资源、环境的矛盾，协调人与自然、社会三者之间的相互关系，保护生物多样性，提高城乡环境质量，按照"青山、碧水、蓝天、绿地、花城"的目标，建设"适宜创业发展和生活居住的城市"。

3.2　城市绿地现状调查与分析

广州市中心城区各类城市绿地的现状调查内容包括：绿地分布的空间属性、绿地建设与管理信息、绿化树种构成与生长质量、古树名木保护情况等。工作中采用卫星遥感技术与人工地面踏查相结合的方法，并对广州历年的城市热岛效应进行分析，研究了 1992～1999 年间城市中心片区的热场分布与热岛强度，为中心城区绿地系统规划提供了重要的科学依据。

3.2.1　城市绿地现状遥感调查技术报告

①工作目标与技术路线（节选）

- 应用卫星遥感照片制作广州市绿地现状数字影像图

通过卫星遥感的方法，采集卫星照片资料并进行处理，利用 Landsat/TM 丰富的光谱信息和 SPOT/HRV 的高空间分辨率进行数据融合，制作广州市绿地现状数字影像地图。

---

① 明：文震亨《长物志》。

- 城市绿地现状调查及数据处理

应用 1995～1997 年的市区 1∶10000 地形图资料，以屏幕矢量化方法提取现状城市绿地信息。同时，通过各区园林办组织专业人员按图进行城市园林绿地现状踏查，填写调查表，之后，根据市规划局现有的城市绿地信息资料和现场踏查结果，对遥感所得的绿地数据进行分析纠错，将数据加工成地理信息数据。最后，运用地理信息系统专用软件对数据成果进行分类，分区计算各类绿地的面积，并将有关调查数据进行处理，制成专题图供规划人员使用。

- 城市热场分布变化的资料获取与分析

首先对卫星遥感数据预处理，将不同时相的遥感影像及专题图件进行匹配。然后，利用 1992、1997、1999 年不同的时期的 Landsat/TM 数据，采取地面温度反演技术提取市区地表热场分布特征信息。再利用时间系列的遥感图像及提取城市热岛分布信息，分析不同时期的热岛效应变化，提出影响城市热环境变化的相关因素。

② 用卫星遥感照片制作市区绿地分布数字影像图（制作过程叙述略）

③ 市区绿地现状调查与数据处理（制作过程叙述略）

广州市城市绿地现状调查表　　　　　　表案 2-2

填报单位：　　　　　　　　　地形图编号：

编号	绿地名称或地址	绿地类别	绿地面积（平方米）	调查区域内应用植物种类		
				乔木名称	灌木名称	地被及草地名称

填表人：_____　　联系电话：_____　　填表日期：_____

广州市城市绿地调查汇总表　　　　　　表案 2-3

填报单位：

统计内容 \ 城市绿地分类	公共绿地 G1	生产绿地 G2	防护绿地 G3	居住绿地 G4	附属绿地 G5	生态景观绿地 G6
面积（平方米）						
区域内植物种类 乔木名称						
灌木名称						
地被及草地名称						

填表人：_____　　联系电话：_____　　填表日期：_____

广州市中心城区现状绿地遥感调查统计表 （单位：公顷） 表案 2-4

绿地区别	公共绿地	附属绿地	生产绿地	生态景观绿地	防护绿地	居住绿地	道路绿地	农田	绿地合计（不计农田）
东山区	112.89	197.21	0	0	1.42	26.02	18.11	0	355.66
荔湾区	49.88	25.53	0.98	0	1.54	6.72	10.57	0	95.22
越秀区	146.49	31.65	0	0	0	1.85	5.71	0	185.70
海珠区	223.54	352.77	23.71	1274.64	1.91	113.73	21.69	786.00	2012.00
天河区	818.05	879.03	44.24	3345.47	14.66	96.58	154.27	1650.60	5352.31
白云区	487.29	721.07	77.65	35359.35	481.31	60.40	63.62	19516.61	37250.69
黄埔区	39.76	273.49	3.70	2162.02	19.24	4.89	6.13	2456.95	2509.22
开发区	0	300.46	1.41	0	0.55	6.42	47.80	4139.00	356.64
芳村区	94.89	114.69	690.32	23.59	0	19.89	26.76	702.18	970.14
合计	1972.79	2895.9	842.01	42165.07	520.63	336.50	354.66	29251.34	49087.58

本表数据系根据1999年底广州中心城区遥感照片量算得出，与传统的累加统计数略有出入，仅作为规划绿地定位校核参考之用。

3.2.2 市区热场分布与热岛效应研究

热场分布变化的资料获取与分析（制作过程叙述略）。

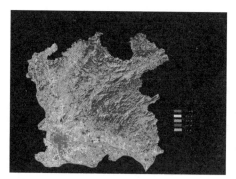

图案 2-1 广州市地表热场分布图 1
（1992.1.20）

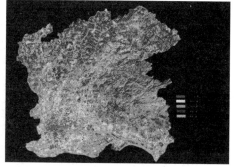

图案 2-2 广州市地表热场分布图 2
（1997.11.01）

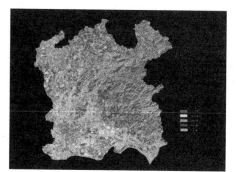

图案 2-3 广州市地表热场分布图 3
（1999.12.09）

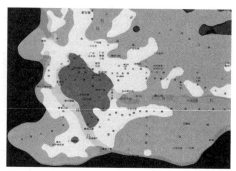

图案 2-4 广州市中心城区热岛效应分布图 1
（1992.1.20）

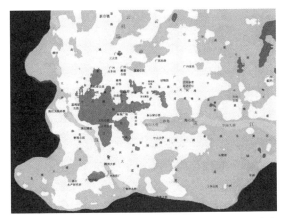

图案 2-5 广州市中心城区热岛效应分布图 2（1997.11.01）

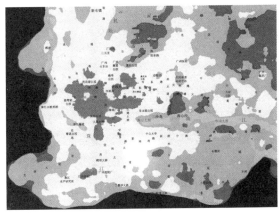

图案 2-6 广州市中心城区热岛效应分布图 3（1999.12.09）

3.2.3 市区园林绿化建设与管理现状

广州市中心城区包括越秀、东山、荔湾、海珠、天河、白云、芳村、黄埔（含开发区）8个行政区，总面积1443.6平方公里。2000年各区的园林绿化现状情况如下（仅节选荔湾、天河两个区作示例）：

①荔湾区

1）现状概况

荔湾区是广州市的老城区之一，建成区面积11.8平方公里，人口51.29万，设12个街道办事处，人口密度为每平方公里4.3万人。2000年底建成区园林绿地面积96公顷，绿地率8.14%；绿化覆盖面积177公顷，绿化覆盖率15.0%。其中，城市公共绿地62.79公顷，人均1.22平方米。区内有市级公园1个（文化公园）、区级公园3个（荔湾湖公园、沙面公园、青年公园），小游园2个，绿化广场1个，绿化道路65条。其他绿地则基本是以花坛、棚架形式分布于旧街窄巷，面积少而分散。整体来看，全区现有绿化水平未能有效地改善市民的生活环境质量和促进城市生态环境良性循环，与建设商贸旅游区的荔湾区社会经济发展战略目标相比尚有差距。

2）存在问题

• 全区公园和公共绿地布局不合理，基本集中在西面及沿江一带，且数量和规模不足，各项绿化指标远未达到国家规范要求的标准。

• 人口稠密，道路窄小，建筑物密度大、空间小，加上受旧城改造、市政建设的影响，街道两侧的单位附属绿地少，仅仅是见缝插绿。

• 区内道路绿化和防护绿地建设与改造缓慢，生产绿地严重不足。

②天河区

1）现状概况

天河区位于老城区东部、珠江北岸，北靠凤凰山、火炉山，南临珠江，构成背山面水之势，是改革开放以来城市发展的新区，面积108.3平方公里，人口110.93万，设14个街道办事处和两个镇。2000年底，城市建成区面积72.30平方公里，城市园林绿地面积2007公顷，绿地率27.76%；城市绿化覆盖面积2167公顷，绿化覆盖率29.97%；其中，公共绿地面积995.85公顷，按非农业人口47.60万人计，人均20.92平方米。

天河区园林绿地的分布情况大致为：

- 北部：位于广深高速公路以北，面积约68.5平方公里，基本保持原有森林和农田，自然生态环境较好，绿化覆盖率较高，为城区的天然绿色屏障。树种主要为马尾松、马占相思、桉树等，缓坡处多为竹林，局部有果林。林相较好的是筲箕窝水库周边及火炉山北坡，林分郁闭度达到0.5以上。此区内有面积287公顷的中国科学院华南植物园，引种亚热带植物千余种，是我国四大植物园之一。
- 中部：位于广深高速公路以南与广深铁路以北的范围，面积约38.28平方公里。此区内以科研单位和大专院校为主，单位附属绿地较多，绿化基础很好。西部有麓湖公园，东部有世界大观、航天奇观等旅游点，并有一些村镇公园穿插期间，如珠村公园、橄榄公园等。燕岭地区山林以松树为主，间种细叶桉和尾叶桉，林木生长良好，正在筹建燕岭公园。
- 西南部：位于天河北路以南，珠江沿岸以北、广州大道以东，华南快速干线以西，面积约18.53平方公里。此区内建有纵横交错的道路绿地系统，如天河北路、天河路、天河东路、体育东路、体育西路、林和西路、麓湖路、天府路等八条绿化样板路，还有高标准的珠江沿岸景观绿带及珠江公园，初具花园城区的雏形。
- 东南部：位于华南快速干线以东及广深铁路以南，东至黄埔，南到珠江，面积约22.43平方公里，有员村工业区及天河高新技术开发区，也是城乡结合部地区的。此区内的园林绿地主要分布于中山大道及黄埔大道两边，主要的公共绿地有天河公园、杨桃公园等。其中，天河公园占地70.7公顷，为区级综合性公园。

2) 存在问题

- 城市绿地系统尚未形成完整的网络布局；虽然西南部建成区的各类绿地基本通过道路绿带连成网络，但东北及东南部的绿地联系较差，东西走向的中部存在着绿带断层，南北走向的绿带亦因纵向道路系统的不完善而缺乏。
- 绿化植物种类较单一；城郊山林的林分主要是松、桉类纯林，对病虫害防护功能较差，如凤凰山一带松林的病虫害就较严重。
- 防护绿地较少；除了黄埔大道及中山大道有绿化带外，其余路网缺乏通过规划而建设的防护林带。广汕、广从公路两侧及市区东北部山区内有若干几个石场破坏了山体及植被，急需整治。
- 公共绿地布局尚不够均匀；主干道路大型立交周围没有预留足够面积的绿地，交通枢纽节点的绿化条件较差。

③园林绿化建设管理情况

广州实行市、区两级的城市园林绿化行政管理体制。市政府下设市政园林局，各区政府属下的园林绿化办公室，是各区城市园林绿化行政主管部门，实施本区内公园、城市道路等园林绿化建设的属地管理。

1) 各区园林绿化行政管理机构设置

广州市中心城区园林绿化行政管理机构设置情况　　　　　　　　表案 2-5

行政区	管理绿地面积（公顷）	机构状况		管理绿地范围
		事业编制	实有人员	
东山区	48.97	10	3	道路，区属东山湖公园
越秀区	43.98	7	6	道路，区属人民、儿童公园，街
荔湾区	60.42	10	8	道路，区属荔湾、青年、沙面等公园，街
海珠区	164.0	10	10	道路，区属晓港、海印、海幢等公园，街
白云区	38.34	10	14	道路，区属三元里、双桥公园，街
芳村区	45.97	9	12	道路，区属醉观公园
天河区	191.0	15	13	道路，区属天河公园
黄埔区	64.9	16	11	道路，区属蟹山、东苑、黄埔等公园
合计	657.58			

2) 各区园林绿化经费投入水平

广州市中心城区各区 1998～2000 年园林绿化管理经费情况　　　　表案 2-6

行政区	园林绿化管理经费（万元）			该经费所占当年本区城维费比例（%）		
	1998 年	1999 年	2000 年	1998 年	1999 年	2000 年
东山区	480	568.6	989.8	11.38	11.17	14.22
越秀区	464.4	695.3	899.6	10.0	11.8	14.7
荔湾区	941.94	886.68	967.84	18.62	14.81	14.59
海珠区	673	711	1027	12.75	10.43	11.14
白云区	495	747	694	12.4	15.0	12.5
芳村区	374.5	466	699.58	14.95	16.15	16.64
天河区	1150	1270	1900	20.91	19.0	19.59
黄埔区	458	708	992	18.6	28.0	28.3
合计	5036.84	6052.58	8169.82	平均 14.98	平均 15.8	平均 16.5

3.2.4 城市园林绿化现状综合分析

改革开放 20 多年来，广州的城市园林绿化建设虽然经历了一些波折，但在市委、市政府的正确领导和全市人民的努力下，发展势头强劲，数量和质量都有较大的提高。

现存问题和不足之处主要表现在：

广州市中心城区 1980～2000 年园林绿地指标增长情况　　表案 2-7

年 份	建成区绿地面积（公顷）	建成区绿率（%）	人均公共绿地面积（平方米）
1980 年	3793	23.0	4.55
1990 年	3635	19.4	3.88
2000 年	8797	29.57	7.87

①城市绿地建设方面
- 中心城区内的园林绿地布局尚不够均匀，未能形成有机的绿地生态系统。特别是越秀、荔湾等老城区内，建筑高度密集，集中的绿地较少，人均公共绿地的数量较低。
- 市、区、村镇公园的数量结构不合理；市、区两级公园的数量与村镇公园相当，而大量村镇公园又不计入城市建设用地内，建设与管理质量都较粗放。
- 城市园林绿化建设的部分指标（绿化覆盖率和绿地率等），与国家建设部制定的《城市绿化规划建设指标的规定》和国家园林城市的评选标准相比，尚有一定差距。
- 1980～1990年代中期，广州市中心城区普遍实施"见缝插楼"的建设方针，旧城区人口越来越密集，园林绿化建设欠帐较多，城市热岛效应呈扩散趋势。
- 城市建设用地中能用于园林绿化的后备土地资源缺乏，地价高昂；加上受国家严格控制大城市建设用地规模政策的影响，近郊农地转化为城市绿地困难重重。
- 市区内单位附属绿地的绿化建设发展不平衡，居住区级公园比较缺乏；城市建设与房地产开发过程中重建筑、轻绿化、侵占园林绿地的现象尚有发生。
- 城市绿化专业苗圃面积不足，城市园林绿化建设所需大规格苗木本地自给率明显下降，大量来自南海、顺德、中山等珠江三角洲地区。
- 与国内外先进城市相比，市、区两级的城市绿化管理的总体水平尚不高，特别是信息化、专业化、社会化管理需进一步推进和提高。

②城市热岛效应方面

通过对TM陆地卫星反演的地表温度场分布情况进行分析，结果表明：

- 广州市城市中心区呈高温状况，是城市热岛的主要组成部分。尤其是荔湾区和越秀区等老城区，由水泥、瓦片等构建的建筑物、构筑物、道路、广场、大桥等城镇因子结构非常密集，加上人口集中造成的生活热源，构成了高温区的主导成分。城镇建筑密度以及楼层高度对热力分布也有很大关系。建筑密度越大、楼层越高，其热力越容易聚集，热岛强度也越大。因此，城市布局和建设等因素对热岛效应强度造成了直接影响。

热岛效应的形成，除了下垫面介质的主要作用外，城市特有热源状况也会加大、加深某些地区的热场强度。大型工厂是产生热源的重要因子，如广州钢铁厂四周就形成了一个孤立的热岛。而在植被覆盖茂密的山区和珠江及水库、湖泊区温度较低。城区中的公园、绿化带等对降低城市温度有很大的作用。越秀公园和流花湖公园对改善广州市中心区城市热场分布起了显著作用，其气候调节作用十分明显。从城市热环境总体评价来看，西北郊、东南郊优于西南郊和东北郊。大量树木和绿地对调节气温、净化环境、削弱城市热场、改善城市生态环境等，都起到了良好的作用。因此，保护现有城市绿地，扩大绿化覆盖率，对改善城市大气环境有良好的作用。城市绿地、水域以及合理规划城市建筑布局等措施，可以有效地降低城市热岛效应。

- 分析1992、1997、1999年不同时期城市热岛分布的变化,可以发现:1992年热岛集中且范围大,1997年和1999年热岛分布区域扩大,但单个面积较小。这是由于过去城区集中,老城区建筑密集,商业中心过于集中,道路狭窄,通风不畅,绿地面积较少。而在城市郊区,由于绿地面积较大,城市开发较少,故环境质量较高。随着城市的扩展,1997年和1999年的热岛分布区域变广,逐渐向外扩散。不过,由于城市道路的拓宽,注重城市绿化,以及多商业中心的形成,导致了热岛分布呈小而广的弥漫状态。由于城市绿化工作的加强,1999年较之1997年的单个热岛区域面积,又有进一步缩小的趋势。
- 城市建筑的分布、商业网点的布局、城市道路的布局、绿地面积的大小等,是影响城市热环境的重要因子。绿地、水体的保护和扩展,可以显著改善城市大气环境质量。城市建筑容积率对城市大气环境有显著影响。所以,在城市发展过程中,必须考虑控制区域建筑容积率,合理规划,适当分散高层建筑和商业中心。商业区分流既方便了市民,也降低了热效应

广州市中心城区城市绿地现状分区汇总表(2000年)　　　　表案2-8

行政区	建成区面积(公顷)	建成区绿地面积(公顷)	建成区绿地率(%)	建成区绿化覆盖面积(公顷)	建成区绿化覆盖率(%)	公共绿地面积(公顷)	城市非农业人口(万人)	人均公共绿地面积(平方米)
全 市	29750	8797	29.57	9400	31.60	2704.93	343.88	7.87
东山区	1720	386	22.44	481	27.97	196.86	59.70	3.30
荔湾区	1180	96	8.14	177	15.00	62.79	51.29	1.22
越秀区	890	189	21.24	251	28.20	164.57	43.14	3.81
海珠区	4827	559	11.58	569	11.79	275.60	72.95	3.78
天河区	7230	2007	27.76	2167	29.97	995.85	47.60	20.92
芳村区	1820	456	25.05	527	28.96	109.86	14.61	7.52
白云区	8185	3821	46.68	3893	47.56	692.30	39.23	17.65
黄埔区	3898	1283	32.91	1335	34.25	207.10	15.36	13.48

广州市中心城区公园建设概况(2001年)　　　　表案2-9

序号	公园名称	面积(公顷)	公园类型	所在位置	主管部门	开放时间	水域面积(公顷)	陆地面积(公顷)	绿地面积(公顷)	绿地率(%)
1	越秀公园	75.42	综合性	解放北路	市市政园林局	1951年	5.10	70.32	58.46	83
2	流花湖公园	54.43	综合性	流花路	市市政园林局	1959年	32.54	21.89	19.47	89
3	文化公园	8.70	综合性	西堤二马路	市市政园林局	1956年	0.14	8.56	1.31	15
4	草暖公园	1.34	综合性	环市西路	市市政园林局	1987年	0.01	1.33	0.93	70
5	东风公园	4.20	综合性	水荫路	市市政园林局	1997年	0.09	4.11	3.00	73
6	珠江公园	23.00	综合性	珠江新城	市市政园林局	2000年	—	—	—	—
7	广州起义烈士陵园	18.00	纪念性	中山二路	市市政园林局	1957年	2.10	15.90	11.64	73
8	中山纪念堂	6.36	纪念性	东风中路	市市政园林局	1931年	—	6.36	2.77	44
9	黄花岗公园	12.91	纪念性	先烈中路	市市政园林局	1918年	0.38	12.53	10.82	86

续表

序号	公园名称	面积（公顷）	公园类型	所在位置	主管部门	开放时间	水域面积（公顷）	陆地面积（公顷）	绿地面积（公顷）	绿地率（%）
10	广州动物园	42.84	专类性	先烈东路	市市政园林局	1957年	1.70	41.14	36.73	89
11	兰圃	3.99	专类性	解放北路	市市政园林局	1951年	0.67	3.32	2.72	82
12	麓湖公园	205.12	综合性	麓湖路	市白云山管理局	1958年	21.01	184.11	171.59	93
13	云台花园	12.00	主题	广园路	市白云山管理局	1995年	0.07	11.93	10.25	86
14	雕塑公园	46.30	主题	下塘西路	市白云山管理局	1996年	0.40	45.90	32.20	70
15	白云山山北公园	54.00	综合性	白云山	市白云山管理局	1958年	1.55	104.45	99.23	95
16	白云山山顶公园	52.00	综合性	白云山	市白云山管理局	1958年	—	—	—	—
17	人民公园	4.46	综合性	公园路	越秀区建设局	1918年	—	4.46	3.20	72
18	儿童公园	1.94	专类性	中山四路	越秀区建设局	1933年	0.02	1.92	0.73	38
19	东山湖公园	33.11	综合性	东湖路	东山区建设局	1959年	20.91	12.20	8.61	71
20	荔湾湖公园	27.80	综合性	龙津西路	荔湾区建设局	1959年	17.19	10.61	7.86	74
21	青年公园	3.48	综合性	南岸路	荔湾区建设局	1989年	—	3.48	3.19	92
22	海幢公园	1.97	综合性	同福中路	海珠区建设局	1933年	—	1.97	0.64	32
23	晓港公园	16.66	综合性	前进路	海珠区建设局	1958年	4.39	12.27	10.32	84
24	海印公园	3.45	综合性	滨江东路	海珠区建设局	1991年	0.01	3.44	3.18	92
25	天河公园	78.79	综合性	员村	天河区建设局	1958年	9.70	69.09	66.72	97
26	醉观公园	3.13	综合性	芳村	芳村区建设局	1959年	0.35	2.78	2.30	83
27	蟹山公园	3.83	综合性	蟹山路	黄埔区建设局	1958年	0.16	3.67	1.65	45
28	黄埔东苑	4.64	综合性	大沙地	黄埔区建设局	1959年	1.50	3.14	1.60	51
29	黄埔公园	10.21	综合性	广深公路	黄埔区建设局	1999年	0.66	9.55	7.76	81
30	三元里公园	0.79	纪念性	广花路	白云区建设局	1950年	—	0.79	0.48	61
31	双桥公园	6.90	综合性	珠江桥中	白云区建设局	1997年	—	6.90	6.31	91
32	沙面公园	1.64	综合性	沙面	沙面街办事处	1983年	0.01	1.63	0.81	50
33	江高公园	4.26	村镇	江高镇	白云区江高镇	1992年	—	4.26	1.90	45
34	泉溪公园	1.00	村镇	江高镇	白云区江高镇	1998年	—	1.00	0.90	90
35	庆丰公园	1.00	村镇	石井镇	白云区石井镇	1998年	—	1.00	0.90	90
36	蚌湖公园	0.60	村镇	蚌湖镇	白云区蚌湖镇	1993年	0.01	0.59	0.46	78
37	白象岭公园	17.30	村镇	蚌湖镇	白云区蚌湖镇	1997年	1.05	16.25	15.37	95
38	南村公园	1.06	村镇	南村	白云区龙归镇	1992年	0.06	1.00	0.80	80
39	钟落潭公园	1.12	村镇	钟落潭镇	白云区钟落潭镇	1992年	0.03	1.09	0.90	83
40	凤凰山公园	20.00	村镇	九佛镇	白云区九佛镇	1997年	—	20.00	18.14	91
41	南湾公园	0.85	村镇	南基村	黄埔区南基村	1992年	0.04	0.81	0.54	67
42	圣堂山公园	3.60	村镇	长洲岛	黄埔区长洲镇	1997年	1.07	2.53	1.77	70
43	南洲公园	0.60	村镇	长洲岛	黄埔区长洲镇	1997年	0.26	0.34	0.25	74
44	元岗公园	1.25	村镇	元岗村	天河区元岗村	1992年	0.80	0.45	0.32	71
45	杨桃公园	15.30	村镇	东圃镇	天河区东圃镇	1997年	0.47	14.83	13.93	94
46	黄村东公园	2.50	村镇	东圃镇	天河区东圃镇	1997年	0.99	1.51	0.90	60
47	橄榄公园	28.23	村镇	吉山村	天河区吉山村	1998年	0.15	28.08	26.12	93
48	仑头公园	0.75	村镇	仑头村	海珠区	1997年	0.01	0.74	0.57	77
49	小洲公园	0.70	村镇	小洲村	海珠区小洲村	1997年	—	0.70	0.25	74
50	瀛洲生态公园	142.0	村镇	小洲村	海珠区小洲村	1998年	28.00	114.00	88.92	78
51	土华公园	1.01	村镇	土华村	海珠区	1997年	—	1.01	0.86	85
52	新爵公园	0.80	村镇	东朗村	芳村区	1998年	—	0.80	0.68	85
53	张村公园	0.75	村镇	张村	白云区石井镇	1999年	—	—	—	—

续表

序号	公园名称	面积（公顷）	公园类型	所在位置	主管部门	开放时间	水域面积（公顷）	陆地面积（公顷）	绿地面积（公顷）	绿地率（%）
54	槎龙公园	2.20	村镇	石井镇	白云区石井镇	1999年		—	—	—
55	人和新村公园	1.50	村镇	人和镇	白云区人和镇	1999年	0.06	—	—	—
56	萝岗香雪公园	80.00	村镇	萝岗镇	白云区萝岗镇	2000年		—	—	—
57	长湴公园	10.67	村镇	长湴村	天河区长湴村	1999年	0.70	—	—	—
58	长湴新村公园	0.55	村镇	长湴村	天河区长湴村	1999年		—	—	—
59	西朗永西公园	0.50	村镇	芳村西朗	芳村区西朗村	1999年		—	—	—
60	夏良公园	1.70	村镇	夏良村	白云区龙归镇	2000年		—	—	—
61	世界大观	48.00	主题	大观路	天河区东圃镇	1995年	6.20	41.80	15.00	36
62	华南植物园	300.0	专类	龙洞镇	中国科学院	1957年	8.00	292.00	283.22	97
63	广东树木公园	18.78	专类	广汕路	广东省林科院	1998年	0.16	18.62	14.96	80
64	天鹿湖郊野公园	147.0	郊野	联和镇	黄陂农工商公司	1997年	0.38	146.62	145.33	99
65	淞沪抗日烈士陵园	5.61	纪念性	先烈路	市民政局	1933年	—	5.28	3.30	63
66	东征烈士陵园	7.00	纪念性	长洲岛	市文化局	1926年		7.00	3.50	50
67	东方乐园	23.99	游乐	新广从路	市旅游局	1985年	0.80	23.19	3.60	16
68	南湖乐园	24.80	游乐	同和镇	省旅游局	1985年	0.63	24.17	16.02	66
69	航天奇观	21.31	主题	大观路	青少年科教中心	1997年	—	21.31	12.79	60
70	丹水坑公园	72.00	风景名胜	广深公路	黄埔区南岗镇	1997年	3.00	69.00	65.00	94
71	宏城公园	6.60	综合性	二沙岛	市城建总公司	2000年		—	—	—
72	云溪生态公园	93.60	综合性	广从路边	市白云山管理局	2000年		—	—	—
	合　计	1931.57								

汇聚。拓宽道路不仅可以改善交通拥挤状况，同时能使气流通畅，将对道路上行驶的汽车所产生的 CO_2、CO 等排放物起到加速扩散、降解的作用。

③城市绿化管理方面

• 城市绿地规划建设的前瞻性不足，绿地系统规划滞后，规划绿地控制乏力，常造成绿化美化工程计划与实施过程中的盲目性和随意性；特别是园林绿地建设中栽植的突击性与管护的滞后性形成了尖锐的矛盾。

• 城市园林绿化管理工作存在着"死角"和"盲区"，如大量村镇公园长期未纳入城市建设用地和公共绿地的管理体系，普遍存在着总体布局简单，游览内容贫乏，植物配置单调，施工技术粗糙等问题，且缺乏稳定的建设与管理经费，导致基础设施配套较差，景点水平和文化特色及游览舒适度均不理想。

• 番禺和花都两个新区的园林绿化行政主管部门至今尚未明确到位，目前两区的市政园林局所负责的城市园林绿化管理工作仅局限于市桥、新华两个中心镇区，未能覆盖全区。

• 城市园林绿化管理的机械化、自动化、信息化水平较低，与广州的国际地位不太相称，大部分的绿化施工作业还是靠手工进行。

• 随着城市绿化建设的发展，绿化面积不断增加，各区的园林绿化养护工作量及管理面积不断加大，而市、区两级财政对城市园林绿化维护管理的经费未能按比例递增，造成一些新建绿地陷入"有钱建、没钱养"的困境。

- 城市园林绿化管理的专业化、社会化程度尚不高，园林绿地的养护成本长期居高不下。市、区两级的园林绿化企事业单位与政府部门之间关系的体制改革尚任重道远。
- 目前，各区园林绿化管理部门对破坏绿化的案件均无执法权，执罚工作是由市城市管理综合执法支队直属一大队园林中队承担。由于部分区城市执法中队偏重违法建、构筑物和建设工地的管理，忽视绿化违法案件的执罚；而市城监园林大队与各区园林办又联系较少，园林办与城市综合执法队伍在办案程序上衔接不紧，执罚后的结果往往不能得到及时反馈，增加了办案环节，不利于现场取证，加大了执罚难度。
- 个别区的园林绿化管理部门行政级别未落实，有的区园林办与绿委办合署办公后一直未理顺单位的级别，影响干部职工的工作情绪和待遇。
- 政府主管部门对城市绿化的植物保护工作重视不够，长期以来没有组织建立面向全市的园林绿化植物病虫害监测与防治机构，古树名木保护也存在着危机。例如，广州市政府近10多年来分三批颁令保护的在册古树名木共602株，现存544株，已死亡58株，超过存活数的10%。
- 城市园林绿化管理队伍中的优秀技师和技术工人新生力量较缺乏，原来享誉全国、对城市园林绿化事业作出重大贡献的广州园林中专学校已停办10年，造成一些操作性较强的园林绿化技术岗位（如高级花工、修剪工、假山工等）后继乏人。广州的园林规划设计和园林科研水平10年前位居全国前列，如今已有较明显的退步趋势。其较突出的表现是有关的设计与科研单位近5年来专业成果的获奖率（省部级以上）和市场竞争中标率有所下降。

3.3 城市绿地系统总体布局

3.3.1 规划目标、依据与原则

①城市发展目标

充分发挥中心城市政治、文化、商贸、信息中心和交通枢纽等城市功能，坚持实施可持续发展战略，实现资源开发利用和环境保护相协调，巩固、提高广州作为华南地区的中心城市和全国的经济、文化中心城市之一的地位与作用，使广州在21世纪发展成为一个繁荣、高效、文明的国际性区域中心城市；一个适宜创业发展和居住生活的山水型生态城市。

②城市规划目标

- 应对中国城市化快速增长的形势，统筹广州市域的整体发展，采取适当的跨越式发展模式逐步调整城市空间结构，完善城市功能，促使城市由单中心向多中心转变，促进产业化水平的提高和经济健康增长，并保持社会稳定。在新的起点上实现市域的要素市场、产业发展、重大基础设施建设、环境资源的保护和开发、城市空间发展的一体化。
- 以生态优先和区域可持续发展为前提，充分保护和合理利用自然资源，维护区域生态环境的平衡。

- 适应广州中心城市建设和发展的要求，加强政府对建设用地的控制与管理，确保城市不断增长的工业、办公、商业、住房、道路、绿地及其他主要社会经济活动的需要。合理确定城市容量、土地使用强度，控制人口密度，保障社会公共利益，统筹兼顾公共安全、卫生、城市交通和市容景观的要求，确保城市长远发展的需要及基础设施供应，提升城市的发展潜质。

- 保护历史文化名城，在发展中保持城市文化特色，提升城市的文化品质。加强中心镇、村建设，提升全市城市化水平和质量，推进城乡协调发展。

- 加强对生态用地的控制和管理，形成良好的市域生态结构。改善并严格控制城市水源与森林等生态保护区，加强环境保护工作，积极整治大气、水体、噪声、固体废物污染源，搞好污水、固体废物、危险品及危险装置的处理和防护工作，提升广州市的生态环境品质。

- 保护具有重要历史意义、文化艺术和科学价值的文物古迹、历史建筑和历史街区，保护具有本地特色的历史文化名城资源，在发展中保持和提升广州的城市文化特色与品质。

- 加强城市基础设施建设，完善各项配套设施。特别是要建成一个大容量、环境上可接受、既节省能源又安全便捷的客货运输系统，以增强城市综合功能。

- 制定一个适应社会主义市场经济和城市快速发展要求的规划实施策略，加强城市规划的可操作性。

③城市绿地系统规划目标

本规划的基本思路可以概括为："云山珠水环翡翠，古都花城铺新绿"；规划目标是"翠拥花城"。即：要充分利用广州山水环抱的自然地理条件，按照生态优先的原则和可持续发展的要求，构筑城市生态绿地系统的空间结构；发展各城市组团之间的绿化隔离带，实施"森林围城"和"山水城市"建设战略；构筑"青山、碧水、绿地、蓝天"的景观格局，将广州建设成为国内最适宜创业和居住的国际化、生态型华南中心城市。

④规划依据（同规划文本，略）

⑤规划范围与期限（同规划文本，略）

⑥规划原则（同规划文本，略）

3.3.2 市域绿地系统布局结构

①城市空间结构发展概略

21世纪的广州，必须确立"生态优先"的城市建设战略，寻求一种既能应对发展挑战又能解决环境问题的城市发展模式。以广州市域丰富的地形地貌，"山、城、田、海"并存的自然基础，构建"山水城市"的框架，最大限度地降低开发与资源保护的冲突，减低对自然生态体系的冲击。构筑生态廊道，保护"云山珠水"，营造"青山、名城、良田、碧海"的生态城市。

1）城市功能分区

今后 20 年，广州市将按照"合理布局、优化结构、增强功能、组团发展"的要求，调整城市布局，重点向东、向南发展，建设以城市快速道路主骨架路网连接，以岭南自然景观为特点，充分体现历史文化名城内涵，多中心、多组团的山水生态城市。

城市的功能分区规划为：

• 完善中心区大组团（旧城区和天河区、芳村区、白云区南部），作为综合性核心城区。内环路以内及沿线区域，突出政治、文化、商贸、旅游中心和传统历史人文景观保护功能；内外环路之间，为高新技术、教育科研、商贸金融、生活居住、体育休闲功能区；外环路以外，除适当保留部分工业区外，主要作为居住区、旅游度假区和自然生态区，通过逐步疏解旧城区交通和人口，有计划分期外迁污染企业，合理控制建筑密度和容积率，提高绿地率，改善城市环境。

• 优化中心区大组团西部（芳村区、荔湾区、白云区西部）的功能结构，通过充分发挥高速公路、轨道交通等基础设施的辐射作用，加强与南海、佛山等周边地区的联合，促进经济社会共同发展。

• 发展东翼大组团（黄埔－新塘－荔城地区），强化制造业基地功能：以广州经济技术开发区为依托，以黄埔和增城为腹地，积极引入高新技术产业，在加强饮用水源保护的前提下，继续发展工业、港口运输业、仓储业，以及休闲观光和特色农业。

• 加快建设南翼大组团（番禺区）。按照建设生态城市的要求，科学规划城市路网和绿地系统，在石基－东涌地区高标准规划建设现代化滨海新中心城区。在东部珠江口滨海地带，规划建设广州大学园区。完善大石－市桥地区的现代化居住区组团规划建设，以轨道交通三号线和城市快速为纽带，引导接纳旧城区的部分功能、产业和人口，形成生活居住、休闲度假、商贸旅游中心功能区。

• 积极推进南沙新城区和龙穴岛深水港区建设，着重发展国际港口贸易和现代物流产业、高新技术信息产业和现代适用技术工业、金融商贸和旅游服务业，将南沙地区建设成为产业布局合理、经济辐射能力强、基础设施配套、自然环境优美的现代化生态型新城区，成为外向型经济发达、经济创造力和活力较强、现代物流业、临海工业和信息科技产业发达、综合服务功能强大的珠江三角洲新型经济增长中心。

• 调控发展北翼组团（花都区、从化市、白云区北部）：围绕白云国际机场和广州铁路北站的迁址建设，增强交通枢纽、生态屏障功能，侧重发展航空和铁路运输业、现代物流业、特色旅游业、无污染轻工业、都市型农业，保护、发展林业和粮食、水果种植业，适度发展房地产。

2）城市发展方向

国务院 2000 年 6 月对广州行政区划的调整，解决了城市向南发展的政策门槛，使广州有可能从传统的"云山珠水"的自然格局跃升为具有"山、城、田、海"景观特色的大山大水格局，为建设生态安全的国际性区域中心城市提供了历史性机遇。

广州未来的城市发展，要采取"有机疏散、开辟新区、拉开建设"等措施，力争优化结构、保护名城，形成具有岭南文化特色的国际性城市形象。按照《广州市城市建设总体战略规划》，城市发展空间布局的基本取向为：南拓、北优、东进、西联。

南拓：广州南部地区具有广阔的发展空间，未来大量基于知识经济和信息社会发展的新兴产业、会议展览中心、生物岛、大学园区、广州新城等，都将布置在南部地区，使之成为完善城市功能结构，强化区域中心城市地位的重要区域。

北优：广州北部是城市主要的水源涵养地，应当通过优化地区功能布局与空间结构，搞好新白云国际机场的建设，适当发展临港的"机场带动区"，建设客流中心、物流中心。

东进：以广州珠江新城（中央商务区）的建设拉动城市发展重心向东拓展，将旧城区的传统产业向黄埔—新塘一线迁移，重整东翼产业组团，利用港口条件，在东翼大组团形成密集的产业发展带。

西联：广州西部直接毗邻佛山、南海等城市，应加强同这些城市的联系与协调发展；协调广佛都市圈的建设，同时对西部旧城区进行内部结构的优化调整，保护名城，促进人口和产业的疏解。

3）城市空间结构

广州未来的城市空间结构，规划为"以山、城、田、海的自然格局为基础，沿珠江水系发展的多中心、组团式、网络型城市"。其中包括：

两条城市功能拓展轴

• 东进轴：规划以珠江新城和天河中心商务区拉动城市商务中心功能东移，形成自中心城区、珠江新城、黄埔工业带向新塘方向的传统产业"东进轴"。该区目前尚有200平方公里的土地储备，有良好的交通及基础设施条件，产业开发已经有相当的基础。

• 南拓轴：地铁四号线和京珠高速公路的定线，串联了一批基于知识经济和信息产业的新兴产业区，从广州科学城、琶洲国际会展中心、广州生物岛、广州大学园区到广州新城、南沙经济技术开发区、南沙新港，可以提供约200平方公里区位优良的城市用地储备。

三条沿江城市发展带

珠江呈枝状蜿蜒流过广州，提供了得天独厚的沿江发展的城市景观。"江城一体"，是广州主要的城市风貌特色之一。规划将重点开发三条城市空间沿江发展带，即：沿珠江前航道发展带（约432平方公里）、沿珠江后航道发展带（约163平方公里）和沿沙湾水道发展带（约184平方公里），将城市发展从注重沿路商业发展为主转向提升沿江生活环境质量，把珠江景观资源与广州市民的日常生活密切联系起来,使之成为令人向往、富有特色的城市生活中心。

4)市域人口分布

广州市域适宜总人口约1200~1500万人。城镇总人口约1100万人,其中约900万人分布在主要沿江城市发展带,约150万人分布在花都、增城、从化三个片区中心及南沙重点发展区,约50万人分布在其他城镇。具体的人口与建设用地分布如下:

• 沿珠江前航道的发展带,含荔湾、越秀、东山、天河、白云、海珠和黄埔区原规划发展区,规划总人口480万。旧城区人口基本不再增加,东翼组团考虑土地扩展、功能置换和人口自然增长,安排增加80万人。

• 沿珠江后航道的发展带,含芳村、番禺大石居住区组团和广州大学园区,规划总人口160万人。沿沙湾水道的发展带,为广州新城主要发展地区,含番禺中心区,规划总人口180万人。

• 花都、增城、从化三个片区中心及南沙重点发展区约150万人,其中新华-40万人,荔城-30万人,街口-25万人,南沙-55万人;市域其他城镇规划人口为50万人。

②市域生态绿地系统布局

为实现广州城市空间结构的新发展,要积极地利用九连山、南昆山、白云山和珠江水系建立山水相间的城市开敞空间体系。未来广州的城市空间结构,包括城市组团实体空间系统、城市绿地系统、城市综合交通体系和城市基础设施体系四大部分。其中,前两个是城市形态要素的主体,后两个是支撑体系。绿地系统作为与城市实体空间相对应的城市形态构成要素,对改善和保障城市的运行效益和生活质量,具有十分重要的意义。

1)市域绿地空间形态

广州市域的绿地,从大的形态上可划分四个部分:

• 北部山林保护区,包括花都、从化、增城三个组团,绿地内容主要有森林公园、自然保护区、水源涵养林等,是实现"森林围城"战略的关键地区。

• 都会中心区,包括中部、东部、西北部等三大组团,是广州的历史、文化、政治、经济中心,已有多年的建设历史。其绿地系统建设应注重空间秩序的建立与人居环境的营造,并结合历史文化及休闲旅游加以发展。

• 都市发展主干区域,包括市桥、南沙两大组团,为低密度的开敞建设区,应注意建设江海生态景观绿带及组团绿化隔离带。按照建设生态城市的要求,城市功能区之间设置生态隔离带,道路和城区建设尽量维护原有的自然地貌特征与生态平衡。工业区、出口加工区、科技园区等坚持高标准规划、高标准建设、高标准管理,建成生态园区。加强生态环境保护与治理,使城市建设与环境承载力相适应,保持城市可持续发展。

• 南部滨海开敞区,绿地形态主要有滨海生态保养区、滨海园林区和都市型生态农业区等。要结合南沙地区"水道众多,河网纵横"的自然地理特征,进行组团式、生态型的城市空间建设布局，以河网水系及滨江绿化带、道路绿化带、公园、自然保护区等为架构，形成绿城、良田、碧水、通海的生态环境格局。

白云山与珠江是广州最重要的城市空间和景观构成要素。要充分保护和利用好这一山一水，并将其作为城市绿色空间发展的基本脉络。规划在广州市中心城区以海珠区果树保护区、番禺北部农业生态保护区为"都市绿心"，以白云山脉、珠江水脉、生态绿脉为基本生态要素，形成都市绿心、楔形山体绿地、农业生态控制区、结构性生态控制区、城市园林绿地系统与江河水网相结合的"绿心加楔形嵌入式"生态绿地系统。

2）市域生态廊道布局

为维护广州市域的生态平衡，基于区域与城市生态环境自然本底及其承载能力，选择适合于区域与城市的生态结构模式，从水源保护区、自然保护区、生态人文景观保护区、农田生态保护区、森林资源保护区、海域生态保护区六个方面进行生态绿地布局。规划以山、城、田、海的自然特征为基础，构筑"区域生态环廊"、建立"三纵四横"的"生态廊道"，建构多层次、多功能、立体化、网络式的生态结构体系，构成市域景观生态安全格局。

"区域生态环廊"：即要在广佛都市圈外围，通过区域合作建立以广州北部连绵的山体，东南部（番禺、东莞）的农田水网以及顺德境内的桑基鱼塘，北江流域的农田、绿化为基础的广州地区环状绿色生态屏障——生态环廊，从总体上形成"区域生态圈"。由于广州东北部山体自东北向西南延伸至环廊内，而接南海的珠江水系则自珠江口向西北直入环廊，从而使山水相互融合贯通。为此，必须严格保护北部地区的九连山余脉——桂峰山、三角山、天堂顶、帽峰山、白云山等一系列山地丘陵和植被，严格保护整个珠江水系及其沿岸地区，沙湾水道以及以南地区的沙田耕作区、江口和滩涂湿地。

"三纵"，即三条南北向的生态廊道，自西向东依次为：

• 西部生态廊道南起洪奇沥水道入海口，穿过滴水岩、大夫山、芳村花卉果林区，北接流溪河及北部山林保护区。

• 中部生态廊道南起蕉门水道入海口，经市桥组团与广州新城之间生态隔离带、小洲果园生态保护区，向北延伸至世界大观以北山林地区。

• 东部生态廊道南起珠江口，经海鸥岛、经济技术开发区西侧生态隔离带至北部山林地区。

东部生态廊道和西部生态廊道基本沿市域东西行政边界，主要作用是保护广州市域城市发展。中部生态廊道则位于旧城发展区和新城发展区之间，主要作用是在旧城和新城发展区之间形成一条南北向的生态隔离带。

"四横"，即四条东西向生态廊道，自北向南依次为：

• "江高—新塘生态廊道"，沿华南路西北段与规划的珠三角外环之间的生态隔离带向东延伸至新塘南岗组团东北部山林地区。

- "大坦沙—黄埔新港生态廊道",以珠江前、后航道及滨江绿化带为主,顺珠江向东西延伸。
- "钟村—莲花山生态廊道",西起大石、钟村镇西部的农业生态保护区,经以飞龙世界、香江动物园、森美反斗乐园为基础的中部山林及基本农田保护区,向东经化龙农业大观、莲花山,延伸至珠江。
- "沙湾—海鸥岛生态廊道",沿沙湾水道和珠三角环线及其以南大片农田。

其中,"江高—新塘生态廊道"主要作为中心城区与花都新机场和增城的隔离带,保护广州城市发展;"大坦沙—黄埔新港生态廊道"主要作用在于隔离中心城市各组团;"钟村—莲花山生态廊道"位于中心城市和南部新城之间,主要作用是在中心城市和新城之间形成一条东西向的生态隔离带;"沙湾—海鸥岛生态廊道"主要作用为保护市域的城市发展,控制城市的无限制蔓延。

另外,在"区域生态环廊"和"三纵四横"基础上,规划打通汇集到珠江、沙湾水道、市桥水道等密布城乡地区的河网水系,形成网状的"蓝道"系统,加之城市基础设施廊道、防护林带、公园等线状和点块状的生态绿地,共同构成了多层次、多功能的复合型网络式生态廊道体系,形成了"山水中有城市,城市中有山水","山－水－城"一体化的城乡景观生态格局。

3)城市组团绿化隔离带布局

市域城市组团的绿化隔离带包括:

- 沿广州市界与其他城市隔离的山体、农田、沿江绿化带。
- 大片区之间由山体、沿江绿化带、农田、大型绿地构成的绿化隔离带。
- 以"三纵四横"为主体构成的都会区小组团绿化隔离带,以及南沙片区内部、南沙经济技术开发区与黄阁镇之间的绿化隔离带。
- 番禺大石组团与中心组团之间、大石组团与新造大学园区之间、市桥中心组团与广州新城之间的绿化地带,是保证南翼地区不蔓延发展所必需的生态隔离绿带,不得再进行开发,已经建成的地区不得再改、扩建。

在沿珠江后航道城市发展带与沿沙湾水道发展带之间、番禺区与南海、顺德之间的广大农业地区,必须严格保护现有的基本农田,避免两条发展带之间出现连绵发展地区。除原村庄居住用地仍然保留以外,不得再进行开发,已经建成的其他项目不得再改、扩建,逐步进行生态恢复。考虑到本地区城市化以村镇经济为主要动力,针对现状农村地域工业化过于分散的问题,在保证村镇经济适度发展的前提下,加大力度实现集约建设。

4)市域生态环境建设要求

城市的可持续发展,必须以环境的可持续发展作为前提和保障。在维持区域自然生态系统支撑能力的基础上,通过建构合理、稳定的自然生态体系,引导区域及城市用地和空间资源的合理配置,使城市与自然的关系重新走上协调发展的轨道,是本规划关注的重点之一。

广州市北依白云山,南临珠江。"云山珠水"为城市发展提供了长盛不衰的地理基底，创造了富有岭南特色的舒适的城市生活环境。快速的经济增长和城市化，打破了广州城市与自然之间的平衡，削弱了区域生态系统对城市活动的支持能力，威胁着发展的可持续性。因此，必须通过合理规划，从整个珠江三角洲的区域和生态环境系统整体高度，达成城市建设与区域生态的协调，形成区域城乡生态的良性循环，促进城市可持续发展。

广州的城市规划与建设，应当充分满足生态平衡和生态保护要求，尽量降低建筑密度和容积率、拓展城市公共活动空间、增加市区公园与绿地等措施实现生态环境的改善，营造良好的生活社区。规划建设具有园林艺术和岭南风格特色、人文景观与自然景观形神相融的山水城市，加大环境保护的投资力度。

要有效控制对传统农业耕作区、自然村落、水体、丘陵、林地、湿地的开发，尽量保持原有的地形地貌、植被和自然生态状况，营造良性循环的生态系统，保护和改造"绿脉"，建设好市域北部的生态公益林、森林公园、流溪河防护林、天河绿色走廊，建立和完善城市组团之间、城市功能区之间的生态隔离带。推广生态农业，提高警惕农田防护林网建设质量和防护效益。建设白云山、珠江两岸及流溪河沿岸为主的风景游览景观生态体系，加快中心城区内园林绿化改造和绿化广场、绿岛、街心花园建设，推进道路绿化、居住区绿化和屋面绿化工程。形成以中心城区的公园、绿地、路网绿化为"内圈"，远郊水源涵养林、自然保护区等生态公益林为"外圈"的生态布局。

在市域范围内要坚持资源合理开发和永续利用，对重大的经济政策、产业政策进行环境影响评估，有效防止城市化建设过程中的生态破坏。提倡对资源的节约和综合利用，鼓励应用高技术、新能源、新材料，推进清洁生产和ISO14000标准，鼓励绿色产业的发展。加强重要生态功能的生态保护，防止生态破坏和功能退化。继续加强对流溪河、东江北干流和沙湾水道饮用水源的保护，严格禁止在水源保护区内设置废水排水口；对蕉门水道进行控制性保护。水资源的开发利用坚持开源与节流并重。开展城市天然河涌和人工湖泊的生态维护。形成生态资源与生态旅游相互促进的良性循环模式，对过度开发的旅游资源进行生态恢复和重整。加强石矿场整治垦复，合理开发利用滨海滩涂，保护海洋与渔业资源。保护生物物种资源的多样性和生物安全。

5) 市域生态分区规划

生态分区规划，是在对广州城市生态环境现状分析得出的生态敏感性的基础上进行生态环境的政策区划，从而引导城市发展与城市建设合理有序地进行。其中，生态敏感性是指在不损失或不降低环境质量的情况下，生态因子对外界压力或外界干扰适应的能力。通过对广州市域地质构造、基本农田、山地森林资源、水源保护区、地形地貌条件、用地类型及生物多样性等自然生态方面因素分析，并对单因素进行分级，加权叠加、聚类，

广州市生态环境建设目标体系规划（2001～2010年）　　　　表案2-10

指标名称	单位	建议目标值	1999年现状*
大气环境质量		符合GB 3095—96标准	
水环境质量		符合GB 3838—88标准	
声环境质量		符合GB 3096—93标准	
城市污水处理率	%	≥70	13.96
生活垃圾无害化处理率	%	100	100
机动车尾气达标率	%	≥90	80.3
建成区绿地率	%	35	27.25
建成区绿化覆盖率	%	40	29.34
建成区人均公共绿地	平方米/人	≥10	7.39
自然保护区覆盖率	%	10	5.22
森林覆盖率	%	45	41.5
生态农业推广覆盖面	%	100	
水土流失治理率	%	100	
环保投资指数	%	2.5	2.05
公众对生态环境的满意度	%	80	

* 数据来源：《广州市统计年鉴（1999年）》，《广州市环境保护十五规划》。

在空间上加以综合，形成生态敏感性评价，以此为依据，划分出四类敏感区：最敏感区、敏感区、低敏感区和非敏感区。

市域生态敏感性评价结果表明：广州主要的敏感（保护）地带位于市域的中北部与南部。因此，应在北部山区，中部的西、中、东三个方向实施有效的生态保护，进行森林生态系统的建设，充分发挥森林的保土涵水及生物多样性保护功能，为城市内部的生态环境改善创造良好的区域环境基底。同时，在南部沙田地带除了局部地段进行开发之外，南部水网、农田及河口湾地带的滩涂湿地，生物多样性极为丰富的地带，也应加以保护，不宜作为密集的城市用地发展。此外，市域内的基本农田保护区也是重要的生态绿地，应予充分保护。

为确保形成广州市域内南北保护的生态格局，市域的生态政策区划规划分为三类地区：生态保护区、生态控制区和生态协调区。

• 生态保护区：是绝对保护、禁止开发建设的地区。该区涵盖了广州市的自然保护区、人文景观保护区和自北向南延伸的中、低山林地，以及重要的水源涵养地、基本农田保护区、饮用水二级以上的保护区以及城市组团间的结构性生态隔离带。

该类地区的生态敏感性很高，外来干扰不仅对其自身结构、功能影响反应剧烈，甚至有可能波及其他地区，对整个市域生态系统造成破坏。因此，城市建设不得占用该区范围内任何用地，对在该区内的村庄或工矿用地应逐步搬迁，并做好生态恢复工作。由于该区内的自然生态资源影响范围涉及广州市域甚至范围更大的周边地区，故对本区影响不大的自然生态要素亦应加以维育，以期整体生态条件得以保护。

• 生态控制区：以生态自然保护为主导，可以适度地、有选择地进行建设的地区。该区属临近自然保护区或与山体、林地、河流水体毗邻地区以及一般耕地、所处位置地势较高或与整体生态维育紧密相关的用地以及现状建成区中生态结构不合理的地区。该类地区原则上以保护为主，但因用地本身也较适宜作城市发展用地，故需对其使用进行合理引导，严格控制人口规模和建设强度，不得进行房地产开发和工业建设。该区应在尊重和保护自然环境的前提下，可适度地、有选择地进行村镇建设活动。

该类地区生态敏感性较强，对维护最敏感区的功能以及整体生态效果起重要的支持和维护作用，故开发建设亦应慎重对待。在该区周围应划出一定范围用地，作为对区域城乡生态安全格局起重要作用的地带严加控制，以防可建设用地过度开发或开发范围过大而破坏了区域生态环境。要加大对该区内建设规模和强度的控制力度，不得进行房地产开发和工业建设，村镇建设也不宜过大过密，应强调相对集中的发展模式。在该控制区内，对新功能区确定和土地利用必须慎重选择，积极引导及调整区内产业结构，发展生态型产业，严格杜绝污染严重、能耗大的企业在该区落户。该区内的基本农田保护区、林地、园地、水系等开敞空间系统，应从规划上加以控制，使之与城市绿地系统形成功能互补的联系网络。

• 生态协调区：适于进行建设，但必须重视与生态协调的地区。该区基本涵盖了绝大部分现状建设区以及适宜开发建设的生态非敏感区或低敏感区。

该类地区虽然处于生态非敏感或低敏感地区，但城市建设仍应重视和强调生态环境的建设，处理好城市建设与环境承载力的协调关系，保持人工与自然环境的协调发展。特别是在城市发展中应加强对环境容量的研究，切忌出现透支环境容量的过度开发行为。城市建设区应强调生态补偿和绿化、净化，与总体生态环境建设应相辅相成、同步进行。滨海地区或珠江水系两侧用地用于城市建设时，应加强滨水地带绿化建设，美化岸线景观，严防水体污染。

6）市域生态保护区规划

在市域生态保护方面，要保证生态主廊道范围内的生态用地不被侵占；控制海涂围垦，保留珠江口广阔的水面与滩涂、湿地资源；保护沿海水生生态环境和红树林生态系统；合理开发海岛，保护海洋渔业资源。建设绿化隔离带，提高绿化覆盖率。加快石场复垦绿化工程建设，提高森林质量。

规划在流溪河、东江、沙湾水道三个水源保护区种植水源保护涵养林，在从化市东北部、花都区北部、番禺区西部设森林公园；在新机场以南设城市森林公园；番禺南部滨海地区设红树林保护区；将海珠区东南部和番禺区东北部规划为"都市绿心"。市域东部、西北部为基本农田保护区。市域生态保护区主要规划绿地见表案2-11。

广州市域主要生态保护区规划

表案 2-11

规划区	生态保护区名称	所在地名	占地面积（公顷）
中心城区	广州市饮用水源一级保护区	西村、江村石门等	132.0
	白云山风景名胜区	白云区	2088.0
	聚龙山森林公园	白云区太和镇	1247.3
	金鸡山森林公园	白云区太和镇	1055.3
	南塘山森林公园	白云区	342.7
	白兰花森林公园	白云区	254.7
	帽峰山森林公园	白云区太和镇	4153.3
	金鸡窿人工林生态保护区	白云区	359.0
	罗岗果树与文物古迹保护区	白云区	2000.0
	龙眼洞森林公园	天河区沙河镇	442.3
	凤凰山森林公园	天河区渔沙坦、柯木塱	800.0
	火炉山森林公园	天河区岑村	600.0
	天鹿湖森林公园	天河区	300.0
	广东树木公园	天河区	58.8
	海珠果树保护区	海珠区	1333
	葵蓬洲花果林保护区	芳村区	175.0
	龙头山森林公园	黄埔区南岗镇	335.0
	长洲岛历史文化古迹保护区	黄埔区	2000.0
	小计		17676.4
番禺区	莲花山风景名胜区	番禺区莲花山	300.0
	沙湾水道水源保护区	番禺区沙湾镇	484.0
	大夫山森林公园	番禺区大乌岗	600.0
	滨海红树林森林公园	番禺区新垦镇	1000.0
	大虎岛咸淡水鱼类产卵场保护区	番禺区	760.0
	上、下横档岛文物古迹保护区	番禺区	115.0
	滴水岩森林公园	番禺区沙湾镇	153.3
	十八罗汉森林公园	番禺区潭洲镇	333.3
	虎门炮台文物保护区	南沙	200.0
	市桥北城森林公园	市桥镇	50.0
	小计		3995.6
花都区	王子山森林公园	花都区梯面镇	3200.0
	蕉石岭森林公园	花都区	418.7
	九龙潭森林公园	花都区北兴镇	6589.7
	蟾蜍石森林公园	花都区花东镇	1478.0
	丫髻岭森林公园	花都区新华镇	1133.3
	福源湖森林公园	花都区花山镇	1500.0
	高百丈森林公园	花都区梯面镇	567.0
	芙蓉嶂水库水源林保护区	花都区芙蓉镇	920.0
	广花盆地石岩地下水源涵养区	花都区	500.0
	小计		16306.7

续表

规划区	生态保护区名称	所在地名	占地面积（公顷）
从化市	黄龙湖森林公园	从化市黄龙带	4637.0
	流溪河国家森林公园	从化市黄竹朗	9182.7
	石门国家森林公园	从化桃园镇	2636.0
	从化温泉风景名胜区	从化市温泉镇	2786.0
	小杉森林公园	从化吕田	1125.0
	五指山森林公园	从化良口	1416.0
	良口森林公园	从化良口	424.7
	陈禾洞森林公园	从化吕田	867.0
	北星森林公园	从化市城郊镇	2115.3
	双溪森林公园	从化东明	1284.7
	凤云岭森林公园	从化街口	466.7
	望天西顶森林公园	从化牛头	1160.0
	马仔山森林公园	从化太平	214.7
	凤凰湖森林公园	从化江浦	657.3
	大尖山森林公园	从化灌村	734.0
	南大湖森林公园	从化桃园	98.1
	达溪森林公园	从化良口	2250.7
	三村森林公园	从化良口	2301.3
	狮象森林公园	从化吕田	2365.3
	丹竹坑森林公园	从化东明	724.0
	桂峰山森林公园	从化吕田	1668.0
	鸭㙟塘森林公园	从化乐民	690.7
	茂墩湖森林公园	从化牛头	1269.3
	银林湖森林公园	从化神岗	976.0
	沙溪湖森林公园	从化太平	1124.0
	云台山森林公园	从化桃园	264.7
	龙潭湖森林公园	从化市	618.7
	新温泉森林公园	从化市	1134.7
	通天蜡烛森林公园	从化东明	980.0
		小计	46172.6
增城市	凤凰山森林公园	增城市派潭镇	798.7
	白水寨森林公园	增城林场	228.7
	百花森林公园	增城市	1812.0
	兰溪森林公园	增城市正果镇	4306.7
	白洞森林公园	增城市	873.3
	白江湖森林公园	增城市梳脑林场	733.0
	金坑森林公园	增城市镇龙镇	504.0
	大封门森林公园	增城市派潭镇	6020.0
	联安湖森林公园	增城市福和镇	4084.0
	南香山森林公园	增城市新塘镇	1613.3
		小计	20973.7

7）市域主干道路绿化带

广州市域范围内的国道、省道、高速公路、城市快速路，均应在道路两侧因地制宜地设置一定宽度的绿化隔离带，具体指标要求见表案2-12。

8）市域滨水地区绿带

在广州市域范围内，除了要对水库、湖泊周边林地、绿地进行保护外，还应当在重要河流沿线建设带状绿地，宽度控制见表案2-13。

广州市域主干道路绿化带规划指标　　表案2-12

类别	道路名称	隔离绿带宽度（米）
国道	G105	50
	G106	50
	G107	50
省道	S111	50
	S114	50
	S115	50
	S116	50
	S118	50
	S256	50
	S354	50
	S355	50
	S358	50
	S362	50
高速公路	环城高速路	50
	二环高速路	内侧300，外侧500
	广清高速路	100～200
	机场高速路	50～100
	京珠高速路	100～200
	花从高速路	100～200
	增莞高速路	100～200
	广惠高速路	100～200
	广深高速路	100～200
	广珠高速路	100～200
城市快速路	内环路	30（节点绿地）
	华南快速干线	50～100
	广汕公路	50～100
	广源快速路	50～100
	迎宾路－南沙大道	50～100
	新广从快速路	50～100
	其他	50～100

广州市域滨水绿化带规划指标　　　　　　　　表案 2-13

河流名称	绿化带宽度（米）
珠江前航道	广州大桥以东 100～300 米，以西 30～50 米
珠江后航道	50～300
沙湾水道	100～300
焦门水道	100～300
洪奇沥水道	100～300
东江	100～300
流溪河	100～300
巴江	100～300
增江	100～300

9）城市绿化建设指标规划

按照建设部颁布的《国家园林城市评选标准》、2001 年《国务院关于加强城市绿化工作的通知》精神和《广东省城市绿化条例》等有关文件规定，贯彻"高起点、高标准"、"总体规划，分步实施"的原则，实事求是，量力而行。广州中心城区绿化建设的总体指标规划为：2005 年，建成区绿地率、绿化覆盖率和人均公共绿地面积分别达到 33%、35% 和 10 平方米；2010 年，上述指标分别为 35%、40% 和 15 平方米；2020 年，上述指标分别为 37%、42% 和 18 平方米，达到中等发达国家城市绿化建设的先进水平。市域其他地区的绿地率、绿化覆盖率、人均公共绿地面积指标，应分别达到表案 2-14 的要求。

广州市域城市绿化建设指标规划（2020 年）　　　表案 2-14

区域	绿地率（%）	绿化覆盖率（%）	人均公共绿地（平方米）
中心城区	37	42	18
番禺片区	38	43	18
花都片区	38	43	18
从化片区	36	40	16
增城片区	36	40	16

3.3.3　城市绿地系统规划布局

广州市中心城区总面积 1444 平方公里，人口 618 万（2000 年第五次全国人口普查统计数据）。其中，环城高速公路以内区域称为"核心城区"，荔湾、越秀、东山三区称为"旧城中心区"。

①绿地系统布局模式

广州市中心城区绿地系统规划布局模式可概括为："一带两轴，三块四环；绿心南踞，绿廊导风；公园棋布，森林围城；组团隔离，绿环相扣。"

一带两轴，三块四环：

• "一带",即沿珠江两岸开辟 30～80 米宽度的绿化带,使之成为市民休闲、旅游、观光的胜地,体现滨水城市的景观风貌。

• "两轴",即沿着新、老城市发展轴集中建设公共绿地,以期形成两条城市绿轴。其中,老城区的绿轴宽度规划为 50～100 米,新城区的绿轴宽度规划为 100～200 米。

• "三块",即分布在中心城区边缘的三大块楔形绿地,即:白云山风景区、海珠区万亩果园和芳村生态农业花卉生产区;它们是广州中心城区的"绿肺"。

• "四环",即沿着城市快速路系统建设一定宽度的防护绿带,作为城市组团隔离带和绿环风廊。其中:内环路 10～30 米、外环路 30～50 米、华南快速干道及广园东路 50～100 米、北二环高速公路 300～500 米。

绿心南踞,绿廊导风:

在中心城区的东南部的季风通道地区,规划预留控制和建设巨型绿心,包括海珠果树保护区、小谷围生态公园、新造－南村－化龙生态农业保护区等,总面积达 180 平方公里。同时,沿着城市主干道两侧建设一定宽度的绿地,使之成为降低热岛效应、改善生态条件的导风廊道。

公园棋布,森林围城:

以公园为主要形式大量拓展城市公共绿地,使城市居民出户 500～800 米之内就能进入公园游憩,让"花城"美誉名副其实,造福于民。在市区的西北和东北部,规划以现有林业资源为依托,建设好水源保护区与森林游憩区。同时,在南部平原水网地区,大力推动海岸防护林、农田防护林网与生态果林区的建设,使之成为城市的南片绿洲。

组团隔离,绿环相扣:

规划在各城市组团间预留和建设较宽阔的绿化隔离带。同时将市区周边的山林、河湖景观引进城市,充分体现山水城市的特色。在河湖水体、公路铁路两旁,要按标准设立防护林带。在城市东北部、西部、北部、南部,要结合郊区大环境绿化,把丘陵、平原、河涌、道路绿化和公共绿地连结成网,组成系统,实现绿树成荫、鲜花满城的生态绿地系统。

② 中心城区绿地系统布局原则

• 绿地布局不仅要满足总体环境容量,还要通过控制绿地的服务半径,打通绿地空间界面等方法,让绿地走近市民生活。

• 要结合城市空间的发展序列要求确定绿地布局,使城市绿地布局既有城市发展主控框架的空间序列,也有局部地区的空间序列。

• 城市绿地布局应与文物古迹、历史文化区、传统商业区和城市的生长形态相契合。

• 在城市绿化分期建设中,要使每一建设时期的新建绿地适应城市空间拓展的需求,保持动态均衡。

• 规划绿地的选址依据应为:城市总体规划和分区规划控制的绿地,规划管理部门长期控制的绿地,各类专项规划及重点地区城市设计所控制的绿地。

③中心城区绿地系统主控框架

广州市中心城区绿地系统的主控框架,规划为"一带、两轴、三块、四环"。

- "一带",指珠江(含多条岔流及支流)两岸的沿江绿带及其各区段的节点绿地。
- "两轴",指广州市新、旧两条南北向城市发展轴线空间序列构成中的绿化林荫道、节点绿化广场。这两条轴线北端以白云山南麓相联系,南端以珠江后航道相联系。
- "三块",指由北部白云山、东南部果园保护区及城市绿心、西南部的花卉保护区及城市隔离绿地构成的、三面楔入城市的生态景观绿地。
- "四环",指沿着广州市四条重要环状道路的绿化布局,自内而外分别是内环路的出入口节点绿地、环城高速公路两侧的绿化隔离带与点、面状绿地、华南快速路绿化隔离带及北二环高速公路内侧300米外侧500米的绿化隔离带。

广州市中心城区的绿地系统的景观构架规划为:

- 保护"越秀山－中山纪念碑－中山纪念堂－市政府大楼－人民公园－起义路－海珠广场"的城市传统中轴线;逐步建设"燕岭公园－铁路东站－中信广场－天河体育中心－珠江新城－琶洲岛－海心沙新客运港"城市新中轴线。
- 整治美化珠江两岸,建设风光旖旎的珠江风景旅游河段;综合规划沿江出海口岸线,解决好人文景观、河港生产运输与自然风光的融洽和谐;形成城市中轴线与珠江构成的"一横两纵"城市景观构架。
- 合理调整白云山风景区的林相结构,沿山麓建设绿化休闲带,增强其自然生态功能;充分借助云山、珠江、滨海衬托的特色优势,重点建设一批标志性建筑和高水平的绿地,构筑城市新景观,提升城市的文化艺术品位。

④中心城区绿地系统形态构成

广州市中心城区绿地系统的整体空间布局,呈现点、线、面、环相结合的形态。

点状绿地,大都集中在核心城区之中,也被称作城市的"绿色钻石",是城区中各类中小型绿地的分布区域,如小型公园、小游园、道路节点绿地和花园式单位等。

线状绿地,是指两条"城市绿轴"、"一江两岸"、"城市风廊"及城市快速路(广源东路等)带状绿地,亦称"绿色项链"。通过线状绿地的穿插联系,将各类城市绿化空间序列有条理地组织起来,充分利用白云山系和珠江的自然环境资源。

面状绿地,是指核心城区绿地空间序列区、东北部白云山系、东南部果园保护区、西南部的花卉生产区、西北部的基本农田保护区、森林公园以及东部和北部的低密度发展绿化区。

环状绿地，是指环绕城市中心而建的几圈高速公路、城市快速路沿线的绿化隔离带及节点绿地。

为使中心城区绿地系统能有一个合理的形态构成和功能组合，规划采取以下措施：

- 在中心城区各主要组团之间，分布城市低密度发展的绿化缓冲区，并结合森林公园、果树保护区、花卉生产区及白云山风景区，形成城市组团间的绿化隔离带。
- 高标准建设广园东路、中山路—中山大道，昌岗路—新港路、广花快速路等城市主干道绿化带，使之成为城市"绿色项链"，串联主要大型城市绿地，并在核心城区通过土地置换增加绿地面积，形成若干城市"绿色宝石"。
- 利用果园保护区、大型公共绿地和高绿地率地区（花园式单位等）形成城市通风走廊。
- 建设珠江水域滨水绿化带，包括珠江上游和流溪河水源保护绿带。在满足保护水体水质的主导功能下，应配合各河段的景观特色适当调整植被布局。
- 在绿地系统的主控框架之下，完善绿地组团间的组织和联系，形成点、线、面、环相结合的绿地景观格局。

3.4 城市园林绿地建设规划

3.4.1 园林绿地分类发展规划

①公共绿地

根据广州市城市绿地系统规划的目标与原则，确定市区公共绿地的规划策略如下：

- 充分利用市区土地的自然条件，因地制宜地大力发展公共绿地，形成城市的绿色空间秩序和重要景观节点。
- 充分考虑公共绿地合理的服务半径，力求做到大、中、小均匀分布，尽可能方便居民使用。根据广州市区的现状条件，本规划确定市级公园服务半径为2000米，区级公园服务半径为1000米，居住区级公园和街道小游园为300～500米。
- 公共绿地的设施内容，应考虑各种年龄、爱好、文化、消费水平的居民需要，力求达到公共绿地功能的多样性。

在充分保护和利用好现有市区公共绿地的前提下，新增公共绿地的布局规划要求为：

- 在珠江前、后航道布局节点绿地，在前航道广州大桥以东和后航道还须形成连续绿化带，宽度为100～300米；在流溪河城市建成区段要形成100～300米宽的绿化带，在建成区主要河涌形成30米宽的绿带。
- 在旧城区中轴线分布节点绿地，在新城市中轴线形成连续绿廊；将白云山风景区逐步建成城市公园群，在海珠果园保护区、芳村花卉保护区边缘地带，适量建成若干以自然景观为主的生态型公园。
- 在市区内环路沿线出入口10～50米范围内建设节点绿地，处于建成区内的高速公路、快速路入口建设节点绿地，沿线建设宽度为50～100米的绿化带。城市主干道每隔500～1000米建设节点绿地；在重要文物古迹和城市广场附近增辟公共绿地。

• 每个行政区都要建设1～3个面积达3万平方米以上的中心公园，每个行政街、镇区要建设一个面积3000平方米以上的中心绿地。

• 利用建成区内公路、铁路、高速公路、快速路、高压走廊沿线绿地建设公共绿地。

各类城市公园建设用地指标，应符合国家行业标准的规定。街道小游园建设的绿化种植用地面积，不低于小游园用地面积的70%；游览、休憩、服务性建筑的用地面积，不超过小游园用地面积的5%。城市公共绿地的规划建设，应以植物造景为主，适当配置园林建筑及小品。到规划期末，全市的各类公园总数要达到200个。有关的城市公园发展规划应在本规划的指导下另行编制。

②生产绿地

生产绿地，是指专为城市绿化而设的生产科研基地，包括苗圃、花圃、草圃、药圃以及部分果园与林地。按照建设部《城市绿化规划建设指标的规定》（建城[1993]784号文件），城市生产绿地的面积应占建成区面积的2%以上。因此，本规划安排的生产绿地主要分布在海珠、芳村、黄埔、白云四个行政区内，包括一部分以绿化苗木生产为主业的农业用地。

③防护绿地

防护绿地，一般是指为改善城市自然环境和卫生条件而设置的防护林地。如城市防风林、工业区与居住区之间的卫生隔离带，以及为保持水土、保护水源、防护城市公用设施和改善环境卫生而营造的各种林地。

广州市在经济建设和城市建设高速度发展过程中取得了巨大成就，同时也出现了十分严峻的环境问题。大气、水体、土壤、噪声等方面的污染威胁正日趋严重，对生态环境与经济建设都造成了一定影响。因此，本规划在市区沿建成区外围的公路、铁路、高速公路、快速干道、高压走廊、河涌沿线和大型工厂、仓库与城市组团间设置不同类型的防护绿地，充分发挥绿地的防护功能，减轻有害因子对城市环境的破坏。

市区各类防护绿地的设置，应当符合下列规定：

• 城市干道规划红线外两侧建筑的退缩地带和公路规划红线外两侧的不准建筑区，除按规划设置人流集散场地外，均应用于建造隔离绿化带。其宽度分别为：城市干道规划红线宽度26米以下的，两侧各2米至5米；26米至60米的，两侧各5米至10米；60米以上的，两侧各不少于10米。公路规划红线外两侧不准建筑区的隔离绿化带宽度，国道各20米，省道各15米，县（市）道各10米，乡（镇）道各5米。

• 在城市高速公路和城市立交桥控制范围内，应当进行绿化。

• 高压输电线走廊下安全隔离绿化带的宽度，应按照国家规定的行业标准建设，即：550千伏的，不少于50米；220千伏的，不少于36米；110千伏的，不少于24米。

• 沿穿越市区主要水系河涌两岸防护绿化带宽度各不少于5米，江河两岸防护绿化带宽度各不少于30米；

• 城市水源地水源涵养林宽度各不少于100米；流溪河两岸饮用水体防护绿化带宽度各为100米至300米。

• 珠江广州河段的防护绿化，必须符合河道通航、防洪、泄洪要求，同时还应满足风景游览功能的需要。

• 铁路沿线两侧的防护绿化带宽度每侧不得小于30米。

城市避灾减灾是防护绿地的重要功能之一。根据国家《防震减灾法》，规划从发挥城市绿地的防灾、减灾作用的角度出发，进行减灾绿地布局，并纳入城市防灾、减灾规划，以期形成完善的城市防灾、减灾体系。

广州市区处于珠江水系的密集地带。滨水地区的带状绿地，既是市区的城市特色景观之一，又是结合防汛、防台风的河岸堤防。在滨水绿带的规划设计建设中，要结合滨河道路的建设，兼顾考虑市民的游憩使用要求和美化城市景观的功能，结合布置防汛、防风设施，发挥堤岸防风林和水土保持绿地的作用。尤其是珠江景观绿带的规划建设，既要考虑绿化景观美化功能和游人亲水、近水的活动要求，又要结合防洪设施，满足抗灾要求，达到足够的安全系数。同时，针对可能发生的地震及震灾后引起的二次灾害，规划利用城市广场、绿地、文教设施、体育场馆、道路等基础设施的附属绿地，建立避灾据点与避灾通道，完善城市的避灾体系。

④居住区绿地

根据广州市区的建设现状及发展目标，本规划确定了城市居住区绿地的绿地率规划指标。见表案2-15。在实际建设中，除按规划所确定的绿地率标准实施外，还要大力提倡垂直绿化与屋顶绿化，以在尽量少占土地的情况下增加城市绿量。

居住绿地的规划设计，要严格遵循国家颁布的《城市居住区规划设计规范》GB 50180—95，按局部建设指标要求配套。除了要满足规划绿地率的指标外，还应达到国家技术规范中所规定的居住区绿地建设标准，即：

• 居住区绿地率应＞30%，其中10%为公共绿地；居住区、居住小区和住宅组团，在新城区的，不低于30%；在旧城区的不低于25%。其中公共绿地的人均面积，居住区不低于1.5平方米，居住小区不低于1平方米，住宅组团不低于0.5平方米。

• 居住区公园面积应在2公顷以上。

• 居住小区公园应在5000平方米以上。

广州市区居住区绿地率规划指标　　　　　　　　　　表案2-15

类　别	国外城市	广　州
多层住宅（4～6层）	54%～62%	＞30%
高层住宅（8层以上）	62%～80%	＞40%
低层、花园式住宅	80%	＞45%

• 居住区绿地绿化种植面积,不低于其绿地总面积的75%。

⑤附属绿地

广州市区内所有建设项目,均应按规划要求的局部建设指标配套附属绿地。城市小组团隔离带、低密度建设绿化缓冲区以及城市风廊所经过的花园式单位等要尽量提高绿地率。

市区内建设工程项目均应安排配套绿化用地,绿地占建设工程项目用地面积的比例应当符合下列规定:

• 医院、休(疗)养院等卫生单位,在新城区的不低于40%;在旧城区的不低于35%。

• 高等院校、机关团体等单位,在新城区的,不低于40%;在旧城区的,不低于35%。

• 经环境保护部门鉴定属于有毒有害的重污染单位和危险品仓库,不低于40%,并根据国家标准设置宽度不少于50米的防护林带。

• 宾馆、商业、商住、体育场(馆)等大型公共建筑设施,建筑面积在20000平方米以上的,不低于30%;建筑面积在20000平方米以下的,不低于20%。

• 主干道规划红线内的,不低于20%;次干道规划红线内的,不低于15%。

• 工业企业、交通运输站场和仓库,不低于20%。

• 其他建设工程项目,在新城区的,不低于30%;在旧城区的,不低于25%。

• 新建大型公共建筑,在符合公共安全的要求下,应建造天台花园。

• 附属绿地的建设应以植物造景为主,绿化种植面积,不低于其绿地总面积的75%。

市区道路绿化,既要注重其美化功能,形成主要道路的绿化特色;又要注重其综合生态效益,形成多功能复合结构的绿色网络。新建、改建的城市道路、铁路沿线两侧绿地规划建设,应当符合下列规定:

• 城市主干道绿化带面积占道路总用地面积的比例不得低于20%;次干道绿化带面积所占比例不得低于15%。

• 城市快速路和城市立交桥控制范围内,进行绿化应当兼顾防护和景观。

具体规划措施为:

• 市区重点路段美化与市域道路普遍绿化相结合。

• 主要干道两侧树种的选择及种植方式,除突出道路绿化的生态及防护作用外,应结合重点地段加以美化,使之各具特色。

• 市区的道路绿化,应主要选择能适应本地条件生长良好的植物品种和易于养护管理的乡土树种。同时,要巧于利用和改造地形,营造以自然式植物群落为主体的绿化景观。

广州市区各类用地绿地率规划指标　　　　　　　表案 2-16

用地类别		绿地率	备注
一类居住用地		>45%	
二类居住用地		>30%	
旧城改建		>20%	
行政办公用地		>30%	
商业、金融用地		>25%	新建宾馆 >45%
体育用地		>40%	
医疗卫生用地		>45%	疗养院 >50%
教育科研用地		>40%	
一类工业用地		>25%	
二类工业用地		>30%	
三类工业用地		>45%	
市政设施用地		>30%	
特殊用地		>30%	
仓储用地		>20%	
其他用地		>25%	
道路	主干道	20%	道路红线范围内
	次干道	15%	

⑥生态景观绿地

广州市区的生态景观绿地，主要分布在中心城区南部和东北部，对于维护城市生态平衡具有重要的作用。其基本规划要求，是保护好自然水体、山林和农田等绿地空间资源，建立为保持生态平衡而保留原有用地功能的城市生态景观绿地。这类绿地一般面积较大，既是城市固碳制氧、补充新鲜空气的源地，又是风景名胜或自然保护区，并能提高全市域的绿地率和绿化覆盖率。

1）森林公园

广州市域已经建成开放的森林公园有3个，即：流溪河国家森林公园、广东树木公园（天河）和番禺大夫山森林公园，总面积9841.5公顷。正在建设的森林公园有火炉山等9个，建设面积13454.5公顷。已完成总体规划待建的森林公园有花都区的九龙潭森林公园等19个，规划建设面积27418.7公顷。全市现已建成、在建和待建的森林公园面积达50714.7公顷，占市域面积的9.0%。

为发挥森林在陆地生态系统中的主体作用，要在加强保护、建设北部山林地的基础上，从优化城市生态环境出发，加快东南部防护林、自然保护区的建设。近中期规划加大生态公益林建设力度，由现有的13.37万公顷发展到20.07万公顷，占林业用地面积达到65%以上。远期规划全市森林公园总数将达62个，总面积96029.6公顷。为此，需新增规划建设森林公园31个，面积45314.9公顷。全部建成后，森林公园面积将占市域国土总面积的12.91%。

根据广州市森林分布和森林环境质量因素，结合地方经济发展战略规划，新规划的森林公园将以新机场南侧城市森林公园和从化为重点，兼顾各区（市）、区合理布局。

市域森林公园要优化整体环境，改造林相，提高森林覆盖率，改善交通路网。按核心保护区、缓冲区和旅游区的不同要求，分级控制各区旅游人数。完善旅游配套设施，推出与生态保护相适宜的旅游项目，如动植物观赏、登山探险、科普考察、避暑休闲、康体健身、森林浴、森林狩猎等。

广州市森林公园建设布局规划　　　　表案 2-17

地区	森林公园数量（个）					森林公园面积	
	合计	已建成	在建	待建	规划	面积（平方公里）	占国土面积（%）
从化市	29	1	2	1	25	444	22.51
增城市	12	—	1	4	7	214	12.29
花都区	7	—	1	6	—	107	11.13
番禺区	4	1	—	3	—	24	1.82
白云区	5	—	1	4	—	117	11.22
天河区	4	1	3	—	—	21	14.21
黄埔区	1	—	1	—	—	33	2.70
合　计	62	3	9	18	32	960	12.91

2）自然保护区

自然保护区是植物、动物、微生物及其群体天然的贮存库，有助于水土保持、涵养水源、改善环境，维持生态平衡，同时是进行科学研究的天然实验室，也是向人们普及自然知识和宣传自然奥秘的博物馆。广州市 2000 年前建立的自然保护区有两处：从化温泉自然保护区（面积 2786 公顷）和广州市饮用水源一级保护区（面积 132 公顷）。

规划新建自然保护区 4 个：

• 大封门—大岭山自然保护区，规模 8653.3 公顷，是保护得较好自然亚热带常绿阔叶林，据初步调查有 98 科 168 属 409 种植物品种，有国家级珍稀濒危保护植物 8 种（野茶树、格木、观光木、粘木等）；森林动物有属国家一级保护动物的巨蜥、蟒蛇等。

• 北星自然保护区，规划面积 228.3 公顷，主要保护亚热带常绿阔叶林、针阔混交林，区内动、植物资源丰富，有国家一级保护植物柏乐树，国家二级保护植物黑桫椤、毛叶茶、苏铁蕨等；珍稀野生动物有国家一级保护动物长颈长尾雉、蟒蛇，国家二级保护动物大壁虎、小灵猫等。

• 五指山自然保护区，规划面积 200 公顷；区内有保存较好的典型的亚热带常绿阔叶林、高山自然灌木林；动植物资源丰富，同样有国家一、二级保护动植物。

• 番禺新垦红树林、鸟类自然保护区，规划面积 100 公顷，主要保护对象为红树林及其聚集的数量众多的浅海鱼虾和过冬候鸟。

3）风景名胜区与风景旅游度假区

广州市现已建成的风景名胜区有三处：

- 白云山风景区，面积 2088 公顷。
- 番禺莲花山风景区，面积 300 公顷。
- 从化温泉风景区（在从化森林公园范围内）。

在规划期内，要继续重点建设好南湖国家旅游度假区、白云山风景区、从化省级温泉旅游度假区、莲花山旅游风景区、芙蓉嶂旅游度假区、九龙潭水上世界度假村、丹水坑风景旅游区，使之成为都市生态旅游基地。

对市域风景名胜区与风景旅游度假区的规划要求为：优化现有生态环境，在风景区内种植各种风景观赏树，提高绿地覆盖率。景区内建筑物要与自然环境相协调，建筑物的风格、造型、色彩、用材要体现地方和自然特色，突出接近自然、回归自然的主题。完善区内的各项基础设施、服务设施，为游客提供更好的游住条件和所在地域生产的绿色食品和旅游商品。在风景旅游区内设置生态环境教育基地，寓教育于旅游度假之中。结合风景旅游区的特点，推出新的旅游产品，观光旅游和休闲度假旅游同步发展，开展登山野营、水上娱乐、健身疗养、休闲度假、体验民俗风情等各种回归大自然的生态旅游活动。

规划期内，广州市中心城区将重点建设：

- 芳村"千年花乡"生态旅游区：发展花卉交易中心，建设较大规模的花卉博览园，兼顾花卉生产与旅游观光，进一步提升广州"花城"的旅游形象。
- 南湖国家旅游度假区：按度假区总体发展规划，根据形势的变化，调整、充实和完善度假区内旅游项目，将其建设成为名符其实的国家级旅游度假区。
- 白云山风景名胜区：在坚持"山上多树，山下多园"建设原则的基础上，根据地形地貌，完善区内旅游娱乐项目，充实岭南文化内涵，提高文化品位，增强吸引力。

  － 大力发展风景林，提高景区绿化覆盖率。要严格保护古树名木，因地制宜地配植花灌木、地被和爬藤植物；道路两旁形成多层次林带，减轻公路对风景区山体整体性的破坏；摩星岭景区以观叶类、观花类植物为主，五雷岭地区以经济林为主，鸣春谷区种植护坡植物、爬地植物和攀援植物，摩星岭以东，密植松林，恢复白云松涛景观。

  － 改造林相，增强森林景观的观赏性。将白云山林分改造成为具有岭南地域特色、多品种、多色彩、多层次、多结构、多功能的观赏风景林。

  － 开发适宜的娱乐活动项目，丰富游客的游憩生活内容，继续提高白云山风景区的知名度。

  － 新建沟谷雨林、蝴蝶园、生态公园、黄婆洞水库等景点。

- 番禺滨海休闲度假区：充实和完善香江野生动物园、长隆夜间动物世界、森美反斗乐园、留耕堂、莲花山风景区、宝墨园的文化内涵，逐步开发建设化龙农业大观园、万顷水乡度假区、南沙综合旅游区、横沥生态旅游度假区、内伶仃旅游度假区等，将其建设成为水乡风光旅游休闲度假区。
- 花都森林休闲度假区：充实和完善芙蓉旅游度假区、圆玄道观、洪秀全故居、九龙潭水上世界度假村的项目内容和配套设施，开发建设资政大夫祠、王子山森林公园、梯面旅游区、盘古王公园等景区（点），将其建设成为自然风景休闲度假区。

• 从化绿色温泉度假区：充分利用本区内二个国家级森林公园和多个省、市级森林公园的绿色森林环境，开发休闲度假旅游；重点开发良口新温泉，改造和完善老温泉旅游区，形成独具特色的广州旅游绿色温泉度假区。

• 增城郊野旅游度假区：充实和完善金坑森林公园、百花山庄、源章度假山庄、何仙姑庙、太阳城娱乐中心等旅游区的项目内容，重点开发高滩温泉、畲族风情等旅游资源，将本区建成为多功能郊野娱乐度假区。

通过以上规划建设，广州市的森林公园、自然保护区和风景区的绿地面积将达到1014平方公里，占市域国土总面积的13.64%。

4）基本农田保护区与生态农业旅游区

市域农业发展要按照"三个圈层"的要求进行调整，逐步形成各具产业特色的空间布局。

• 第一圈层是近郊（白云、天河、海珠、黄埔、芳村），侧重以蔬菜、花卉、林果、草坪等绿色园艺产业为主，适当发展健身、休闲、体验型农业，近郊及卫星城、城市饮用水源流域限制发展畜牧水产业和对城市有较大污染的其他产业。

• 第二圈层是中郊（番禺、花都、从化和增城靠近广州中心区的村镇及白云区的边远村镇），突出种养业和多种经营，因地制宜地选择发展优质谷和蔬菜业、林果业、花卉园艺业、畜牧业、水产业、种子种苗业和观光休闲农业等七大主导产业，以及农产品加工和流通业。重点抓好增城、番禺的优质米基地，花都、从化的蔬菜基地，番禺、花都的花卉基地，从化、增城的水果基地，增城、花都的畜牧基地，番禺的水产基地。

• 第三圈层是远郊（外围其他村镇），发展名特优稀土特产品、反季节农业、特色农业、生态农林业、休闲度假农业和速生丰产林，重点抓好从化和增城的生态林、商品林、毛竹、特色水果、特种种养业基地建设。

按照《广东省土地利用总体规划》的要求，本规划期内市域基本农田保护区的任务指标为1469平方公里；其中，中心城区的任务指标为165.46平方公里。在市域范围内，要重点保护、建设海珠区万亩果园，瀛洲生态公园，长洲岛生态果园，芳村花卉博览园，以及番禺万顷荷香度假区，化龙农业大观园，横沥生态旅游度假农庄，增城仙村果树农庄，朱村荔枝世界，从化荔枝观光园等生态农业旅游区。要合理规划区内旅游路线，完善配套服务设施，开通城区到景点的旅游专线，沿途设置明显的标志，方便游人通行。要建立科普教育设施，向游客介绍农业科普知识，在区内设置必要的休息、娱乐设施及参与性强的旅游活动，突出回归自然和参与性强的特点；如开发岭南佳果园或四季果园，发展岭南水乡养殖基地，建立无公害蔬菜种植基地等。充分发挥和利用农业绿地的生态旅游资源为市民和城市建设服务。

3.4.2 园林绿地分期建设规划

近期（2001～2005年）中心城区园林绿化建设的目标是进一步完善中心城区的绿地空间形态。规划年均增加公共绿地300公顷，建设的重点为：

广州中心城区近期绿地建设指标（2002～2003年） 表案2-18

区 名	规划新建绿地面积（公顷）
东山区	30.6
荔湾区	28.0
越秀区	19.9
海珠区	111.6
白云区	24.7
天河区	26.9
黄埔区	72.4
芳村区	356.1
合 计	669.9

珠江沿岸节点绿地；

新、旧城中轴线节点绿地；

内环路节点绿地；

环城高速公路绿化隔离带；

华南快速路沿线绿化隔离带；

北二环高速公路绿化隔离带；

生态开敞区"亲民"绿地；

市区内按服务半径（300～500米）规划布局的公园及广场绿地。

中期（2005～2010年）中心城区园林绿化建设的对策是：

着重完善城市空间主控框架形态；

新建绿地应在保证绿化的前提下赋予一定的休闲功能；

采用多种方式获得绿化用地，除政府划拨用地外，可采用向农民租地等可行的方式；

长期控制与短期实施相结合：对环城高速公路两侧绿化隔离带、北二环高速公路内侧300米、外侧500米的绿化隔离带进行长期控制，短期内分区段实施。如局部地段短期内实施确实困难，要积极创造条件，待时机成熟后实施。

远期（2010～2020年），广州市中心城区园林绿化建设的目标为：全面实施本规划所提出的绿色空间体系，提高城乡环境质量，实现"青山、碧水、蓝天、绿地、花城"，把广州建设成为中国最适宜创业发展和生活居住的生态型山水城市。

广州市中心城区分期绿化建设指标规划 表案2-19

规划期	绿地率（%）	绿化覆盖率（%）	人均公共绿地（平方米）
基年（2000年）	29.57	31.6	7.87
近期（2005年）	33	35	10
中期（2010年）	35	40	15
远期（2020年）	37	42	18

表中2000年的人均公共绿地面积，是按中心城区建成区范围内非农业人口343.88万人的统计数计算。

3.5 城市绿化植物多样性规划

3.5.1 工作内容与现状调查分析

①工作内容

广州市中心城区绿化植物多样性规划，主要包含三方面的工作内容：

- 中心城区（含经济开发区）范围内全部园林绿地的现状植被调查。
- 在实地调查并查阅有关文献资料的基础上，进行市区园林绿化植物应用现状分析。
- 在组织专家充分论证的基础上，按照实际需要提出城市绿化应用植物多样性规划。

在规划工作中，针对市民和媒体普遍关心的城市绿地乔灌比等问题也进行了研究。由于有些居住区和单位附属绿地（尤其是一些工厂）虽然绿地率指标达到了标准，但绿地上却是以草本植物为主，仅象征性地点缀几棵乔木，绿地的生态效益较差。为此，本规划中提出了居住区和单位附属绿地应参照的乔木种植适宜比例指标，供城市园林绿化管理部门作为监督管理依据。

此外，本规划还筛选推荐了一批树冠、花色均比较优美的乔木新品种，包括具有开发潜力的地带树种和基本处于同一纬度的世界各国优秀树种。其中，近期拟推广的树种，都是经过在城市中心区地段（道路或街头绿地）已种植多年、景观与生态功能表现较好的品种；中期拟发展的树种，是在公园或单位附属绿地里试种、已正常开花结果的品种。远期拟发展的树种，是应用潜力大、但未经试种的野生地带树种，要经过数年驯化后才能推广应用。

②现状分析

广州市中心城区绿地现状调查的统计结果表明，全市园林绿地应用的绿化植物共有1007种。其中：乔木399种，灌木243种，草本365种。市区各类园林绿地调查统计的乔木总计1794455株（华南植物园和白云山风景区除外）。广州市中心城区园林绿化植物应用种类汇总情况见表案2-20。

广州市中心城区园林绿化植物应用调查数据汇总表　　　表案2-20

区别	白云区	天河区	海珠区	黄埔区	荔湾区	芳村区	东山区	越秀区	开发区	全市
科　数	97	105	97	80	92	99	105	111	67	—
种　数	397	503	500	261	444	463	416	484	224	1007
乔木（种）	205	217	247	144	181	181	195	210	102	399
灌木（种）	106	140	146	77	161	132	131	150	76	243
草本（种）	86	146	129	44	102	150	90	124	46	365

- 市区园林绿地常用植物分析

按照应用数量和出现频率来排序，市区园林绿地里常用的乔、灌、草植物品种分别见表案2-21、表案2-22和表案2-23。排名前10位的乔木树种分别为：细叶榕＞芒果＞大叶榕＞垂叶榕＞白兰＞鱼尾葵＞木麻黄＞假槟榔＞大王椰子＞海南蒲桃，即使排名第10的海南蒲桃，其数量比例也高达2.5%。在广州市栽培应用的399个乔木树种中，这10个树种占总种植数量的49.2%，而其他389个树种的种植数量仅占种植总数的50.8%。这种情况产生的直接后果，就是绿地中生物多样性景观比较单调，并成为影响市区绿地植被群落不稳定的一个主要因素。

广州市中心城区城市绿化常用乔木品种 表案2-21

序号	种名	科名	数量（棵）	数量比例（%）	出现频率（%）
1	细叶榕	桑科	58484	7.8	33
2	芒果	漆树科	52578	7.0	24
3	大叶榕	桑科	46195	6.1	38
4	垂叶榕	桑科	43566	5.8	16
5	鱼尾葵	棕榈科	40830	5.4	17
6	白兰	木兰科	35833	4.8	29
7	木麻黄	木麻黄科	27284	3.6	33
8	假槟榔	棕榈科	24469	3.3	19
9	大王椰子	棕榈科	22364	2.9	13
10	海南蒲桃	桃金娘科	18769	2.5	12
11	桂花	木犀科	17834	2.4	15
12	阴香	樟科	18026	2.4	5
13	构树	桑科	16133	2.2	14
14	高山榕	桑科	16384	2.2	9
15	南洋杉	南洋杉科	15590	2.1	17
16	蒲葵	棕榈科	15353	2.1	9
17	白千层	桃金娘科	14957	2.0	6
18	红花羊蹄甲	苏木科	13276	1.8	11
19	木棉	木棉科	11161	1.5	22
20	麻楝	楝科	11396	1.5	8
21	黄槐	苏木科	8693	1.2	5
22	橡胶榕	桑科	8217	1.1	13
23	鸡蛋花	夹竹桃科	8213	1.1	14
24	石栗	大戟科	7787	1.0	12
25	大叶紫薇	千屈菜科	6806	0.9	7
26	荔枝	无患子科	6753	0.9	2
27	洋紫荆	苏木科	5817	0.8	5
28	非洲桃花心木	楝科	5470	0.7	2
29	龙柏	柏科	5351	0.7	5
30	水松	杉科	5252	0.7	0.5
31	苦楝	楝科	5137	0.7	11
32	龙眼	无患子科	4745	0.6	6.5
33	人面子	漆树科	4468	0.6	2
34	樟树	樟科	3473	0.5	3
35	凤凰木	苏木科	2703	0.4	4

广州市中心城区城市绿化常用灌木品种　　　　表案 2—22

序号	种名	科名	数量（棵）	数量比例（%）	出现频率（%）
1	福建茶	紫草科	476020	21.1	21
2	九里香	芸香科	209660	9.3	27
3	假连翘	马鞭草科	187194	8.3	18
4	大红花	锦葵科	141924	5.9	29
5	黄榕	桑科	128491	5.7	17
6	红背桂	大戟科	77825	3.4	15
7	希美丽	茜草科	77368	3.4	7
8	山指甲	木犀科	71325	3.2	7
9	勒杜鹃	紫茉莉科	51836	2.3	22
10	米兰	楝科	46784	2.1	25
11	变叶木	大戟科	44372	1.9	14
12	海桐	海桐花科	34544	1.5	12
13	鹅掌藤	五加科	29293	1.3	5
14	棕竹	棕榈科	22567	1.0	14
15	朱蕉	龙舌兰科	22061	0.9	13
16	茶花	茶科	20591	0.9	1
17	苏铁	苏铁科	18377	0.8	21
18	红桑	大戟科	17877	0.8	4
19	马缨丹	马鞭草科	13927	0.6	3
20	杜鹃	杜鹃花科	13499	0.6	5
21	散尾葵	棕榈科	13421	0.6	15
22	狗牙花	夹竹桃科	13389	0.6	5
23	四季含笑	木兰科	9188	0.4	8
24	美丽针葵	棕榈科	7520	0.3	9
25	茉莉花	木犀科	6079	0.2	2

广州市中心城区城市绿化常用草本品种　　　　表案 2—23

序号	种名	科名	种植数量（棵）	数量比例（%）	出现频率（%）
1	台湾草	禾本科	3875290	56.1	22
2	白蝴蝶	天南星科	658911	9.5	13
3	美人蕉	美人蕉科	202940	2.9	13
4	蟛蜞菊	菊科	484658	7.0	3
5	沿阶草	百合科	162830	2.4	7
6	蚌兰	鸭趾草科	73363	1.1	4
7	满天星	千屈菜科	47323	0.7	6
8	文殊兰	石蒜科	23484	0.3	1
9	海芋	天南星科	19936	0.3	3
10	大叶红草	苋科	19865	0.3	1

在应用较多的这些乔木树种中，细叶榕、大叶榕、芒果、白兰、垂叶榕、南洋杉、红花羊蹄甲、桂花、高山榕等树种，是优良的观花、观叶树种，作为广州的传统树种，仍有继续推广的市场潜力。木麻黄是优良的沿海防护林树种，1950～1960年代由政府号召、发动群众在城市广泛种植，当时并未经过科学的规划与筛选，作为城市园林绿化树种，它的景观和生态

效果都欠佳。广州的市树——木棉，数量占总数的1.5%，排在第19位；出现频率为22%，排在第5位，作为市树，其数量和频率都需要增加。银桦生长快，树形优美，即能作庭园树，又适于行道树，但前些年由于某些并不充分的理由，被限制发展，今后需要重新推广应用。

  棕榈植物，其独特的树姿，极赋岭南风情，是传统的岭南园林中必不可少的。但近年来有点趋于泛滥，在应用树种排名前16位树种中，有4种是棕榈科植物。广州地处南亚热带，具有漫长、炎热的夏季，太阳辐射强烈，高大、浓荫的乔木，对于市民的户外活动有很重要的意义。广州市区大气中的含尘量高，需要叶面积指数高、树冠浓密的乔木来滞尘，而棕榈科植物在这两方面正好是弱势，应当只作为配景树种种植，不适宜作行道树大量推广。

  尾叶樱和马占相思，在城市边缘地带的公路进出口有大量种植。作为先锋树种，它们在郊区公路沿线的早期绿化中起了重要的作用，但目前已出现老化和衰退迹象，而且不耐寒，遇到较强的寒流易受冻害，需要配置华南地区地带树种来逐步替代。

  由于长期以来政府部门没有提出系统、科学的绿化树种规划，城市绿化苗木的生产、种植基本都处于自发、无序的状态，盲目性很大。近年来，广州市区绿地建设所用的苗木，70%以上来自周边的南海、中山、顺德和佛山等地区，甚至远达湛江、广西、福建、湖南和海南等地。这种苗木供应现状，导致园林部门不能按规划大胆设计，只能是找到什么种什么，也使得长途运输苗木种植的苗木成活率和景观效果大打折扣，既增加了城市绿地的建设成本，亦不利于生产绿地的发展。近年出现的无计划用苗和滥用棕榈植物的情况，既与一些苗木商利用媒体夸张炒作有关，也反映出政府部门对城市绿化的树种选择工作指导不力。

  排名前10位的灌木种类依种植数量和出现频率为：福建茶＞九里香＞假连翘＞大红花＞黄榕＞红背桂＞希美丽＞山指甲＞勒杜鹃＞米兰。在243种灌木类植物中，这10个树种的种植数量高达全市灌木植物总数的70.2%。从空间上看，上述灌木树种的推广应用在地域和规模上是不均衡的。传统树种福建茶和九里香，在各行政区内都有普遍的种植，其中既有社会认知的原因，也因其具有适应性强、生长快、耐修剪等优良性状，今后的绿化应用仍会相当普及。而假连翘、黄榕和希美丽等较新的灌木植物，能在较短的时间内得到广泛认同和推广，与其粗生、耐修剪有相当关系。黄榕的质感，希美丽和假连翘的色泽，均表明园林绿地中的优良灌木品种，具有适应性强、观赏性状突出、栽培养护管理简单等特点。

  在地被与草本植物方面，调查结果表明：台湾草、蟛蜞菊、白蝴蝶、沿阶草和美人蕉的种植数量占总量的77.9%以上（表案2-24）。其中，台湾草的应用比例高达56.1%，出现频率为22%，而其他品种的种植数量均低于总数的10%。特别是台湾草、白蝴蝶和美人蕉这3种草本植物，在广州的应用频率最高。调查中还发现，对地被类中的蕨类植物和耐荫植物开发应用还很不够。

- 市区园林绿地的乔木密度分析

  对于城市绿地中植被生物量在何种密度下具有森林的实质，即森林小气候，美国林学家Rowantree提出:"森林需要有一定的地域范围和生物量的密度,森林的生物量密度指标可用单位面积土地所具有的立木地径面积表示,而森林所具有的地域范围则从生物量积累所表现出的对生态环境的影响来考虑。如果一地域具有5.5平方米/公顷以上的立木地径面积,它将影响风、温度、降雨和野生动物的生活,表明这块地具有了森林小气候。"在现状调研的六类城市绿地中,公园、防护绿地、生态景观绿地、居住区绿地和单位附属绿地都有可能达到这一标准。

据抽样调查,广州市区10~15年生的乔木地径平均为20厘米。若以此为计算依据,要达到Rowantree提出的具有森林小气候的绿地的乔木密度,至少应为175棵/公顷。

调查结果分析显示,在各类绿地中,公园(华南植物园和白云山风景区除外)的乔木密度最高,为522棵/公顷,平均立木地径面积16.4平方米/公顷;居住区绿地乔木平均密度为254棵/公顷,乔木地径低于其他绿地的平均水平,为13厘米,平均立木地径面积为3.4平方米/公顷;单位附属绿地乔木平均密度为129.7棵/公顷,平均立木地径面积4.1平方米/公顷(表案2-24)。

广州市中心城区各类绿地乔木分布状况表 表案2-24

绿地类型	绿地面积(公顷)	乔木株数(棵)	平均地径(厘米)	乔木密度(棵/公顷)	疏密度(平方米/公顷)
公园	1973	1029879	20	522	16.4
居住区	336.5	85539	13	254	3.4
附属绿地	3251	421496	20	129.7	4.1

注:表中地径为抽样调查结果。

从现状看,只有公园绿地发挥了森林的功能;附属绿地中的乔木密度需要增加;居住区绿地中虽然乔木密度较高,但由于以未成年小树为主,疏密度仅为3.4平方米/公顷,要等5年以后才能发挥森林小气候的功能。此外,目前城市新建居住区绿地中的棕榈科植物占了很大的比例,虽然形成了较好的景观效果,但棕榈植物的树冠小,叶面积指数低,蔽荫、滞尘等防护功能较弱,今后要适当控制种植比例。

• **市区园林绿地树木的健康状况评价**

城市树木的健康状况,是衡量城市绿地质量的一个重要指标。它能反映各类立地类型是否选择了适当的树木种类、以及树木的养护管理状况等。据调查结果分析,市区绿化树木的健康状况总体良好。其中,生长健康的乔木占62.2%,中等水平的占36.6%,生长状况差的占1.2%。生长健康的灌木占74.4%,中等的占25.1%,差的只占0.5%。

从各区情况来看,东山区树木健康状况最好,生长健康的达91.9%;荔湾区最差,生长健康的树木只有42.9%;其他各区生长健康的树木都在50%以上(表案2-26)。究其原因,荔湾区有污染的工厂较多,人口又高度密集,大型的煤厂、水泥厂造成空气中的含尘量很高,大多数树木叶片上滞留了一层厚厚的灰尘。调查中也发现,石栗的耐尘性能最好。因此,建议今后在粉尘污染严重的地区多种植石栗。

从树种构成来分析,中心城区大多数常用树种生长健康状况良好。其中,木麻黄、阴香、水松的生长健康状况不佳,健康的比例分别为36.4%、38.2%和18.9%。究其原因,木麻黄不太适宜城市的环境;阴香作行道树时表现很好,但大量种植在公园里的片林,由于初期种植密度大,又没有及时疏开,生存空间受到压抑,故生长状况差。水松是国家二级保护植物,近年来在珠江三角洲多处出现大片死亡的现象,据专家分析是因水污染所致。这说明水松的耐污染性不强,宜用落羽杉和池杉来替代。

广州市中心城区绿化树木生长健康状况评价(%)　　表案2-25

生长状况	东山区	越秀区	开发区	芳村区	海珠区	白云区	天河区	黄埔区	荔湾区	总评
健康	91.9	74.0	68.3	64.5	64.0	59.0	53.0	50.7	42.9	62.2
一般	7.3	25.7	30.8	33.7	34.5	40.1	44.8	47.7	54.7	36.6
差	0.8	0.3	0.8	1.8	1.2	0.8	1.8	1.6	2.1	1.2

广州市中心城区绿化常用树木生长健康状况评价(节选)　　表案2-26

序号	种名	科名	健康(%)	中等(%)	较差(%)
1	凤凰木	苏木科	86.4	13.4	0.2
2	橡胶榕	桑科	77.6	21.9	0.4
3	细叶榕	桑科	75.7	24.1	0.1
4	人面子	漆树科	75.7	23.8	0.4
5	荔枝	无患子科	74.6	21.2	4.2
6	石栗	大戟科	72.4	26.3	1.4
7	垂叶榕	桑科	71.8	28.0	0.2
8	黄槐	苏木科	70.6	27.7	1.7
9	白兰	木兰科	70.1	28.8	1.0
10	苦楝	楝科	69.6	29.9	0.5
11	蒲葵	棕榈科	69.3	29.9	0.8
12	非洲桃花心木	楝科	67.9	32.1	0
13	龙柏	柏科	67.5	32.0	0.5
14	大叶紫薇	千屈菜科	66.4	32.8	0.8
15	假槟榔	棕榈科	66.4	32.7	0.8
16	海南蒲桃	桃金娘科	63.2	35.7	1.0
17	大叶榕	桑科	62.8	35.5	1.7
18	洋紫荆	苏木科	62.0	38.0	0
19	芒果	漆树科	61.8	37.2	1.0
20	麻楝	楝科	59.8	38.4	1.8

3.5.2　城市绿化植物多样性规划

①规划原则与目标

1)规划原则

• 以南亚热带地带树种为主,适当引进外来树种,满足不同的城市绿化要求。

- 生态功能与景观效果并重，兼顾经济效益。
- 充分考虑广州的气候条件，突出观花、遮荫乔木，形成花城特色。
- 适地适树，优先选择抗逆性强的树种。
- 城市绿化的种植配置要以乔木为主，乔灌藤草相结合。

2）规划目标

按照适地适树的原则，对广州城市园林绿化主要应用植物品种作出科学规划和特色设计，重塑"花城"形象，营造蕴涵岭南园林文化的现代城市绿地景观，促进城市环境可持续发展。

- 培育广州的植物景观特色，满足市民文化娱乐、休闲、亲近自然的要求。
- 优化城市树种结构，提高绿化植物改善城市环境的机能。
- 引导城市绿化苗木生产从无序竞争进入有序发展。
- 构筑城市绿色空间的艺术风貌、充分展现城市个性。

②基调树种规划

城市绿化基调树种，是能充分表现当地植被特色、反映城市风格、能作为城市景观重要标志的应用树种。根据广州的历史与现状，规划选用19种乔木和2大类植物（棕榈类和竹类）作为基调树种加以推广应用。

广州市中心城区绿化基调树种规划　　表案2-27

序号	种名	科属	学名	主要用途
1	南洋杉	南洋杉科	*Araucaria heterophylla*	庭荫树
2	白兰	木兰科	*Michelia alba*	行道树，庭荫树
3	樟树	樟科	*Cinnamomum camphora*	庭荫树
4	大叶紫薇	千屈菜科	*Lagerstroemia speciosa*	行道树，庭荫树
5	尖叶杜英	杜英科	*Elaeocarpus apiculatus*	行道树，庭荫树
6	木棉	木棉科	*Bombax malabaricum*	行道树，庭荫树
7	红花羊蹄甲	苏木科	*Bauhinia blakeana*	行道树，庭荫树
8	洋紫荆	苏木科	*Bauhinia variegata*	行道树，庭荫树
9	凤凰木	苏木科	*Delonix regia*	庭荫树
10	黄槐	苏木科	*Cassia surattensis*	行道树，庭荫树
11	细叶榕	桑科	*Ficus microcarpa*	行道树，庭荫树
12	高山榕	桑科	*Ficus altissima*	行道树
13	大叶榕	桑科	*Ficus virens*	行道树
14	垂叶榕	桑科	*Ficus benjamina*	行道树
15	非洲桃花心木	楝科	*Khaya senegalensis*	行道树，庭荫树
16	荔枝	无患子科	*Litchi chinensis*	果树、庭荫树
17	人面子	漆树科	*Dracontomelon duperreanum*	行道树，庭荫树
18	芒果	漆树科	*Mangifera indica*	行道树，庭荫树
19	扁桃	漆树科	*Mangifera persiciformis*	行道树
20	棕榈类	棕榈科		庭荫树
21	竹类	禾本科		庭荫树

③骨干树种规划

城市绿化的骨干树种，是具有优异的特点、在各类绿地中出现频率较高、使用数量大、有发展潜力的树种。不同类型的城市绿地，一般应具有不同的骨干树种。

1）道路绿化树种

• 行道树种

行道树是发挥城市绿地美化街景、纳凉遮荫、减噪滞尘等功能作用的重要因素，还有维护交通安全、保护环境卫生等多方面的公益效用。由于道路的立地条件相对较差，路面热辐射使近地气温增高，空气湿度相对低些，土壤成分复杂、透水透气性差，汽车尾气中的污染物浓度高，所以行道树的选择要求相对苛刻。主要有：

- 树干挺拔、树形端正、体形优美、枝叶繁茂、蔽荫度好。
- 对环境适应性强，易栽植、耐修剪、易萌生。
- 抗逆性强，特别是要求抗 NO_x、SO_2、Pn、粉尘等能力强，耐风、耐寒、耐旱、耐涝、耐辐射，病虫害少。
- 以地带树种为主，适当使用已经受一个生长周期以上表现良好的外来树种。
- 长寿树种与速生树种相结合，以常绿树种为主，适当搭配落叶树种。
- 深根性、花果无污染，且高大浓荫与美化、香化相结合。

• 停车场绿化树种

树种选择要求：

- 抗氮氧化物能力强。
- 以常绿树种为主，落叶期较集中。
- 易管理、低维护。

广州市中心城区行道树种规划（节选） 表案 2-28

序号	种 名	科 名	形 态	学 名
1	大叶榕	桑科	乔木	*Ficus virens*
2	细叶榕	桑科	乔木	*Ficus microcarpa*
3	高山榕	桑科	乔木	*Ficus altissima*
4	木棉	木棉科	乔木	*Bombax malabaricum*
5	白兰	木兰科	乔木	*Michelia alba*
6	红花紫荆	苏木科	乔木	*Bauhinia blakeana*
7	樟树	樟科	乔木	*Cinnamomum camphora*
8	洋紫荆	苏木科	乔木	*Bauhinia variegata*
9	扁桃	漆树科	乔木	*Mangifera persiciformis*
10	芒果	漆树科	乔木	*Mangifera indica*
11	蝴蝶果	大戟科	乔木	*Cleidiocarpon cavaleriei*
12	蘋婆	梧桐科	乔木	*Sterculia nobilis*
13	海南蒲桃	桃金娘科	乔木	*Syzygium cumini*
14	南洋楹	含羞草科	乔木	*Albizia falcata*
15	麻楝	楝科	乔木	*Chukrasia tabularis*
16	人面子	漆树科	乔木	*Dracontomelon duperreanum*
17	大叶紫薇	千屈菜科	乔木	*Lagerstroemia speciosa*
18	石栗	大戟科	乔木	*Aleurites moluccana*

广州市中心城区停车场绿化树种规划（节选） 表案 2-29

序号	种 名	科 名	形 态	学 名
1	海南蒲桃	桃金娘科	乔木	*Syzygium cumini*
2	尖叶杜英	杜英科	乔木	*Elaeocarpus apiculatus*
3	水石榕	杜英科	乔木	*Elaeocarpus hainanensis*
4	山杜英	杜英科	乔木	*Elaeocarpus sylvestris*
5	假萍婆	梧桐科	乔木	*Sterculia lanceolata*
6	黄槿	锦葵科	乔木	*Hibiscus tiliaceus*
7	高山榕	桑科	乔木	*Ficus altissima*
8	南洋楹	含羞草科	乔木	*Albizia falcata*
9	腊肠树	苏木科	乔木	*Cassia fistula*
10	菠萝蜜	桑科	乔木	*Artocarpus heterophyllus*
11	细叶榕	桑科	乔木	*Ficus microcarpa*
12	乌榄	橄榄科	乔木	*Canarrium pimela*
13	黄皮	芸香科	乔木	*Clausena lansium*
14	麻楝	楝科	乔木	*Chukrasia tabularis*
15	鱼尾葵	棕榈科	乔木	*Caryota ochlandra*

- 公路、铁路、高速干道绿化树种

公路、铁路和高速干道的树种选择，要同时考虑交通安全、环境保护和景观美化功能，主要包括：诱导视线；遮挡眩光；缓冲；隔声、防火、防烟、减尘防护；提供绿荫；保护坡面；应将速生先锋树种与中慢速生长的地带树种相结合。

广州市中心城区公路、铁路、高速干道绿化树种规划（节选） 表案 2-30

序号	种 名	科 名	形 态	学 名
1	白千层	桃金娘科	乔木	*Melaleuca leucadendra*
2	红千层	桃金娘科	乔木	*Callistemon rigidus*
3	柠檬桉	桃金娘科	乔木	*Eucalyptus citriodora*
4	阴香	樟科	乔木	*Cinnamomum burmannii*
5	麻楝	楝科	乔木	*Chukrasia tabularis*
6	落羽杉	杉科	乔木	*Taxodium distichum*
7	非洲桃花心木	楝科	乔木	*Khaya senegalensis*
8	黄槐	苏木科	乔木	*Cassia surattensis*
9	羊蹄甲	苏木科	乔木	*Bauhinia purpurea*
10	火力楠	木兰科	乔木	*Michelia macclurei*
11	乐昌含笑	木兰科	乔木	*Michelia chapensis*
12	秋枫	大戟科	乔木	*Bischofia polycarpa*
13	樟树	樟科	乔木	*Cinnamomum camphora*
14	海南蒲桃	桃金娘科	乔木	*Syzygium cumini*
15	黄槿	锦葵科	乔木	*Hibiscus tiliaceus*
16	千年桐	大戟科	乔木	*Aleurites montana*
17	南洋楹	含羞草科	乔木	*Albizia falcata*
18	尖叶杜英	杜英科	乔木	*Elaeocarpus apiculatus*

2）庭园树种

居住区和单位附属绿地注重要求植物具有保健、遮荫、防尘、减噪、调节气温、增加空气湿度等功能。植物的选择遵循以下原则：

- 满足生态和景观功能的要求，达到遮荫、抗污、减噪、防尘、美化明显的效果。
- 以地带树种为基调树种，保留古树名木和原有树种，引进外来树种。
- 注重植物的造景特色，根据植物不同的形态、色彩、风韵塑造园林绿地的景观特色。
- 具有生态保健功能的树种。

绿地的降温增湿效果是由植物从根部吸收水分通过叶面蒸腾而来，蒸腾量大，降温增湿效果就好，这与环境温度、叶面温度和叶面积大小有关，不同的树种，具有不同的叶面积大小和蒸腾强度。广州常见的几个树种中，白兰具有最大的叶面积指数和最大的蒸腾强度（表案2-31），其他几个树种的指标也较高，适于作为庭园树种。

对于绿地的空气清洁度，不同绿化结构类型具有不同的效果。以乔灌草三层结构类型的空气负离子浓度最高，空气清洁度最好（表案2-32），所以，居住区绿地和单位附属绿地的建设应以乔木为主，植物配置要做到乔灌藤草相结合。

空气质量评价指标 C_i 的等级：轻污染：$0.3>C_i>0.2$；中污染：$0.2>C_i>0.1$；重污染：$C_i<0.1$。

广州市区几个常见树种的叶面积指数和蒸腾强度　　　　　　　　　　表案2-31

树 种	白兰	细叶榕	大叶榕	木棉	石栗	阴香	羊蹄甲	夹竹桃
叶面积指数（LAI）	22.51	16.21	15.99	20.82	17.05	11.11	8.58	2.84
叶片蒸腾强度(克/平方米·小时)	43.57	42.08	19.00	23.89	36.34	12.32	25.35	17.43
绿地蒸腾强度(克/平方米·小时)	980.76	682.12	303.81	497.39	619.60	136.88	217.5	49.50

广州市部分居住区内不同植被结构与空气清洁度的关系　　　　　　　表案2-32

绿地种植结构类型		负离子浓度（个/立方厘米）	正离子浓度（个/立方厘米）	空气质量评价指标
三层	乔灌草结合型	377	376	0.38
双层	平均	234	302	0.18
	乔灌结合型	275	384	0.20
	乔草结合型	220	256	0.19
	灌草结合型	206	265	0.16
单层	平均	189	253	0.14
	单层阔叶树	266	364	0.19
	单层针叶树	200	248	0.16
	单层灌木型	200	260	0.15
	单层草本型	134	194	0.09

资料来源：刘志武。

广州市中心城区主要庭园树种规划（节选）　　表案 2—33

序号	种名	科名	形态	学名
1	苏铁	苏铁科	灌木	*Cycas revoluta*
2	罗汉松	罗汉松科	乔木	*Podocarpus macrophyllus*
3	竹柏	罗汉松科	乔木	*Podocarpus nagi*
4	鸡毛松	罗汉松科	乔木	*Podocarpus imbricatus*
5	南洋杉	南洋杉科	乔木	*Araucaria heterophylla*
6	肯氏南洋杉	南洋杉科	乔木	*Araucaria cunninghamii*
7	金钱松	松科	乔木	*Pseudolarix amabilis*
8	柳杉	杉科	乔木	*Cryptomeria*
9	落羽杉	杉科	乔木	*Taxodium dischum*
10	池杉	杉科	乔木	*Taxodium ascendens*
11	水松	杉科	乔木	*Glyptostrobus pensilis*
12	水杉	杉科	乔木	*Melasequoia glyptostroboides*
13	扁柏	柏科	乔木	*Platycladus orientalis*
14	龙柏	柏科	乔木	*Sabina chinensis*
15	圆柏	柏科	乔木	*Sabina chinensis*
16	白兰	木兰科	乔木	*Michelia alba*
17	乐昌含笑	木兰科	乔木	*Michelia chapensis*
18	火力楠	木兰科	乔木	*Michelia macclurei*
19	荷花玉兰	木兰科	乔木	*Magnolia grandiflora*
20	深山含笑	木兰科	乔木	*Michelia maudiae*
21	观光木	木兰科	乔木	*Tsoongiodendron odorum*
22	二乔玉兰	木兰科	乔木	*Magnolia soulangeana*
23	四季含笑	木兰科	灌木	*Michelia figo*
24	鹅掌楸	木兰科	乔木	*Liriodendron chinense*
25	鹰爪	番荔枝科	藤本	*Artabotrys hexapetalus*
26	樟树	樟科	乔木	*Cinnamomum camphora*
27	黄金间碧玉竹	禾本科	乔木	*Bambusa vulgaris*

3）防护林树种

防护林包括防风林、防火林和减噪隔声林等。防风林以抗风种类为主，防火林以防火种类为主，水网地区防护林以耐湿树种为主，减噪隔声树林需浓密树冠的种类。减噪隔声树林吸收音量的能力，因林分结构而异，具有上、中、下垂直结构的林分，吸收噪声的效果最好。理想的减噪隔声林应该是立木度、郁闭度、疏密度均匀的壮龄常绿复层林。减噪隔声林的构造模式：上层木 10 米以上，中层木 5～10 米，下层木 5 米以下，底下为茂密的地被物。

防护林树种选择的原则为：①深根性或侧根发达，以地带树种为主；②耐污染能力强，能吸收有毒物质；③避免选择易受蛀干害虫的感染的树种，以乔木为主，乔灌草相结合。

广州市中心城区防护林树种规划（节选） 表案 2-34

序号	种名	科名	林中位置	学名
1	水松	杉科	上层	*Glyptostrobus pensilis*
2	水杉	杉科	上层	*Metasequoia glyptostroboides*
3	池杉	杉科	上层	*Taxodium ascandens*
4	落羽杉	杉科	上层	*Taxodium distichum*
5	麻楝	楝科	上层	*Chukrasia tabularis*
6	红千层	桃金娘科	上层	*Callistemon rigidus*
7	白千层	桃金娘科	上层	*Melaleuca leucadendra*
8	马占相思	含羞草科	上层	*Acacia mangium*
9	大叶相思	含羞草科	上层	*Acacia auriculiformis*
10	尾叶桉	桃金娘科	上层	*Euucalyptus urophylla*
11	柠檬桉	桃金娘科	上层	*Eucalyptus citriodora*
12	构树	桑科	上层	*Broussonetia papyrifera*
13	塞楝	楝科	上层	*Khaya senegalensis*
14	细叶榕	桑科	上层	*Ficus microcarpa*
15	红锥	壳斗科	上层	*Castanopsis hystrix*
16	黧蒴	壳斗科	上层	*Castanopsis fissa*
17	红苞木	金缕梅科	上层	*Rhodoleia championii*
18	石笔木	茶科	上层	*Tutcheria spectabilis*
19	樟树	樟科	上层	*Cinnamomum camphora*
20	阴香	樟科	上层	*Cinnamum burmannii*

4）生态景观绿地树种

生态景观绿地的应用树种宜以生态功能为主，兼顾美化功能，主要包括以下几类：

• 水土保持林和水源涵养林

树种选择的原则：①为增加林地透水功能，需选择树根多、伸长范围大、且深根性树种，以阔叶树为主，选配针叶树。②为改善土壤的构造，宜选用落叶量多且叶落后不易散碎不易流失的树种，较厚的落叶层能缓和降雨在地表的流失。③为抑制林地的表面蒸发，应选郁闭度高的树种，即常绿、树冠大的树种。④尽量营造复层混交林，速生树种与慢生树种相结合，阳性树种与阴性树种相接合，深根性树种与浅根性树种相结合，针叶树与阔叶树相结合。

• 生态风景林

生态风景林，是按照风景林设计要求营造的专用林种。它不同于一般的防护林，不同于森林公园，也不同于山地原野的郊游林，虽有人工设计，却能展现自然式的外貌。生态风景林可分为近景林、中景林和远景林。近景林要求有不断变化的单元，有丰富的色彩、形态变换和季相变化，需充分运用观花、观叶、观姿的乔灌木；中景林要求和谐地衬托近景林，需配置具色彩（花、叶）、季相变化鲜明的乔木；远景林要求自然化程度最高，景观自然、粗犷，树冠重叠起伏，可与山地原野的郊游林功能相结合。

广州市中心城区水源涵养林和水土保持树种规划（节选）　表案 2—35

序号	种名	科名	形态	学　名
1	水翁	桃金娘科	乔木	*Cleistocalyx operculatum*
2	马占相思	含羞草科	乔木	*Acacia mangium*
3	台湾相思	含羞草科	乔木	*Acacia confusa*
4	大叶相思	含羞草科	乔木	*Acacia auriculiformis*
5	丝毛相思	含羞草科	乔木	*Acacia holosericea*
6	镰刀叶相思	含羞草科	乔木	*Acacia harpophylla*
7	红胶木	桃金娘科	乔木	*Tristania conferta*
8	半枫荷	梧桐科	乔木	*Pterospermum heterophyllum*
9	红锥	壳斗科	乔木	*Castanopsis hystrix*
10	黧蒴	壳斗科	乔木	*Castanopsis fissa*
11	大头茶	茶科	乔木	*Gordonia axillaris*
12	荷木	茶科	乔木	*Schima superba*
13	红荷木	茶科	乔木	*Schima wallichii*
14	火力楠	木兰科	乔木	*Michelia macclurei*
15	乐昌含笑	木兰科	乔木	*Michelia chapensis*

广州市中心城区生态风景林树种规划（节选）　表案 2—36

序号	种名	科名	形态	学　名
1	华润楠	樟科	乔木	*Machilus chinensis*
2	樟树	樟科	乔木	*Cinnamomum camphora*
3	阴香	樟科	乔木	*Cinnamomum burmannii*
4	潺槁树	樟科	乔木	*Litsea glutinosa*
5	火力楠	木兰科	乔木	*Michelia macclurei*
6	乐昌含笑	木兰科	乔木	*Michelia chapensis*
7	深山含笑	木兰科	乔木	*Michelia maudiae*
8	观光木	木兰科	乔木	*Tsoongiodendron odorum*
9	白兰	木兰科	乔木	*Michelia alba*
10	降香黄檀	蝶形花科	乔木	*Dalbergia odorifera*
11	海南红豆	蝶形花科	乔木	*Ormosia pinnata*
12	马占相思	含羞草科	乔木	*Acacia mangium*
13	红绒球	含羞草科	灌木	*Calliandra surinamensis*
14	双翼豆	苏木科	乔木	*Peltophrum pterocarpum*
15	红花紫荆	苏木科	乔木	*Bauhinia blakeana*

5）特殊用途树种

• 耐污染树种：能耐空气污染，或能吸收有毒气体、吸滞粉尘、净化空气、释氧量较高的树种。树种选择原则：①以抗逆性强的树种为主，针对不同的污染源选择不同的树种。②以地带树种为主，合理使用外来树种：地带树种因经过了长期自然的选择，对当地的土壤和气候条件有了很

广州市中心城区抗大气污染绿化树种规划（节选）　　　　表案 2-37

序号	种名	科名	学名	对大气污染的抗性						
				SO_2	Cl_2	HF	Hg	NH_2	O_3	粉尘
1	印度橡胶榕	桑科	Ficus elastica	强	强					强
2	高山榕	桑科	Ficus altissima	强	强	强		强		
3	花叶橡胶榕	桑科	Ficus elastica var. variegata	强	强	强				
4	细叶榕	桑科	Ficus microcarpa	强	强	强		强		强
5	木麻黄	木麻黄科	Casuarina equisetifolia	强	中	中				
6	海南红豆	蝶形花科	Ormosia pinnata	强	强	中				
7	肉桂	樟科	Cinnamomum cassia		强					
8	樟树	樟科	Cinnamomum camphora	强	强	强		强		强
9	阴香	樟科	Cinnamomum burmannii	强	强	强				强
10	大叶相思	含羞草科	Acacia auriculiformis	强	强	中				
11	樟叶槭	槭树科	Acer cinnamomifolium	强	强					
12	臭椿	苦木科	Ailanthus altissima	中	强	强		中	强	强
13	合欢	含羞草科	Albizzia julibrissin	强						
14	构树	桑科	Boussonetia papyrifera	强		中				
15	蚬木	椴树科	Burretiodendron hsienmu		强	中				
16	鱼尾葵	棕榈科	Caryota ochlandra	强	强					
17	散尾葵	棕榈科	Chrysalidocarpus lutescens	强	强					
18	柚子	芸香科	Citrus grandis	强	强	中				
19	黄皮	芸香科	Clausena lansium	强						
20	丝棉木	卫矛科	Euonymus bungeanus	中	强	中		强		中

强的适应性，而且易成活。对于已有多年栽培历史、已适应当地土壤和气候条件的外来树种，也可搭配使用。③速生树种与慢生树种相结合。④注意树种之间的比例：以乔木为主，适当配置落叶树种，因落叶树每年换一次新叶，对有毒气体和粉尘抵抗力较强。

• **森林保健树种**：主要是指通过香气和芬多精的散发对人体有保健功能的树种，在森林休闲旅游地区的绿化中具有重要的生态作用。特别是对于森林公园的森林浴区，宜选择具有保健功能、能散发对人体健康有益气味的树种（表案 2-38）。

• **引蜂诱鸟树种**：植物能通过花蜜、果实引诱野鸟和昆虫蝶类。这些昆虫、野鸟的诱引与保育，是休闲保健森林的重要经营项目（表案 2-39）。

• **攀援植物类**

垂直绿化是通过攀援植物在建筑墙面、拱门、藤廊等处的生长，覆盖其表面，达到绿化的效果。垂直绿化具有良好的景观效益和生态效益，可以塑造具有特色的景观。建筑物墙面绿化可以减少噪声，夏季减少墙面温度，降低室内温度（表案 2-40）。

广州市中心城区森林保健树种规划（节选）　　表案 2—38

序号	种名	科名	学名	功能
1	白兰	木兰科	*Michelia alba*	挥发香气
2	四季含笑	木兰科	*Michelia figa*	挥发香气
3	茉莉花	木犀科	*Jasminum sambac*	挥发香气
4	黄栀子	茜草科	*Gardenia jasminoides*	挥发香气
5	桂花	木犀科	*Osmanthus marginatus*	挥发香气
6	夜香花	茄科	*Cestrum nocturnum*	挥发香气
7	荷花玉兰	木兰科	*Magnolia grandiflora*	挥发香气
8	黄玉兰	木兰科	*Michelia champaca*	挥发香气
9	白千层	桃金娘科	*Melaleuca leucadendra*	挥发香气
10	樟树	樟科	*Cinnamomum camphora*	挥发香气
11	银杏	银杏科	*Ginko biloba*	散发芬多精
12	柳杉	杉科	*Crytomeria fortunei*	散发芬多精
13	杉木	杉科	*Cunninghamia lanceolata*	散发芬多精
14	日本扁柏	柏科	*Chamaecyparis obtusa*	散发芬多精
15	金钱松	松科	*Pseudolarix amabilis*	散发芬多精

广州市中心城区引蜂诱鸟树种规划（节选）　　表案 2—39

序号	种名	科名	诱鸟因子	学名
1	樟树	樟科	果	*Cinnamomum camphora*
2	杨梅	杨梅科	果	*Myrica rubra*
3	菩提榕	桑科	果	*Ficus religiosa*
4	笔管榕	桑科	果	*Ficus wightiana*
5	山樱花	蔷薇科	果	*Prunus macrophylla*
6	面包树	桑科	果	*Artocarpus altilis*
7	秋枫	大戟科	果	*Bischofia javanica*
8	芒果	漆树科	果	*Mangifera indica*
9	银杏	银杏科	果	*Ginkgo biloba*
10	构树	桑科	果	*Broussonetia papyrifera*
11	黄皮	芸香科	果	*Clausena lansium*
12	人心果	山榄科	果	*Manikara zapota*
13	番石榴	桃金娘科	果	*Psidium guajava*
14	海桐花	海桐花科	花蜜	*Pittosporum tobira*
15	山麻黄	榆科	花蜜、果	*Trema orintalis*
16	锡兰橄榄	橄榄科	花诱蝶	*Elaeocarpus serratus*
17	黄槿	锦葵科	花诱蝶	*Hibiscus tiliaceus*

广州市中心城区攀援植物类应用品种规划（节选）　　表案 2-40

序号	种名	科名	学名
1	爬墙虎	葡萄科	*Pathenocissus tricuspidata*
2	薜荔	桑科	*Ficus pumila*
3	紫藤	蝶形花科	*Wisteria sinensis*
4	野蔷薇	蔷薇科	*Rosa laevigata*
5	常春藤	五加科	*Hedera helix*
6	猕猴桃	猕猴桃科	*Actinidia chinensis*
7	葡萄	葡萄科	*Vitis vinifera*
8	珊瑚藤	蓼科	*Antigonon leptopus*
9	茑萝	旋花科	*Quamoclit pennata*
10	勒杜鹃	紫茉莉科	*Bougainvillea glabra*
11	炮仗花	紫葳科	*Pyrostegia ignea*
12	凌霄花	紫葳科	*Tecomeria capensis*
13	金银花	忍冬科	*Lonicera japonica*
14	南蛇藤	蝶形花科	*Derris alborubra*
15	扶芳藤	卫矛科	*Euonymus fortunei*

攀援植物选择的原则：①木本或多年生草本，具有永久性绿化的可能性；②生育旺盛，被覆迅速；③形态、绿化姿态美观；④强健而容易维护管理，病虫害少；⑤增殖容易而有市场前途；⑥耐旱且在瘠薄地生长良好。

• 石场垦复绿化树种

广州市区内有几百个大小采石场。按照市政府的整治部署，大部分已经关闭。但是，遗留下来的基址多数是未风化的基岩，植被恢复困难。主要存在三方面的问题：第一是土质太差：因采石而损及地基，出现陡峭的坡面，这种急倾斜的面对于植物的种植有很大的困难。第二是土壤结构：无土壤的岩石具有很少甚至没有细土，这样就缺少细土应保持的营养成分和水分。第三是地质问题：有时在还原性环境下的未风化岩石，由于出现在地表上而被置于氧化状态下，产生强酸性化的问题。所以，石场垦复除了要采取工程措施外，还要选择合适的植物（表案 2-41）。选择原则为：

①在绿化垦复初期，以本地草与外来草相结合。

②以固氮类植物作为先锋种，以改变初期土壤条件。

③速生树种与慢生树种结合种植，尤其要选择地带植被群落自然演替系列种中的先锋树种。

④选择耐干旱瘠薄的花卉，作为垦复地被的辅助配置。

• 绿篱树种

树种选择原则：以灌木为主，枝叶致密，小叶，常绿、耐修剪、萌生能力强，耐污染（表案 2-42）。

广州市中心城区采石场垦复绿化植物规划（节选）　　表案 2—41

序号	种名	科名	学　名
1	斜叶榕	桑科	*Ficus gibbosa*
2	薜荔	桑科	*Ficus pumila*
3	高山榕	桑科	*Ficus altissima*
4	细叶榕	桑科	*Ficus microcarpa*
5	凌霄	紫葳科	*Campsis grandiflora*
6	菜豆树	紫葳科	*Radermachera sinica*
7	尾叶桉	桃金娘科	*Eucalyptus urophylla*
8	大叶桉	桃金娘科	*Eucaluptus robusta*
9	马占相思	含羞草科	*Acacia mangium*
10	大叶相思	含羞草科	*Acacia auriculiformis*
11	台湾相思	含羞草科	*Acacia confusa*
12	勒仔树	含羞草科	*Mimosa sepiaria*
13	胡枝子类	蝶形花科	*Lespedega spp*
14	仪花	苏木科	*Lysidice rhodostegia*
15	山苍子	樟科	*Litsea cubeba*

广州市中心城区绿篱树种规划（节选）　　表案 2—42

序号	种名	科名	学　名
1	大红花	锦葵科	*Hibiscus rosa-sinensis*
2	红背桂	大戟科	*Excoecaria cochinchinensis*
3	变叶木类	大戟科	*Codiaeum spp*
4	双荚槐	苏木科	*Cassia bicapsularis*
5	红花檵木	金缕梅科	*Loropetalum chinese var.rubrum*
6	黄杨	黄杨科	*Buxus microphylla*
7	雀舌黄杨	黄杨科	*Buxus bodinieri*
8	九里香	芸香科	*Murraya exotica*
9	龙船花类	茜草科	*Ixora spp*
10	希美丽	茜草科	*Hamelia patens*
11	福建茶	紫草科	*Carmona microphylla*
12	驳骨丹	爵床科	*Adhatoda ventricosa*
13	金脉爵床	爵床科	*Sanchezia nobilis*
14	马缨丹类	马鞭草科	*Lantana spp*
15	假连翘类	马鞭草科	*Duranta spp*

- 湿生和水生植物

湿生植物是能耐水湿、有的还能生长在水中的陆生植物，水生植物包括浮水植物、挺水植物、沉水植物三类。水生植物的选择要求能净化水体，使水保持清洁，避免富营养化；可给水体提供大量氧气，促进形成良性循环的水生生态系统。

广州市中心城区湿生和水生植物应用品种规划　　表案 2-43

序号	种名	科名	类型	学　名
1	水松	杉科	湿生	*Glyptostrobus pensilis*
2	落羽杉	杉科	湿生	*Taxodium distichum*
3	池杉	杉科	湿生	*Taxodium ascandens*
4	垂柳	垂柳科	湿生	*Salix babylonica*
5	水翁	桃金娘科	湿生	*Cleistocalyx operculatus*
6	水石榕	杜英科	湿生	*Elaeocarpus hainanensis*
7	水蒲桃	桃金娘科	湿生	*Syzygium jambos*
8	洋蒲桃	桃金娘科	湿生	*Syzygium samarangense*
9	垂枝红千层	桃金娘科	湿生	*Callistemon salignus*
10	红千层	桃金娘科	湿生	*Callistemon rigidus*
11	白千层	桃金娘科	湿生	*Melaleuca leucadendrona*
12	野慈菇	雨久花科	挺水	*Cyperus haspan*
13	泽泻	泽泻科	挺水	*Alisma plantago-aquatica*
14	慈姑	泽泻科	挺水	*Sagittaria sagittifolia*
15	伞草（水草）	莎草科	挺水	*Cyperus alternifolius*
16	莲	睡莲科	挺水	*Nelumfo nucifera*
17	菱	菱科	浮叶植物	*Trapa bicornis*
18	睡莲	睡莲科	浮叶植物	*Nymphaea tetragona*

④优选推广的园林绿化新树种

为了体现广州花城四季有花的地带植物景观特色，在大量调查研究和长期引种驯化实验的基础上，规划组优选了一批冠幅优美、观花特性好的乔木树种建议分期在市区推广应用。其中包括有开发潜力的野生地带树种和基本处于同一纬度的世界各国优秀树种。

1）近期推荐发展的行道树树种

•红苞木（*Rhodoleia championii*）：金缕梅科常绿乔木。树冠成球形，花期冬季，花顶生、红色，开花时满树红花，极为灿烂。适宜近期发展。

•千年桐（广东油桐）（*Aleurites montana*）：大戟科落叶乔木。树冠呈水平状展开，层层有序，枝叶浓密，耐旱、耐脊薄。花期春季，花色雪白，盛开时满树繁花，清丽壮观。适宜近期发展。

•血桐（*Macaranga tanarius*）：大戟科常绿乔木。树冠伞形，绿荫遮天。性强健，耐旱、耐瘠薄，生长快。冬至春季开花，苞片黄绿色。适宜近期发展。

•乐昌含笑（*Michelia chapensis*）：木兰科常绿乔木。树冠卵形或圆球形，枝叶浓密，生长迅速，对土壤要求不严，抗性较强。适宜近期发展。

•观光木（*Tsoongiodendron odorum*）：木兰科常绿乔木。树冠卵形，枝叶浓密，生长较快。果形奇特，既能观形又能观果。适宜近期发展。

•海南红豆（*Ormosia pinnata*）：蝶形花科常绿乔木。树干圆球形，一年抽梢2～3次，嫩叶粉红色或褐红色，枝叶浓密，抗性强，生长较快。适宜近期发展。

•台湾栾树（*Koelreuteria formosana*）：无患子科落叶乔木，原产于台湾，秋季开花，圆锥花序，顶生，花冠黄色。蒴果三瓣片合成，呈膨大气囊状，粉红色至赤褐色，甚为美观。性强健，耐旱、抗风，生长快。适宜近期发展。

• 小叶榄仁（*Terminalia mantaly*）：使君子科落叶乔木，原产于热带非洲。侧枝轮生，呈水平展开，树冠层次分明，形似人工修剪成型，风格独特。适宜近期发展。

• 黑板树（糖胶木）（*Alstonia scholaris*）：夹竹桃科常绿乔木，原产于印度、马来西亚、菲律宾。枝条展开呈水平状，层层有序，树形优美。适宜近期发展。

• 黄钟花（*Tecoma stans*）：紫薇科常绿灌木，原产于南美洲。树形美观，性强健。几乎全年开花不断，花顶生，花冠黄色、成簇，极为灿烂。适宜近期发展。

2）中期推荐发展的行道树树种

• 蝴蝶树（*Heritiera parvifolia*）：梧桐科常绿乔木。树冠近球形，嫩叶浅绿色，随风摇弋，风一吹，似数百只蝴蝶在枝头颤动。生长快，抗性强。适宜中期发展。

• 水黄皮（*Pongamia pinnata*）：蝶形花科常绿乔木。树冠伞形，叶翠绿油亮，抗风、耐荫。花期秋季，总状花序腋生，花冠蝶形，淡紫红色或粉红色。适宜中期发展。

• 海南暗罗（*Polyaltha laui Merr*）：番荔枝科常绿乔木。主干挺直，侧枝纤细下垂，树冠成塔形，叶面油亮，树姿飒爽。性强健，耐旱。适宜中期发展。

• 山桐子（*Idesia polycarpa*）：大风子科落叶乔木。叶片心形，叶柄褚红色，树形优美。雌雄异株，雄花绿色，雌花紫色，花期春季。果实成熟时鲜红色，果串壮观美丽，是观果珍品。适宜中期发展。

• 石碌含笑（*Michelia shiluensis*）：木兰科常绿乔木。树冠圆球形，枝叶浓密，生长较快，抗性强。适宜中期发展。

（以下略写）

• 多花山竹子（*Garcinia multiflora*）。

• 岭南山竹子（*Garcinia oblongifolia*）。

• 海南木莲（*Manglietia hainanensis*）。

• 大头茶（*Gordonia axillaris*）。

• 依朗芷硬胶（*Mimuops elengi*）。

• 无忧树（*Saraca indica*）。

• 黄果垂叶榕（*Ficus benjamina*）。

• 红花银桦（*Grevillea banksii*）。

3）远期推荐发展的行道树树种

• 长蕊含笑（*Michelia longistamina*）：木兰科常绿乔木。树冠圆球形，树形美观，性强健。适宜远期发展。

- 三角榄（华南橄榄）(*Canarium bengalense*)：橄榄科常绿乔木。树干通直，树冠圆球形，枝叶整齐浓密。适宜远期发展。
- 菲律宾榄仁(*Terminalia calamansanai*)：使君子科落叶乔木，原产于热带亚洲。侧枝轮生，呈水平展开。树形优美，耐旱、抗风。适宜远期发展。

（以下略写）
- 星花酒瓶树（*Brachychiton discolor*）。
- 沙合树（虎拉）（*Hura crepitans*）。
- 库矢大风子（*Hydnocarpus kurzii*）。
- 红桂木（*Cassia roxburghii*）。
- 港口木荷（*Schima superba var.kankaoensis*）。

4）近期推荐发展的庭园树种
- 大花五桠果（大花第轮桃）（*Dillenia turbinata*）：五桠果科常绿大乔木。树冠呈卵形，叶片大，花也大，白色，果红色。适宜近期发展。
- 毛丹（*Phoebe hungmaoensis*）：樟科常绿大乔木。树冠呈水平状展开，枝叶浓密，冠形优美，花白色。最适于孤植作庭荫树。适宜近期发展。
- 仪花（*Lysidice rhodostegia*）：苏木科常绿乔木，国家三级保护植物。花瓣紫红色，树形优美。适宜近期发展。

（以下略写）
- 鱼木（*Crateva religiosa*）。
- 野牡丹（*Melastoma candidum*）。
- 石斑木（*Photinia benthamiana*）。
- 幌伞枫（*Heteropanax fragrans*）。
- 董棕（*Caryota urens*）。
- 玉叶金花（*Mussaenda pubescens*）。
- 红花檵木（*Loropetalum chinense*）。
- 琴叶榕（*Ficus lyrata*）。
- 红木（胭脂树）（*Boxa orellana*）。
- 柳叶榕（*Ficus celebensis*）。
- 火焰木（*Spathodea campanulata*）。
- 美丽异木棉（*Chorisia speciosa*）。
- 蓝花楹（*Jacaranda acutifolia*）。
- 沙漠玫瑰（*Adenium obesum*）。
- 阑屿肉桂（*Cinnamomum kotoense*）。
- 红刺露兜（*Pandanus utilis*）。

5）中期推荐发展的庭园树种（共19种，略）
6）远期推荐发展的庭园树种（共15种，略）

⑤居住区和单位附属绿地乔木种植的适宜比例指标

广州作为特大城市，热岛效应比较严重。为有效遏制热岛效应的扩散蔓延速度与范围,既要在城市建成区内加大绿地面积,也要在绿地中配置适当的树种以增加绿量,改善下垫面的吸热与反射热性状。因此,加大乔木的种植比例,对于城市绿化十分重要。

国家建设部和各城市都制定了各类绿地的绿地率指标,但对于绿地内乔木的种植数量和比例还没有成文的规定,给园林管理部门对各类型绿地的管理和监督带来一定的困难。目前,有些居住小区和单位附属绿地(尤其是一些工厂)其绿地率指标虽然达到了标准,绿地内却以种植草本植物为主,仅象征性地点缀几棵乔木,生态功能较差。所以,本规划特别提出有关绿地中乔木的适宜种植比例指标,作为城市园林绿化管理部门进行监督管理的依据。

对于各类绿地单位面积种植乔灌草的比例,美国学者Rowantree近年来提出树冠覆盖率的概念,建议城市的树冠覆盖率应达到40%,居民区和商业区外围的树冠覆盖率应达25%,郊区应达到50%。目前,广州和国内其他城市的绿地率控制指标为:居住区不低于30%,单位附属绿地30%～50%,与Rowantree提出的标准尚有一定差距。而就在这些30%～50%的绿地面积中,要达到Rowantree提出的标准(5.5平方米/公顷以上的立木地径面积),即乔木的种植密度应不低于175棵/公顷(以乔木地径平均25厘米计算),才能产生森林小气候的效应。

3.5.3 苗圃建设与苗木生产规划

广州市中心城区近、中期公共绿地的年增量约为300～500公顷,按乔木175棵/公顷的数量计,则公共绿地乔木的年需量为52500～87500棵/年;灌木一般占绿地面积的1/3,按0.6米的株行距计(点植和绿篱的平均值),每公顷8333棵,则公共绿地灌木的年需量为249.99～416.65万棵/年;草地一般也占绿地面积的1/3,每公顷3000平方米,则公共绿地草皮年需量为90～150万平方米。单位附属绿地和居住区绿地所需的乔木、灌木、花草的数量基本与公共绿地相等。所以,广州市中心城区城市绿化乔木年需量约为15万棵,灌木年需量约为800万棵,草皮年需量约为300万平方米。

①苗圃建设规划

按照国家建设部规定,园林绿化苗圃用地应占城市建成区面积的2%。根据近、中期广州中心城区绿化苗木的年需量(包括每年新增加的绿地和原有绿地的维护),生产这些乔木苗的苗圃面积应为100～150公顷,生产灌木、草花的苗圃面积应为150～250公顷,生产草皮的苗圃面积应为300～400公顷。据此,本规划所提出的生产绿地(苗圃)布局主要有三大片:

- 西南部芳村区以生产灌木花草为主。
- 天河区东北部和白云区东北部以生产乔木树苗为主。
- 东南部番禺区以生产草皮和灌木为主。

②苗木生产规划

乔木树苗的生产可分成小苗、中苗和大苗。小苗生产用地约占乔木苗圃总面积的15%，以营养袋苗为主；中苗生产用地约占乔木苗圃总面积的30%，以地苗种植为主；大苗生产用地约占乔木苗圃总面积的55%，全部为地苗种植。

为了提高广州城市绿化树种的种类多样性，近中期发展的园林绿化树种在传统绿化树种的基础上，重点培育以下三类（表案2-44）：

广州市中心城区适宜重点发展的苗木品种规划（节选）　　　表案2-44

序号	种名	科名	发展期限	类型	学名
1	尖叶杜英	杜英科	近期	新品种	Elaeocarpus apiculatus
2	海南红豆	蝶形花科	近期	新品种	Ormosia pinnata
3	千年桐	大戟科	近期	新品种	Aleurites montana
4	乐昌含笑	木兰科	近期	新品种	Michelia chapensis
5	观光木	木兰科	近期	新品种	Tsoongiodendron odorum
6	大花五桠果	五亚果科	近期	新品种	Dillenia turbinata
7	仪花	苏木科	近期	新品种	Lysidice rhodostegia
8	红花檵木	金缕梅科	近期	新品种	Loropetalum chinense
9	红花油茶	茶科	近期	新品种	Camellia semiserrata
10	野牡丹	野牡丹科	近期	新品种	Melastoma candidum
11	杜英	杜英科	近期	新品种	Elaeocarpus japonicus
12	石斑木	蔷薇科	近期	新品种	Photinia benthamiana
13	幌伞枫	五加科	近期	新品种	Heteropanax fragrans
14	董棕	棕榈科	近期	新品种	Caryota urens
15	桃金娘	桃金娘科	近期	新品种	Rhodomyrtus tomentosa
16	深山含笑	木兰科	近期	新品种	Michelia maudiae
17	台湾栾树	无患子科	近期	新品种	Koelreuteria formosana
18	小叶榄仁	使君子科	近期	新品种	Terminalia mantaly

- 经过个别地段试种，已正常开花结果、景观效果和生长表现良好的新品种。
- 在单位附属绿地种植多年、景观效果和生长表现良好的新品种。
- 远期发展具有良好的观赏效果、应用潜力大、但未经试种的野生地带树种。

3.5.4 园林植物应用科学研究规划

①研究的任务和目的

园林绿化应用植物的科学研究，是城市绿化建设的基础工作之一，具有重要的科学和实用意义。其研究的对象，是用于城市园林绿化建设的各类树种及其相关环境所组成的生态系统。工作的重点，是针对城市园林建设中有关绿化树种及其构成的生态系统，围绕景观生态学、植物生态学、森林生态学、植物病理学、保护生态学、城市环境生态学等方面的理论问题开展研究，解决生产实践中所面临的各种难题，为城市园林规划设计、绿化工程的具体实施以及改善人居生态环境等工作提供科学依据。

②研究的优选项目

城市园林绿化应用植物的科研项目选择，必须立足现实，结合城市园林建设，坚持目的性、全面性和层次性的原则，有计划、有重点地进行研究。规划期内将主要开展以下工作：

1）园林绿化植物的选择和培育研究

• 抗污染绿化树种选择研究

大气污染，通常指空气中分布的有害气体和颗粒物积累到正常的大气净化过程所不能消除的浓度，以致有害于生物和非生物。大气污染的日趋严重对工农业和社会经济的可持续发展产生破坏性的严重影响，对园林绿化植物也产生明显的伤害（如黄化、生长不良、破坏叶片组织、引起叶片枯焦脱落、导致植物死亡等），影响园林绿化植物及其系统各种效益的发挥并造成经济损失。

但是，大气污染引起植物的不同形式和不同程度的伤害，在植物种间或品种间有着明显的差异，有些植物对某些大气污染物是敏感的，而另一些具有一定的抗性。因此，通过研究可选育出能在大气污染环境中顽强生长的园林绿化植物抗性种类，并以此来指导城市园林建设，为城市和工矿污染区的防污绿化提供优良材料和科学依据，提高园林绿化植物及其形成的人工生态系统的生态环境效益，维护其景观效益等。选择和培育抗大气污染植物特别是抗污染树种，具有重大的社会意义、生态学意义和巨大的经济效益。

广州市区的大气污染以酸雨（主要是硫化物、氮化物等）、尘埃和汽车尾气为主，噪声污染也比较严重。因此，在抗污染植物选择和培育研究中，应重点针对主要污染源，通过对污染环境中植物表现的调查、栽培试验或人工熏气、浸叶试验等方法，进行抗污染绿化树种的选择研究。

• 优良绿化树种的选育研究

随着人们物质和文化生活水平的不断提高及商品经济的飞速发展，对园林绿化植物品种的要求也在不断提高。人们不仅要求园林植物发挥绿化、美化环境作用，而且要求他们在改善环境、保护环境和建立新的生态系统平衡方面作出贡献。因此，园林绿化植物的优良品种，应该具有优良的生态性状，并有良好的观赏价值。同时，还应把抗性、适应性和速生性作为鉴定的重要条件。

广州市区目前应重点开展用于道路绿化、公园景点的优良树种的选育研究。在研究中，应重视种质资源收集和研究（这是选育工作的物质基础），突出抗性育种和适应商品生产的育种，适应社会需求，探索良种选育研究的新途径、新技术，如植物体细胞杂交和转基因等。

• 野生地带树种的开发研究

广州地处南亚热带，为海洋性季风气候，四季温和、雨量充沛，自然条件优越，原生植被为亚热带常绿阔叶林，优势种以壳斗科、茶科、樟科、金楼梅科为主，伴生有无患子科、梧桐科、大戟科、桃金娘科等植物种类，许多野生植物本身就有很高的观赏价值，有些可作为园林植物育种的杂交亲本。

广州的城市园林绿化，应努力体现岭南风格，选用的植物宜以亚热带特色植物为主。从现状调查资料看，地带树种应用所占的比例比较高。而且许多试种成功的地带树种（如小叶榕、大叶榕、樟树等），表现出良好的生态性状。野生地带树种的开发，应成为广州市园林绿化树种研究的重要内容。特别是抗污染树种和优良绿化树种的选育，都应着眼于选用地带树种。

• 外地引进树种的栽培研究

外引树种在广州市城市园林绿化建设中起着比较重要的作用。现状调查资料表明，从热带地区引进的一些树种（如大王椰子、扁桃、芒果、蝴蝶果等）、从亚热带引进的一些树种（如乐昌含笑、红花檵木等）和从国外引进的一些树种（如南洋杉等）都在广州市表现良好。因此，引种是丰富广州市区园林绿化植物种资源迅速而有效的一个重要途径。

由于被引种的原生生境、气候和土壤等自然条件与引种区有一定的差异，所以被引进树种在应用推广前必须进行栽培试验研究，将从国外或国内其他地区引进的园林绿化植物品种或类型，在本地区进行试栽（特别是要在特定的城市环境中进行试栽），以鉴定其适应性和栽培价值，从中优选出可直接利用的品种进行繁殖推广。有些树种，还需要经过驯化、通过遗传性状的改变来适应新环境。

• 特种绿地树种选育与栽培研究

特种绿地树种，如前所述，包括屋顶绿化植物、垂直绿化植物、池塘水面绿化植物、阳台和窗口绿化植物、室内绿化植物、石场垦复植物、垃圾填埋场植物、护坡植物等，随着社会发展、人们生活水平的提高和社会需求的增加，这些特种绿地在城市园林中将越来越发挥重要的作用，根据广州城市发展现状及其特色来看，城市高楼大厦林立、众多的道路和硬质铺装取代了自然土地和植物，在城市水平方向发展绿地越来越困难，必须向立体化空间绿化寻找出路。所以，屋顶绿化植物和垂直绿化植物的选育及栽培研究，应是该类研究的重点。

2）园林绿化植物的配置模式研究

自然界中的生态因子不是孤立地对植物发生作用，而是综合在一起影响植物的生长发育。植物间的生物遗传特性不同、生活习性不一，因此，正确了解和掌握园林绿化植物生长发育与外界因子的相互关系，着实掌握各植物的各种特性，是进行园林绿化植物配置模式研究最基本的前提。

• 总体布局和配置

园林植物的总体布局和配置，在城市园林建设中至关重要。首先，要研究并形成对广州城市园林规划和实践有指导意义的理论框架，然后根据城市生态系统理论、景观生态理论、生物多样性理论、环境保护理论、植物种群和群落生态学理论等研究整个城市的绿化植物总体布局和配置问题。例如，选择什么样的树种及怎样的配置，才能使广州市城市园林整体布局具有岭南风格及具有南亚热带特色？如何应用生物多样性理论做指导，确定绿化布局、树种和数量、植物群落分布格局等？如何利用景观生态学的斑块理论和边缘效应理论，对城市中心区较大面积的专用绿地进行布局？等等。

- 特定种植类型的配置模式

针对某些具体的绿地类型，根据其地形、土壤及其周围生态环境等条件，怎样利用生态学、生物学原理，合理地选择园林绿化植物（特别是选用具有建群性、乡土性、观赏性及强抗性的树种）；以及如何利用所选树种建立最佳的配置模式，使之植物配置形式与景观美学价值、与生态环境价值有机结合，使各种植物及整体的美学价值淋漓尽致地发挥出来，在空间布局上实现植物的多样性和景观的多样性，实现植被层次的多样性和综合效益的多样性。

在各类型的植物配置模式研究中，应重点研究斑块状（如公园、广场绿地等）和线状（如道路绿地等）的种植配置模式，研究怎样应用植物群落种间关系理论配置各类树种及其栽培数量。研究如何利用生态学中廊道、结构与斑块的关系确定绿地形式及树种选择；如何根据噪声传播路径及尘埃运动轨迹的波浪式特点，设计和配置乔灌草各层次的结构等等。

3) 园林植物养护管理和病虫害防治研究

园林植物养护管理质量的好坏，直接影响到植物的生长发育，也影响到它们对大气污染及病虫害的抵抗能力。园林植物的养护管理研究，应重点针对广州市的基调树种和骨干树种及其构成的主要系统进行，使园林绿化植物管护做到科学化、定量化。

由于园林绿化应用植物易受病虫害的影响，其花朵或叶片上只要有一点病斑虫洞，马上就会影响其品质，降低观赏和经济价值。在实践中，病虫害的预防措施比病虫害发生后的治疗更为重要。园林绿化植物病虫害防治研究重点应放在对主要病虫害的发生原因、侵染循环及其生态环境、害虫的生活习性研究等方面，以掌握危害时间、危害部位、危害范围等规律，从而采取最有效的方法进行防治。

4) 园林植物应用结构、配置及效益研究

园林绿化植物及其配置构成的各类植被系统具有各种效益，如净化空气、减轻污染和尘埃、调节气候、调节城市系统 CO_2 的平衡、缓解城市"热岛效应"、美化和改善环境、保护土壤和水质、保护物种、防风避灾等，并为城市居民创造安逸、舒适、优美、有益健康的游憩环境。

然而，到目前为止，这些效益大都只是些定性的概念，定量标准较少。因此，有必要对一些主要园林绿化植物及一些主要园林生态系统的各种效益（生态、景观、保健等）进行详细研究，确定效益评价的指标体系，建立综合评价的模型，为城市园林建设服务。

③园林植物应用科学研究的组织管理

为保证有关科研计划的实施，要加强领导，充分发挥科研人员的作用，逐步把科研活动纳入城市园林建设的轨道上来以确保城市绿化事业的健康发展。要定期设立和开展一些园林绿化树种的项目研究，对城市园林中的一些重大问题组织重点攻关。同时，要加强科研合作。广州有许多大专院校和科研机构，在园林绿化应用树种研究方面具有一定的优势和实力。应当充分利用这些科研机构的力量，进行科研合作攻关，解决城市绿化建设中遇到的有关理论和实践问题。

在具体工作中，要努力做好以下几方面的工作：

- 培养一支专业门类齐全、敬业高效的科研人才队伍，保证园林科学研究能可持续发展。
- 争取政府有关部门的重视，在人力、物力、财力等方面支持相应的科学研究项目。
- 建立和完善园林科研管理体系。
- 结合实际制定计划，推广应用先进、成熟的科研成果，促进科研与生产的良性循环。

3.6 城市古树名木保护规划

广州是一座两千多年的历史文化名城，有许多珍贵的古树名木。广州市政府于1985年颁布了《广州地区古树名木保护条例》，以法律的形式确定了古树名木保护工作的地位，并颁令保护第一批古树名木209株。此后，又分别于1995年、1999年颁令保护第二、三批古树，分别为139和254株。同时，政府有关部门还加强了对古树名木保护的基础工作研究，采取一系列复壮、补洞、白蚁防治等技术措施保护现存的古树名木。

然而，由于古树已届高龄，生长转入了缓慢衰老阶段。其寿命除了受遗传特性的制约以外，还受到自然与人为等破坏因素的影响。因此，广州市内政府颁令保护的古树，每年都有3～5株死亡；而未颁令保护古树的生死情况则无记载，其生存条件受到更多的威胁。

保护好古树名木，不仅是社会进步的要求，也是保护城市生态环境和风景资源的要求，更是历史文化名城的应做之举。所以，全面地了解和掌握现存古树名木的生长状况，制定其保护规划，将有利于在科学和法律的支持下对市区的古树名木实施更有效的保护。

3.6.1 市区古树名木保护现状调研

①市区在册古树名木的基本情况

至2000年12月为止，广州市政府已颁令保护的在册古树名木共602株，现存544株。其中，生势较好的有405株（占75%）、一般的有127株（占23%）、差的有12株（占2%）。属于一级古树名木（指树龄在300年以上，或珍贵稀有、具有重要历史价值和纪念意义的树木）共有34株（附表二）。这些古树分属20个科30个属36个种，主要的树种有细叶榕（257株）、大叶榕（80株）、樟树（70株）、木棉（56株）等。

广州市各行政区在册古树名木数量统计　　　　表案 2-45

区　属	现存	死亡	总数
东山区	72	5	78
越秀区	107	3	110
荔湾区	183	44	227
海珠区	25	0	25
天河区	16	1	17
白云区	12	0	12
黄埔区	111	5	116
芳村区	17	0	17
合　计	544	58	602

②危害古树生存的因子及分析

古树在长期的生长过程中，饱经沧桑，其生命力逐渐减弱，抗逆性下降，其生存受到自然力、人为破坏等多方面因素的影响，主要有：

1）立地环境差；

2）病虫危害；

3）树干空洞、切口未能及时封补；

4）树冠不平衡；

5）受台风、雷击等自然力破坏；

6）人为因素破坏。

③市区古树名木保护工作概况

1）制定古树名木保护管理条例；

2）开展古树名木保护基础研究；

3）开展树龄鉴定、建档等工作；

4）安排古树名木保护专用经费；

5）采取技术措施保护古树名木：

• 改善立地条件；

• 拆除古树周边的违章建筑；

• 治理白蚁；

• 建立防护围栏；

• 人工引气根入土，促进古树复壮；

• 及时修补树洞；

• 均衡树冠，防止倒伏。

④古树名木保护工作中存在的问题

1）执法力度不够；

2）保护经费不足；

3）树龄鉴定、古木定级等保护工作进展缓慢；

4）各区对申报古树名木的积极性不高；

5）白蚁防治工作的覆盖面太窄。

⑤市区未入册古树名木的调查

本规划的调查范围，主要集中在城市建设用地规划区内。据统计，在黄埔、白云、荔湾、越秀、天河、东山、芳村等七个区内，共发现未入册的大树约1000株（附表四，有38个树种），还未完全包括海珠区万亩果园、白云区罗岗镇、黄埔区南岗镇的古果树。大致情况为：

1）未入册保护的古树名木数量众多；

2）古树名木的生存环境危机四伏。

因此，加快进行市区未入册古树名木的调研、鉴定和颁令审批工作，把它们列入法律保护范围，已是一件刻不容缓的重要工作。

3.6.2 城市古树名木保护规划

①规划依据和总体目标

古树名木保护规划，要充分体现市区现存古树名木的历史价值、文化价值、科学价值和生态价值。要结合广州的实际情况，通过加强宣传教育，提高全社会保护古树名木的群体意识；要不断完善相关的法规条例，加大执法力度，逐渐形成依法保护的工作局面。同时，要通过开展有关古树保护基础工作及养护管理技术等方面的研究，制定相应的技术规程规范，建立科学、系统的古树名木保护管理体系，使之与历史文化名城与生态城市的城市建设目标相适应。

②已颁令在册的古树名木保护

1）完善立法　为使全市的古树名木管理纳入规范化、法治化轨道，要进一步完善相关法规和制订实施细则。特别要注意明确以下内容：

- 古树名木管理的部门及其职责；
- 古树名木保护的经费来源及基本保证金额；
- 制订可操作性强的奖励与处罚条款；
- 制定科学、合理的技术管理规程规范。

2）加大宣传　要加大古树名木保护的宣传力度，利用各种手段提高全社会的保护意识。

- 利用传统媒体进行宣传；
- 利用电子媒体进行宣传；
- 编写书籍宣传；
- 开展现场宣传。

3）科学研究　目前，广州古树名木的科研成果主要有树龄鉴定及复壮技术两项，但对古树名木的生理与环境适应性等方面则缺乏系统的研究，更没有制定市区古树名木管理的技术规范。因此，需要开展有关古树名木的基础研究及养护管理技术的研究，制定广州古树名木管理技术规范，使养护管理工作走向规范化、合理化和科学化。

规划近、中期开展的古树名木科研项目主要有：

- 广州古树种群生态研究（2001～2010年）。
- 古树名木病虫害综合防治技术研究（2001～2005年）。

- 古树名木综合复壮技术研究（2001～2008年）。

4）养护管理　古树名木的养护管理，是一项长期性的艰苦工作。广州市区在册的古树名木中，已有一部分采取了保护措施，但保护力度仍不够。因此，绿化部门应在调查和科研的基础上，根据有关条例和法规，分期落实这项工作。具体内容有：

- 制定广州市古树名木养护管理技术规范；
- 抢救生势衰弱的古树；
- 持续开展白蚁综合治理的工作；
- 清除古树周围的违章建筑；
- 封补树洞及树枝截面；
- 重设古树名木保护围栏与铭牌。

③未入册的古树名木保护规划

由于市区未入册的古树名木多于在册的数量，根据《广州地区古树名木保护条例》的规定，应当"对本地区所有古树名木要做好标志、挂上牌子"，进行有效地保护。市、区两级园林绿化部门应全面调查市区范围内古树名木的实际数量，每年组织专业队伍调查鉴定，争取在规划期内将市区大部分地区的古树名木都列入法定保护范围，并有针对性制定综合养护管理的技术措施。主要工作规划如下：

1）对2000年现状调查所列出的大树进行树龄鉴定，并按古树名木的申报程序进行评定、申报。基本步骤为：大树调查—树龄鉴定—颁令保护—按古树保护管理办法实施保护—落实养护管理的责任人（单位），定期养护。

2）各区园林绿化部门要对辖区内的大树进行自查（对象一般为胸径80厘米以上或树态苍老的大树，生长较慢的树种（如荔枝），则调查胸径40厘米以上的大树），并将调查结果上报城市绿化主管部门，再由市、区园林绿化部门组织专家进行树龄鉴定后申报。

3）开展花都、番禺新区的古树名木调查鉴定、颁令保护工作。

4）开展从化、增城地区古树名木的调查鉴定、颁令保护工作。

④罗岗古荔枝树群生态保护区规划（略）

附表五　广州市区受白蚁危害的古树名录（略）

广州市区现存在册古树名木名录（节选）

附表一

批次	编号	区属	树种	胸径(厘米)	树龄	生　长　地　点	生势
1	1	黄埔区	木棉	123	225	南海神庙内东边一株	中
1	10	东山区	大叶榕	150	205	中山三路北横街一间巷1号	中
1	11	东山区	樟树	116	175	烈士陵园内正门对着语录牌后面墙边上	好
1	12	东山区	楸枫	111	175	陵园西路	好
1	15	东山区	木棉	91	125	越秀路省演出公司文艺楼四栋楼梯边	中
1	205	海珠区	苹婆	65	130	河南宝岗路二街口邓氏宗祠内	中
1	206	天河区	木棉	12	25	植物园水榭前叶剑英手植	好
1	207	天河区	青梅	15	40	植物园右侧董必武手植	好
1	208	天河区	青梅	13	40	植物园左侧朱德手植	好

广州市区一级古树名木保护名录

附表二

批次	编号	区属	树种	胸径（厘米）	树龄	生 长 地 点	生势
1	69	越秀	大叶榕	320	>300	应元路市二中学后山顶	好
1	93	越秀	细叶榕	120	>370	光孝寺大殿前西南角	好
1	200	荔湾	樟树	184	>300	沙面四街北面	好
1	203	海珠	斜叶榕	360	>400	海幢公园西，海珠区文化局	好
3	468	芳村	细叶榕	165	>300	南教村小学对岸，广宁坊86号	中
1	26	东山	大叶榕	248	310	黄花公园横门内西墙边	好
1	27	东山	皂荚	105	330	黄花公园横门内土岗上（西边）	好
1	73	越秀	木棉	190	300	中山纪念堂后门内管理室西边	好
1	201	海珠	菩提榕	195	330	海幢公园花圃内	好
1	202	海珠	菩提榕	223	330	海幢公园前门北	好
1	204	海珠	鹰爪	—	360	海幢公园管理室前门	好
3	350	白云	细叶榕	191	320	新市镇长虹村陈家祠堂北30米	好
3	351	白云	大叶榕	137	310	新市镇长虹村仙师宫西南面	好
3	352	白云	大叶榕	230	310	新市镇长虹村仙师宫东南面	好
1	206	天河	木棉	12	10	植物园水榭前叶剑英手植	好
1	207	天河	青梅	15	25	植物园右侧董必武手植	好
1	208	天河	青梅	13	25	植物园左侧朱德手植	好
2	345	越秀	橡树	14	10	流花西苑内英女皇手植树	中
2	346	东山	马尾松	60.5	96	黄花岗七十二烈士墓右侧	好
2	347	东山	细叶榕	145	79	黄花岗七十二烈士墓右侧林森手植	好
2	348	东山	细叶榕	84	79	黄花岗七十二烈士墓左侧吴景濂手植	好
3	596	白云	南洋杉	8	8	大金钟路鸣泉居碧波楼荣毅仁手植	好
3	597	白云	南洋杉	8	8	大金钟路鸣泉居碧波楼邹家华手植	好
3	598	白云	木棉	5	5	大金钟路鸣泉居碧波楼杨尚昆手植	好
3	599	白云	木棉	5	5	大金钟路鸣泉居碧波楼乔石手植	好
3	600	白云	香椿	3	3	大金钟路鸣泉居碧波楼田纪云手植	中
3	601	白云	白兰	5	5	大金钟路鸣泉居碧波楼丁关根手植	好
3	602	白云	荷花玉兰	5	5	大金钟路鸣泉居碧波楼廖汉生手植	好
3	449	白云	格木	108	170	大沙镇姬堂加庄山脚三株靠南一株	好
3	450	白云	格木	81	170	大沙镇姬堂加庄山脚三株中间一株	好
3	451	白云	格木	108	170	大沙镇姬堂加庄山脚三株靠北一株	好
1	91	越秀	诃子	80	100	光孝寺大殿后	中
1	205	海珠	苹婆	65	115	宝岗路二街口邓氏宗祠内	中
3	349	白云	芒果	103	260	石井镇夏茅小学内	好

广州市区现存古树名木科属统计表　　　　附表三

科名	种名	学名	株　数				
			100～200年	200～300年	300年以上	名木	合计
南洋杉	南洋杉	Araucaria cunninghamii Sweet				2	2
松	马尾松	Pinus massoniana Lamb.				1	1
木兰	荷花玉兰	Magnolia grandiflora L.				1	1
	白兰	Michelia alba DC.	1			3	4
番荔枝	鹰爪	Artabotrys hexapetalus（L.f.）Bhan.			1		1
樟	樟	Cinnamomum camphora（L.）Presl	60	8	1		69
	假柿	Litsea monopetala Pers.	3				3
桃金娘	红鳞蒲桃	Syzygium hancei（Hce.）Merr. et Perry	1				1
	水翁	Cleistocalyx operculatus Roxb.	1				1
	桉树	Eucaiyptus Spp.	1				1
使君子	诃子	Terminalia chebula Retz	1				1
梧桐	苹婆	Sterculia mobilis Smith	1				1
木棉	木棉	Bombax malabaricum DC	44	8	1	4	57
大戟	秋枫	Bischofia javanica Bl.	10	1			11
含羞草	海红豆	Adenanthera pavonina L.	1				1
	台湾相思	Acacia comfusa Merr.	1				1
苏木	格木	Erythrophleum fordii oliv	3				3
	铁刀木	Cassia siamea Linn.	1				1
	华南皂荚	Gleditsia fera（Lour.）Merr.	1	1	1		3
壳斗科	橡树	Quercus robur L.（Peduncuiata Oak）				1	1
榆	朴树	Celtis sinensis Pers.	1				1
桑	大叶榕	Ficus virens var. Sublanceolata	57	20	4		81
	菩提榕	Ficus religiosa L.	2	5	2		9
	细叶榕	Ficus microcarpa L. f.	232	22	3	2	259
	斜叶榕	Ficus gibbosa Bl.			1		1
	高山榕	Ficus altssima Bl.	7				7
芸香	九里香	Murrya exotia L.		1			1
楝	香椿	Toona sinensis（A.Juss）M.T.Roem				1	1
无患子	荔枝	Litchi chinensis Sonn.	1	1			2
	龙眼	Dimocarpus longan Lour.	3				3
漆树	芒果	Mangifera indica.	2	1			4
	扁桃	Mangifera persiciformis C.Y.Wa et T.L. Ming	4				4
	人面子	Draecontomelon dav.（Blanco.）	1			1	2
龙脑香	青梅	Vatica astrotricha Hance				2	2
马鞭草	山牡荆	Vitex quinata（Lour.）F.N.Wils.	2	1			3
		合计	442	69	14	19	544

广州市区待鉴定大树调查名录（节选）　　　　　　　附表四

序号	树名	树高（米）	胸径（米）	生势	生 长 地 点
荔1	大叶榕	14.0	0.80	中	昌华街冲边一马路11号
荔2	细叶榕	19.0	1.00	中	昌华街冲边横街30号
荔188	细叶榕	12.0	0.86	好	富力路西焦煤场
东1	细叶榕	17.0	1.10	好	东山区东湖街东湖公园老年人活动中心
东2	细叶榕	15.0	1.10	好	东山区东湖街东湖公园老年人活动中心
天1	大叶榕	14.0	1.80	好	解放军体育学院
天2	细叶榕	6.0	1.26	好	天河北路广东省地方税务局
黄1	木棉	21.0	0.90	好	长洲村口榕村头塘边
黄3	细叶榕	15.0	0.88	中	黄埔军校本部西侧
白1	乌榄	5.0	0.85	中	罗岗镇萝峰寺玉岩书院荔枝山小溪源头
白2	木棉	20.0	0.75	好	罗岗镇香雪公园萝峰寺文昌庙西侧
越秀1	大叶榕	12.0	1.20	中	盘福路医国后街（金融大厦北侧）
越秀2	细叶榕	12.0	1.00	好	光塔路光塔寺内
芳村1	木棉		0.90	好	芳村区毓灵桥头
芳村2	细叶榕		1.00	好	芳村区堤岸东街

附表六　广州市区受违章建筑危害生长的古树名木调查清单（略）
附表七　广州市区首批周围应拆除建筑的古树名木清单（略）
附表八　广州市区第二批周围应拆除建筑的古树名木清单（略）

4 规划图则（节选示例）

4.1 市域绿地系统规划
- 市域生态绿地布局规划
- 市域绿地形态空间体系规划

4.2 中心城区绿地系统布局
- 中心城区规划绿地形态
- 中心城区绿地主控体系（一江、两轴、三块、四环）
- 中心城区公共绿地（G1）规划
- 中心城区生产绿地（G2）规划
- 中心城区防护绿地（G3）规划
- 中心城区主要居住绿地（G4）和附属绿地（G5）规划
- 中心城区生态景观绿地（G6）规划

4.3 城市园林绿地建设规划
- 核心城区重点建设绿地结构
- 荔湾区、越秀区、东山区规划绿地系统结构分析
- 荔湾区、越秀区、东山区规划绿地分类布局

- 天河区规划绿地与基本农田分布图

4.4 旧城区绿线管理控制图则

- 绿线管理控制图则分幅索引
- 地块 28-34-09 绿线控制图则

5 规划附件（内容略）

附件一　中心城区分区绿化规划纲要

附件二　中心城区绿线管理规划导则

- 城市绿线管理的基本要求
- 中心城区规划绿线管理地块
- 旧城中心区绿线控制图则

附件三　广州市区生态绿地系统规划布局模式研究报告

图案 2-7　市域生态绿地布局规划

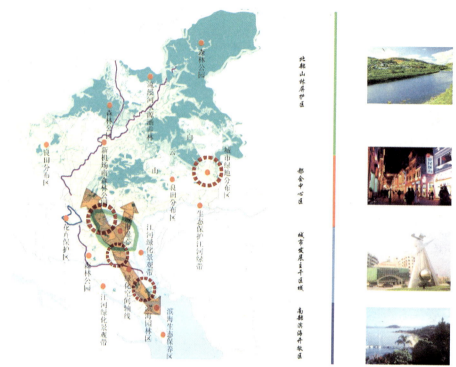

图案 2-8　市域绿地形态空间体系规划

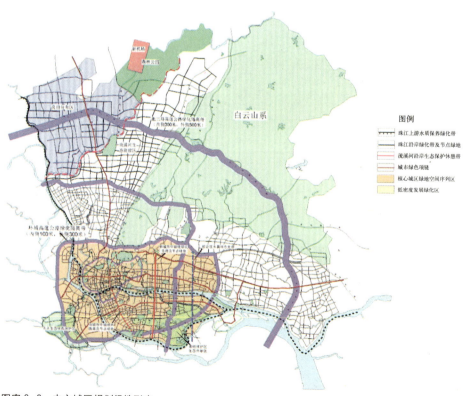

图案 2-9　中心城区规划绿地形态

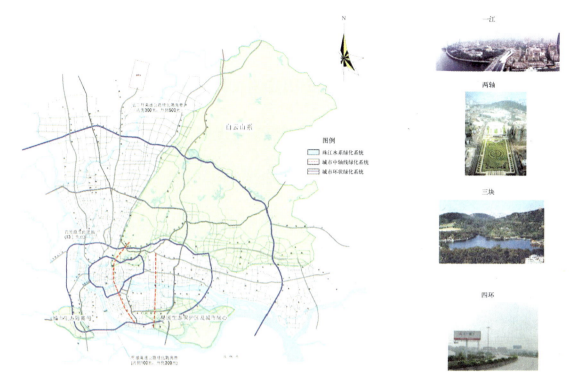

图案 2-10　中心城区绿地主控体系

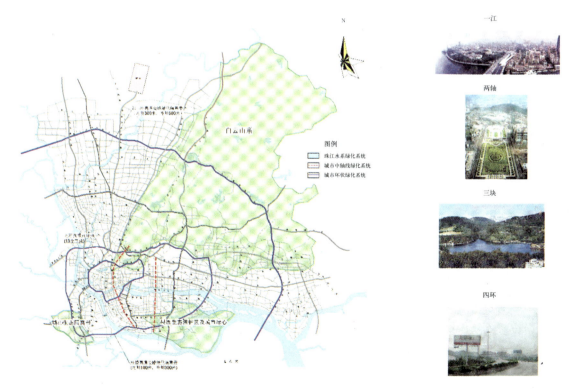

图案 2-11　中心城区公共绿地（G1）规划

案例二：广州市城市绿地系统规划（2001～2020年）

图案 2-12 中心城区生产绿地（G2）规划

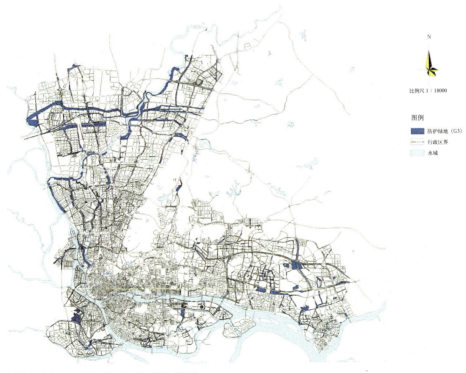

图案 2-13 中心城区防护绿地（G3）规划

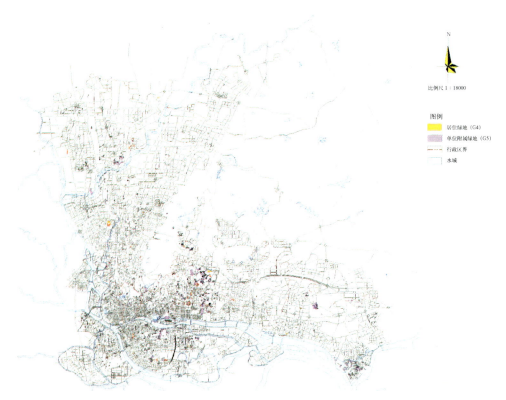

图案 2-14 中心城区主要居住绿地（G4）和附属绿地（G5）规划

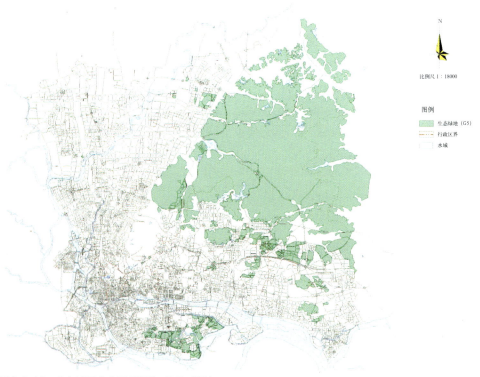

图案 2-15 中心城区生态景观绿地（G6）规划

案例二：广州市城市绿地系统规划（2001~2020年）

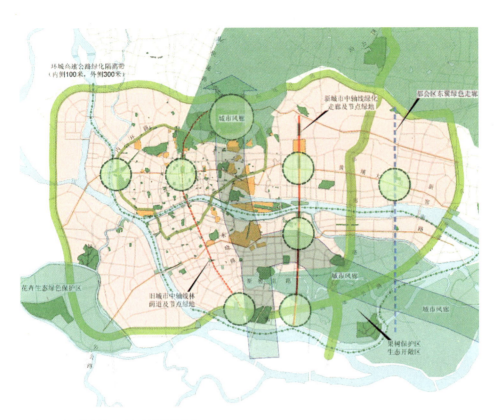

图案 2-16 核心城区重点建设绿地结构

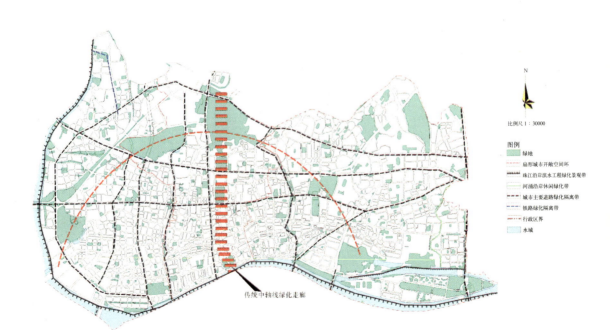

图案 2-17 荔湾区、越秀区、东山区绿地系统结构分析

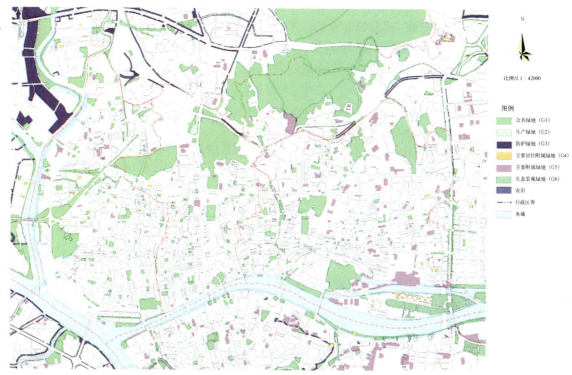

图案 2-18　荔湾区、越秀区、东山区规划绿地分类布局

图案 2-19　天河区规划绿地与基本农田分布图

案例二：广州市城市绿地系统规划（2001～2020年）　397

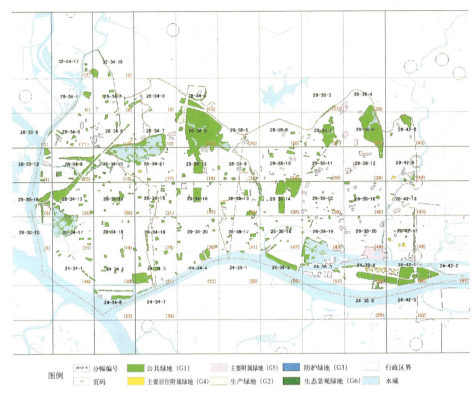

图案 2-20　绿线管理控制图则分幅索引

图案 2-21　地块 28-34-09 绿线控制图则

案例三：湛江市城市绿地系统规划
（2002～2020年）[①]

1 项目概况与工作框架

1.1 项目概况

湛江是我国南方重要的热带海滨港口城市。解放以来，历届市政府对城市园林绿化建设都很重视。20世纪50～60年代，湛江曾掀起过园林绿化建设的高潮，城市面貌发生了巨大变化，在全国城市中脱颖而出，成为一颗璀璨的南国明珠，并得到了国家领导人的高度评价。1970年代后，由于受种种因素的影响，湛江城市园林绿化建设曾长期停滞不前。2002年后，湛江市政府加大了对城市园林绿化的建设力度，城市景观焕然一新，全市人民无不为之欢欣鼓舞，社会经济的可持续发展也因此得到有效促进。

2003年初，湛江市政府进一步提出了创建国家园林城市的宏伟目标，对城市园林绿化建设提出了更高的标准和要求。为全面贯彻国务院《城市绿化条例》和《广东省城市绿化条例》，科学地指导城市园林绿化建设，创建国家园林城市，政府有关主管部门积极组织编制了《湛江市城市绿地系统规划》，并与《湛江市城市总体规划》修编工作同步推进，同期报批，充分体现了"生态优先"和"绿地优先"的现代园林城市规划理念。

经过全市人民的努力奋斗，《湛江市城市绿地系统规划》得到了有效的贯彻实施，城市绿化的数量和质量均有大幅度提升，城市的精神文明与物质文明建设都取得重大进展。2005年12月，建设部经严格考核后，正式命名湛江市为"国家园林城市"，使之成为中国大陆南端的热带园林城市。

1.2 工作框架

《湛江市城市绿地系统规划》的工作历时15个月，规划成果的内容框架如下：

1.2.1 规划文本
①规划总则与目标
②市域绿地系统规划
③城市绿地系统规划结构、布局
④城市绿地分类规划

[①] 《湛江市城市绿地系统规划》工作于2003～2004年间进行，主编单位是湛江市市政园林局、湛江市规划国土资源局，参编单位有湛江市规划勘测设计院、中山大学规划设计研究院、安徽省城乡规划设计研究院、广州市精一规划勘测科技有限公司等。笔者作为湛江市政府的高级顾问应邀主持了该规划的编制，具体参与指导湛江市创建国家园林城市的各项工作并取得了成功。本书编辑时，对部分规划内容作了简化或缩写。

⑤城市绿化应用树种规划

⑥生物多样性保护与建设规划

⑦古树名木保护规划

⑧分期建设规划

⑨实施措施规划

⑩附则

1.2.2 规划说明书

①城市概况

1）自然地理状况

- 地理位置与人口分布
- 土地资源及利用条件
- 气象与气候特征
- 水文与水资源特征
- 地震
- 生物与矿产资源

2）社会经济发展

- 经济发展的有利条件
- 2002年湛江的发展成就

3）城市规划建设

- 城市历史沿革
- 城市风貌特色
- 城市规划简况
- 城市园林发展

4）生态环境保护

- 生态环境现状评价
- 生态环境治理概况

②城市绿地现状与分析

1）园林绿地建设与管理现状

- 城市绿化建设现状
- 城市园林管理体制现状

2）城市林地现状综合分析

- 市区林地建设现状
- 市区林地现状分析
- 关于红树林种植与开发

③规划总则与目标

1）规划总则

- 规划编制的意义
- 规划依据、期限、范围与规模

- 规划原则

2）规划目标
- 规划目标
- 规划指标

④市域绿地系统规划

1）市域绿地系统的功能和作用

2）市域绿地系统的发展战略

3）市域绿地现状评价

4）市域绿地系统布局
- 北部丘陵山地生态保护区
- 城市中心区绿地
- 经济走廊生态功能区
- 南部沿海生态区
- 东部滨海开敞区
- 西部沿海生态区
- 市域水源涵养区

5）市域绿地系统分类保护规划
- 生态保护区保护规划
- 海岸绿地保护规划
- 河川绿地保护规划
- 风景绿地保护规划
- 缓冲绿地保护规划
- 特殊绿地保护规划
- 雷州半岛人文资源保护规划

6）市域绿地系统规划控制要求

⑤城市绿地系统规划结构与布局

1）城市园林绿地系统规划结构

2）城市绿地系统规划布局及建设要点

⑥城市绿地分类规划

1）公园绿地规划

2）生产绿地规划

3）防护绿地规划

4）居住区绿地规划

5）其他附属绿地规划

6）环城生态景观绿地规划

⑦城市绿化应用树种规划

1）规划目标

2）规划原则

- 体现地带性特征，适地适树原则
- 乡土树种优先，外来树种为辅原则
- 生态效益优先，三大效益统一原则
- 乔灌花草结合，形成复合系统原则

3）基调树种的选择

4）骨干树种规划
- 庭园骨干树种
- 防护骨干树种规划

5）一般树种规划
- 棕榈科树种规划
- 地被植物及攀援植物规划
- 庭荫树规划

6）常用观赏树种规划
- 观叶观果类树种
- 肉质类植物

7）绿化树种配置技术指标与苗木培育规划

⑧生物多样性保护与建设规划

1）生物多样性保护意义

2）生物多样性保护目标

3）植物多样性现状及存在问题
- 市域植物资源条件概况
- 植物多样性保护存在的问题

4）植物多样性保护措施
- 基因多样性保护
- 物种多样性保护
- 生态系统多样性保护
- 景观多样性保护

5）红树林保护措施规划

⑨古树名木保护规划

1）古树名木保护现状分析
- 市区古树名木的基本情况
- 市区古树名木保护工作概况
- 古树名木保护工作中存在的问题

2）城市古树木保护规划
- 规划依据，指导思想和总体目标
- 市区古树名木保护规划
- 未入册的古树名木保护规划

⑩分期建设规划

1) 近期建设规划
2) 中期建设规划
3) 远期建设规划

⑪实施措施规划

1) 城市园林绿地系统规划实施措施
- 提高城市绿地指标，积极拓展绿化空间
- 城郊一体统筹绿化，保持城市生态平衡
- 公众参与园林绿化建设
- 努力提高城市绿色空间占有量
- 加强政策研究，出台相应法规
- 构建多渠道的园林建设投资体系
- 加强主管部门横向联系与协调
- 加强苗木行业管理，保证城市建设
- 加强园林科研和技术水平

2) 园林绿化管理体制改革规划

⑫规划附件

附件一：湛江市区分区绿化规划纲要

1) 霞山区绿化规划纲要
2) 赤坎区绿化规划纲要
3) 开发区绿化规划纲要
4) 麻章区绿化规划纲要
5) 坡头区绿化规划纲要
6) 东海岛绿化规划纲要

附件二：湛江市中心城区绿线管理规划导则

1) 城市绿线管理的基本要求
2) 城市中心区绿线管理控制规划
3) 霞湖地区城市绿地规划指引

1.2.3 规划图则

①湛江市城镇体系规划图

②市域绿地形态空间体系图

③市域自然保护区分布示意图

④城市绿地分布现状图

⑤城市绿地系统规划结构分析图

⑥城市绿地系统规划总图

⑦公园绿地规划图

⑧公园绿地服务半径分析图

⑨防护绿地及生产绿地规划图

⑩旧城中心区绿线控制规划图则

附表：湛江市旧城中心区规划绿线控制图则地块属性表

1.2.4 基础资料汇编

①城市概况

1）自然地理条件

- 地理位置
- 地质地貌
- 地震
- 气候条件
- 土壤
- 水文
- 主要植物、动物状况

2）经济及社会条件

- 经济条件
- 社会发展条件
- 城市发展目标
- 人口状况
- 土地资源状况

3）城市环保

- 城市主要污染源
- 城市污染源分布情况
- 环境治理情况

4）城市历史与文化资料

- 发展简史
- 历史沿革与行政区划
- 文化

②城市绿化现状

1）绿地及相关用地资料

- 现有各类绿地的位置、面积及其景观结构
- 各类人文景观概貌

2）技术经济指标

- 绿化指标
- 生产绿地概况
- 古树名木保护概况
- 园林植物资料

③管理资料

1）管理机构

2）湛江市园林管理单位相关情况

附表一 湛江市区古树名木调查名录

附表二　湛江市区古树名木分类株数统计表
附表三　湛江市区在册保护的古树名木一览表
附表四　湛江市区在册古树名木生势状况调查统计表
附表五　湛江市区园林绿化应用植物调查名录
附表六　湛江市珍稀濒危物种名录
附表七　湛江市区主要乡土树种名录
附表八　湛江市红树林树种名录

2 规划文本

2.1 总则

2.1.1 规划编制意义

贯彻市委、市政府创建国家园林城市的战略部署，落实国家有关城市绿化的法规文件，为把湛江建设成为中国大陆最南端环境优美、生态平衡的热带园林城市提供科学的规划指引和法律保证。

2.1.2 规划依据、期限与范围

①规划依据

1)《中华人民共和国城市规划法》，1990年；
2)《中华人民共和国土地管理法》，1998年；
3)《中华人民共和国环境保护法》，1989年；
4) 国务院：《城市绿化条例》，1992年；
5) 建设部：《创建国家园林城市实施方案》、《国家园林城市标准》，2000年；
6) 建设部：《城市绿地系统规划编制技术纲要》（试行），2002年；
7) 建设部：《城市古树名木保护管理办法》，2002年；
8) 建设部：《城市绿线管理办法》，2002年；
9) 广东省人大常委会：《广东省城市绿化条例》，1999年；
10) 广东省建设厅：《区域绿地规划指引》，2002年；
11) 广东省建设厅：《环城绿带规划指引》，2002年；
12) 湛江市政府：《湛江市城市总体规划》，2002～2020年；
13) 湛江市政府：《湛江市土地利用总体规划》，1997～2010年；
14) 湛江市政府：《湛江市园林绿化专项规划》，1996～2010年；
15) 湛江市政府：1993～2003年市区内已编制的专项城市规划。

②规划期限

本规划实施期限为2002～2020年。其中：近期为2002～2005年，中期为2005～2010年，远期为2010～2020年。

③规划范围

本规划中各项城市绿化指标计算范围与人口规模，均与《湛江市城市总体规划》（2002～2020年）一致。即：

- 中心城区人口规模：近期 76 万，中期 100~110 万，远期 150~175 万。主城地区远期按 200~230 万人口规模控制。
- 城市规划建设用地近期为 87 平方公里，远期为 245 平方公里；城市规划区总面积为 1600 平方公里。

2.1.3 规划原则

①前瞻性原则：为使湛江保持良好的城市生态环境和发展的可持续性，城市绿地系统将按照高标准规划建设，重点保护对城市生态比较敏感的地区。

②生物多样性原则：规划结合现状设置各类城市园林绿地，努力增加市域植被物种的多样性和稳定性。

③整体性、系统性原则：将自然山水空间与各类园林绿地相联系，形成点、线、面相结合的完善的城市绿地系统。

④自然景观与人文景观相结合原则：在建设城市园林绿地的同时，发掘和保护文物古迹，体现城市历史文脉。

⑤生态平衡原则：以市域空间的生态平衡为标准，合理布局绿地系统，确定绿地建设指标。

⑥地方特色原则：充分发扬地域优势，营造滨海型热带园林城市，突出"青山、翠湖、海港、绿城"的特色。

2.1.4 规划目标

因地制宜保护自然生态环境，努力提高城市绿地建设水平，以生物多样性保护为基础，以地带性植物为特征，形成以乔木为主体，乔、灌、藤、草相结合的多层次群落结构，构建生态健全、景观优美、舒适宜人、城乡一体化的生态绿地系统，使湛江成为中国大陆最南端热带园林城市。

2.1.5 规划指标

①近期：2005 年，建成区绿地率达到 35% 以上，绿化覆盖率达到 40% 以上，人均公园绿地面积达到 10 平方米以上，城市中心区人均公园绿地达到 6 平方米以上；创建国家园林城市和环保模范城市。

②中期：2010 年，建成区绿地率达到 38% 以上，绿化覆盖率达到 43% 以上，人均公园绿地面积达到 12 平方米以上，城市中心区人均公园绿地达到 8 平方米以上；建成完善的城市绿地系统。

③远期：2020 年，建成区绿地率达到 40% 以上，绿化覆盖率达到 45% 以上，人均公园绿地面积达到 15 平方米以上，城市中心区人均公园绿地达到 10 平方米以上；形成功能完善、景观优美的生态城市格局。

2.2 市域绿地系统规划

2.2.1 市域绿地系统规划目标

市域绿地系统的规划与建设，要贯彻城乡一体化和大地园林化的思路，以生态经济学原理和可持续发展战略为指导，充分利用湛江市域山水环抱的自然地理条件和深厚的人文底蕴，构建结构合理、功能齐全、城乡一体的区域绿地系统。

2.2.2 市域绿地系统发展战略

①在主要海湾、枢纽岸线、重要养殖地和生活岸线设置防护林，在滩涂湿地设置红树林保护区。

②市域北部和南部以及各城镇之间的绿地应该严格加以保护，防止破坏性的开发建设，从而形成天然的"绿色屏障"。

③青年运河、鹤地水库、赤坎水库、西湖水库、白水沟水库及南渡河、鉴江、袂花江等饮用水源要明确水质保护目标，严禁任何污染。要加强水库周围和流域范围各干流和支流沿岸水源涵养林的建设和保护，在保护好水质的同时，形成若干基于水域生态系统的生态廊道和斑块。

④在市域内高速公路、铁路、国道等交通网络沿线两侧建立足够宽度的缓冲绿地，有效控制汽车尾气污染。

⑤进一步发展市域内的森林公园、风景名胜区、旅游度假区，满足不断增长的市民游憩生活需要。

2.2.3 市域绿地系统布局

①北部丘陵山地生态保护区：结合市域北部森林覆盖率较高的丘陵山地设置森林公园和水源涵养林地。包括竹蒿晒网森林公园、仙人峒森林公园、双峰嶂森林公园、塘山岭森林公园、根竹森林公园、山祖森林公园；鹤地水库、长青水库、九洲江、沙铲河水源涵养林。本区域内要进行森林保护和林分改造，提高绿地的生态效益。

②都会中心区：以三岭山森林公园和湖光岩风景名胜区为依托，用生态廊道将赤坎水库、青年运河等连接起来，构筑基质良好、斑块合理、廊道畅通的景观格局，同时营造"城市绿心"，创造适宜的人居环境。

③经济走廊生态功能区：沿广湛铁路、黎湛铁路、渝湛高速公路、广湛高速公路、207国道、和325国道等经济走廊两侧，构筑一定宽度的缓冲绿地，改善城镇的环境质量，限制城镇的无序发展。

1）207国道、广湛高速公路、粤海铁路三条主干道之间和两侧，要建设150～300米宽的防护绿带。

2）沿325国道、渝湛高速公路两侧，规划建设50～200米宽的生态绿带，减轻车辆的线性污染。

3）沿黎湛铁路两边规划和改造50～200米宽的生态绿带，优化沿线的生态环境质量。

在上述带状绿地之间，可设置50米宽的绿化连接带，形成网络状的绿地系统，充分发挥区域绿地的生态功能。

④南部沿海生态区：严格保护市域南部沿海的生态功能区，包括徐闻候鸟保护区、角尾珊瑚保护区、灯角楼森林公园、三墩森林公园、罗斗沙森林公园、前山森林公园、海岛森林公园、北莉森林公园、白沙湾旅游度假区和部分红树林保护区，防止破坏性的建设和开发。

⑤东部滨海开敞区：从吴川东南沿海到湛江港、雷州湾沿岸以及南

三岛、东海岛、硇洲岛的滨海开敞区，是生态敏感地带。要加强沿海防护林和红树林的改造和建设。对吉兆湾旅游度假区、东海岛旅游度假区、硇洲岛旅游度假区等进行适度开发，保证市域滨海环境的可持续发展。

⑥西部沿海生态区：沿北部湾东岸从安铺到流沙湾一带，是未来北部湾经济圈的核心地带之一。要做好高桥国家级红树林保护区的建设工作，对沿海养殖、盐田等进行限制性开发，保护好沿海滩涂湿地。

⑦市域水源涵养区：主要包括四个区域：北部的鹤地水库、武陵水库、九洲江水源涵养区；东北部鉴江、袂花江干流和支流流域的水源涵养区；中部的赤坎水库、西湖水库、青年运河水源涵养区；中南部南渡河流域、土乐水库、龙门水库水源涵养区。要通过植被保护和改造，形成结构合理、生态稳定的植物群落，保证水源涵养区的生态安全。

2.2.4 市域绿地系统分类规划

根据市域资源特点和区域绿地功能要求，规划将6大类绿地纳入区域绿地系统，即：生态保护区、海岸绿地、河川绿地、风景绿地、防护、缓冲绿地、特殊绿地。

①生态保护区：含自然保护区、水源保护区、基本农田保护区和土壤侵蚀区等。自然保护区要严格控制人员进入核心区，在缓冲区的旅游和经营活动应得到有关部门的批准；在水源保护区范围内严禁任何破坏和污染水源的行为；要确实保护优质农田，保证耕地的占补平衡；在严格控制土壤侵蚀面积的同时，用生物工程和生态工程相结合的方法，恢复生态系统的生产力。

②海岸绿地：包括众多具有特殊景观和科学价值的滨海岸线、沿海湿地和集中连片的红树林分布区、重要海水养殖区、围填海区及特种海洋生物繁衍保护区等。要努力保护现有红树林湿地，扩大红树林种植面积，并将零星分布的小片林地适当整合。

③河川绿地：包括主干河流及堤围、大型湖泊沼泽、大中型水库及水源林等。其中：鹤地水库陆域一级保护区为水域42.87米水位线向陆纵深200米内的陆域；二级保护区为42.87米水位线向陆纵深2000米内除一级保护区外的陆域。甘村水库、合流水库、大水桥水库、青建岭水库、西湖水库、白水沟水库全部水域为一级保护区，其正常水位向陆纵深100米为陆域一级保护区。除西湖水库外，水库正常水位线向陆纵深1000米，除一级保护区外为陆域二级保护区。鉴江、袂花江、南渡河相应一级保护区水域两岸河堤外坡脚向陆纵深100米内为陆域一级保护区。鉴江、袂花江相应二级保护区水域两岸河堤外坡脚向陆纵深2000米内，除一级保护区外为陆域二级保护区。

④风景绿地：包括森林公园、风景名胜区、旅游度假区、郊野公园等。在开发建设前要进行环境影响评价，适度开发和经营，将人为活动的不利影响控制在绿地生态系统的自净能力范围之内。

⑤防护、缓冲绿地：包括环城绿带、重大基础设施绿化隔离带、防灾避灾绿地等。规划在城市建设区外围强制设定300～500米宽的绿色开敞空间作为环城绿带，防止城镇的无序蔓延，同时为市民提供更多的休憩空间。

规划在廉江安铺镇与横山镇，吴川市中山镇与黄坡镇，雷州市雷城镇与附城镇、白沙镇，遂溪县遂城镇与黄略镇，徐闻县徐城镇与海安镇、五里镇等城镇密集发展区，要统筹规划设置环城绿带，其最小宽度应不低于500米，绿地率在75%以上。

要加大沿海防护林的建设力度，形成坚固的"绿色长城"。在主要交通干道两侧，要至少设置50米以上的防护绿带。在市区有产生环境污染物质的单位周围，要布置一定规模的绿地，将其对环境的不利影响降至最低限度。

⑥特殊绿地：包括特殊的地质地貌景观区、自然灾害敏感区、文物保护单位、传统风貌区。此类地区要以景观保护为主，适度开发，保护其自然性和完整性。文物保护单位和传统风貌区要制定相关的保护办法，力求保持地区环境的历史真实性。

⑦雷州半岛人文资源：雷州半岛的名胜古迹甚多，诸如湛江市区的寸金桥、高州会馆、雷阳武庙（关帝庙）、福寿山寺、清凉寺、龙王岗古窑址、石门双山寺、洪圣庙、冼吴庙、贞孝坊、白鸽寨宣封庙、武帝庙、雷东烈士纪念碑，吴川县的双峰塔、报浦亭、学宫（对殿）、南天门、林召堂故居、张炎故居、梧山岭贝丘遗址，徐闻的汉墓群、伏波祠、贵生书院、登云塔，廉江的双峰嶂、谢建嶂、仙人井、石室堆琼、三合温泉、罗州古城遗址等，都具有独特的文化价值和历史内涵。

人文资源保护要注重以下几个方面：制定相关的保护办法，以保护为主，适度开发，保护其历史性和完整性；在古迹和新城区之间设置适当宽度的绿化带，不仅可以起缓冲和保护的作用，还可以调节文物古迹和现代建筑之间的视觉差距；加强多种形式的宣传教育活动，激发民众的历史责任感和自豪感，促进大众共同参与保护人文资源；利用历史上形成的开放、兼容的文化特质，充分吸收周边发达地区的经济文化辐射，加速自身经济文化的快速发展。

2.2.5 市域绿地系统规划控制要求

①规划建立市域城镇组团间的防护、缓冲绿地，控制城镇的无序延伸。

②对市域绿地系统进行分级管制。在一级管制区内，禁止一切开发建设行为，逐步迁出不符合要求的人工设施，并加强对原生环境的恢复。此类绿地内建筑密度应低于0.5%，容积率应低于0.01，层高不得超过4米。在二级控制区内，严格限制开发建设强度，相应的限制指标为2%、0.04、7米。

③在自然保护区、沿海防护林、红树林湿地和风景旅游区等区域内，建立海滨（海岛）的防护绿地系统。此区内相关的开发活动，主要限于深水岸线的港口建设和滨海旅游。

④结合城镇之间的丘陵台地、基本农田保护区及河道设置隔离绿地，

重点控制湛江市周边城镇相接的发展态势。

⑤将广湛公路、207国道等主干交通线两侧防护绿地划入区域绿地，限制现有城镇延交通线的带状延伸趋势。

⑥将北部大中型水库和青年运河等输水干线划入区域绿地一级管制区；市域的主干河道和堤围，均划入二级管制区。

⑦严格保护规划控制的区域绿地面积，2005年要达到市域面积的42%；到2020年要达到市域面积的50%，并保持长期稳定。

2.3 城市绿地系统规划结构与布局

2.3.1 城市绿地系统规划结构

湛江市城市绿地系统的基本结构，由相互依托、相互联系的环城绿地系统和城区绿地系统两个层次组成。其中，环城绿地系统对城区绿地系统形成空间围合，是城市环境的生态基础，与区域绿地系统相连。城区绿地系统通过河流、海湾等生态绿地与环城绿地系统形成联系，相互贯通与延伸，形成统一的整体。

环城绿地系统的规划结构可概括为"青山碧湖环绿城，港湾翠岛镶明珠。"即结合城区外围规划控制区内的山体、湖泊、水库、海岛、湿地、公路林带、防护绿带等绿色空间，规划建设一批森林公园、生态保护区、风景名胜区、旅游度假区和郊野公园。

城区绿地系统的规划结构可以概括为"六区、五心、四廊、三带、两轴、一岸"。

"六区"，即要在赤坎区、霞山区、开发区、麻章区、坡头区、东海岛六个行政区之间建设一定宽度的组团隔离绿带，统筹安排区内各类绿地。

"五心"，即重点规划建设五个大型市级公园：滨湖公园、水库公园、南国热带花园、霞湖地区城市绿心（含海滨公园）和南海公园。

"四廊"，即以城区内的几条河流、海沟为依托，构建南—北桥河、录塘河、南柳河及坡头海沟生态绿廊。

"三带"，即构建城区内"三纵三横"主干道路绿化带（人民大道、海滨大道、椹川大道、乐山大道、解放路、和军民大道）。

"两轴"，即海湾大桥—乐山大道、湖光岩—三岭山风景区景观绿轴。

"一岸"，即环湛江湾海岸两边绿化带。

2.4 城市园林绿地分类规划

2.4.1 公园绿地规划

①市区公园绿地的规划建设要点如下：

1）充分利用市区土地资源，因地制宜发展公园绿地；公园布局要注重点、线、面相结合。

2）公园绿地建设要贯彻生态优先、经济实用原则，以植物造景为主，配套必要的休闲游憩设施。

3）充分考虑公园绿地合理的服务半径，力求做到大、中、小均匀分布，尽可能方便居民使用。根据湛江市区的现状条件，市级公园服务半径为2000米，区级公园服务半径为1000米，居住区级公园和街道小游园为500米。市区内每个居住小区都要建设一个 2000 平方米以上的公园绿地。

4) 公园绿地的设施内容，应考虑各种居民的游憩生活需要，力求达到公园绿地功能的多样化。

② 新增公园绿地的布局规划要求为：

1) 加强沿海带状绿地中的旅游设施配套建设和景观设计，突出其在城市中的地位，规划沿观海大道纵深 30～60 米建设带状公园，并与海湾大桥桥头公园等开敞绿地空间相结合。

2) 规划沿南—北桥河、文保河、录塘河、南柳河等流经市区的河流两侧，结合地形和岸线设计，设置宽度不少于 30 米的滨水游憩绿带，形成特色景观。

3) 在旧城区内"拆违建绿"、"见缝插绿"，改变居住环境较差的现状。

4) 对寸金公园、霞湖公园、海滨公园等主要市级公园进行规划修编与景观改造，新建滨湖公园、南国热带花园，完善三岭山森林公园。

5) 在市区主要出入口建设大型街头绿地，丰富城市主干道节点景观。

6) 在重要文物古迹和城市广场附近增辟公园绿地。

7) 规划期内，每个行政区都要建设 1～2 个面积达 30000 平方米以上的公园，每个行政街、镇区要建设一个面积 3000 平方米以上的中心绿地。

8) 各类城市公园建设用地指标，应当符合国家有关规范、标准的规定。街道游园建设的绿化种植用地面积应不低于 70%；园内游览、休憩、服务性建筑的用地面积，应不超过 5%。

2.4.2 生产绿地规划

规划安排适当规模的生产绿地为城市绿化建设服务，主要分布在坡头、麻章、东海岛三个行政区内，总面积占城市规划建设用地的 2% 以上。

2.4.3 防护绿地规划

规划沿城市建成区外围的公路、铁路、高速公路、快速干道、高压走廊、河涌沿线建设防护绿地；在主要工业区、仓储区和城市其他功能区域间建设防护绿地。

市区内各类防护绿地的设置，应当符合下列规定：

① 主要城市干道规划红线外两侧建筑的退缩地带和公路规划红线外两侧的不准建筑区，除按城市规划设置人流集散场地外，均应用于建造绿化隔离带。其宽度分别为：

城市干道规划红线宽度 26 米以下的，两侧各 5 米至 7 米；规划红线宽度 26 米至 60 米的，两侧各 7 米至 10 米；规划红线宽度 60 米以上的，两侧各 10 米至 20 米。

公路规划红线外两侧不准建筑区的隔离绿化带宽度，国道各 20 米，省道各 15 米，县（市）道各 10 米，乡（镇）道各 5 米。

规划在城市建成区外围沿交通干道两侧设置宽度各为 500 米的环城防护绿带。该绿带经湖光岩风景区沿疏港大道北上，穿过城区北部，经官渡沿海湾南下，绕过南三岛、海湾，再由东海岛北上闭合至湖光岩风景区。

②城市高速公路和城市立交桥控制范围内，应当进行绿化。

③高压输电线走廊下安全隔离绿化带的宽度，应按照国家规定的行业标准建设，即 550 千伏的，不少于 50 米；220 千伏的，不少于 24 米。

1）城市水源地涵养林宽度应不少于 100 米，赤坎水库饮用水体防护绿带宽度为 100～300 米。

2）海湾地区的防护绿化，必须符合航道通航和防潮、防风要求，并满足风景游览功能的需要。

3）市域铁路沿线两侧的防护绿带宽度，每侧不得小于 30 米。

2.4.5 居住区绿地规划

市区内居住区绿地的规划建设，要达到下列标准：

①居住区绿地率应＞30%，其中 10% 为公园绿地。居住区、居住小区和住宅组团的绿地率，在新城区的不低于 30%，在旧城区的不低于 25%。其中，公园绿地的人均面积，居住区不低于 1.5 平方米，居住小区不低于 1 平方米，住宅组团不低于 0.5 平方米。

②居住区级公园面积应在 10000 平方米以上，居住小区级公园面积应在 5000 平方米以上。

③居住区绿地的绿化种植面积应不低于总面积的 75%。

2.4.6 附属绿地规划

市区内所有建设项目，均应按规划要求的指标配套附属绿地，原则上绿地率不得低于 30%。城市小组团隔离绿带、低密度建设绿化缓冲区和城市风廊所经过的花园式单位等，要尽量提高绿地率。

①市区内所有建设工程项目均应安排配套绿化用地，其绿化用地占建设工程项目用地面积的比例，应当符合下列规定：

1）医院、休（疗）养院等医疗卫生单位，在新城区的，不低于 40%；在旧城区的，不低于 35%。

2）高等院校、机关团体等单位，在新城区的，不低于 40%；在旧城区的，不低于 35%。

3）经环境保护部门鉴定属于有毒有害的重污染单位和危险品仓库，不低于 40%，并根据国家标准设置宽度不少于 50 米的防护绿带。

4）宾馆、商业、商住、体育场（馆）等大型公共建筑设施，建筑面积在 20000 平方米以上的，不低于 30%；建筑面积在 20000 平方米以下的，不低于 20%。

5）红线大于 50 米的道路绿地率不低于 30%；红线 40～50 米的道路绿地率不低于 25%；红线小于 40 米的道路绿地率不低于 20%。

6) 仓储用地绿地率＞20%；一类工业区绿地率＞20%，二类工业区绿地率＞25%，三类工业区绿地率＞30%，高新技术工业区绿地率＞35%。

7) 旅游设施用地的绿地率不得低于50%。

8) 其他建设工程项目，在新城区的，不低于30%；在旧城区的，不低于25%。

9) 新建大型公共建筑，在符合公共安全的要求下，应建造天台花园。

10) 附属绿地的建设应以植物造景为主，绿化种植面积应不低于其绿地总面积的75%。

② 新建、改建的城市道路、铁路沿线两侧绿地规划建设应当符合下列规定：

1) 城市道路必须搞好绿化。其中，主干道绿化带面积占道路总用地面积的比例不得低于25%，次干道绿化带面积所占比例不得低于15%。

2) 城市快速路和城市立交桥控制范围内，进行绿化应当兼顾防护和景观。

具体规划措施为：

- 市区重点路段美化与市域道路普遍绿化相结合。
- 主要干道两侧树种的选择及种植方式，除满足道路绿化的生态及防护功能外，应结合重点地段加以美化，使之各具特色。
- 市区的道路绿化，应主要选择能适应本地条件生长良好的植物品种和易于养护管理的乡土树种，同时巧于利用和改造地形，营造以自然式植物群落为主体的绿化景观。

2.4.7 环城生态景观绿地规划

① 森林公园

加强市域山体的造林绿化，规划建设南三森林公园（48.1平方公里）；坡头森林公园（27.6平方公里）；龙头笔架岭森林公园（99.9平方公里）；麻章森林公园（22.9平方公里）；东海岛东山森林公园（13.4平方公里）；东海岛龙水岭森林公园（11.5平方公里）；东海岛东南森林公园（18.6平方公里）；三岭山森林公园（22.3平方公里）。

森林公园规划建设要以优化森林生态环境质量为核心，结合大众游憩功能的需要改造林分林相，提高森林覆盖率；改善园内交通条件。要按核心保护区、缓冲区和旅游区的不同要求，分级控制旅游开发强度，完善配套服务设施，发展与森林生态环境保护相适应的休闲旅游项目。

② 生态保护区

规划建设通明海生态保护区、龙王海生态保护区、南三河生态保护区、石门桥生态保护区。

③风景名胜区、旅游度假区和郊野公园

规划期内，要继续建设完善湖光岩风景名胜区、东海岛省级旅游度假区、南三岛生态旅游区、东坡荔园以及新规划的七星岭郊野公园、甘村水库郊野公园、特呈岛旅游度假区、东头三岛旅游度假区。其中的建设重点为：

1）湖光岩风景名胜区：要充分利用国家地质公园的资源优势，突出玛珥湖特色，结合地形地貌完善旅游服务项目，积极创造条件成为质优的国家级风景名胜区。

2）东海岛省级旅游度假区：要在严格保护好沿海防护林带的基础上，调整、充实和完善旅游项目，增强对市民和游客吸引力。

3）南三岛生态旅游区：要充分利用海岛与森林相依的资源优势，开发适当的休闲度假旅游项目。

④基本农田保护区与生态农业区。

市域农业发展要按照"两个圈层"的规划构思进行调整，逐步形成各具产业特色的空间布局。

1）第一圈层是近郊区（坡头、麻章、东海岛），重点引导发展蔬菜、花卉、林果、草坪等绿色园艺产业，适当发展健身、休闲、体验型农业。近郊城市饮用水源流域限制发展畜牧业、水产业和对城市有较大污染的其他产业。

2）第二圈层是中远郊区（近郊区外围其他村镇），要突出种养业和多种经营，因地制宜地发展优质稻谷和蔬菜种植业、林果业、花卉园艺业、畜牧业、水产业、种子种苗业、观光休闲农业以及农产品加工和流通业等主导产业。

⑤环城道路防护绿带

规划在建成区外围沿交通干道两侧设置宽度各500米的环城防护绿带，绿带经湖光岩风景区沿疏港大道北上，穿过主城区北部，经官渡沿海湾南下，绕过南三岛、海湾，由东海岛北上至湖光岩风景区。该绿带既是城市的景观带，又是城市的防护绿带。

2.5 城市绿化应用树种规划

2.5.1 规划目标

通过对城市绿化应用树种的合理选择和引导配置，在市区各类绿地内逐步构成特色鲜明、物种丰富，外来树种和乡土树种和谐共生、生态效益稳定的植被群落。

2.5.2 规划原则

①地带性适地适树原则。要充分研究绿化树种的生理和生态特性，合理选用适合湛江自然气候条件的树种，构建具有热带风光特色的地带性植被群落。

②乡土树种优先原则。在城市绿化建设中，要优先选用乡土树种；对一些外来引进树种，要采取"改树适地"或"改地适树"的措施进行栽培适应，不断丰富湛江的绿化物种。

③生态效益优先原则。城市绿化应用树种选择要优先考虑生态效益，兼顾景观美学价值。

④乔灌花草结合复层混交配置原则。城市绿化设计要注意不同层次的乔灌花

草的搭配，提高单位面积的生物多样性指数，努力增加绿地生物量，实现复层混交的景观效果。

2.5.3 基调树种规划

规划选用33个树种类型为湛江市城市绿化基调树种：南洋杉、竹柏、白兰、火力楠、樟树、大叶紫薇、尖叶杜英、爪哇木棉、红花羊蹄甲、凤凰木、印度紫檀、细叶榕、大叶榕、菠萝蜜、垂叶榕、高山榕、非洲桃花心木、麻楝、龙眼、人面子、芒果、小叶榄仁、大叶榄仁、石栗、秋枫、海南蒲桃、盆架子、火焰木、大王椰子、椰子、蒲葵、华盛顿葵、竹类。

2.5.4 骨干树种规划

①庭园绿地骨干树种

规划选用177种、8个专类树种作湛江市庭园绿地的骨干树种（包括乔木、灌木和大型木质藤本）：

苏铁、南美苏铁、落羽杉、竹柏、罗汉松、龙柏、南洋杉、白兰、番荔枝、鹰爪花、阴香、胶樟、大叶紫薇、银桦、印度第伦桃、印度大风子、洋蒲桃、蒲桃、串钱柳、小叶榄仁、千果榄仁、大叶榄仁、竹节树、檀香、锡兰橄榄、尖叶杜英、水石榕、苹婆、假苹婆、美丽异木棉、木棉、爪哇木棉、猴面包树、乌桕、光棍树、血桐、白木香、青梅、坡垒、母生、海南红豆、牛蹄豆、雨树、黄花盾柱木、无忧花、仪花、腊肠树、粉花山扁豆、凤凰木、红花羊蹄甲、刺桐、印度紫檀、红苞木、小叶榕、大叶榕、垂叶榕、高山榕、菠萝蜜、菩提树、橡胶榕、琴叶榕、胭脂木、见血封喉、橄榄、非洲桃花心木、台湾栾树、龙眼、扁桃、人面子、芒果、幌伞枫、人心果、吊瓜树、神秘果、金星果、珠砂根、伊朗芷硬胶、马钱子、鸡蛋花、盆架子、倒吊笔、火焰木、猫尾木、红刺林投、旅人蕉、宝巾类、变叶木类、大红花类、龙舌兰类、朱焦类、龙血树类、棕榈类、竹类等等。

②防护绿地骨干树种

防护绿地应选择适应性和抗逆性强、管理粗放、分枝点较高（行道树）的树种。根据湛江的实际情况，分别规划如下：

1）行道树种

细叶榕、大叶榕、高山榕、大王椰、椰子、老人葵、盆架子、非洲桃花心木、人面子、秋枫、印度紫檀、大叶紫薇、凤凰木、菠萝蜜、大叶榄仁、阴香、樟树、麻楝、扁桃、石栗、尖叶杜英、海南红豆、长叶马府油、芒果等25种。

2）海岸防风抗旱树种

加勒比松、南洋杉、火力楠、樟树、木麻黄、黄槿、白千层、红车木、窿缘桉、柠檬桉、尾叶桉、大叶榄仁、朴树、乌桕、勒仔树、台湾相思、大叶相思、马占相思、苦楝、盐肤木、芒果、盆架子、椰子、假槟榔、大王椰子、鱼尾葵、加纳利海枣、朱蕉类、龙舌兰类、勒古等30种类。

3）海滩湿地红树林树种

秋茄、木榄、红茄、竹节树、无瓣海桑、海桑、黄槿、杨叶肖槿、白骨壤、假茉莉、榄李、水黄皮、红海榄、鱼藤、小花老鼠勒、老鼠勒、角果木、阔包菊、海芒果、海漆、银叶树、桐花树、卤蕨、海南草海桐、苦槛蓝、南方碱蓬、盐地鼠尾草、沟叶结缕草。

4）抗大气污染树种

圆柏、竹柏、樟树、高山榕、细叶榕、印度橡胶树、木麻黄、朴树、海桐、黄槿、石栗、蒲桃、大叶相思、夹竹桃、盆架子、芒果、苦楝、鱼尾葵。

5）交通防护绿地骨干树种：

池杉、落羽杉、南洋杉、大叶桉、隆橡桉、柠檬桉、白千层、大叶榄仁、尖叶杜英、黄槿、石栗、大叶相思、台湾相思、马占相思、勒仔树、朴树、苦楝、麻楝、芒果、马甲子、岭南山竹子、山指甲、盆架子、夹竹桃、短穗鱼尾葵、蒲葵。

2.5.5 一般树种规划

①棕榈科植物

棕榈科植物能集中体现湛江市的热带地域特征和南国海滨风情。主要应用树种规划如下：

椰子、大王椰子、油棕、桃榔、蒲葵、皇后葵、鱼尾葵、董棕、加拿利海枣、银海枣、华盛顿葵、假槟榔、布迪椰子、扇叶糖棕、贝叶棕、箬棕、三角椰、国王椰、孤尾椰、蝴蝶椰、棍棒椰子、酒瓶椰、霸王棕、红棕榈、黄棕榈、蓝棕榈、圣诞椰子、美丽针葵、棕竹类、散尾葵、短穗鱼尾葵、青棕、三药槟榔。

②地被植物及攀援植物

鸭脚木、福建茶、希美莉、假金丝马尾、雪茄花、美丽祯桐、金银花、薜荔、冷水花、蜘蛛兰、假花生、大叶红草、小蚌兰、美人蕉、龟背竹、珊瑚藤、紫藤、鸡蛋果、蒜香藤、鸡血藤、羊蹄藤、夜香花、大花老鸦嘴、炮仗花、勒杜鹃、爬山虎、白蝶合果芋、葡萄、绿萝、五爪金龙、茑萝、常春藤、云南黄素馨、过江龙。

③庭荫树种

榕树类、菠萝蜜、白兰、黄兰、樟树、朴树、锡兰橄榄、石栗、无忧树、仪花、凤凰木、刺桐、人面子、龙眼、荔枝、人心果、伊朗紫硬胶、盆架子、吊瓜。

2.5.6 常用观赏树种规划

①观叶观果类

变叶木、红背桂、一品红、红桑、鸭脚木、佛手瓜、印度橡胶榕、垂叶榕、海桐、番木瓜、荔枝、龙眼、芒果、人心果、鸡蛋果、假连翘、艳山姜、彩叶草、海芋、五彩椒、吉庆果、旅人蕉、肖竹芋、朱蕉、龙舌兰、虎尾兰、沿阶草、肾蕨、火龙果。

②肉质类

仙人掌、令箭荷花、仙人球、仙人柱、铁海棠、光棍树、佛肚树、红雀珊瑚、龙骨、石莲花、芦荟。

2.5.7 绿化树种配置技术指标与苗木培育规划

恰当的绿化树种的种植比例，有利于提高城市绿地系统的生态景观效益，指导绿化苗木的生产和科研工作。根据湛江的自然条件，城市绿化的乔灌木树种配比宜为 7∶3，常绿和落叶树种配比宜为 9∶1。

规划期内，要扶持发展一批较大规模的绿化苗圃基地，使绿化苗木的本地自给率达到 80% 以上。要进一步加大园林科研工作力度，在推广地带性乡土树种和保护珍惜濒危树种的同时，引种驯化一些优质新品种，提高城市园林绿地的物种的多样性指数。

2.6 生物多样性保护规划

2.6.1 生物多样性保护的意义

生态系统的稳定性依赖于物种的多样性，多样性能导致稳定性。城市绿地系统的规划与建设，是城市化地区生物多样性保护主要的空间载体和工作领域。

2.6.2 生物多样性保护目标

在城市绿地系统中，通过保护和构建和谐、有序、物种丰富的植被生态群落，形成市域内稳定的生态系统，表现热带城市地带性植被景观特征。

2.6.3 生物多样性保护措施

①基因多样性保护：要特别注重珍稀濒危物种的移地保护，同时恢复和引进适应本地环境的物种，增加基因库存量。

②物种多样性保护：要大力推广地带性乡土树种，加强对外来树种和珍稀树种的研究和引进。

③生态系统多样性保护：要注重城乡交错地带生态界面的保护，结合交通干道沿线的宜林地造林绿化、沿海防护林建设、裸露山体植被恢复等林业生态工程，努力构建物种丰富，结构完善，景观多样，功能齐全的市域生态植被体系，维护生态平衡。

④景观多样性保护：要利用景观生态学原理，在城市各生境岛之间建立"绿色廊道"以增加生境的连接度，把自然引入城市，给生物提供更多的生存和繁衍环境。

2.6.4 红树林保护规划

要做好湛江市国家级红树林自然保护区的发展工作，保护高桥、界炮、企水、东寮、湖光、民安等重点海岸湿地，通过引种栽培增加市域红树林面积，并适当整合零星分布的小片红树林，充分发挥其特殊的生态功能。

2.7 古树名木保护规划

2.7.1 规划目标

为充分体现市区现有古树名木的历史、文化、科学和生态价值，要结合实际，通过加强宣传教育，提高全社会保护古树名木的群体意识，不断完善相关法规，加大执法力度，依法保护古树名木。同时，要积极推动古树名木保护及养护管理方面的科学研究，制定相应的技术规范，建立专业的古树名木保护管理队伍。

2.7.2 古树名木保护规划

①立法保护：要将全市的古树名木管理纳入规范化、法制化轨道，进一步完善相关法规，制定相应的实施细则，明确古树名木的保护管理部门及其职责。

②宣传教育：要通过媒体宣传等手段，加大市区内古树名木保护的宣传教育力度，提高广大市民的积极保护意识。

③科学研究：组织开展有关古树名木保护的科学研究，制定符合湛江实际的古树名木保护管理技术规范，积极防治病虫害，抢救生势衰弱的古树名木。

④建档管理：规划期内，应将市区全部的古树名木列入法定保护范围，逐步建立古树名木管理档案，并有针对性地制定综合养护管理技术措施。

2.8 分期建设规划

2.8.1 近期建设规划

2003～2005年，市区园林绿化建设的目标是进一步完善中心城区的绿地空间形态。建设重点为：

①观海长廊及海湾沿岸节点绿地；

②录塘河、南柳河的整治及沿河绿化带的建设；

③城市主要出入口大型节点绿地的建设；

④城市轴线节点绿地及绿廊的建设；

⑤城市生态开敞区的"亲民"绿地；

⑥规划区内的公路、铁路、高速公路、快速干道、高压走廊沿线的绿化隔离带；

⑦南国热带花园等主要大型市级公园的建设；

⑧市区内按合理服务半径规划布局的各类公园绿地。

2.8.2 中期建设规划

2005～2010年，市区园林绿化建设的重点为：

①完善城市绿地系统的结构形态；

②采用"租地建绿"等多种方式扩大绿化建设用地；

③城市绿地规划建设的长期控制和短期目标相结合，实现"一区（居住小区）一公园，一路一绿地，一人一棵树"。

2.8.3 远期建设规划

2010～2020年，市区园林绿化建设的目标是：全面建成本规划所提出的市域绿色空间体系，实现"青山碧湖环绿城，港湾翠岛镶明珠"的规划目标，进一步提高城乡环境质量，把湛江建设成为中国大陆最南端富有热带海滨特色的生态型园林城市。

2.9 实施措施规划

2.9.1 规划实施措施

①提高城市绿化指标，积极拓展城市绿色空间

要千方百计利用土地资源，积极拓展绿化空间，全面达到国家园林城市的绿化建设指标，使城市绿化面貌有较大改观。

②城郊一体统筹绿化，保持城市生态平衡

要积极推进城郊一体的园林绿化，将规划区范围内的自然山体、河湖水体、林地耕地纳入城市绿地系统作为环境质量优化的重要依托，使之与城市环境溶为一体，协调共存。

③公众参与绿化建设

要积极发动公众参与园林城市建设，做到人人爱绿化，家家有绿化，处处是绿化。

④努力提高城市绿量

在城市各类绿地建设中应讲究绿量，多种乔、灌木，坚持以植物造景为主。

⑤加强绿化法规建设

要进一步研究制定促进城市绿化的配套地方法规，实现"依法建绿"和"依法护绿"。

⑥构建多渠道绿化建设投资体系

城市各级政府财政要安排专项资金保证公益性的园林绿化建设，并逐步推行以冠名、认养等形式吸引社会力量和资金投资绿化建设。

⑦加强主管部门的协调管理职能

要加强园林绿化行政主管部门的协调管理职能。市域范围内的环城绿地建设和城乡园林化工作，应由市政、园林、林业、环保、农业等多个行业部门紧密协调，共同承担。

⑧加强城市绿化苗木基地建设

要重视本市绿化苗圃和花圃的建设，开辟苗木生产基地，引进良种，定向选优，保证城市绿化建设用苗。

⑨提高园林科研和职工技术水平

要积极开展园林科研工作，大力推广和应用相关科技成果和实用技术，加强对一线人员的职业技术培训，提高城市园林绿化行业职工的技术水平。

2.9.2 城市绿化管理体制规划

①要按照国家园林城市的标准，设立专业性较强的城市园林绿化行政主管机构。规划在市公用事业局的基础上组建"市政园林局"，健全市园林管理处的工作职能，理顺体制，充实力量，完善机构，提高管理人员素质和依法行政水平，实施统一的城市园林绿化行业管理。

②按照城市绿地系统规划实施城市绿线管理，纠正历史遗留问题；规划近期内将东坡荔园、市农科所绿地、儿童公园和青少年宫（原霞湖公园），均作为城市公园绿地，从部门或区管理改为纳入市政府统一管理；规划将湛江花圃改名为"霞山绿苑"，建设以霞湖公园为中心的"城市绿心"，扩充内容、完善功能，更好地为市民服务。

③逐步建立符合城市发展需要的园林绿化管理体制与运行机制，积极探索适合湛江市情又符合时代发展方向的城市绿化规划、建设与管理新

思路、新措施，进一步提高城市绿化管理工作效率和质量。

2.10 附则

2.10.1 本规划由规划文本、规划说明书、规划图则和基础资料汇编四部分内容组成。经批准后的规划图则与规划文本具有同等法律效力。

2.10.2 本规划自湛江市人民政府批准之日起依法纳入湛江市城市总体规划体系贯彻执行。市、区两级政府的城市规划和城市绿化行政主管部门需在本规划的指导下，进一步完善有关的详细规划内容并依法组织实施。

2.10.3 本规划由湛江市城市规划和城市绿化行政主管部门负责解释。如因建设需要对本规划的内容进行修改或调整，应按法定的程序进行。

3 规划说明书（节选）

3.4 市域绿地系统规划

3.4.1 市域绿地系统的功能和作用

绿化是衡量城市文明程度、城市综合服务功能水平的重要标志，是现代化城市进步的象征。绿地系统是城市中唯一有生命的基础设施。一个结构合理、功能齐全、能流畅通的区域绿地系统，将有效地保护和改善生态环境，优化城市人居环境，增进市民身心健康，促进城市的可持续发展。市域绿地系统的规划与建设，要贯彻城乡一体化和大地园林化的思路，以生态经济学原理和可持续发展战略为指导，充分利用湛江市域山水环抱的自然地理条件和深厚的人文底蕴，构建结构合理、功能齐全、城乡一体的区域绿地系统。

3.4.2 市域绿地系统的发展战略

结合湛江市的自然生态特征和现存的山海景观格局，必须确立"生态优先"的城市发展战略，寻求经济发展和环境保护的统一，以实现"双赢"的目的。

①湛江市域的海岸线长，易受台风和海潮风影响，沿海防护林绿地是陆地的第一道防线，对市域生态环境具有至关重要的作用。沿海防护林建设应注意选用抗风沙、耐盐碱、深根性的物种。市域的滩涂湿地和红树林保护区是"自然之肾"，对提高生物多样性，维系生态系统平衡具有重要作用。海水养殖区和围填海区具有很高的生产力，同时也是旅游观光和科学研究的重要基地，应严格加以保护。因此，应在主要海湾、枢纽岸线、重要养殖地和生活岸线设置防护林，在滩涂湿地设置红树林保护区。

②市域北部和南部以及各城镇之间的绿地是重要的"氧源"，同时还具有隔离作用，可以防止城市"摊大饼"式无序发展，应该严格加以保护，防止破坏性的开发建设，从而形成天然的"绿色屏障"。

③青年运河、鹤地水库、赤坎水库、西湖水库、白水沟水库及南渡河、鉴江、袂花江等饮用水源担负着供应全市饮用水的重大任务，要明确水质保护目标，严禁任何污染，同时要加强水库周围和流域范围各干流和支流沿岸水源涵养林的建设和保护，在保护好水质的同时，形成基于水生生态系统的生态廊道和斑块。

④市域内高速公路、铁路、国道等组成交通网络系统，是湛江市社会经济命脉之所在，同时也是重要的线形污染源，要在沿线两旁建立足够宽度的缓冲绿地，有效控制汽车尾气污染，使这些命脉发挥更大的作用。

⑤市域内的森林公园、风景名胜区、旅游度假区是市民休闲的好去处，对提高生活质量，优化人居环境具有重要意义；还可以有效缓解城市开发对环境造成的压力。因此，市域风景游憩绿地的规划建设亦十分重要。

3.4.3 市域绿地现状评价

经过多年的努力，湛江市的森林覆盖率已逐步提高，水土流失面积得到有效控制，各类保护区面积大幅度的增加，局部生态环境质量有了初步改善。但是，随着城市经济活动的增长，土地高强度开发的扩张，工业和生活污染大量增加，以及人们对生活环境质量要求的提高，使得市域绿地系统建设更显迫切。

湛江市域绿地系统现状存在着以下一些问题：

①市域森林覆盖率偏低，目前约为24.2%，与改善环境质量，提高人民生活水平所要求达到的指标相距较大。同时，森林树种单一，群落结构简单，多样性指数低，稳定性差，乱砍乱伐和侵占绿地的行为时有发生。由于森林面积较少，难以充分发挥改善气候、涵养水分和保持水土、防灾抗灾的作用。据调查统计，目前沿海防护林的面积只占市域国土面积的1.57%，且分布零散，难以发挥"绿色长城"的作用，明显滞后于城市生态环境建设的需要。

②市域降雨量少，蒸发量大，淡水资源严重不足，城市工农业和生活用水的缺口达到50%以上。随着经济的发展，用水量将不断增加，用水形势更加严峻。市域内的水源涵养林面积偏小，生态效益不高，难以发挥较大的持水和增雨作用。

③城镇的无序扩张，不断侵蚀周边的环城绿带，使一些城镇有逐渐相连的趋势。各主要交通干道两侧的隔离带宽度不够，树种结构单一，生态效益差，对线性污染的抵抗性差。这些绿地的不完善，使城市生态系统的功能发挥受到很大的制约，影响了城市未来的发展。

④自然保护区、风景旅游区、旅游度假区内的有些建筑的体量、高度和形态与周围的环境极不协调，影响了环境质量和游人的视觉享受。部分城镇建筑紧逼江河边，致使两岸的绿地受到破坏，对生态环境构成很大威胁。

⑤由于工业排污和生活污水，市域内和周边海域的水系受到不同程度的污染。生活用水安全得不到保障，海水养殖区和水生动植物繁衍区的生物也处于危险境地，这必将对生物多样性、生态系统稳定以及经济社会可持续发展造成不利影响。

⑥在空间布局方面，市域内各绿地分布不均，布局零散，相互之间

缺乏联系，没有构成有机系统。从景观生态学角度分析，各种斑块类型少，分布不均，景观多样性低，各斑块之间的生态廊网络不完整，景观质量不高，景观的功能发挥受阻。

3.4.4 市域绿地系统布局

根据湛江市域的自然地理特征，结合绿地系统现状，湛江市域绿地系统从大的形态上可以分为以下七个部分：

①北部丘陵山地生态保护区

湛江市域北部丘陵山地森林覆盖率较高，主要有竹嵩晒网森林公园、仙人域森林公园、双峰嶂森林公园、塘山岭森林公园、根竹森林公园、山祖森林公园等，这些森林公园和鹤地水库、长青水库、九洲江、沙铲河水源涵养林构成了市域北部的绿色屏障，是实现"森林围城"的关键地区，要进行森林保护和林分改造，提高绿地的生态效益。

②城市中心区绿心

指的是湛江的中心城附近，以三岭山森林公园和湖光岩风景名胜区为依托，结合赤坎、霞山区内良好的地缘条件和优美的环境，通过合理的绿地布局，用生态廊道将赤坎水库、青年运河等连接起来，构筑基质良好、斑块合理、廊道畅通的景观格局，形成都会的"绿心"，创造适宜的人居环境。

③经济走廊生态功能区

经过湛江市域的主要交通干线有广湛铁路、黎湛铁路、瑜湛高速公路、广湛高速公路、207国道和325国道。这些经济走廊是湛江的经济命脉所在。但是大量的汽车尾气污染了周边城镇的生态环境。因此要在沿线两侧构筑一定宽度的缓冲绿地，使之不仅可以改善城镇的环境质量，还可以限制城镇的无序发展。经济走廊功能区可分为"三带"，分别为：

207国道、广湛高速公路、粤海铁路这三条大部分路段近似平行的主干道之间和两边要重点规划，规划150~300米的生态绿化带，对沿线的绿化进行保护和改造，充分发挥植物群落的抗污染能力，提高周边的生态环境质量。

沿325国道、渝湛高速公路两侧规划50~200米生态绿带，以减轻线性污染。

沿黎湛铁路两边规划和改造50~200米生态绿化带，优化两旁的生态环境质量。

在带状绿地之间，可设置50米宽的连接带，以加强绿带的联系，形成网络状的绿地系统，充分发挥区域绿地的生态功能。

④南部沿海生态区

市域南部沿海地区生态环境优越，包含各种不同的生态功能区，如：徐闻候鸟保护区、角尾珊瑚保护区、灯角楼森林公园、三墩森林公园、罗斗沙森林公园、前山森林公园、海岛森林公园、北莉森林公园、白沙湾旅游度假区以及部分红树林保护区。这些生态区构成了市域南部生态屏障，有效地抵御不良气候对市域的影响，对市域的生态环境具有重要意义，应严格加以保护，防止破坏性的建设和开发。

⑤东部滨海开敞区

从吴川东南沿海到湛江港、雷州湾沿岸以及南三岛、东海岛、硇洲岛，是湛江市域海岛众多，港湾密布的滨海开敞区，具有较发达的经济发展水平，也是较容易受到污染和破坏的生态敏感地带。要加强沿海防护林和红树林的改造和建设。对吉兆湾旅游度假区、东海岛旅游度假区、硇洲岛旅游度假区进行适度开发，在实现经济快速增长的同时，保证滨海环境的可持续发展。

⑥西部沿海生态区

主要是沿北部湾东岸从安铺到流沙湾一带。该区域地势相对平坦，港湾密集，是未来北部湾经济圈的核心地带之一。这一地区生态环境的优劣直接影响到湛江市的综合竞争力，对湛江市经济社会的可持续发展具有战略意义。首先要做好高桥国家级红树林保护区的建设工作，对沿海养殖、盐田等进行限制性开发，保护好沿海滩涂湿地。

⑦市域水源涵养区

湛江市域的水源涵养林可分为四个区域，指的是市域内主要水库、水系、运河的水源涵养绿化区：北部的鹤地水库、武陵水库、九洲江水源涵养绿化区；东北部鉴江、袂花江干流和支流流域的水源涵养绿化区；中部的的赤坎水库、西湖水库、青年运河水源涵养绿化区；中南部南渡河流域、土乐水库、龙门水库水源涵养绿化区。通过植被保护和改造、扩建、形成结构合理的稳定植物群落，保证生态系统功能的有效发挥。这四区绿化区域的建设覆盖了湛江市域的大部分地区，为湛江市的景观生态格局奠定了良好的生态基质。

3.4.5 市域绿地系统分类保护规划

湛江市自然环境优良，资源丰富，历史悠久，文化积淀深厚，造就了众多具有重要生态意义的自然美景和自然保护地带，以及具有较高历史文化价值的人文景观区和历史保留地。

根据广东省建设厅《区域绿地规划指引》（GDPG-003，2002.12）和湛江市资源特点和区域绿地功能要求，将以下6大类纳入区域绿地系统：生态保护区、海岸绿地、河川绿地、风景绿地、缓冲绿地、特殊绿地。

①生态保护区保护规划

包括自然保护区、水源保护区、部分基本农田保护区和土壤侵蚀区等。生态保护区是维护自然生境，实现资源可持续利用的基础和保障。自然保护区要严格控制人员进入核心区，在缓冲区的旅游和经营活动应得到有关部门的批准；在水源保护区范围内要严格加以控制，严禁任何破坏和污染水源的行为，生活和工业污水未经处理不得排放，对污染比较严重的部门要限期整改或搬迁；要确实保护优质农田，特别是6750912亩基本农田，禁止占用良田的行为发生，一些的确需要的重点建设工程，要保证耕地的占补平衡；在严格控制土壤侵蚀面积的同时，利用恢复生态学原理，采取

湛江市域自然保护区与森林公园简表　　　　　表案 3-1

序号	区域绿地名称	所在地点	面积（平方公里）	级别
1	徐闻候鸟保护区	海岸带、海岛、水库区、红树林区	1638.8	县级
2	海岛森林公园	新寮镇	46.1	县级
3	灯楼角森林公园	角尾镇	20.0	县级
4	三墩森林公园	五里乡	15.0	县级
5	前山森林公园	前山镇	21.0	县级
6	罗斗沙森林公园	前山镇	8.6	县级
7	北莉森林公园	和安镇	15.0	县级
8	东角森林公园	龙塘镇	30.0	县级
9	石板原始森林公园	下桥镇	12.2	县级
10	海滨森林公园	海安镇	13.0	县级
11	城东森林公园	县城区	4.0	县级
12	谢鞋山森林公园	石城镇	1.8	县级
13	双峰岭森林公园	塘蓬镇	28.6	县级
14	山祖森林公园	河唇镇	6.9	县级
15	竹蒿晒网森林公园	石角镇	6.3	县级
16	佳龙山森林公园	新华、良垌	7.3	县级
17	仙人域森林公园	长山、青年	60.3	县级
18	塘山岭森林公园	石城镇	2.2	县级
19	根竹峰森林公园	禾寮、塘蓬	3.6	县级
20	白水沟森林公园	雷城镇新城区	33.7	县级
21	九龙山风景区	调风镇	53.3	县级
22	遂溪森林公园	遂城镇	2.07	县级
23	乌蛇岭森林公园	附城镇、黄略镇	30.9	市级
24	县级马头岭森林公园	附城镇	42.3	市级
25	湛江红树林自然保护区	湛江地区	200.0	国务院
26	湖光岩风景名胜区	湛江湖光镇	4.7	国家级
27	三岭山森林公园	湛江霞山区	9.3	市级
28	东海岛国家森林公园	湛江东简镇	13.3	林业部

生物工程和生态工程相结合的方法，对受损生态系统进行改造，以恢复该生态系统的生产力，并向良性方向演替。

②海岸绿地保护规划

包括众多具有特殊景观价值和科学价值的滨海岸线、部分沿海湿地和集中连片的红树林分布区、重要海水养殖区及围填海区以及特种海洋生物繁衍保护区等。湛江是海洋大市，具有丰富的生物、港口和旅游资源，严格保护珍贵的海岸绿地资源，保护海洋生态系统的稳定性，是发挥海洋优势，体现滨海特色的重要途径。沿海地区的各种产业开发要适度，不能只考虑经济效益，要以生态经济学原理为指导，实现社会、经济和生态三大效益的统一，从而达到可持续发展的目的。湛江市红树林自然保护区是湿地的主要类型之一，是物种多样性指数和系统生产力

湛江市域基本农田保护区简表 表案 3-2

所在行政区	面积（亩）
徐闻县	61321.8
雷州市	137370
遂溪县	91600
廉江市	86216.7
吴川市	33532
坡头	15026.7
东海	9020
麻章区	14436.2
赤坎	650
霞山	887.4
合计	450060.8

很高的特殊生态系统，对维护湛江市域生态平衡，提高人居环境质量具有重大的意义。在保证现有 7777 公顷红树林面积不受损害的前提下，加强和国际社会和科研学术团体的合作，开展红树林的研究和开发，利用引进和组培等手段，选择适应性强，生态效益显著的红树林植物，加大造林力度，改造次生林分，扩大红树林湿地面积。在此基础上，用生态廊道网络系统将零星分布的小片林地连成一体，形成一个自然有机整体，产生规模效应，实现三大效益最大化。

③河川绿地保护规划

包括主干河流及堤围、大型湖泊沼泽、大中型水库及水源林等。湛江市的河川水域，是城乡居民生产生活的生命线。随着社会和经济的发展，湛江市的水资源不足问题逐渐显现出来，为了实现湛江市的持续发展，必须加强河川绿地的管制，严格控制污染源，保证河流、湖泊、水库的水质安全。

鹤地水库陆域一级保护区为一级保护区水域 42.87 米水位线向陆纵深 200 米内的陆域，陆域二级保护区为 42.87 米水位线向陆纵深 2000 米内，除一级保护区外的陆域。甘村水库、合流水库、大水桥水库、青建岭水库、西湖水库、白水沟水库全部水域，为一级保护区的水域保护范围，其正常水位向陆纵深 100 米为陆域一级保护区。除西湖水库外，水库正常水位线向陆纵深 1000 米，除一级保护区外为陆域二级保护区。

鉴江、袂花江、南渡河相应一级保护区水域两岸河堤外坡脚向陆纵深 100 米内为陆域一级保护区。鉴江、袂花江相应二级保护区水域两岸河堤外坡脚向陆纵深 2000 米内，除一级保护区外为陆域二级保护区。

④风景绿地保护规划

包括森林公园、风景名胜区、旅游度假区、城市郊野公园等，是在城郊及乡村地区保存或辟建，为人们提供观赏、休闲、游憩、娱乐的各种大型园林绿化场地和设施。风景绿地既可为城市居民提供更多的自然休闲体验，也可有效减轻城市开发对环境造成的压力。在开发之前，要进行环境影响评价，研究可能造成的不利影响，寻求切实的解决方法和弥补措施，协调人口、资源和环境的矛盾。风景绿地要适度开发和经营，避免短期行为，将风景绿地造成的不利影响控制在生态系统的自净能力范围之内，为实现可持续发展提供坚实基础。

⑤防护、缓冲绿地保护规划

包括环城绿带、重大基础设施隔离带、大规模的自然灾害防护绿地等。缓冲绿地是为城市及重大设施设置的防护和隔离区域，具有卫生、隔离、安全防护的功能，同时可以在城市或设施与周边之间形成一定的缓冲空间，管理城乡发展建设形态。在城区建设区外围，要强制设定300~500米宽的绿色开敞空间作为环城绿带，防止城镇的无序蔓延，同时为市民提供更多的休憩场所。廉江安铺镇与横山镇，吴川市中山镇与黄坡镇，雷州市雷城镇与附城镇、白沙镇，遂溪县遂城镇与黄略镇，徐闻县徐城镇与海安镇、五里镇等城镇连绵区也要统筹规划设置环城绿带。环城绿带最小宽度不低于500米，绿地率应在75%以上。

湛江是个自然灾害高发区，沿海防护林建设对维护经济发展和保护人民生命财产安全具有重要作用，要加大防护林的建设力度，形成一道坚固的"绿色长城"。在主要交通干道两侧，至少设置50米以上的防护带，以减少线性污染程度。在产生污染物质的单位周围，根据干扰和危害的程度布置一定规模的绿地，将环境影响降至最低限度。

⑥特殊绿地保护规划

此类绿地包括特殊的地质地貌景观区、自然灾害敏感区、文物保护单位、传统风貌区。此类地区要以景观保护为主，适度开发，保护其自然性和完整性。文物保护单位和传统风貌区要制定相关的保护办法，力求保持地区环境的历史真实性。例如：湛江市湖光岩玛珥湖是火山爆发后，留下的火山口积水而形成，是研究自然界变化的一个窗口，具有重要的科学考察和旅游观光价值。在开发之前要进行环境影响评价，确保可持续利用。

湛江市水产资源保护区名录　　　　　　表案 3-3

名　称	面积（公顷）	保护等级	保护品种
雷州白蝶贝自然资源保护区	47384	省级	白蝶贝
徐闻珊瑚资源保护区	14378	省级	珊瑚礁
硇洲海珍资源增殖保护区	6300	市级	鲍鱼、龙虾、江珧
徐闻大黄鱼幼鱼资源保护区	196512	县级	大黄鱼
吴川市沙螺资源增殖保护区	333	县级	沙螺
吴川市东风螺资源增殖保护区	16533	县级	东风螺
徐闻鲎资源保护区	1726	县级	中国鲎、圆尾鲎
雷州湾水产资源扩养增殖保护区	20000	省级	小贝类
合　计	303166		

湛江市饮用水源保护区简表 表案 3-4

序号	保护区所在地	保护区名称	保护区目标（类）	
			一级保护区	二级保护区
1	湛江市	青年运河	II	—
2	湛江市、化州市	鹤地水库	II	II
3	赤坎区	赤坎水库	II	II
4	坡头区	甘村水库	II	—
5	麻章区	合流水库	II	—
6	徐闻县	大水桥水库	II	II
7	廉江市	青建岭水库	II	—
8	雷州市、遂溪县	南渡河	II	II—III
9	雷州市	西湖水库	II	—
10	雷州市	白水沟水库	II	—
11	吴川市	鉴江干流	II	II
12	吴川市	袂花江	II	II

⑦雷州半岛人文资源保护规划

雷州半岛具有悠久的文化传统和深厚的历史积淀，市域的文物保护单位和传统风貌区是湛江人民宝贵财产，是历史的见证，在此单列以引起社会对雷州文化的重视。

湛江市的历史可以上溯到距今约四千年到六七千年的新石器时代中晚期。湛江市人文资源是雷州人民在社会发展过程中有意无意创造的文化、古迹、习俗、建筑物、传统特色的活动等的总概括，是这一地域的文化艺术传统、人们的文化素质及精神风貌的代表。雷州城史称"天南重地"，是国家级历史文化名城。区内有西湖公园、三元塔公园、天宁寺、高山寺、雷祖祠、邦塘古民居等名胜古迹和主要景点240多处。雷州半岛的名胜古迹甚多，诸如湛江市区的寸金桥、高州会馆、雷阳武庙（关帝庙）、福寿山寺、清凉寺、龙王岗古窑址、石门双山寺、洪圣庙、冼吴庙、贞孝坊、白鸽寨宣封庙、武帝庙、雷东烈士纪念碑，吴川县的双峰塔、报浦亭、学宫（对殿）、南天门、林召棠故居、张炎故居、梧山岭贝丘遗址，徐闻的汉墓群、伏波祠、贵生书院、登云塔，廉江的双峰嶂、谢建嶂、仙人井、石室堆琼、三合温泉、罗州古城遗址等，都具有独特的文化价值和历史内涵。

人文资源保护要注重以下几个方面：制定相关的保护办法，以保护为主，适度开发，保护其历史性和完整性；在古迹和新城区之间设置适当宽度的绿化带，不仅可以起缓冲和保护的作用，还可以调节文物古迹和现代建筑之间的视觉差距；加强多种形式的宣传教育活动，激发民众的历史责任感和自豪感，促进大众共同参与保护人文资源；利用历史上形成的开放、兼容的文化特质，充分吸收周边发达地区的经济文化辐射，加速自身经济文化的快速发展（表案 3-5）。

湛江市域主要旅游度假区、风景名胜区绿地简表　　　　表案 3-5

名称	所在行政区	面积（公顷）
东海岛旅游度假区	湛江	400
吉兆湾旅游度假区	吴川	—
白沙湾旅游度假区	徐闻	—
谢鞋山风景名胜区	石城镇	1.8
双峰岭风景名胜区	塘蓬镇	28.6
山祖风景名胜区	河唇镇	6.9
竹蒿晒网风景名胜区	石角镇	6.3
佳龙山风景名胜区	新华、良垌	7.2
仙人城风景名胜区	长山、青年	60.3
螺岗岭风景名胜区	遂溪县	3673
珍珠城风景名胜区	遂溪县	4623
角头沙风景名胜区	遂溪县	1107
江洪仙群岛风景名胜区	遂溪县	345
雷城风景名胜区	雷城镇、附城镇	3600
东西洋风景名胜区	雷州城东侧和南渡河沿岸	15000
乌石风景名胜区	乌石镇	3000
九龙山风景名胜区	调风镇	800
鹰峰岭风景名胜区	英利镇	300
海康港风景名胜区	北和镇	200
龙门白沙瀑布风景名胜区	龙门镇	300
丰收南亚热带生态农业风景名胜区	调风镇	2000
幸福南亚热带生态农业风景名胜区	英利镇	1180

湛江市重要地质景观、文物保护单位名录　　　　表案 3-6

特殊绿地	性质特点
湖光岩玛珥湖	国家地质公园
雷州县城	国家级历史文化名城
雷州白沙镇雷祖祠	国家级文物保护单位
硇洲镇硇洲灯塔	国家级文物保护单位

3.4.6　市域绿地系统规划控制要求

①湛江市位于北热带，地势从中线看中央高，东西两侧低，南北两端稍高而中部低。地形受到地质构造的影响。市域的南北两端为第三纪玄母岩喷出所造成的平台地与低丘陵，中部为第四纪浅海沉积所构成的台地，境内除几个死火山口高度在 200～250 米外，其余均为海拔 50 米左右的台地，相对高约 10 米，地形起伏不大。在这个自然生态主骨架上的城镇分布格局，形成了由天然或人工植物群体为主的土地、水域和具有绿色潜能的空间。沿广湛公路、207 国道的城镇发展迅速，有逐渐相连的趋势，必须尽早建立城镇组团间的防护、缓冲绿地，阻隔城镇的线状延伸。

②对市域绿地系统进行分级管制。所谓分级管制是对区域绿地开发强度的管制。根据绿地的生态敏感度,重要程度和功能兼容程度的不同,将市域不同绿地进行不同级别的管制。在一级管制区内禁止一切开发建设行为,逐步迁出不符合要求的人工设施,并加强对原生环境的恢复。此类绿地内建筑密度应低于0.5%,容积率应低于0.01,层高不得超过4米。在二级控制区内严格限制开发建设,相应的限制指标为2%、0.04、7米。

③在自然保护区、沿海防护林、红树林湿地和风景旅游区等区域建立沿海（滨海、海岛）的防护绿地系统,此区内相关的开发活动主要限于深水岸线的港口建设和滨海旅游。

④结合城镇之间的丘陵、台地基本农田保护区及河道设置隔离绿地,重点控制湛江市周边城镇相接的发展态势。

⑤将广湛公路、207国道等主干交通线两侧防护绿地划入区域绿地,限制现有城镇延交通线的带状延伸趋势。

⑥北部大中型水库和青年运河等输水干线划入区域绿地的一级管制区,市域的主干河道和堤围划入二级管制区。

规划和严格保护控制的区域绿地面积,到2005年达到全市土地面积的42%;到2020年达到土地总面积的50%,并保持长期稳定。

3.5 城市绿地系统规划结构布局

3.5.1 城市园林绿地系统规划结构

湛江市城市绿地系统的基本结构,由相互依托、相互联系的环城绿地系统和城区绿地系统两个层次组成。其中,环城绿地系统对城区绿地系统形成空间围合,是城市环境的生态基础,与区域绿地系统相连。城区绿地系统通过河流、海湾等生态绿地与环城绿地系统形成联系,相互贯通与延伸,形成统一的整体。

环城绿地系统的规划结构可概括为"青山碧湖环绿城,港湾翠岛镶明珠。"即结合城区外围规划控制区内的山体、湖泊、水库、海岛、湿地、公路林带、防护绿带等绿色空间,规划建设一批森林公园、生态保护区、风景名胜区、旅游度假区和郊野公园。

城区绿地系统的规划结构可以概括为"六区、五心、四廊、三带、两轴、一岸"。

"六区",即要在赤坎区、霞山区、开发区、麻章区、坡头区、东海岛六个行政区之间建设一定宽度的组团隔离绿带,统筹安排区内各类绿地。

"五心",即重点规划建设五个大型市级公园：滨湖公园、水库公园、南国热带花园、霞湖地区城市绿心（含海滨公园）和南海石油公园。

"四廊",即以城区内的几条河流、海沟为依托,构建南—北桥河、录塘河、南柳河及坡头海沟生态绿廊。

"三带",即重点构建城区内"三纵三横"主干道路绿化带（人民大道、海滨大道、椹川大道、乐山大道、解放路和军民大道）。

"两轴",即海湾大桥—乐山大道、湖光岩—三岭山风景区景观绿轴。

"一岸",即环湛江湾海岸绿化带。

3.5.2 城市绿地系统规划布局

以城市大园林思想构建环城绿地系统

在城市建设用地外围城市规划区范围内将自然山体、河流、水库、湿地等重新整合形成8个森林公园、4个生态保护区、1个风景名胜区、4个旅游度假区和3个郊野公园。从东西南北向对城市形成空间围合,并通过环城快速干道连成系统,成为城市氧源和生态基础。

点线面相结合,均匀布置城区绿地系统

通过市级、居住区级公园绿地形成"面",保证城市绿地总量指标;以小区公园,街旁绿地形成大量的"点",均匀分布全市,保证让市民出门15分钟能见到绿地;以道路绿地、带状绿地及绿廊形成"线"将"点"、"面"连结成系统,并与环城绿地系统相互融合贯通。

3.6 城市绿地分类规划

3.6.1 公园绿地规划

根据湛江市城市绿地系统规划的目标与原则,市区公园绿地的规划建设要点如下:

①充分利用市区土地资源,因地制宜发展公园绿地;公园布局要注重点、线、面相结合。

②公园绿地建设要贯彻生态优先、经济实用原则,以植物造景为主,配套必要的休闲游憩设施。

③充分考虑公园绿地合理的服务半径,力求做到大、中、小均匀分布,尽可能方便居民使用。根据湛江市区的现状条件,市级公园服务半径为2000米,区级公园服务半径为1000米,居住区级公园和街道小游园为500米。市区内每个居住小区都要建设1个2000平方米以上的公园绿地。

④公园绿地的设施内容,应考虑各种居民的游憩生活需要,力求达到公园绿地功能的多样化。

在充分保护和利用好现有市区公园绿地的前提下,新增公园绿地的布局规划要求为:

1) 加强沿海带状绿地中的旅游设施配套建设和景观设计,突出其在城市中的地位,规划沿观海大道纵深30～60米建设带状公园,并与海湾大桥桥头公园等开敞绿地空间相结合。

2) 规划沿南—北桥河、文保河、录塘河、南柳河等流经市区的河流两侧,结合地形和岸线设计,设置宽度不少于30米的滨水游憩绿带,形成特色景观。

3) 在旧城区内"拆违建绿"、"见缝插绿",改变居住环境较差的现状。

4) 对寸金公园、霞湖公园、海滨公园等主要市级公园进行规划修编与景观改造,新建滨湖公园、南国热带花园,完善三岭山森林公园。

5) 在市区主要出入口建设大型街头绿地,丰富城市主干道节点景观。

6) 在重要文物古迹和城市广场附近增辟公园绿地。

7) 规划期内，每个行政区都要建设1~2个面积达30000平方米以上的公园，每个行政街、镇区要建设一个面积3000平方米以上的中心绿地。

8) 各类城市公园建设用地指标，应当符合国家有关规范、标准的规定。街道游园建设的绿化种植用地面积应不低于70%；园内游览、休憩、服务性建筑的用地面积，应不超过5%。

3.6.2 生产绿地规划

生产绿地是指专为城市绿化而设的生产科研基地，包括苗圃、花圃、草圃、药圃以及园林部门所属的果园与各种林地。由于生产绿地担负着为城市绿化工程供应苗木、草坪及花卉植物等方面的任务，因此，必须安排足够规模和数量的生产绿地为城市园林绿化建设服务；同时规范管理和生产，提高产品质量和生产效率；引入竞争机制降低成本，为城市园林绿化建设创造良好的条件。

按照建设部《城市绿化规划建设指标的规定》（建城[1993]784号文件），城市生产绿地的面积应占建成区面积的2%以上。因此，规划安排生产绿地为城市绿化建设服务，主要分布在坡头、麻章、东海岛三个行政区内，面积占规划建设用地的2%以上。

3.6.3 防护绿地规划

防护绿地是指为改善城市自然环境和卫生条件而设置的防护林地。如城市防风林、工业区和居住区之间的卫生隔离带，以及为保持水土，保护水源，防城市公用设施和改善环境卫生而营造的各种林地。

虽然湛江市由于工业基础较弱，目前工业用地与其他用地的矛盾还不是很突出，但是今年随着政府提出"致力经济结构调整，强化工业主导地位"的策略，全市迎来了工业发展的高潮。因此，如何在发展工业的同时避免对环境的破坏，便是本次规划所要研究的课题。

规划在市区的不同地段设置不同类型的防护绿地，以充分发挥绿地的防护功能，减轻有害因子对城市环境的破坏。主要是沿建成区外围的公路、铁路、高速公路、快速干道、高压走廊、河涌沿线建设防护绿地；在主要工业、仓储区与城市其他区域间建设防护绿地。

市区城市防护绿地的设置，应当符合下列规定：

主要城市干道规划红线外两侧建筑的退缩地带和公路规划红线外两侧的不准建筑区，除按城市规划设置人流集散场地外，均应用于建造隔离绿化带。其宽分别为：城市干道规划红线宽度26米以下的，两侧各5~7米；26~60米的，两侧各7~10米；60米以上的，两侧各10~20米。公路规划红线外两侧不准建筑区的隔离绿化带宽度，国道各20米，省道各15米，县（市）道各10米，乡（镇）道各5米。

规划在城市建成区外围沿交通干道两侧设置宽度各为500米的环城

防护绿带。该绿带经湖光岩风景区沿疏港大道北上，穿过城区北部，经官渡沿海湾南下，绕过南三岛、海湾，再由东海岛北上闭合至湖光岩风景区。

①城市立交桥控制范围内，应当进行绿化。

②高压输电线走廊下安全隔离绿化带的宽度，应按照国家规定的行业标准建设，即550千伏的，不少于50米；220千伏的，不少于24米。

③沿穿越市区主要水系河涌两岸防护绿化带宽度各不少于5米，江河两岸防护绿化带宽度各不少于30米。

④城市水源地水源涵养林宽度各不少于100米，赤坎水库饮用水体防护绿化带宽度各为100～300米。

⑤海湾的防护绿化，必须符合航道通航，防潮、防风要求，同时还应满足风景游览功能的需要。

⑥铁路沿线两侧的防护绿化带宽度每侧不得小于30米。

城市避灾、减灾，是防护绿地的重要功能之一。根据国家的《防震减灾法》，规划从发挥城市绿地的防灾、减灾作用的角度出发，进行减灾绿地布局，并纳入减灾防灾、减灾规划，以期形成完善的城市防灾、减灾体系。

湛江市是一个海滨城市。滨海地区的带状绿地，既是市区的城市特色景观之一，又是结合防潮、防台风的海岸堤防。在滨海绿带的规划设计建设中，要结合滨海道路的建设，兼顾考虑市民的游憩使用要求和美化城市景观的功能，结合布置防潮、防风设施，发挥堤岸防风林和水土保持绿地的作用。尤其是观海长廊景观绿带的规划建设，既要考虑绿化景观美化功能和游人亲水、近水的活动要求，又要结合防风、防潮，满足抗灾要求，达到足够的安全系数。

3.6.4 居住区绿地规划

居住区绿地的规划设计，要严格遵循国家颁布的《城市居住区规划设计规范》GB 50180—95，按局部建设指标要求配套。除了要满足规划绿地率的指标外，还应达到国家其他技术规范中所规定的居住区绿地建设标准，即：

①居住区绿地率应＞30%，其中10%为公园绿地。

②居住区、居住小区和住宅组团的绿地率，在新城区的不低于30%；在旧城区的不低于25%。其中公共绿地的人均面积，居住区不低于1.5平方米，居住小区不低于1平方米，住宅组团不低于0.5平方米。

③居住区公园面积应在10000平方米以上，居住小区公园面积应在5000平方米以上。

④居住区绿地绿化种植面积，不低于其绿地总面积的75%。

3.6.5 附属绿地规划

湛江市区内所有建设项目，均应按规划要求的局部建设指标配套附属绿地。各单位附属绿地，原则上绿地率不得低于30%。城市小组团隔离带、低密度建设绿化缓冲区以及城市风廊所经过的花园式单位等要尽量提高绿地率。

市区内建设工程项目均应安排配套绿化用地，绿化用地占建设工程项目用地面积的比例，应当符合下列规定：

①医院、休（疗）养院等医疗卫生单位，在新城区的，不低于40%；在旧城区的，不低于35%。

②高等院校、机关团体等单位，在新城区的，不低于40%；在旧城区的，不低于35%。

③经环境保护部门鉴定属于有毒有害的重污染单位和危险品仓库，不低于40%，并根据国家标准设置宽度不少于50米的防护带。

④宾馆、商业、商住、体育场（馆）等大型公共建筑设施，建筑面积在20000平方米以上的，不低于30%；建筑面积在20000平方米以下的，不低于20%。

⑤红线大于50米的道路绿地率不低于30%；红线40～50米的道路绿地率不低于25%；红线小于40米的道路绿地率不低于20%。

⑥仓储用地绿地率＞20%；一类工业区绿地率＞20%，二类工业区绿地率＞25%，三类工业区绿地率＞30%，高新技术工业区绿地率＞35%。

⑦旅游设施用地绿地率不得低于50%。

⑧其他建设工程项目，在新城区的，不低于30%；在旧城区的，不低于25%。

⑨新建大型公共建筑，在符合公共安全的要求下，应建造天台花园。

⑩附属绿地的建设应以植物造景为主，绿化种植面积，不低于其绿地总面积的75%。

市区道路绿化，既要注重其美化功能，形成主要道路的绿化特色；又要注重其综合生态效益，形成多功能复合结构的绿色网络。新建、改建的城市道路、铁路沿线两侧绿地规划建设应当符合下列规定：

①城市道路必须搞好绿化。其中主干道绿化带面积占道路总用地面积的比例不得低于25%，次干道绿化带面积所占比例不得低于15%。

②城市快速路和城市立交桥控制范围内，进行绿化应当兼顾防护和景观。具体规划措施为：

1）市区重点路段美化与市域道路普遍绿化相结合。

2）主要干道两侧树种的选择及种植方式，除突出道路绿化的生态及防护作用外，应结合重点地段加以美化，使之各具特色。

3）市区的道路绿化，应主要选择能适应本地条件生长良好的植物品种和易于养护管理的乡土树种。同时要巧于利用和改造地形，营造以自然式植物群落为主体的绿化景观。

3.6.6 环城生态景观绿地规划

湛江市区的生态景观绿地主要分布在城区的外围，形成环城绿地系统。这些绿地对于维护城市生态平衡具有重要的作用。其基本规划要求是保护好自然水体、山林和农田等绿地空间资源，建立为保持生态平衡而保留原有用地功能的城市生态景观绿地。这类绿地一般面积较大，既是城市固碳制氧、补充新鲜空气的源地，又是风景名胜或自然保护区，并有利于提高全市域及 1500 平方公里规划区的绿地率和绿化覆盖率。

湛江地区受台风灾害影响较大，在城市外围尤其是沿海布置大面积的生态景观绿地，提高森林覆盖率，将可以形成一道绿色屏障，缓解台风对城市人民生命、财产安全的威胁。

①森林公园

湛江市规划区内目前已经建成的省级、国家级森林公园有 2 个，即：三岭山森林公园、东海岛国家森林公园。湛江市域目前已经建成开放的市级森林公园有石板原始森林公园等 16 个，建设面积 299.67 公顷。市区现已建成森林公园面积只有 322.27 公顷。为发挥森林在陆地生态系统中的主体作用，要在加强保护、建设沿海防护林带的基础上，从优化城市生态环境出发，加快城市外围防护林、生态林的建设。规划加强造林绿化，在城市规划区内建设：南三森林公园：48.1 公顷；坡头森林公园：27.6 公顷；龙头笔架岭森林公园：99.9 公顷；麻章森林公园：22.9 公顷；东海岛东山森林公园：13.4 公顷；东海岛龙水岭森林公园：11.5 公顷；东海岛东南森林公园：18.6 公顷；三岭山森林公园：22.3 公顷。

根据湛江市森林分布和森林环境质量因素，结合地方经济发展战略规划，新规划的林地将以坡头区和东海岛为重点，兼顾各区合理布局。

森林公园要优化整体环境，改造林相，提高森林覆盖率，改善交通路网。按核心保护区，缓冲区和旅游区的不同要求，分级控制各区旅游人数。完善旅游配套设施，推出与生态保护相适应的旅游项目，如植物观赏、森林浴等。

②生态保护区

生态保护区是植物、动物、微生物及其群体天然的贮存库，有助于水土保持，涵养水源，改善环境，维持生态平衡，同时是进行科学研究的天然实验室，也是向人们普及自然知识和宣传自然奥秘的博物馆。至 2000 年底，我市建成各级自然保护区（含森林公园、饮用水源一级保护区、海洋资源保护区）23 个，总面积 2152634 公顷（含水域面积）。主要侧重对海洋自然生态资源的保护，陆上自然保护区、森林公园、风景名胜区等生态保护区域建设工作相对滞后。

为了加强自然生态保护、发展生物多样性，将《广东湛江红树林自然保护区总体规划》的部分内容纳进本规划。

规划建设通明海生态保护区、龙王海生态保护区、南三河生态保护区、石门桥生态保护区。这些生态保护区都属于海陆过渡地区，是湿地分布面积较大的地区，区内分布着大量天然红树林及鸟类，近年随着城市的不断扩张，已经开始受到破坏，有关部门已经制定保护措施和规划进行保护。海岸土地资源用途广泛多变，近岸海域是陆地排污出海区域，沿海又是常受风暴潮侵袭地区，是生态环境脆弱地区。

规划生态保护区分别位于主城区的西南及东北向，主要以生态绿地构成，不仅担负吸纳城市"浊气"，提供新鲜空气的功能，还起到保护自然岸线，保护沿岸动植物栖息环境的作用。

③风景名胜区、风景旅游度假区和郊野公园

在规划期内,要继续建设好湖光岩玛珥湖省级风景区、东海岛省级旅游度假区、南三岛生态旅游区、东坡荔园以及新规划的:七星岭郊野公园、甘村水库郊野公园、特呈岛旅游度假区、东头三岛旅游度假区。

规划要求为:优化现有生态环境,在风景区种植各种风景观赏树,提高绿地覆盖率。景区内建筑物要与自然环境相协调,建筑物的风格、造型、色彩、用材要体现地方和自然特色,突出接近自然,回归自然的主题。完善区内的各项基础设施,服务设施,为游客提供更好的游住条件和所在地域生产的绿色食品和旅游商品。在风景旅游区内设置生态环境教育基地,寓教育于旅游度假之中。结合风景旅游区的特点,推出新的旅游产品,观光旅游和休闲度假旅游同步发展,开展登山野营、水上娱乐、健身疗养、休闲度假、体验民俗风情等各种回归大自然的生态旅游活动。

规划期内,湛江市将重点建设:

湖光岩风景区:在坚持"山上多树,山下多园"建设原则的基础上,抓住玛珥湖这一特色,根据地形地貌,完善区内旅游娱乐项目,展示雷州风貌,提高文化品位,增强吸引力,争取在省级风景区的基础上更进一步,成为国家级风景区:

1)大力发展风景林,提高景区绿化覆盖率。要严格保护古树名木,因地制宜配置各种植物;沿湖形成多层次林带,减轻因旅游开发对风景区山体整体性的破坏。

2)改造林相,增强森林景观的观赏性。在坚持使用湛江本地特有树种的基础上,引进更多品种的树种,将湖光岩山林改造成为具有岭南地域特色、多品种、多色彩、多层次、多结构、多功能的观赏风景林。

3)开发适宜的娱乐活动项目,丰富游客的游憩生活内容,继续提高湖光岩风景区的知名度。

东海岛省级旅游度假区:按湛江市总体发展规划,在严格保护好沿海防护林带的基础上,调整、充实和完善度假区内旅游项目,将其建设成为名符其实的省级旅游度假区。

南三岛生态旅游区:充分利用岛上丰富的绿色森林环境,开发休闲度假旅游,将其建设成为自然风景休闲度假区。

加快开发一批市级风景名胜区:在提高绿化覆盖率的基础上,开发适宜的娱乐活动项目,丰富游客的游憩生活内容。形成一批各具特色的绿色旅游度假区。

④基本农田保护区与生态农业旅游区

市区农业发展要按照"两个圈层"的构思进行调整,逐步形成各具产业特色的空间布局。

湛江市城市绿地系统规划指标详表　　　　表案 3-7

	全市	赤坎区	霞山区	开发区	坡头区	麻章区	东海岛
规划建设用地（公顷）	24479	5213	6067	1210	2794	2641	6554
人口规模（万人）	200	60	70	10	25	10	25
市级公园（公顷）	3226.1	719.3	1094.1	85.2	347.3	33.2	947
区级公园（公顷）	514.2	202	62.5	29.0	117.4	56.5	46.8
街旁绿地（公顷）	305.1	67.3	95.5	19.1	50.8	63	9.4
公园绿地小计（公顷）	4045.4	988.6	1252.1	133.3	515.5	152.7	1003.2
人均公园绿地（平方米/人）	20.2	16.5	17.9	13.3	20.6	15.3	40.1
生产绿地（公顷）	329.9	37	10	—	20.1	262.8	—
防护绿地（公顷）	1242.5	138	379.4	—	108.5	313	303.6
绿地面积中计（公顷）	5617.8	1163.6	1641.5	133.3	644.1	728.5	1306.8
绿地率（%）	23.2	22.3	27.1	11.0	23.1	27.6	19.9

其他绿地	风景名胜	湖光岩：12.3 平方公里
	森林公园	南三南、北、中森林公园：48.1 平方公里；东海岛东山森林公园：13.4 平方公里；龙头笔架岭森林公园：99.9 平方公里；坡头森林公园：27.6 平方公里；东海岛东南森林公园：18.6 平方公里；三岭山森林公园：22.3 平方公里；麻章森林公园：22.9 平方公里
	郊野公园	七星岭郊野公园：23.1 平方公里；东坡岭郊野公园：5.7 平方公里；甘村水库郊野公园：17.4 平方公里
	生态保护区	龙王海生态保护区：16.1 平方公里；南三海生态保护区：63.7 平方公里；石门桥生态保护区：18.4 平方公里；通明海生态保护区：204.5 平方公里

规划区用地	1600 平方公里	规划区绿地面积合计	717.3 平方公里	绿地占城市总体规划用地比例（%）	44.8

第一圈层是近郊（坡头、麻章、东海岛），侧重以蔬菜、花卉、林果、草坪等绿色园艺产业为主，适当发展健身、休闲、体验型农业、近郊、城市饮用水源流域限制发展畜牧业水产业和对城市有较大污染的其他产业。

第二圈是中远郊（外围其他村镇），突出种养业和多种经营，因地制宜地选择发展优质谷和蔬菜业、林果业、花卉园艺业、畜牧业、水产业、种子种苗业和观光休闲农业等七大主导产业，以及农产品加工和流通业。

⑤环城道路防护绿带

规划在建成区外围沿交通干道两侧设置宽度各 500 米的环城防护绿带，绿带经湖光岩风景区沿疏港大道北上，穿过主城区北部，经官渡沿海湾南下，绕过南三岛、海湾，由东海岛北上至湖光岩风景区。该绿带既是城市的景观带，又是城市的防护绿带。

3.8 生物多样性保护与建设规划

3.8.1 生物多样性保护意义

生物多样性是指各种活的生物体中的变异性，包括陆地、海洋和其他水生生态系统及其所构成的综合体。生物多样性包括：基因、物种、生态系统和景观的多样性。不断加速的城市化进程，往往导致生物多样性丧失、景观与生态系统均质化和遗传基因单纯化。

在城市化地区，生物多样性主要表现为物种多样性。生态系统的稳定性依赖于物种的多样性，多样性能导致稳定性。城市绿地系统的规划与建设，是城市化地区生物多样性保护主要的空间载体和工作领域。

3.8.2 生物多样性保护目标

湛江市域的生物多样性保护目标，是维持市域的生态平衡和可持续发展。其中，重点是植物多样性保护。即：要全面保护地带性植被物种（乡土树种）和已适应当地气候条件并与当地物种和谐共生的外来树种。要重点保护濒危树种和红树林树种的多样性，从而有效地保存市域生物基因库的完整性。在城市绿地系统中，通过保护和构建和谐、有序、物种丰富的植被生态群落，形成市域内稳定的生态系统，表现热带城市地带性植被景观特征。

3.8.3 植物多样性现状及存在问题

①市域植物资源条件概况

湛江市的两大地带性土壤是砖红壤和赤红壤，在这基础上形成了两大类型的地带性植被：一是热带季雨林，分布在市域南部；二是亚热带季风常绿阔叶林，分布在廉江北部。由于长期的开发利用，地带性森林植被绝大部分已为次生性植被和人工植被所代替，连片完整的地带性自然植被已不复存在，片断的沟谷林、村边林、自然防护林中的残次林和人工植被只能在一定程度上反映出热带植被的基本特征及两者之间的过渡性差异。

热带雨林的残次林，分布在台地砖红壤地带，群落结构大体上可分为乔（二层）、灌、草四层，上层乔木常见的有黄桐、鸭脚木、胆八树、春花、山竹子等常绿树种，也有山槐、乌桕、厚皮树等落叶树种。由于地势开阔平坦，地表水不足，地下水位低，加上常风大、日照强、蒸发强，影响了树木生长和群落发育，因此林木具有矮生，分枝多，树冠不整齐，枯倒树多，群落结构较为简单等特点。

季风常绿阔叶林的残次林，主要分布在热带丘陵赤红壤地带的廉江市北部，这里沟谷残次林既有热带季雨林常见的鸭脚木、红车、白车、乌榄等树种，也有季雨林中所常见的栲类、荷木、蒲桃李、水榕、风吹楠等亚热带树种，种类组成具有一定的过渡性特点。由于丘陵地势较高，气候比较湿润，常风和台风影响较小，树木常绿，长势旺盛，群落结构比较复杂。

红树林是生长在热带海湾、河口、潮泥地、盐性土上的常绿木本群落，主要有红树科、马鞭草科、紫金牛科等。湛江市红树林的主要类型有以下几种：白骨壤群丛、桐花树群丛、白骨壤+桐花群丛、桐花+红茄冬群丛、桐花树+秋茄群丛、秋茄群丛、木榄+红茄冬+桐花树+白骨壤群丛。

由于开发时间历史较长，人工植被在湛江市的植被中占有重要的地位。人工植被以具有橡胶、咖啡、剑麻、胡椒、椰子等多处热带作物种植园为主要特征。人工林中的引进桉树、湿地松、大叶相思、木麻黄、台湾相思、加勒比松等已经适应了当地的自然气候环境，形成了以人工桉、松用材林、沿海木麻黄防护林、坡耕地的防护林及农田防护林及其他针、阔纯林、混交林为主的森林类型，基本上改变了湛江原有的自然森林植被特征。这种人工林和次生植被不断扩大，天然林不断减少的趋势必然导致涵养水源、水土保持、调节气候、抗御自然灾害能力和生态功能降低。

据有关资料统计，湛江市区共有各类植物 147 科 566 属 1070 种；红树林植物 17 科 26 种；古树名木 15 科 18 种。

②植物多样性保护存在的问题

1) 森林覆盖率低，群落结构简单，稳定性差。据湛江市林业局统计，2001 年市域森林覆盖率为 24.2%。但由于大部分是人工植被，物种单一，季相相似性大，无法形成一个复杂的群落系统，这样必然导致森林抵抗自然灾害和病虫害的能力不高，群落的稳定性差。

2) 人工林比重偏大，地带性植物不突出，生态效益不显著。经过多年的农业开发和森林砍伐，湛江市的植被发生了重大的变化，一些具有代表性的地带性物种消失，取而代之的是桉林、松林为主的人工林。由于人工纯林自身的局限性，使得森林水源涵养、保护水土、改善小气候等生态功能受到损害。

3) 红树林分布凌散，面积增长缓慢。红树林湿地是湛江市具有代表性的生态系统，对维护生态平衡具有特殊的作用。但是由于长期以来的破坏，红树群落的分布不为连续的片断，一般每片面积不超过 1000 亩。而且有相当一部分为生态效益较差的次生林。

3.8.4 生物多样性保护措施

①基因多样性保护

特有的地形和气候条件使湛江成为热带北缘的一个巨大的基因库，要在保护现有物种的前提下，要特别注重珍稀濒危物种的移地保护，同时恢复和引进适应本地环境的物种，增加基因库的存量，为生物多样性保护打下坚实的基础。

②物种多样性保护

要大力推广乡土树种，加强对外来树种和珍稀树种的研究和引进。乡土树种经过长期生态适应，已经形成城市个性的景观，能有效地改造城市环境，体现城市特色。同时，乡土树种已逐渐被市民所接受，易于在城市推广。对于外来树种的引进，要慎重而节制。经过驯化和筛选后，应当先在局部试种，能产生良好的社会、经济和生态效益后逐步推广，以免造成不必要的经济损失甚至不可挽回的生态灾难。保护珍稀濒危物种首先要充分了解物种的生理和生态习性，用嫁接、扦插、组培等手段和技术，培育生产大批量的物种资源，增加生物基因库存量。

③生态系统多样性保护

首先要注重城乡交错地区生态界面的保护。城镇和郊区交界处的边缘地带由于生境的复杂性和多样性，物种多样性最大，应当予以特别的重视。在城乡交错地区构建环城绿带，形成多层次、规模性的绿色系统，能大大丰富城郊结合部的生物多样性，使之成为城市居民休闲娱乐的空间和丰富生物多样性的生态基因库，充分实现其社会、经济和生态效益。

要结合交通干线宜林地造林及劣质地改造、沿海防护林建设和裸露山体植物治理等林业生态工程建设，努力构建一个物种丰富，结构完善，景观多样，功能齐全的市域生态植被体系。保护森林资源，增加森林覆盖率，发挥森林的多功能效益，改善人居环境质量，实现可持续发展。

④景观多样性保护

湛江市域内现有分散的各类绿地，相当于被城市建筑包围的"生境岛"。虽然这些孤立存在的绿地对生物多样性保护能起到一定的保护作用，但是由于彼此之间缺乏联系且面积有限，生物种类的迁移受到极大的限制。规划利用景观生态学和岛屿生态学原理，在市域范围内建立了绿色廊道，形成绿色网络系统。因此要利用景观生态学原理，在城市各生境岛之间建立"绿色廊道"，以增加生境的连接度，使绿地系统成为一种开放空间，同时也可以把自然引入城市，给生物提供更多的生存和繁衍环境，保护生物的多样性。

3.8.5 红树林保护措施规划

《全球生物多样性保护策略》的倡议和规划，促进了国内外大规模的生物多样性保护和生物资源持续利用的研究。其中红树林作为海岸带有重要价值的湿地之一已日益受到关注。由于市域红树林的特殊地位，它的社会效益、经济效益和生态效益还没有被广大市民所认同和接受，发展和保护红树林是维护生态平衡的需要，也是保障湛江市国民经济持续发展的必然要求。

红树林是热带海岸的一种特殊的森林植被类型，分布于亚洲、澳洲、非洲、美洲的热带海岸及西面太平洋的海岛。在亚洲，红树林从热带地区扩展到亚热带，止于冲绳岛。我国海南、雷州湾及北部湾沿岸的红树林发育比较正常，具有全球红树林应有的外貌结构及种群等生态学特征。因此，保护湛江市红树林资源对全国乃至全球都具有重要价值。

红树林植物生长在海水里形成了一整套特殊的适应结构，体细胞和渗透压比陆生植物高出几倍到几十倍，有泌盐结构和机能，具胎萌现象；长有气根适于在淤泥及海水中进行呼吸；有交织的支持根能防止海浪的冲击。这些多样性结构，在生物学理论上具有特殊意义。

红树林对防风、防浪、保护海堤及海岸具有明显的效应。红树林植物是优良木材的生产基地，是生产单宁的主要原料；对海水污染有一定的净化和抗污染能力；对养殖业有重要作用；还可以促进海岸滩涂的扩展，有利于向海岸要土地。

保护红树林湿地首先要做好湛江市国家级红树林自然保护区的发展工作，保护高桥、界炮、企水、东寮、湖光、民安等重点片区，通过人工造林，引种栽培，增加湛江市域红树林面积，并将零星分布的小片红树林连成一体，形成规模效益，充分发挥红树林的特殊生态功能，达到生态效益、经济效益和社会效益的统一，更好地为人类造福。

3.11 实施措施规划

3.11.1 规划实施措施

①提高城市绿地指标，积极拓展绿色空间

提高城市绿地面积及绿化覆盖率，对促进城市综合生态效益意义重大。要使城市绿化面貌有所改观，必须尽快达到国家园林城市的绿化建设指标。在城市用地比较紧张的情况下，要千方百计利用现有土地资源，积极拓展绿化空间，使城市绿化系统的构筑不单依靠规划绿地，还要重视屋顶、立交桥、停车场、墙体垂直的绿化。

②城郊一体统筹绿化，保持城市生态平衡

要积极推进城郊一体的园林绿化，将规划区范围内的自然山体、河湖水体、林地、耕地纳入城市绿地系统，作为环境质量优化的重要依托，使自然环境与城市环境溶为一体，协调共存，避免城市无序扩张，使城市园林绿化形成开放的系统。

③公众参与园林绿化建设

要把湛江建设成为国家园林城市和国家生态园林城市，不仅需要政府部门高瞻远瞩、提高认识，加大建设力度，更重要的是公众参与，通力合作。只有社会各界积极参与城市园林绿化建设，才能保证"国家园林城市"和"国家生态园林城市"目标的实现。

在目前全市每年一次的"植树节"活动的基础上，还应该组织开展"绿化周"、"绿化月"、"绿化年"活动，开展"美化家园"、"园林单位"等评比，提高公众参与意识，加强宣传教育，在中小学校开设园林绿化教育课，定期举办各类展览会，将市民每年自发举办的迎春花市做大，使之能够具有更丰富的内容，让园林绿化的观念进一步深入民心，做到"人人爱绿化，家家有绿化，处处是绿化"。

④努力提高城市绿量

城市园林绿化不仅要考虑二维平面的绿化覆盖面，还应考虑三维空间即绿色空间占有量，进一步认识到城市绿化不仅仅是为了美化环境，其最终意义在于改善城市生态环境。因此在城市各类绿地中应尽量多种乔、灌木，避免"大草坪"，坚持以植物造景为主。

⑤加强绿化法规建设

《城市绿地系统规划》是指导城市绿化规划建设的重要法规性文件。为了使其能顺利执行，还要进一步完善相关的城市绿化配套行政规章，针对城市园林绿化建设中"拆临建绿"、"见缝插绿"（改变用地性质）过程中遇到的问题和薄弱环节控制等出台相关的管理办法，实现"依法建绿"和"依法护绿"。

⑥构建多渠道的绿化建设投资体系。

城市各级政府财政要安排专项资金保证公益性的园林绿化建设，并逐步推行以冠名、认养等形式吸引社会力量和资金投资绿化建设。

⑦加强主管部门的协调管理职能

要加强园林绿化行政主管部门的协调管理职能。市域范围内的环城绿地建设和城乡园林化工作，应由市政、园林、林业、环保、农业等多个行业部门紧密协调，共同承担。

⑧加强城市绿化苗木基地建设

要重视本市绿化苗圃和花圃的建设，开辟苗木生产基地，引进良种，定向选优，保证城市绿化建设用苗。

⑨提高园林科研和职工技术水平

要积极开展园林科研工作，大力推广和应用相关科技成果和实用技术，加强对一线人员的职业技术培训，提高城市园林绿化行业职工的技术水平。

3.11.2 城市绿化管理体制

针对湛江市现有园林管理体制的问题，对照建设部《国家园林城市评选标准》并参考省内外园林城市的做法，规划从以下几方面理顺相关的管理体制：

①要按照国家园林城市的标准，设立专业性较强的城市园林绿化行政主管机构。规划在市公用事业局的基础上组建"市政园林局"，健全市园林管理处的工作职能，理顺体制，充实力量，完善机构，提高管理人员素质和依法行政水平，实施统一的城市园林绿化行业管理。

②按照城市绿地系统规划实施城市绿线管理，纠正历史遗留问题；规划近期内将东坡荔园、市农科所绿地、儿童公园和青少年宫（原霞湖公园），均作为城市公园绿地，从部门或区管理改为纳入市政府统一管理；规划将湛江花圃改名为"霞山绿苑"，建设以霞湖公园为中心的"城市绿心"，扩充内容、完善功能，更好地为市民服务。

③逐步建立符合城市发展需要的园林绿化管理体制与运行机制，积极探索适合湛江市情又符合时代发展方向的城市绿化规划、建设与管理新思路、新措施，进一步提高城市绿化管理工作效率和质量。

3.11.3 霞湖地区城市绿心规划指引

①规划范围

以解放东路为轴，西起人民广场、人大，东至海滨公园，主要包括：1）沿解放路两侧的人民广场，霞湖公园、花圃、儿童公园等公共绿地。2）沿延安路分布的公使馆、霞山公安分局（水兵俱乐部）、基督教堂、天主教堂（福音堂）等古迹。3）解放东路、延安路等道路及建筑环境绿化用地。

②现状概况

该地带是目前湛江霞山区的"心脏"地带，区域内分布有人大办公楼、电信公司、广百、国贸、礼堂等大型办公、商业文化娱乐等公共设施，是全市的几条交通干道的交汇点，集政治、经济、文化、交通等中心为一体。

③规划指引

按照市政府的决策和城市绿地系统规划的要求，该地区将规划建设成为高绿地率的城市中心区生态绿岛。同时，通过对霞湖公园及其周边地区的综合规划与整治，全面提升该地区的经济活力和环境舒适度，改善城市中心区的形象，使之成为湛江市园林绿地建设的"精品"和"亮点"地区。因此，该地区的详规工作应注意以下要点：

1）全面详查规划区内各类用地的空间布局、产权属性及其发展需求，按照"以生态优化促经济发展"的原则，提出适度前瞻、可操作性强的用地整合规划方案。

2）可利用解放东路与霞湖公园之间的地形高差开辟一处城市绿化广场（霞湖广场），其下部可辟为大型公共停车场，以解决该地区目前存在的停车不便、交通无序、景观较差等一系列问题；进一步美化城市形象，提高城市品位。

3）对规划区内的道路绿地进行综合优化设计，开辟绿色廊道，将各个绿地生态节点联成系统，提高整体生态效益。

4）运用经营城市理念，结合周边地段旧城改造和新区建设，探索"政府主导、企业参与、市民支持、社会受益"的城市园林绿化建设新路子。

4 规划图则（节选）

4.1　市域绿地形态空间体系图

4.2　市域自然保护区分布图

4.3　城市建成区绿地现状图

4.4　市域绿地系统规划结构分析图

4.5　城区绿地系统规划结构分析图

4.6　城市绿地系统规划总图

4.7　公园绿地布局规划图

4.8　公园绿地服务半径规划图

4.9　防护绿地与生产绿地规划图

4.10　城市绿地近期建设规划图

4.11　赤坎区绿线控制分幅索引

4.12　赤坎区地块33-54绿线控制图则

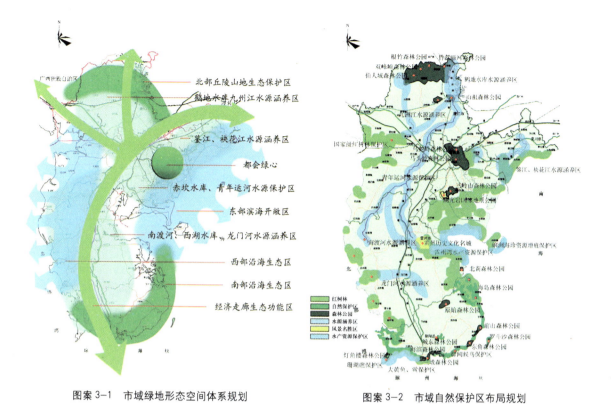

图案 3-1 市域绿地形态空间体系规划

图案 3-2 市域自然保护区布局规划

图案 3-3 城市建成区绿地现状图

图案 3-4 市域绿地系统规划结构分析图

图案 3-5 城区绿地系统规划结构分析图

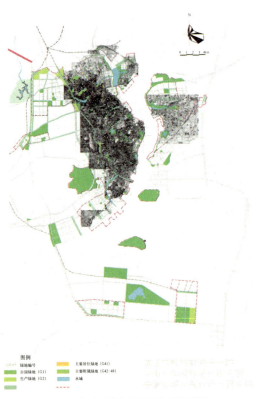

图案 3-6 城市绿地系统规划总图

图案 3-7 公园绿地布局规划图

图案 3-8 公园绿地服务半径规划图

图案 3-9 防护绿地与生产绿地规划图

图案 3-10 城市绿地近期建设规划图

案例三：湛江市城市绿地系统规划（2002—2020年）　　445

图案 3-11　赤坎区绿线控制分幅索引

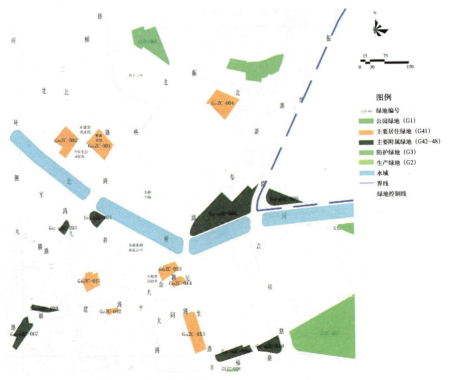

图案 3-12　赤坎区地块 33-54 绿线控制图则

作者简介

李敏教授，福建莆田人，1985年和1996年先后毕业于北京林业大学园林学院和清华大学建筑学院，获清华大学城市规划专业工学博士学位，并曾在瑞士苏黎世高等工业大学(ETH)、美国麻省理工学院(MIT)和香港大学(HKU)做过访问研究。1986年后，他历任北京市园林局总工程师助理，颐和园建设部工程师，广州城建学院（今广州大学）建筑系风景园林教研室主任，佛山市建设委员会主任助理、佛山市城乡规划处副处长，1999年昆明世界园艺博览会广东园建设指挥部副总指挥，广州市园林局城市绿化管理处和公园管理处副处长，广州市政园林局副总工程师，广州市城市绿地系统规划办公室副主任等工作职务。

李敏教授现任华南农业大学风景园林与城市规划系系主任，国务院学位委员会全国风景园林硕士专业学位教育指导委员会委员，中国风景园林学会理事，中国建筑学会建筑摄影分会副会长，广东园林学会副秘书长，香港大学荣誉教授，广州美术学院客座教授，兼任湛江市、佛山市、韶关市政府顾问和城市规划委员会委员，广州市建设科技委员会园林绿化专业委员会副主任；《广东园林》杂志常务副主编，《中国园林》和《风景园林师》期刊常务编委，《建筑师》杂志和《园林》杂志编委，《现代园林》杂志编委会副主任。

近20年来，李敏教授在国内外期刊和学术会议上发表论文近百篇，主持了数十项城市规划项目与风景园林营造工程，多次获得国际和国内专业奖项；如1996年参加《桂林市城市总体规划》（修编）工作、主持生态绿地系统专项规划中布局的"桂林环城水系公园"（简称"两江四湖"）项目，2001年应邀参与主持规划和作建设顾问的"福州市区闽江北岸江滨公园生态廊道"项目，均获"中国人居环境范例奖"。1999—2001年间主要参与规划建设和申报工作的"广州城市环境综合整治工程"项目，获2002年"联合国改善人居环境范例奖"。其主要著作有：《中国现代公园》(1987年)，《城市绿地系统与人居环境规划》(1999年)，《世纪辉煌粤晖园》(2000年)，《广州公园建设》(2001年)，《广州艺术园圃》(2001年)，《现代城市绿地系统规划》(2002年)，《园林古韵》(中、英文版，2006年)，《深圳园林植物配置与造景特色》(2007年)，《华夏园林意匠》(2008年)等。